JACOBI, CARL GUSTAV JACOB

Vorlesungen uber dynamik

Reiner

Berlin 1884

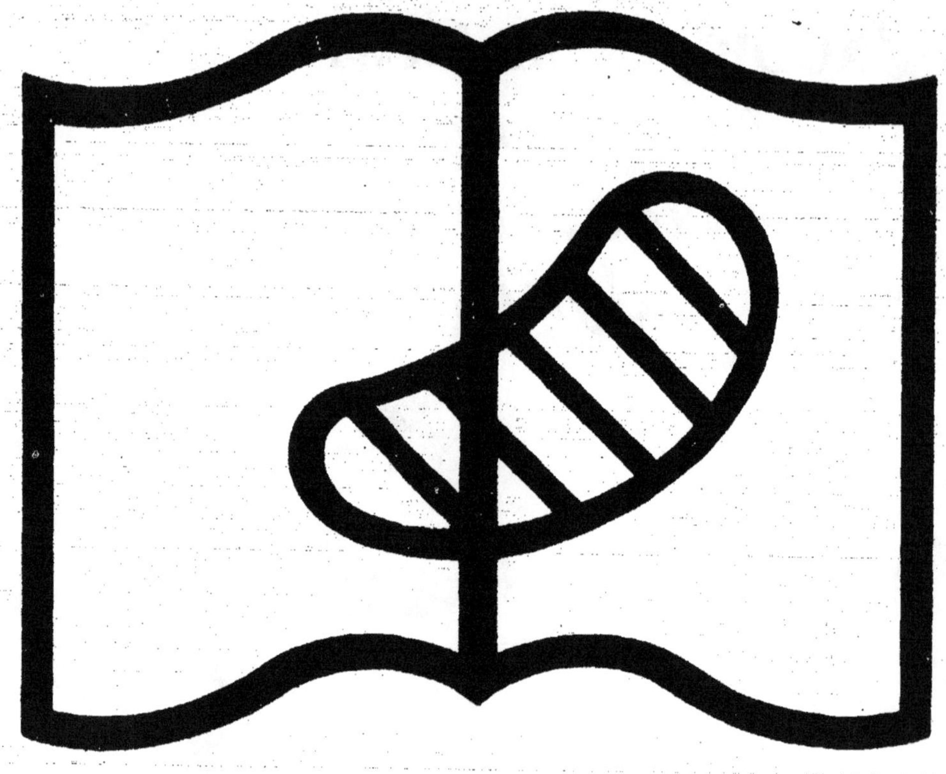

Symbole applicable
pour tout, ou partie
des documents microfilmés

Original illisible

NF Z 43-120-10

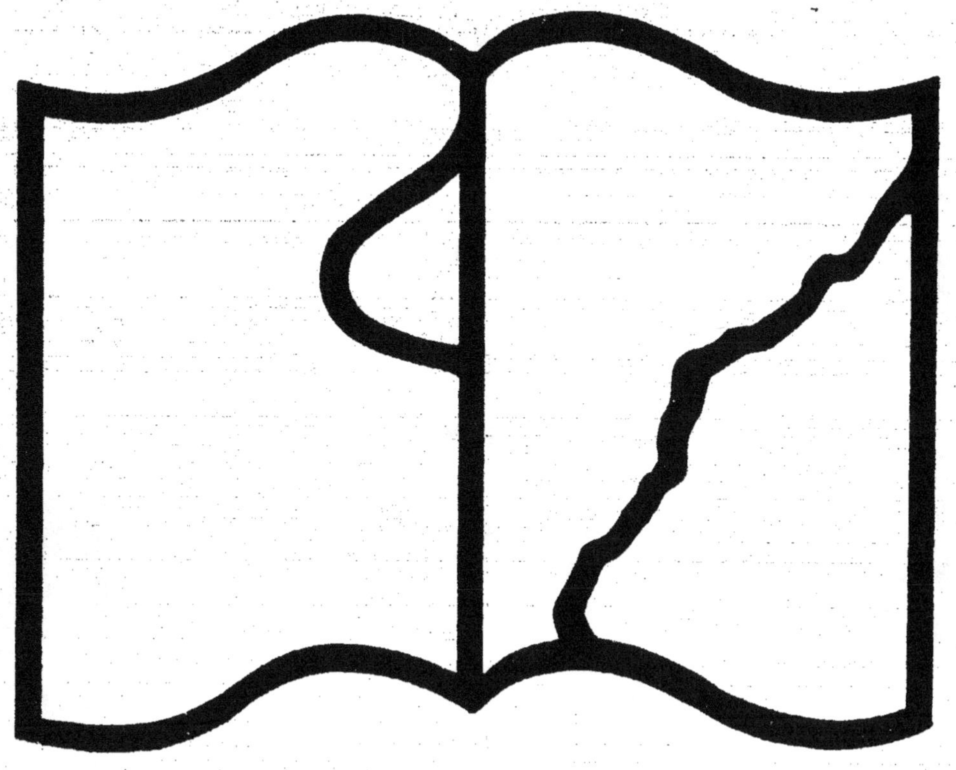

Symbole applicable pour tout, ou partie des documents microfilmés

Texte détérioré — reliure défectueuse

NF Z 43-120-11

JACOBI

VORLESUNGEN

UBER

DYNAMIK

C. G. J. JACOBI'S

GESAMMELTE WERKE.

HERAUSGEGEBEN AUF VERANLASSUNG DER KÖNIGLICH PREUSSISCHEN AKADEMIE DER WISSENSCHAFTEN.

SUPPLEMENTBAND.

HERAUSGEGEBEN

VON

E. LOTTNER.

BERLIN.
DRUCK UND VERLAG VON G. REIMER.
1884.

C. G. J. JACOBI'S

VORLESUNGEN ÜBER DYNAMIK.

GEHALTEN

AN DER UNIVERSITÄT ZU KÖNIGSBERG IM WINTERSEMESTER 1842—1843
UND NACH EINEM VON C. W. BORCHARDT AUSGEARBEITETEN HEFTE

HERAUSGEGEBEN

VON

A. CLEBSCH.

ZWEITE, REVIDIRTE AUSGABE.

BERLIN.
DRUCK UND VERLAG VON G. REIMER.
1884.

Vorwort.

Der vorliegende Supplementband zu C. G. J. Jacobi's gesammelten Werken enthält die im Jahre 1866 von A. Clebsch herausgegebenen „Vorlesungen über Dynamik" in einer zweiten, revidirten Ausgabe, ohne die damals ihnen beigefügten fünf Abhandlungen aus Jacobi's Nachlasse. Die letzteren müssen nämlich, nach dem für die Herausgabe der Jacobi'schen Werke festgestellten Plane, in diesen ihren Platz finden und werden, mit der ebenfalls von Clebsch herausgegebenen grossen Abhandlung „Nova methodus, aequationes differentiales partiales primi ordinis inter numerum variabilium quemcunque propositas integrandi" und einigen kleineren vereinigt, den Inhalt des fünften Bandes bilden.

Wie in der Vorrede zur ersten Ausgabe der „Vorlesungen" bemerkt worden ist, liegen denselben die von Jacobi im Wintersemester 1842—43 an der Universität zu Königsberg gehaltenen und von seinem damaligen Zuhörer C. W. Borchardt mit grosser Sorgfalt und Treue ausgearbeiteten Vorträge zu Grunde. Die von Clebsch bei der Herausgabe an dem Borchardt'schen Texte vorgenommenen Veränderungen betreffen durchweg nur Aeusserliches.

Auch der Herausgeber der neuen Ausgabe, Herr E. Lottner, hat nur an einigen Stellen, wo er den Ausdruck nicht genau oder nicht deutlich genug fand, leichte stylistische Aenderungen angebracht, im Uebrigen aber sich darauf beschränkt, die in der ersten Ausgabe stehen gebliebenen, nicht zahlreichen Druck- und Rechenfehler zu berichtigen.

15. März 1884.

Weierstrass.

Inhaltsverzeichniss.

Vorlesungen über Dynamik.

Erste Vorlesung.

Einleitung.

Diese Vorlesungen werden sich mit den Vortheilen beschäftigen, welche man bei der Integration der Differentialgleichungen der Bewegung aus der besonderen Form dieser Gleichungen ziehen kann. In der „Mécanique analytique" findet man Alles, was sich auf die Aufgabe bezieht, die Differentialgleichungen aufzustellen und umzuformen, allein für ihre Integration ist sehr wenig geschehen. Die in Rede stehende Aufgabe ist kaum gestellt; das Einzige, was man dahin rechnen kann, ist die Methode der Variation der Constanten, eine Näherungsmethode, welche auf der besonderen Form der in der Mechanik vorkommenden Differentialgleichungen beruht.

Unter der grossen Menge von Aufgaben, welche die Mechanik darbietet, wollen wir nur diejenigen betrachten, welche sich auf ein System von n materiellen Punkten beziehen, d. h. von n Körpern, deren Ausdehnung man vernachlässigen kann und deren Masse man im Schwerpunkt befindlich annimmt. Wir wollen ferner nur solche Probleme berücksichtigen, bei welchen die Bewegung allein von der Configuration der Punkte und nicht von ihrer Geschwindigkeit abhängt. Hierdurch sind also namentlich alle Probleme ausgeschlossen, bei welchen der Widerstand in Rechnung zu ziehen ist.

Wir werden zuerst die Differentialgleichungen für die Bewegung eines solchen Systems aufstellen und dann die Principe durchgehen, welche für dasselbe gelten. Diese Principe sind:

1. Das Princip der Erhaltung der Bewegung des Schwerpunkts.
2. Das Princip der Erhaltung der lebendigen Kraft.
3. Das Princip der Erhaltung der Flächenräume.
4. Das Princip der kleinsten Wirkung oder, wie es besser heissen sollte, des kleinsten Kraftaufwandes.

Die drei ersten dieser Principe geben Integrale des aufgestellten Systems von Differentialgleichungen; das letzte Princip giebt kein Integral, sondern nur eine symbolische Formel, in welche das System von Differentialgleichungen sich zusammenfassen lässt. Dasselbe ist aber darum nicht minder wichtig, *Lagrange* hat sogar ursprünglich aus ihm alle seine Resultate in der Mechanik hergeleitet. Später, als er dieselben streng begründen wollte, verliess er das Princip der kleinsten Wirkung und nahm (zuerst in der von der Pariser Akademie gekrönten Preisschrift über die Libration des Mondes, dann aber vorzüglich in der „Mécanique analytique") das Princip der virtuellen Geschwindigkeiten zur Basis seiner Entwickelungen. So wurde also das Princip der kleinsten Wirkung, welches die Mutter aller neuen Resultate gewesen war, zu geringfügig behandelt.

Ich habe ein neues Princip der Mechanik hinzugefügt, welches darin mit den Principen der Erhaltung der lebendigen Kraft und dem der Flächenräume übereinstimmt, dass es ein Integral giebt, aber im Uebrigen ganz anderer Natur ist. Erstens ist es allgemeiner als jene Principe; denn es gilt, sobald die Differentialgleichungen nur die Coordinaten enthalten; ferner: während jene Principe erste Integrale der Form geben: Function der Coordinaten und ihrer Differentialquotienten gleich einer Constanten, Integrale also, aus deren Differentiation Gleichungen fliessen, die durch Benützung der gegebenen Differentialgleichungen identisch Null werden, liefert das neue Princip bei Voraussetzung der vorhergehenden Integrale das letzte. Nach diesem Principe kann man nämlich unter der Annahme, dass ein Problem der Mechanik auf eine Differentialgleichung erster Ordnung zwischen zwei Variablen zurückgeführt ist, den Multiplicator derselben allgemein angeben.

In Fällen, wo die übrigen Principe ein Problem auf eine Differentialgleichung erster Ordnung zurückführen, wird also durch das neue Princip die Aufgabe vollständig gelöst. Hierher gehört das Problem der Anziehung eines Punktes nach einem festen Centrum, wobei das Gesetz der Anziehung beliebig ist, ferner das der Anziehung nach zwei festen Centren, vorausgesetzt, dass die Anziehung nach dem *Newton*schen Gesetz stattfindet, und die Rotation eines von keinen äusseren Kräften sollicitirten Körpers um einen Punkt. Bei der Anziehung nach zwei festen Centren ist freilich ausser der Anwendung der älteren Principe ein von *Euler* durch besondere Kunstgriffe gefundenes Integral nöthig, durch welches erst das Problem auf eine Differentialgleichung erster Ordnung zwischen zwei Variablen zurückgeführt wird; aber diese Gleichung ist äusserst complicirt, und ihre Integration ist eines der grössten Meisterwerke *Eulers*. Durch das neue Princip ergiebt sich ihr Multiplicator von selbst.

Besonders hervorzuheben ist diejenige Classe von Problemen, für welche zugleich das Princip der lebendigen Kraft und das Princip der kleinsten Wirkung gilt. *Hamilton* hat nämlich bemerkt, dass man in diesem Falle die Aufgabe auf eine nicht lineare partielle Differentialgleichung erster Ordnung zurückführen kann. Hat man eine vollständige Lösung derselben gefunden, so ergeben sich sofort alle Integralgleichungen. Die durch die partielle Differentialgleichung definirte Function nennt *Hamilton* die charakteristische Function.

Hamilton hat den schönen Zusammenhang, den er gefunden hat, etwas unzugänglich gemacht und verdunkelt, und zwar dadurch, dass er seine charakteristische Function noch zugleich von einer zweiten partiellen Differentialgleichung abhängen lässt. Die Hinzufügung dieser Bestimmung macht die ganze Entdeckung unnöthig complicirt, da eine genauere Untersuchung zeigt, dass die zweite partielle Differentialgleichung vollkommen überflüssig ist.

Wir wollen zur Unterscheidung folgende Bezeichnungen einführen: Die Integrale der gewöhnlichen Differentialgleichungen wollen wir Integrale oder Integralgleichungen nennen, die Integrale der partiellen Differentialgleichung dagegen Lösungen. Ferner wollen wir bei einem System von Differentialgleichungen Integrale und Integralgleichungen unterscheiden. Integrale seien diejenigen ersten Integrale, welche die Form haben: Function der Coordinaten und ihrer Differentialquotienten gleich einer Constanten, und deren Differentialquotient mit Benutzung des gegebenen Systems von Differentialgleichungen identisch gleich Null wird, ohne dass man andere Integrale zu Hülfe ruft; Integralgleichungen heissen alle übrigen Integrale. In diesem Sinne geben also die Principe der lebendigen Kraft und der Flächenräume Integrale und nicht Integralgleichungen.

Durch die *Hamilton*sche Entdeckung hat das System der Integralgleichungen der mechanischen Probleme eine sehr merkwürdige Form erhalten. Wenn man nämlich die charakteristische Function nach den willkürlichen Constanten, welche sie enthält, differentiirt, so giebt dies die Integralgleichungen des gegebenen Systems von Differentialgleichungen. Dies ist analog dem Satz von *Lagrange*, wonach sich die Differentialgleichungen eines Problems, für welches das Princip der kleinsten Wirkung gilt, als partielle Differentialquotienten einer einzigen Grösse darstellen lassen. Obgleich nun *Hamilton* die in Rede stehende

1*

Form der Integralgleichungen, welche sie vermittelst der charakteristischen Function annehmen, aufgestellt hat, so hat er doch nichts zur Auffindung der letzteren gethan. Hiermit werden wir uns beschäftigen und mit Hülfe der gewonnenen Resultate die Anziehung nach einem festen Centrum, nach zwei festen Centren und die Bewegung eines der Schwere nicht unterworfenen Punktes auf dem dreiaxigen Ellipsoid (deren Bestimmung mit der Auffindung der kürzesten Linie auf dem Ellipsoid übereinkommt) behandeln.

Der von *Hamilton* entdeckte Zusammenhang giebt auch neue Aufschlüsse über die Methode der Variation der Constanten. Diese Methode beruht auf Folgendem: Die Integrale eines Systems von Differentialgleichungen der Dynamik enthalten eine gewisse Anzahl willkürlicher Constanten, deren Werthe in jedem besonderen Falle durch die Anfangspositionen und Anfangsgeschwindigkeiten der sich bewegenden Punkte bestimmt werden. Bekommen nun die letzteren während der Bewegung Stösse, so ändern sich dadurch nur die Werthe der Constanten, die Form der Integralgleichungen bleibt dieselbe. Bewegt sich z. B. ein Planet in einer Ellipse um die Sonne, und bekommt er während der Bewegung einen Stoss, so wird er sich nun in einer neuen Ellipse oder vielleicht auch in einer Hyperbel, jedenfalls in einem Kegelschnitt bewegen, die Form der Gleichung bleibt dieselbe. Treten nun solche Stösse nicht momentan auf, sondern werden sie continuirlich fortgesetzt, so kann man die Sache so ansehen, als ob die Constanten sich continuirlich änderten, und zwar so, dass diese Aenderungen die Wirkung der störenden Kräfte genau darstellen. Diese Theorie der Variation der Constanten wird in dem Verlauf unserer Untersuchung in einem neuen Lichte erscheinen.

Das Princip der Erhaltung der lebendigen Kraft umfasst eine grosse Klasse von Problemen, unter welche namentlich das Problem der drei Körper gehört, oder allgemeiner das Problem der Bewegung von n Körpern, welche sich gegenseitig anziehen.

Jemehr man in die Natur der Kräfte eindringt, desto mehr reducirt man Alles auf gegenseitige Anziehungen und Abstossungen, desto wichtiger wird also das Problem, die Bewegung von n Körpern zu bestimmen, welche sich gegenseitig anziehen. Dieses Problem gehört in die Kategorie derjenigen, auf welche unsere Theorie anzuwenden ist, d. h. welche sich auf die Integration einer partiellen Differentialgleichung zurückführen lassen. Man erkennt hieraus die

Nothwendigkeit, die partiellen Differentialgleichungen zu studiren; aber seit 30 Jahren*) hat man sich nur mit den linearen partiellen Differentialgleichungen beschäftigt, während für die nicht linearen nichts geschehen ist. Für drei Variablen hat bereits *Lagrange* das Problem absolvirt; für mehr Variablen hat *Pfaff* eine zwar verdienstliche aber unvollkommene Arbeit geliefert. Nach *Pfaff* muss man zur Lösung der partiellen Differentialgleichung zunächst ein System von gewöhnlichen Differentialgleichungen integriren. Nach Integration derselben hat man ein neues System von Differentialgleichungen aufzustellen, welches zwei Variablen weniger enthält, dieses wiederum zu integriren u. s. w., und so gelangt man endlich zur Integration der partiellen Differentialgleichung. Hiernach hatte also *Hamilton* durch seine Zurückführung der Differentialgleichung der Bewegung auf eine partielle Differentialgleichung das Problem auf ein schwierigeres zurückgeführt; denn nach *Pfaff* erfordert die Integration einer partiellen Differentialgleichung die Integration einer Reihe von Systemen gewöhnlicher Differentialgleichungen, während das mechanische Problem nur die Integration eines Systems gewöhnlicher Differentialgleichungen erfordert. Es war daher hier die umgekehrte Zurückführung von grösserer Wichtigkeit, wonach eine partielle Differentialgleichung sich auf ein einziges System von Differentialgleichungen zurückführen lässt. Das erste *Pfaff*sche System stimmt nämlich mit dem, auf welches die Mechanik führt, überein, und es lässt sich nachweisen, dass die übrigen Systeme alsdann entbehrt werden können. So wie in diesem Falle kehrt sich die Zurückführung eines Problems auf ein anderes sehr häufig um, indem der Fortschritt der Wissenschaft das Erste zum Zweiten macht und umgekehrt. Das Wichtige in solchen Zurückführungen ist der Zusammenhang, der zwischen zwei Problemen nachgewiesen wird. Der in Rede stehende Zusammenhang lässt erkennen, dass jeder Fortschritt in der Theorie der partiellen Differentialgleichungen auch einen Fortschritt in der Mechanik herbeiführen muss.

Ein tieferes Studium der Differentialgleichungen der Mechanik zeigt, dass die Anzahl der Integrationen sich immer auf die Hälfte zurückführen lässt, während die andere Hälfte durch Quadraturen ersetzt wird. Es giebt ein merkwürdiges Theorem, welches zeigt, dass ein qualitativer Unterschied zwischen den Integralen stattfindet. Während nämlich einige Integrale nicht mehr Bedeutung haben als Quadraturen, giebt es andere, welche für alle übrigen zu-

---

*) Diese Vorlesungen wurden im Winter 1842—43 gehalten. *C.*

sammengenommen gelten können. Dies Theorem lässt sich folgendermassen aussprechen: *Kennt man ausser dem durch das Princip der lebendigen Kraft gegebenen Integral noch zwei Integrale der dynamischen Gleichungen, so kann man aus diesen beiden ein drittes finden.* Ein Beispiel hiervon sind die sogenannten Flächensätze in Bezug auf die drei Coordinatenebenen; gelten von diesen zwei, so lässt sich der dritte daraus ableiten.

Hat man nach dem angeführten allgemeinen Satze aus zwei Integralen ein drittes gefunden, so lässt sich hieraus und aus einem der früheren ein viertes finden, u. s. w. bis man auf eines der gegebenen zurückkommt. Es giebt Integrale, welche bei dieser Operation das ganze System der Integralgleichungen erschöpfen, während bei anderen sich der Cyclus früher schliesst. Dieses Fundamentaltheorem ist schon seit 30 Jahren zugleich gefunden und verborgen. Es rührt nämlich von *Poisson* her und war auch *Lagrange* bekannt, der in dem erst nach seinem Tode erschienenen zweiten Theil der „Mécanique analytique" dasselbe als Hülfssatz brauchte*). Aber dieser Satz ist immer in einer ganz anderen Bedeutung genommen worden; er sollte nur zeigen, dass in einer Entwickelung gewisse Glieder unabhängig von der Zeit seien, und es war keine geringe Schwierigkeit, in demselben seine heutige Bedeutung zu sehen. In diesem Satze liegt zugleich das Fundament für die Integration der partiellen Differentialgleichungen erster Ordnung.

Zweite Vorlesung.

Die Differentialgleichungen der Bewegung. Symbolische Formel für dieselben. Die Kräftefunction.

Wir wollen zunächst (d'abord) ein freies System von materiellen Punkten betrachten; wir nennen es ein System, weil wir annehmen, dass die Punkte den äusseren Kräften nicht unabhängig (indépendamment) von einander Folge leisten (obéissent), in welchem Falle man jeden Punkt für sich betrachten könnte, sondern dass sie gegenseitig (mutuellement) auf einander einwirken, man also nicht einen ohne die anderen betrachten kann. Dies System sei ferner ein freies, d. h. ein solches, in welchem die Punkte den Einwirkungen (actions) der Kräfte ohne Hinderniss folgen. Irgend (quelconque) einer (l'un) der Punkte des

*) Méc. anal. Sect. VII. 60, 61. (Band II. p. 70 folgg. der dritten Ausgabe.)

Systems habe die Masse m, die rechtwinkligen Coordinaten desselben zur Zeit t seien x, y, z, und die Componenten der auf ihn wirkenden Kraft X, Y, Z; dann hat man bekanntlich folgende Gleichungen der Bewegung:

$$m\frac{d^2x}{dt^2}=X,\quad m\frac{d^2y}{dt^2}=Y,\quad m\frac{d^2z}{dt^2}=Z,$$

und ähnliche Gleichungen giebt es für alle Punkte des Systems. Die Grössen X, Y, Z hängen von den Coordinaten aller n Punkte ab und können auch ihre Differentialquotienten nach der Zeit t enthalten, was namentlich immer stattfindet, sobald der Widerstand in Rechnung zu ziehen ist.

Die obigen Differentialgleichungen der Bewegung können in eine äusserst vortheilhafte symbolische Form dadurch gebracht werden, dass man jede derselben, nachdem man die rechte Seite auf Null gebracht hat, mit einem willkürlichen Factor multiplicirt und die Producte addirt. Man erhält so die Gleichung:

$$\left(m\frac{d^2x}{dt^2}-X\right)\lambda+\left(m\frac{d^2y}{dt^2}-Y\right)\mu+\left(m\frac{d^2z}{dt^2}-Z\right)\nu+\text{u. s. w.}=0,$$

wo sich das u. s. w. auf ähnliche Glieder bezieht, welche von den übrigen Punkten des Systems herrühren. Indem man nun fordert, dass diese Gleichung für alle Werthe der Grössen $\lambda, \mu, \nu \ldots$ gelte, repräsentirt dieselbe das ganze obige System von Differentialgleichungen. Der Uebersichtlichkeit wegen wollen wir die Factoren $\lambda, \mu, \nu \ldots$ mit $\delta x, \delta y, \delta z$ bezeichnen, wo x, y, z rein als Indices anzusehen sind. Unsere symbolische Gleichung wird dadurch

$$\Sigma\left\{\left(m\frac{d^2x}{dt^2}-X\right)\delta x+\left(m\frac{d^2y}{dt^2}-Y\right)\delta y+\left(m\frac{d^2z}{dt^2}-Z\right)\delta z\right\}=0,$$

wo sich die Summe auf alle Punkte des Systems bezieht. Diese Gleichung muss also für alle Werthe von $\delta x, \delta y, \delta z \ldots$ bestehen. Die symbolische Bezeichnung in derselben ist sehr wichtig; es tritt nämlich häufig der Fall ein, dass ein Symbol als Grösse betrachtet und damit gerechnet und operirt wird, wie es überhaupt mit Grössen geschieht; hiervon werden wir später ein Beispiel haben.

Eine besondere Behandlung lässt der Fall zu, wo nur Attractionen nach festen Centren oder Attractionen der Punkte unter sich betrachtet werden. In diesem Falle lassen sich die Componenten $X, Y, Z, \ldots$ als partielle Differentialquotienten ein und derselben Grösse darstellen. *Lagrange* hat die wichtige Bemerkung gemacht, dass wenn man einen festen Punkt mit einem beweglichen verbindet, die Cosinus der Winkel, welche diese Linie mit den drei Coordinatenaxen bildet, die partiellen Differentialquotienten einer Grösse, der Entfernung der beiden Punkte, sind. Der feste Punkt habe die Coordinaten a, b, c, der bewegliche die Coordinaten x, y, z, der beide Punkte verbindende Radiusvector sei r; man ziehe durch den festen Punkt (a, b, c) drei Gerade parallel den Coordinatenaxen und zwar nach dem positiven Ende derselben gerichtet; die Winkel, welche der Radiusvector r mit diesen Geraden macht, seien α, β, γ. Man hat dann folgende Gleichungen:

$$r^2 = (x-a)^2+(y-b)^2+(z-c)^2;$$

$$\frac{\partial r}{\partial x} = \frac{x-a}{r} = \cos\alpha; \quad \frac{\partial r}{\partial y} = \frac{y-b}{r} = \cos\beta; \quad \frac{\partial r}{\partial z} = \frac{z-c}{r} = \cos\gamma\,^{*}).$$

Ist nun R die Kraft, mit welcher der Punkt (x, y, z) von dem Punkt (a, b, c) angezogen wird, so sind die Componenten, welche auf den Punkt (x, y, z) nach der positiven Seite der Coordinaten hin wirken:

$$= -R\frac{\partial r}{\partial x}, \quad -R\frac{\partial r}{\partial y}, \quad -R\frac{\partial r}{\partial z},$$

oder wenn wir

$$\int R\,dr = P$$

setzen:

$$= -\frac{\partial P}{\partial x}, \quad -\frac{\partial P}{\partial y}, \quad -\frac{\partial P}{\partial z}.$$

Die Componenten sind also die partiellen Differentialquotienten einer Grösse $-P$. Dies findet auch bei der gegenseitigen Anziehung zweier Punkte, p und p_1, statt. Ihre Coordinaten seien x, y, z und x_1, y_1, z_1, ihre Entfernung r, also

$$r^2 = (x-x_1)^2+(y-y_1)^2+(z-z_1)^2,$$

R sei die Kraft der Anziehung zwischen p und p_1; dann sind die auf p wirkenden Componenten:

$$-R\frac{\partial r}{\partial x}, \quad -R\frac{\partial r}{\partial y}, \quad -R\frac{\partial r}{\partial z}$$

und die auf p_1 wirkenden Componenten:

$$-R\frac{\partial r}{\partial x_1}, \quad -R\frac{\partial r}{\partial y_1}, \quad -R\frac{\partial r}{\partial z_1},$$

welche respective gleich und entgegengesetzt sind, da

$$\frac{\partial r}{\partial x} = \frac{x-x_1}{r}, \quad \frac{\partial r}{\partial x_1} = -\frac{x-x_1}{r},$$

*) Es wird hier wie im Folgenden immer für die partiellen Differentiationen das Zeichen ∂, für die vollständigen das Zeichen d gebraucht.

also:

$$\frac{\partial r}{\partial x_1} = -\frac{\partial r}{\partial x}, \text{ und ebenso: } \frac{\partial r}{\partial y_1} = -\frac{\partial r}{\partial y}, \quad \frac{\partial r}{\partial z_1} = -\frac{\partial r}{\partial z}.$$

Führt man nun wieder

$$P = \int R\,dr$$

ein, so sind die auf p wirkenden Componenten

$$-\frac{\partial P}{\partial x}, \quad -\frac{\partial P}{\partial y}, \quad -\frac{\partial P}{\partial z}$$

und die auf p_1 wirkenden Componenten

$$-\frac{\partial P}{\partial x_1}, \quad -\frac{\partial P}{\partial y_1}, \quad -\frac{\partial P}{\partial z_1}.$$

Betrachten wir jetzt n Punkte, welche sich gegenseitig anziehen. Ihre Massen seien $m_1, m_2, \dots m_n$, ihre Coordinaten $x_1, y_1, z_1, x_2, y_2, z_2, \dots x_n, y_n, z_n$, die Entfernung von m_1 und m_2 werde mit $r_{1,2}$ bezeichnet, das Integral derjenigen Function von $r_{1,2}$, welche die zwischen beiden Punkten wirkende Anziehung ausdrückt, mit $P_{1,2}$, worin man sich das Product der Massen m_1, m_2 als Factor eintretend zu denken hat. (Für das *Newton*sche Gesetz z. B. wird $P_{1,2} = -\frac{m_1 m_2}{r_{1,2}}$.) Dies vorausgesetzt, ist die Componente der Kraft, welche auf den Punkt m_1 wirkt, in der Richtung der x-Coordinaten:

$$= -\frac{\partial(P_{1,2}+P_{1,3}+\cdots+P_{1,n})}{\partial x_1}$$

und analog für die beiden anderen Componenten. Daher hat man für den Punkt m_1

$$m_1\frac{d^2x_1}{dt^2} = -\frac{\partial(P_{1,2}+P_{1,3}+\cdots+P_{1,n})}{\partial x_1},$$
$$m_1\frac{d^2y_1}{dt^2} = -\frac{\partial(P_{1,2}+P_{1,3}+\cdots+P_{1,n})}{\partial y_1},$$
$$m_1\frac{d^2z_1}{dt^2} = -\frac{\partial(P_{1,2}+P_{1,3}+\cdots+P_{1,n})}{\partial z_1}.$$

Aehnliche Gleichungen giebt es für die übrigen Punkte des Systems; für den Punkt m_2 z. B. ist die in Klammern eingeschlossene Grösse, deren Differentialquotient genommen wird, gleich $P_{2,1}+P_{2,3}+\cdots+P_{2,n}$. Die Grössen P haben aber die Eigenschaft, dass jede derselben nur von den Coordinaten der beiden Punkte abhängt, deren Indices angehängt sind; daher verschwinden bei der Differentiation nach x_1, y_1 oder z_1 die Differentialquotienten von $P_{2,3}, P_{2,4}, \dots P_{2,n}, P_{3,4}, \dots P_{n-1,n}$, und es bleiben nur die Differentialquotienten von $P_{1,2}$, $P_{1,3}$, ... $P_{1,n}$ übrig. Es werden also die auf den ersten Punkt bezüglichen Differentialgleichungen ganz ungeändert bleiben, wenn man auf der rechten Seite in der Klammer zu der Summe $P_{1,2}+P_{1,3}+\cdots+P_{1,n}$ noch die Summe aller übrigen P hinzufügt. Eine ähnliche Aenderung kann man bei den anderen Gleichungen in der in Klammern eingeschlossenen Grösse anbringen und erhält dann in den Differentialgleichungen des ganzen Systems die Differentialquotienten einer und derselben Grösse:

$$U = -(P_{1,2}+P_{1,3}+\cdots+P_{1,n}+P_{2,3}+\cdots+P_{2,n}+\cdots+P_{n-1,n}).$$

Wir haben auf diese Weise für irgend einen Punkt des Systems die Gleichungen

$$m_i\frac{d^2x_i}{dt^2} = \frac{\partial U}{\partial x_i}, \quad m_i\frac{d^2y_i}{dt^2} = \frac{\partial U}{\partial y_i}, \quad m_i\frac{d^2z_i}{dt^2} = \frac{\partial U}{\partial z_i}.$$

Diese Bemerkung, dass man in allen Gleichungen eine und dieselbe Grösse U einführen kann, scheint sehr einfach, und dennoch ist es das Uebersehen dieses Umstandes allein, welches *Euler* verhindert hat, die Allgemeinheit der *Lagrange*schen Resultate zu erreichen. *Euler* kannte das Princip der Erhaltung der lebendigen Kraft nur für Anziehungen nach festen Centren. Am Ende der *„Nova methodus inveniendi curvas maximi minimive proprietate gaudentes“* hat *Euler* in dem *„Appendix de motu projectorum“* mit sehr unvollkommenen Ausdrücken der Differentialgleichungen für die gegenseitige Attraction sich begnügt. Erst *Daniel Bernoulli* hat in einer der philosophischen Classe der Berliner Akademie eingereichten Abhandlung*) diese Bemerkung gemacht und dadurch dem Princip der Erhaltung der lebendigen Kraft seine wahre Bedeutung gegeben. *Lagrange* hat alsdann diese Bemerkung auf die Probleme angewandt, welche sich *Euler* in dem Aufsatz *„de motu projectorum“* gestellt hatte, und ist dadurch auf seine Hauptresultate gekommen.

Der Ausdruck U ist von *Hamilton* mit dem Namen *Kräftefunction* (force function) belegt worden. Der partielle Differentialquotient dieses Ausdrucks nach einer Coordinate einer der betrachteten n Massen giebt die Kraft, mit welcher diese Masse von allen übrigen angezogen wird, nach der Richtung dieser Coordinate gemessen.

Für das *Newton*sche Attractionsgesetz wird die Kräftefunction

$$U = \Sigma\frac{m_i m_{i_1}}{r_{i,i_1}},$$

*) Mém. de l'acad. de Berlin 1748.

also für den Fall dreier Körper

$$U = \frac{m_1 m_2}{r_{1,2}} + \frac{m_1 m_3}{r_{1,3}} + \frac{m_2 m_3}{r_{2,3}}.$$

In der Theorie der Zurückführung der Differentialgleichungen der Bewegung auf eine partielle Differentialgleichung erster Ordnung hat man es immer nur mit der Kräftefunction zu thun, daher ist ihre Einführung von der höchsten Wichtigkeit. Vorläufig werden wir sie sehr gut zur abgekürzten Darstellung der Gleichungen benutzen können.

Es ist von Interesse, sich klar zu machen, wie weit man die Grenzen der zu betrachtenden mechanischen Probleme ausdehnen kann, ohne die Einführung der Kräftefunction aufzugeben.

Bei der gegenseitigen Anziehung der Punkte ist es nicht nöthig vorauszusetzen, dass das Gesetz, nach welchem zwei Punkte einander anziehen, für je zwei Punkte des Systems dasselbe sei, sondern man kann hierüber jede beliebige Annahme machen, vorausgesetzt, dass die Anziehung lediglich von der Entfernung abhängt und dass irgend eine Masse m_i mit derselben Kraft von einer der anderen Massen m_{i_1} angezogen wird, wie m_{i_1} von m_i. Die Bemerkung dieser Ausdehnung ist nicht ohne allen Nutzen; so hat z. B. *Bessel* das Bedenken hervorgerufen, ob im Weltsystem zwischen je zwei Körpern dasselbe Anziehungsgesetz stattfindet, nicht als ob sich die Function der Entfernung in dem Gesetz änderte, sondern er machte die Hypothese, dass ein Körper des Sonnensystems z. B. die Sonne selbst den Saturn mit einer anderen Masse anzöge als den Uranus. Diese Hypothese würde also die Einführung der Kräftefunction nicht stören. Ausser den gegenseitigen Anziehungen der Massen können aber auch Attractionen nach festen Centren hinzukommen. Man kann sogar annehmen, was freilich nur eine mathematische Fiction ist, dass jedes der festen Centren nicht auf alle Massen wirkt, sondern nur auf eine oder auf eine bestimmte Anzahl derselben. Wird z. B. die Masse m_1 nach einem festen Centrum hingezogen, dessen Masse k und dessen Coordinaten a, b, c sind, so kommt, wenn das *Newton*sche Gesetz stattfindet, zu der Kräftefunction der Term

$$\frac{k m_1}{\sqrt{(x_1-a)^2+(y_1-b)^2+(z_1-c)^2}}$$

hinzu, und ähnliche Terme erhält man für die übrigen Massen, wenn das feste Centrum k auch auf sie einwirkt. Endlich können noch constante parallele Kräfte hinzukommen, welche ebenfalls nicht auf alle Massen zu wirken brauchen.

Wenn z. B. auf die Masse m_1 eine constante Kraft wirkt (wie die Schwere), deren Componenten nach den Richtungen der Coordinatenaxen A, B, Γ seien, so kommt zur Kräftefunction U der Term

$$Ax_1 + By_1 + \Gamma z_1$$

hinzu, und ähnliche Terme für die anderen Massen des Systems, wenn auf sie die constanten Kräfte A, B, Γ oder andere wirken. Für den Fall der festen Centren ist noch zu bemerken, dass, wenn sie auf alle im Problem vorkommenden Massen wirken, was natürlich in der Natur immer stattfindet, man dieselben wie bewegliche Massen ansehen kann. Hierdurch kommen zwar überflüssige Glieder in die Kräftefunction, nämlich diejenigen, welche die gegenseitige Attraction der festen Centren ausdrücken würden, indessen sind diese Glieder reine Constanten und fallen bei jeder Differentiation heraus.

Die symbolische Form, unter welche wir die Differentialgleichungen der Bewegung gebracht haben, war:

$$\Sigma\left\{\left(m_i\frac{d^2x_i}{dt^2}-X_i\right)\delta x_i+\left(m_i\frac{d^2y_i}{dt^2}-Y_i\right)\delta y_i+\left(m_i\frac{d^2z_i}{dt^2}-Z_i\right)\delta z_i\right\}=0,$$

welche Gleichung wir besser so schreiben können:

$$(1.)\qquad \Sigma m_i\left\{\frac{d^2x_i}{dt^2}\delta x_i+\frac{d^2y_i}{dt^2}\delta y_i+\frac{d^2z_i}{dt^2}\delta z_i\right\}=\Sigma\{X_i\delta x_i+Y_i\delta y_i+Z_i\delta z_i\}.$$

In dem Fall, wo man die Kräftefunction einführen kann, wird

$$X_i=\frac{\partial U}{\partial x_i},\quad Y_i=\frac{\partial U}{\partial y_i},\quad Z_i=\frac{\partial U}{\partial z_i},$$

daher:

$$\Sigma m_i\left\{\frac{d^2x_i}{dt^2}\delta x_i+\frac{d^2y_i}{dt^2}\delta y_i+\frac{d^2z_i}{dt^2}\delta z_i\right\}=\Sigma\left\{\frac{\partial U}{\partial x_i}\delta x_i+\frac{\partial U}{\partial y_i}\delta y_i+\frac{\partial U}{\partial z_i}\delta z_i\right\}.$$

In dieser Gleichung nun, wie in der obigen, sind die $\delta x_i \dots$ als willkürliche Factoren anzusehen, welche jeden Werth annehmen können, und $x_i \dots$ als Indices derselben. Betrachtet man aber für einen Augenblick δx_i, δy_i, δz_i als unendlich kleine Incremente von x_i, y_i, z_i, so wird nach den Regeln der Differentialrechnung die rechte Seite der letzten Gleichung

$$(A.)\qquad \Sigma\left\{\frac{\partial U}{\partial x_i}\delta x_i+\frac{\partial U}{\partial y_i}\delta y_i+\frac{\partial U}{\partial z_i}\delta z_i\right\}=\delta U,$$

also hat man

$$(2.)\qquad \Sigma m_i\left\{\frac{d^2x_i}{dt^2}\delta x_i+\frac{d^2y_i}{dt^2}\delta y_i+\frac{d^2z_i}{dt^2}\delta z_i\right\}=\delta U.$$

Hierin ist δU vorläufig nur als ein abgekürztes Zeichen für die Summe (A.) anzusehen, welche mit derselben nur übereinstimmt, wenn man die δ als unendlich kleine Incremente ansieht. Obgleich nun diese Bezeichnung nur einen Sinn hat, wenn die Kräftefunction existirt, so hat man sie sogar in manchen Fällen mit Vortheil auf die allgemeinere Gleichung (1.) angewendet, um die Rechnung bequemer zu machen. Jedoch kann dies nur unter dem Vorbehalt geschehen, dass man in der Entwickelung von δU den partiellen Differentialquotienten $\frac{\partial U}{\partial x_i}$ durch X_i zu ersetzen hat. Hierdurch kommt man, wenn man es nur mit linearen Substitutionen zu thun hat, in der Regel zu richtigen Resultaten. Dies ist der kühne Weg, den *Lagrange* in den Turiner Memoiren, freilich ohne ihn gehörig zu rechtfertigen, eingeschlagen hat.

Die Bezeichnung δU ist auch sehr vortheilhaft, wenn man für die Coordinaten $x_1, y_1, z_1, x_2, y_2, z_2, \ldots x_n, y_n, z_n$ neue $3n$ Variable $q_1, q_2, \ldots q_{3n}$ einführt. Man braucht nämlich dann nur diese neuen Variablen in U einzusetzen und nach den Regeln der Differentialrechnung zu entwickeln:

$$\delta U = \frac{\partial U}{\partial q_1}\delta q_1 + \frac{\partial U}{\partial q_2}\delta q_2 + \cdots + \frac{\partial U}{\partial q_{3n}}\delta q_{3n};$$

zugleich muss man aber für δx_i setzen:

$$\frac{\partial x_i}{\partial q_1}\delta q_1 + \frac{\partial x_i}{\partial q_2}\delta q_2 + \cdots + \frac{\partial x_i}{\partial q_{3n}}\delta q_{3n} = \sum_s \frac{\partial x_i}{\partial q_s}\delta q_s.$$

Die Richtigkeit dieser Behauptung lässt sich folgendermassen nachweisen:

Die $3n$ Differentialgleichungen der Bewegung sind:

$$m_i \frac{d^2 x_i}{dt^2} = \frac{\partial U}{\partial x_i}; \quad m_i \frac{d^2 y_i}{dt^2} = \frac{\partial U}{\partial y_i}; \quad m_i \frac{d^2 z_i}{dt^2} = \frac{\partial U}{\partial z_i},$$

wo dem i alle Werthe von 1 bis n inclusive beizulegen sind. Denkt man sich diese $3n$ Gleichungen respective mit $\frac{\partial x_i}{\partial q_k}, \frac{\partial y_i}{\partial q_k}, \frac{\partial z_i}{\partial q_k}$ multiplicirt und addirt, so erhält man:

$$\sum_i m_i \left\{ \frac{d^2 x_i}{dt^2}\frac{\partial x_i}{\partial q_k} + \frac{d^2 y_i}{dt^2}\frac{\partial y_i}{\partial q_k} + \frac{d^2 z_i}{dt^2}\frac{\partial z_i}{\partial q_k} \right\} = \frac{\partial U}{\partial q_k}.$$

Solcher Gleichungen erhält man $3n$, indem man für q_k nach einander alle q einsetzt. Diese $3n$ Gleichungen vertreten nun das ursprüngliche System von Gleichungen vollkommen, so dass das eine immer für das andere gesetzt werden kann. Multipliciren wir das letzte System mit willkürlichen Factoren $\delta q_1, \delta q_2, \ldots \delta q_s \ldots \delta q_{3n}$ und addiren, so erhalten wir eine neue symbolische

Gleichung, welche das letzte System von Differentialgleichungen und daher auch das frühere ganz ersetzt. Diese symbolische Gleichung wird aber:

$$\sum_s \sum_i m_i \left\{ \frac{d^2 x_i}{dt^2} \frac{\partial x_i}{\partial q_s} + \frac{d^2 y_i}{dt^2} \frac{\partial y_i}{\partial q_s} + \frac{d^2 z_i}{dt^2} \frac{\partial z_i}{\partial q_s} \right\} \delta q_s = \sum_s \frac{\partial U}{\partial q_s} \delta q_s,$$

oder wenn man die Summationen auf der linken Seite dieser Gleichung in umgekehrter Ordnung ausführt:

$$\sum_i m_i \left\{ \frac{d^2 x_i}{dt^2} \sum_s \frac{\partial x_i}{\partial q_s} \delta q_s + \frac{d^2 y_i}{dt^2} \sum_s \frac{\partial y_i}{\partial q_s} \delta q_s + \frac{d^2 z_i}{dt^2} \sum_s \frac{\partial z_i}{\partial q_s} \delta q_s \right\} = \sum_s \frac{\partial U}{\partial q_s} \delta q_s.$$

Diese Gleichung ist dieselbe, in welche (2.) übergeht, wenn man für δU $\sum_s \frac{\partial U}{\partial q_s} \delta q_s$ und für δx_i, δy_i, δz_i respective $\sum_s \frac{\partial x_i}{\partial q_s} \delta q_s$, $\sum_s \frac{\partial y_i}{\partial q_s} \delta q_s$, $\sum_s \frac{\partial z_i}{\partial q_s} \delta q_s$ einsetzt. Somit ist also die oben angegebene Regel für die Substitution neuer Variablen bewiesen. In der transformirten Gleichung sind alsdann wiederum die δq_s als von einander unabhängige Grössen zu betrachten und es zerfällt so die transformirte symbolische Gleichung in das soeben angegebene zweite System der $3n$ Gleichungen.

Aber in diesen Rechnungsvortheilen liegt nicht die Wichtigkeit unserer symbolischen Gleichungen (1.) und (2.). Die wahre Bedeutung dieser Darstellung besteht vielmehr darin, dass sie auch noch dann beibehalten werden kann, wenn das System nicht mehr ein freies ist, sondern wenn Bedingungsgleichungen hinzutreten, welche die Verbindung der Punkte ausdrücken. Aber alsdann sind die Variationen nicht mehr als ganz willkürlich und von einander unabhängig zu behandeln, sondern als *virtuelle* Variationen, d. h. als solche, welche mit den Bedingungen vereinbar sind. Nehmen wir z. B. an, dass drei Bedingungsgleichungen existiren

$$f = 0, \quad \varphi = 0, \quad \psi = 0,$$

so werden die zwischen den Variationen existirenden Relationen, welche sie zu virtuellen machen, durch folgende Gleichungen bestimmt:

$$\delta f = 0, \quad \delta\varphi = 0, \quad \delta\psi = 0,$$

oder entwickelt:

$$\sum \left(\frac{\partial f}{\partial x_i} \delta x_i + \frac{\partial f}{\partial y_i} \delta y_i + \frac{\partial f}{\partial z_i} \delta z_i \right) = 0,$$

$$\sum \left(\frac{\partial \varphi}{\partial x_i} \delta x_i + \frac{\partial \varphi}{\partial y_i} \delta y_i + \frac{\partial \varphi}{\partial z_i} \delta z_i \right) = 0,$$

$$\sum \left(\frac{\partial \psi}{\partial x_i} \delta x_i + \frac{\partial \psi}{\partial y_i} \delta y_i + \frac{\partial \psi}{\partial z_i} \delta z_i \right) = 0.$$

Jede Bedingungsgleichung giebt also eine lineare Relation zwischen den $3n$ Variationen $\ldots \delta x_i, \delta y_i, \delta z_i \ldots$. Hat man m Bedingungsgleichungen, also auch m Relationen zwischen den Variationen, so kann man alle Variationen durch $3n-m$ derselben ausdrücken und erhält durch Substitution derselben unsere symbolische Gleichung frei von m Variationen. Aber diese Elimination der m Variationen wird äusserst complicirt. Ein Auskunftsmittel für diese Schwierigkeit hat *Lagrange* in der Einführung eines Systems von Multiplicatoren gefunden.

Die im Obigen enthaltene Ausdehnung unserer symbolischen Gleichung auf ein durch Bedingungen beschränktes System ist, wie sich von selbst versteht, nicht bewiesen, sondern nur als Behauptung historisch ausgesprochen. Dies ausdrücklich zu sagen, scheint nöthig zu sein, denn obgleich *Laplace* diese Ausdehnung in der Mécanique céleste ebensowenig bewiesen hat, als es hier geschehen ist, sondern sie auch nur historisch behauptet, so hat man dies dennoch für einen Beweis gehalten. *Poinsot* hat gegen diese Meinung eine eigene Abhandlung*) geschrieben und sagt darin sehr richtig, dass sich die Mathematiker häufig durch den sehr langen Weg täuschen lassen, den sie zurückgelegt haben, zuweilen aber auch durch den sehr kurzen. Durch den langen Weg lassen sie sich täuschen, wenn sie durch sehr weite Rechnungen endlich zu einer Identität kommen, dieselbe aber für einen Satz halten. Ein Beispiel von dem Entgegengesetzten giebt unser Fall.

Diese Ausdehnung zu beweisen, ist keineswegs unsere Absicht, wir wollen sie vielmehr als ein Princip ansehen, welches zu beweisen nicht nöthig ist. Dies ist die Ansicht vieler Mathematiker, namentlich von *Gauss***).

Dritte Vorlesung.

Das Princip der Erhaltung der Bewegung des Schwerpunkts.

Wir wollen nun zum Beweise der allgemeinen Principe übergehen, welche für die bisher betrachteten mechanischen Probleme gelten. Das erste

---

*) *Liouvilles* Journal, vol. 3, p. 244.

**) Wahrscheinlich hat sich *Gauss* in diesem Sinne mündlich zu *Jacobi* geäussert; ein hierüber niedergeschriebener Ausspruch desselben scheint sich wenigstens nach Herrn Professor *Scherings* gütiger Mittheilung nicht zu finden. *C.*

derselben ist (vgl. die erste Vorlesung) das Princip der Erhaltung der Bewegung des Schwerpunkts.

Nehmen wir zuerst den einfacheren Fall, in welchem eine Kräftefunction existirt, so haben wir:

$$\Sigma m_i \left\{ \frac{d^2 x_i}{dt^2} \delta x_i + \frac{d^2 y_i}{dt^2} \delta y_i + \frac{d^2 z_i}{dt^2} \delta z_i \right\} = \delta U.$$

Wir wollen annehmen, dass sowohl U als die Bedingungsgleichungen nur von den Differenzen der Coordinaten abhängen, so dass sie sich gleich bleiben, wenn man alle x um eine und dieselbe Grösse vermehrt, und ebenso, wenn dies bei allen y oder allen z geschieht. Dann ist die Annahme:

$$\begin{aligned} \delta x_1 &= \delta x_2 = \cdots = \delta x_n = \lambda, \\ \delta y_1 &= \delta y_2 = \cdots = \delta y_n = \mu, \\ \delta z_1 &= \delta z_2 = \cdots = \delta z_n = \nu, \end{aligned}$$

eine mit den Bedingungsgleichungen vereinbare. Bei dieser Annahme erhalten wir:

$$(1.) \qquad \Sigma m_i \left\{ \frac{d^2 x_i}{dt^2} \lambda + \frac{d^2 y_i}{dt^2} \mu + \frac{d^2 z_i}{dt^2} \nu \right\} = \Sigma \frac{\partial U}{\partial x_i} \lambda + \Sigma \frac{\partial U}{\partial y_i} \mu + \Sigma \frac{\partial U}{\partial x_i} \nu.$$

Die rechte Seite ist aber $= 0$. In der That, da unserer Annahme nach U nur von den Differenzen der Coordinaten abhängt, so kann man, wenn

$$x_1 - x_n = \xi_1, \quad x_2 - x_n = \xi_2, \quad \ldots \quad x_{n-1} - x_n = \xi_{n-1}$$

gesetzt wird, der Grösse U, insofern sie von den x-Coordinaten abhängt, die Form geben:

$$U = F(\xi_1, \xi_2, \ldots \xi_{n-1}).$$

Dann ist zugleich:

$$\frac{\partial U}{\partial x_1} = \frac{\partial F}{\partial \xi_1}, \quad \frac{\partial U}{\partial x_2} = \frac{\partial F}{\partial \xi_2}, \quad \cdots \quad \frac{\partial U}{\partial x_{n-1}} = \frac{\partial F}{\partial \xi_{n-1}}, \quad \frac{\partial U}{\partial x_n} = -\frac{\partial F}{\partial \xi_1} - \frac{\partial F}{\partial \xi_2} - \cdots - \frac{\partial F}{\partial \xi_{n-1}},$$

also:

$$\frac{\partial U}{\partial x_1} + \frac{\partial U}{\partial x_2} + \cdots + \frac{\partial U}{\partial x_n} = \Sigma \frac{\partial U}{\partial x} = 0,$$

und ebenso:

$$\Sigma \frac{\partial U}{\partial y_i} = 0, \quad \Sigma \frac{\partial U}{\partial z_i} = 0.$$

Sonach zieht sich unsere obige Gleichung zusammen in:

$$\Sigma m_i \left\{ \frac{d^2 x_i}{dt^2} \cdot \lambda + \frac{d^2 y_i}{dt^2} \cdot \mu + \frac{d^2 z_i}{dt^2} \cdot \nu \right\} = 0,$$

und da diese Gleichung für alle Werthe von λ, μ, ν bestehen muss, so ist

$$\Sigma m_i \frac{d^2 x_i}{dt^2} = 0, \quad \Sigma m_i \frac{d^2 y_i}{dt^2} = 0, \quad \Sigma m_i \frac{d^2 z_i}{dt^2} = 0.$$

Setzen wir jetzt

$$\Sigma m_i = M, \quad \Sigma m_i x_i = MA, \quad \Sigma m_i y_i = MB, \quad \Sigma m_i z_i = MC,$$

so dass A, B, C, wie bekannt, die Coordinaten des Schwerpunkts des Systems sind, so kann man statt der obigen Gleichungen auch folgende schreiben:

$$(2.) \qquad \frac{d^2 A}{dt^2} = 0, \quad \frac{d^2 B}{dt^2} = 0, \quad \frac{d^2 C}{dt^2} = 0,$$

welche integrirt geben:

$$(3.) \qquad A = \alpha^{(0)} + \alpha' t, \quad B = \beta^{(0)} + \beta' t, \quad C = \gamma^{(0)} + \gamma' t,$$

d. h. der Schwerpunkt bewegt sich in einer geraden Linie, deren Gleichungen in den laufenden Coordinaten A, B, C

$$\frac{A - \alpha^{(0)}}{\alpha'} = \frac{B - \beta^{(0)}}{\beta'} = \frac{C - \gamma^{(0)}}{\gamma'}$$

sind, und bewegt sich in derselben mit der constanten Geschwindigkeit

$$\sqrt{\alpha'^2 + \beta'^2 + \gamma'^2}.$$

In dem allgemeineren Fall, in welchem die Kräftefunction nicht existirt, hat man statt der Gleichung (1.) folgende:

$$\Sigma m_i \left\{ \frac{d^2 x_i}{dt^2} \lambda + \frac{d^2 y_i}{dt^2} \mu + \frac{d^2 z_i}{dt^2} \nu \right\} = \Sigma X_i \lambda + \Sigma Y_i \mu + \Sigma Z_i \nu,$$

und da dieselbe für alle Werthe von λ, μ, ν gilt,

$$\Sigma m_i \frac{d^2 x_i}{dt^2} = \Sigma X_i, \quad \Sigma m_i \frac{d^2 y_i}{dt^2} = \Sigma Y_i, \quad \Sigma m_i \frac{d^2 z_i}{dt^2} = \Sigma Z_i$$

oder, wenn man die Schwerpunktscoordinaten einführt,

$$(4.) \qquad M \frac{d^2 A}{dt^2} = \Sigma X_i, \quad M \frac{d^2 B}{dt^2} = \Sigma Y_i, \quad M \frac{d^2 C}{dt^2} = \Sigma Z_i,$$

d. h. der Schwerpunkt bewegt sich so, als ob alle im System wirkenden Kräfte parallel mit sich selbst verschoben im Schwerpunkt angebracht wären, und als ob zugleich die Summe aller Massen im Schwerpunkt ihren Sitz hätte.

Sind die auf diese Weise parallel verschobenen Kräfte in ihrer neuen Lage im Gleichgewicht, ist also

$$\Sigma X_i = 0, \quad \Sigma Y_i = 0, \quad \Sigma Z_i = 0,$$

so wirken auf den Schwerpunkt gar keine beschleunigenden Kräfte. Dies findet statt, wenn nur gegenseitige Attractionen in dem System wirken, da alsdann

Wirkung und Gegenwirkung, in denselben Angriffspunkt verlegt, sich zerstören (dieser Fall ist schon oben behandelt, da nämlich alsdann immer eine Kräftefunction existirt); es findet aber nicht statt, sobald feste Centren im Probleme vorkommen.

Alles bisher Gesagte gilt natürlich nur, wenn die Bedingungsgleichungen nur von den Differenzen der x-Coordinaten, der y-Coordinaten und der z-Coordinaten abhängen. Ein solcher Fall ist das Seilpolygon, wenn man auf die Ausdehnung des Seils keine Rücksicht nimmt. Damit in diesem Fall auch die Kräftefunction allein von den Differenzen der Coordinaten abhänge, müssen die Endpunkte des Seils nicht befestigt gedacht werden, da sonst diese Punkte wie feste Centren in die Aufgabe eintreten. Bei einem ganz freien System gelten natürlich die Gleichungen (4.) unter allen Umständen. Giebt es eine Kräftefunction, die nicht bloss von den Differenzen der Coordinaten abhängt, was der Fall ist, wenn feste Centren oder constante Kräfte vorhanden sind, so gelten auch in diesem Falle die Gleichungen (4.) und nicht die Gleichungen (2.).

In dem Ausdrucke: „Princip der Erhaltung der Bewegung des Schwerpunkts" bezieht sich das Wort Erhaltung darauf, dass die Bewegung des Schwerpunkts durch dieselben Gleichungen dargestellt erhalten wird, als wenn keine Bedingungsgleichungen da wären. Wenn z. B. beim Seilpolygon die Verbindung der Punkte fortfallend gedacht wird, so werden die Gleichungen der Bewegung des Schwerpunkts nicht geändert, denn dieselben sind unabhängig von den Bedingungsgleichungen. Die Modification ist nur die, dass die Summen ΣX_i, ΣY_i, ΣZ_i andere Werthe erhalten, sobald die Coordinaten der einzelnen Punkte andere Functionen der Zeit werden. Sind aber diese Summen noch überdies Constanten, was z. B. der Fall ist, wenn das System allein der Schwere ausgesetzt ist, so ändert sich in der Bewegung des Schwerpunkts durch die Bedingungsgleichungen gar nichts.

Vierte Vorlesung.

Das Princip der Erhaltung der lebendigen Kraft.

Eine Hypothese über die Variationen, die sich unter allen Umständen mit den Bedingungsgleichungen verträgt, ist, dass man für jeden Werth von i

$$\delta x_i = \frac{dx_i}{dt}\,dt, \quad \delta y_i = \frac{dy_i}{dt}\,dt, \quad \delta z_i = \frac{dz_i}{dt}\,dt$$

setzt. Führen wir diese Werthe der Variationen in die symbolische Gleichung (2.) der zweiten Vorlesung ein, welche für den Fall der Existenz einer Kräftefunction gilt, so geht δU in dU über, und wir erhalten nach Division durch dt

$$\Sigma m_i \left\{ \frac{d^2 x_i}{dt^2} \frac{dx_i}{dt} + \frac{d^2 y_i}{dt^2} \frac{dy_i}{dt} + \frac{d^2 z_i}{dt^2} \frac{dz_i}{dt} \right\} = \frac{dU}{dt}.$$

Diese Gleichung lässt sich direct integriren; ihr Integral ist

$$(1.) \qquad \tfrac{1}{2} \Sigma m_i \left\{ \left(\frac{dx_i}{dt} \right)^2 + \left(\frac{dy_i}{dt} \right)^2 + \left(\frac{dz_i}{dt} \right)^2 \right\} = U + h,$$

wo h die willkürliche Constante der Integration ist. Bezeichnet man das Element des von der Masse m_i in der Zeit dt durchlaufenen Weges mit ds_i, ihre Geschwindigkeit mit v_i, so hat man

$$\left(\frac{dx_i}{dt} \right)^2 + \left(\frac{dy_i}{dt} \right)^2 + \left(\frac{dz_i}{dt} \right)^2 = \left(\frac{ds_i}{dt} \right)^2 = v_i^2,$$

die obige Gleichung nimmt also die Form an:

$$\tfrac{1}{2} \Sigma m_i v_i^2 = U + h.$$

Dies ist der Satz von der lebendigen Kraft. Lebendige Kraft eines Punktes nennt man nämlich das Quadrat seiner Geschwindigkeit multiplicirt in seine Masse; die lebendige Kraft eines Systems ist gleich der Summe der lebendigen Kräfte der einzelnen materiellen Punkte. Demnach lässt sich die Gleichung (1.) in Worten so aussprechen: *Die halbe lebendige Kraft eines Systems ist gleich der Kräftefunction vermehrt um eine Constante.*

Das Princip der Erhaltung der lebendigen Kraft ist, wie die Herleitung desselben gezeigt hat, unabhängig von den Bedingungsgleichungen, und hierauf beruht ein grosser Theil seiner Wichtigkeit. Es gilt, sobald die Kräftefunction existirt; eine Erweiterung der Fälle, in welchen die Kräftefunction eingeführt werden kann, musste auch eine Ausdehnung dieses Princips mit sich führen. Daher ist nach unserer früheren Bemerkung *Daniel Bernoulli* derjenige, welcher dieses Princip zu seiner heutigen allgemeinen Bedeutung erhoben hat, während man es vor ihm nur für Attractionen nach festen Centren kannte.

Durch Subtraction zweier Gleichungen (1.), welche für zwei verschiedene Zeiten gelten, kann man die willkürliche Constante h eliminiren und erhält dann den Satz: *Bewegt sich ein System von einem Ort zum anderen, so ist die Differenz der lebendigen Kraft des Systems für Anfang und Ende gleich der Differenz zwischen den Werthen der Kräftefunction für dieselben Momente.* Die Aenderung der lebendigen Kraft ist also nur von dem Anfangs- und Endwerth der Kräftefunction abhängig, die Mittelzustände haben auf dieselbe keinen Einfluss. Um dies anschaulicher zu machen, nehmen wir an, es bewege sich ein Punkt auf einer beliebigen Curve von einem gegebenen Anfangspunkt nach einem gegebenen Endpunkt hin; ist nun die Anfangsgeschwindigkeit gegeben, so ist auch die Endgeschwindigkeit eine und dieselbe, die dazwischen liegende Curve mag gestaltet sein, wie sie wolle. Die Geschwindigkeit muss hier natürlich nach der wirklich erfolgenden Bewegung in der Richtung der Tangente der Curve gemessen werden; derjenige Theil der Geschwindigkeit, welcher, wenn der ursprünglich dem Punkte mitgetheilte Stoss nicht in der Richtung der Tangente der Curve wirkt, durch den Widerstand derselben vernichtet wird, ist hier nicht mitzurechnen. Dieselbe Unabhängigkeit von der Gestalt des durchlaufenen Weges findet auch bei einem System statt. Als Corollar hiervon ergiebt sich der Satz: *Wenn die Bewegung eines Systems von der Art ist, dass es in dieselbe Lage zurückkehren kann, so ist bei der Rückkehr auch die lebendige Kraft dieselbe;* wobei vorausgesetzt wird, dass das Princip der lebendigen Kraft überhaupt gilt. Auf diese Unabhängigkeit von der Gestalt des durchlaufenen Weges oder, was dasselbe ist, von den Bedingungsgleichungen (denn von diesen wird die Gestalt des durchlaufenen Weges bestimmt) bezieht sich im Namen des Princips das Wort Erhaltung.

Der Ausdruck lebendige Kraft rührt von der Bedeutung her, die dieses Princip in der Maschinenlehre hat, deren Basis dasselbe seit *Carnot* geworden ist. Man hat in dieser Disciplin festgesetzt, dass die Hälfte der lebendigen Kraft, also $\frac{1}{2}\Sigma m_i v_i^2$, gleich der Arbeit der Maschine, oder, wie man sich in diesen practischen Dingen ausdrückt, $\frac{1}{2}\Sigma m_i v_i^2$ dasjenige ist, was an einer Maschine bezahlt wird. Dies verhält sich nämlich so: Man nimmt in der Maschinenlehre, insofern die Reibung nicht in Betracht gezogen wird, als Princip an, dass nur zur Fortbewegung einer Masse in der Richtung der auf sie wirkenden Kraft (und zwar im entgegengesetzten Sinn ihrer Wirkung) Arbeit erforderlich ist, während eine Bewegung in einer darauf senkrechten Richtung ohne Arbeit geschieht. Man nimmt ferner an, dass die Arbeit einer Maschine gemessen wird durch das Product der bewegenden Kraft in den Weg, den die von ihr in Bewegung gesetzte Masse zurückgelegt hat. Ein Gewicht horizontal fortzuschieben wird also nicht als Arbeit angesehen, sondern nur es zu heben, und die Arbeit des Hebens wird gemessen durch das Product des gehobenen Gewichts in die

Höhe, um welche es gehoben worden. Dies ist die Arbeit, welche z. B. bei der Ramme bezahlt wird.

In einem System von materiellen Punkten ist jeder derselben Angriffspunkt der in ihm wirkenden Kraft. Indem diese Angriffspunkte bei der Bewegung des Systems verschoben werden, müssen auch die in ihnen wirkenden Kräfte verschoben werden. Aber die Verrückung der Angriffspunkte geschieht im Allgemeinen nicht in der Richtung der Kräfte, die in ihnen thätig sind, sondern unter irgend einem Winkel gegen dieselbe; daher muss man, um die Arbeit des Systems zu bekommen, die Kraft nicht in den durchlaufenen Weg multipliciren, sondern in die Projection des durchlaufenen Weges auf die Richtung der Kraft. In dem Punkt m_i wirken die Kräfte $m_i \frac{d^2x_i}{dt^2}$, $m_i \frac{d^2y_i}{dt^2}$, $m_i \frac{d^2z_i}{dt^2}$ und zwar wirken dieselben parallel den Coordinatenaxen. Die Verrückung von m_i in dem Zeitelement dt ist ds_i, die Projectionen derselben auf die Coordinatenaxen sind respective dx_i, dy_i, dz_i, daher ist die auf Fortbewegung des Punktes m_i verwandte Arbeit im Zeitelement dt

$$m_i\left\{\frac{d^2x_i}{dt^2}dx_i+\frac{d^2y_i}{dt^2}dy_i+\frac{d^2z_i}{dt^2}dz_i\right\}$$

und die bei der Bewegung des ganzen Systems im Zeitelement dt geleistete Arbeit

$$\Sigma m_i\left\{\frac{d^2x_i}{dt^2}dx_i+\frac{d^2y_i}{dt^2}dy_i+\frac{d^2z_i}{dt^2}dz_i\right\}=\tfrac{1}{2}d(\Sigma m_i v_i^2),$$

woraus man für die Arbeit in der von t_0 bis t_1 verflossenen Zeit erhält

$$\tfrac{1}{2}\{\Sigma m_i v^2_{i\,(t=t_1)}-\Sigma m_i v^2_{i\,(t=t_0)}\}.$$

Die halbe Differenz des Anfangs- und Endwerthes der Summe $\Sigma m_i v_i^2$ ist also das Maass für die Arbeit des Systems. Dies ist der wahrscheinliche Grund des von *Leibniz* für diese Summe eingeführten Namens „lebendige Kraft", über dessen Entstehung man viel gestritten hat.

In dem Fall, wo die Kräftefunction eine homogene Function ist, und wo man es mit einem freien System zu thun hat, kann man dem Satz von den lebendigen Kräften, der in Gleichung (1.) enthalten ist, eine sehr interessante Form geben. U sei eine homogene Function der k^{ten} Dimension; dann ist bekanntlich

$$\Sigma\left(x_i\frac{\partial U}{\partial x_i}+y_i\frac{\partial U}{\partial y_i}+z_i\frac{\partial U}{\partial z_i}\right)=kU.$$

Hat man es mit einem freien System zu thun, so kann man

$$\delta x_i=x_i\omega,\quad \delta y_i=y_i\omega,\quad \delta z_i=z_i\omega$$

setzen, wo ω eine unendlich kleine Grösse bezeichnet, und erhält dann mit Berücksichtigung der Gleichung für die Homogeneität von U

$$\delta U = kU.\omega.$$

Daher wird unsere symbolische Gleichung (Gl. (2.) der zweiten Vorlesung)

$$\Sigma m_i\left(x_i\frac{d^2x_i}{dt^2}+y_i\frac{d^2y_i}{dt^2}+z_i\frac{d^2z_i}{dt^2}\right)=kU,$$

wo der gemeinschaftliche Factor ω weggelassen ist. Addiren wir hierzu die mit 2 multiplicirte Gleichung (1.), so erhalten wir

$$\Sigma m_i\left\{x_i\frac{d^2x_i}{dt^2}+\left(\frac{dx_i}{dt}\right)^2+y_i\frac{d^2y_i}{dt^2}+\left(\frac{dy_i}{dt}\right)^2+z_i\frac{d^2z_i}{dt^2}+\left(\frac{dz_i}{dt}\right)^2\right\}=(k+2)U+2h$$

oder

$$\Sigma m_i\frac{d}{dt}\left(x_i\frac{dx_i}{dt}+y_i\frac{dy_i}{dt}+z_i\frac{dz_i}{dt}\right)=(k+2)U+2h$$

oder auch

$$\tfrac{1}{2}\Sigma m_i\frac{d^2}{dt^2}(x_i^2+y_i^2+z_i^2)=(k+2)U+2h$$

oder, wenn wir

$$x_i^2+y_i^2+z_i^2=r_i^2$$

setzen und mit 2 multipliciren:

$$(2.)\qquad \frac{d^2(\Sigma m_i r_i^2)}{dt^2}=(2k+4)U+4h.$$

Der Ausdruck $\Sigma m_i r_i^2$ kann auf eine merkwürdige Art umgeformt werden, nämlich so, dass nicht mehr die Entfernungen aller Punkte vom Anfangspunkt der Coordinaten vorkommen, sondern nur die gegenseitigen Entfernungen der Punkte und die Entfernung des Schwerpunkts vom Anfangspunkt der Coordinaten. Transformationen dieser Art sind Lieblingsformeln von *Lagrange.* Die in Rede stehende erhält man folgendermassen:

Es ist, wie leicht einzusehen,

$$(\Sigma m_i)(\Sigma m_i x_i^2)-(\Sigma m_i x_i)^2=\Sigma m_i m_{i'}(x_i^2+x_{i'}^2-2x_i x_{i'}),$$

wo auf der rechten Seite die Summe nur auf verschiedene Werthe von i und i', jede Combination einmal gerechnet, auszudehnen ist. Aehnliche Gleichungen giebt es für y und z; addirt man alle drei, so erhält man

$$\begin{aligned}(\Sigma m_i)(\Sigma m_i(x_i^2+y_i^2+z_i^2))&-(\Sigma m_i x_i)^2-(\Sigma m_i y_i)^2-(\Sigma m_i z_i)^2\\ &=\Sigma m_i m_{i'}\{(x_i-x_{i'})^2+(y_i-y_{i'})^2+(z_i-z_{i'})^2\}.\end{aligned}$$

Nun führe man wie früher die Coordinaten des Schwerpunkts ein und setze

$$\Sigma m_i = M,\quad \Sigma m_i x_i = MA,\quad \Sigma m_i y_i = MB,\quad \Sigma m_i z_i = MC,$$

ferner bezeichne man die Entfernung der Punkte m_i, $m_{i'}$ von einander mit $r_{i,i'}$; alsdann ist

$$(3.)\qquad M\Sigma m_i r_i^2 - M^2(A^2+B^2+C^2) = \Sigma m_i m_{i'} r_{i,i'}^2.$$

Hierin hat man nach dem Früheren

$$A = \alpha^{(0)}+\alpha't,\quad B = \beta^{(0)}+\beta't,\quad C = \gamma^{(0)}+\gamma't$$

zu substituiren. Führt man diese Substitutionen aus und differentiirt zweimal nach der Zeit, so kommt

$$\frac{d^2(\Sigma m_i r_i^2)}{dt^2} = 2M(\alpha'^2+\beta'^2+\gamma'^2)+\frac{d^2(\Sigma m_i m_{i'} r_{i,i'}^2)}{Mdt^2},$$

und wenn man dies in die Gleichung (2.) einführt,

$$\frac{d^2(\Sigma m_i m_{i'} r_{i,i'}^2)}{Mdt^2} = (2k+4)U+4h-2M(\alpha'^2+\beta'^2+\gamma'^2)$$

oder endlich, wenn man

$$4h-2M(\alpha'^2+\beta'^2+\gamma'^2) = 4h'$$

setzt,

$$(4.)\qquad \frac{d^2(\Sigma m_i m_{i'} r_{i,i'}^2)}{Mdt^2} = (2k+4)U+4h'.$$

In der Gleichung (3.) sind die Grössen r_i die Radien Vectoren der materiellen Punkte des Systems vom Anfangspunkt der Coordinaten aus gerechnet, $\sqrt{A^2+B^2+C^2}$ der Radius Vector des Schwerpunkts von ebendaher gerechnet; diese Grössen ändern sich daher, sobald man den Anfangspunkt der Coordinaten verlegt. Die Grössen $r_{i,i'}$ sind dagegen unabhängig von der Wahl des Anfangspunkts der Coordinaten, denn sie sind die Entfernungen je zweier Punkte des Systems unter sich. Man nehme nun den Schwerpunkt zum Anfangspunkt der Coordinaten, wodurch $A^2+B^2+C^2=0$ wird; zu gleicher Zeit bezeichne man die Radien Vectoren vom Schwerpunkt aus gerechnet mit ϱ_i, dann geht die Gleichung (3.) über in

$$(5.)\qquad M\Sigma m_i \varrho_i^2 = \Sigma m_i m_{i'} r_{i,i'}^2.$$

Wenn man aus dieser Gleichung und (3.) $\Sigma m_i m_{i'} r_{i,i'}^2$ eliminirt, so ergiebt sich:

$$(6.)\qquad \Sigma m_i r_i^2 = \Sigma m_i \varrho_i^2 + M(A^2+B^2+C^2),$$

d. h. die Summe $\Sigma m_i r_i^2$ für irgend einen Punkt genommen (wenn derselbe als Anfangspunkt der Coordinaten betrachtet wird) ist gleich derselben Summe für den Schwerpunkt, vermehrt um das in die Summe der Massen aller materiellen Punkte multiplicirte Quadrat der Entfernung jenes Punktes vom Schwerpunkt.

Hieraus sieht man, dass $\Sigma m_i r_i^2$ für den Schwerpunkt ein Minimum ist, und dass diese Grösse proportional dem Quadrate der Entfernung vom Schwerpunkt wächst; $\Sigma m_i r_i^2$ wird daher einen constanten Werth annehmen für alle Punkte, die auf der Oberfläche einer um den Schwerpunkt als Mittelpunkt beschriebenen Kugel liegen. Ein ähnlicher Satz gilt für die Ebene, wo der geometrische Ort der Punkte, für welche $\Sigma m_i r_i^2$ constant bleibt, ein Kreis ist.

Die Formel (6.) können wir auch selbständig beweisen. In der That verrücken wir unser früheres ganz beliebiges Coordinatensystem parallel mit sich selbst, so dass der neue Anfangspunkt der Coordinaten in den Schwerpunkt fällt, und bezeichnen in dem neuen Coordinatensystem die Coordinaten unserer n materiellen Punkte mit $\xi_1, \eta_1, \zeta_1; \xi_2, \eta_2, \zeta_2; \ldots \xi_n, \eta_n, \zeta_n$, so haben wir für jedes i

$$x_i = \xi_i + A, \quad y_i = \eta_i + B, \quad z_i = \zeta_i + C,$$

wo A, B, C als Coordinaten des Schwerpunkts durch die Gleichungen

$$\Sigma m_i = M, \quad \Sigma m_i x_i = MA, \quad \Sigma m_i y_i = MB, \quad \Sigma m_i z_i = MC$$

definirt werden. Daher ist

$$\begin{aligned} \Sigma m_i r_i^2 &= \Sigma m_i x_i^2 + \Sigma m_i y_i^2 + \Sigma m_i z_i^2 \\ &= \Sigma m_i \xi_i^2 + 2A\Sigma m_i \xi_i + A^2 \Sigma m_i \\ &\quad + \Sigma m_i \eta_i^2 + 2B\Sigma m_i \eta_i + B^2 \Sigma m_i \\ &\quad + \Sigma m_i \zeta_i^2 + 2C\Sigma m_i \zeta_i + C^2 \Sigma m_i. \end{aligned}$$

Nun ist aber

$$MA = \Sigma m_i x_i = \Sigma m_i \xi_i + \Sigma m_i . A = \Sigma m_i \xi_i + MA,$$

daher

$$\Sigma m_i \xi_i = 0,$$

ebenso

$$\Sigma m_i \eta_i = 0, \quad \Sigma m_i \zeta_i = 0.$$

Hierdurch erhalten wir

$$\Sigma m_i r_i^2 = \Sigma m_i (\xi_i^2 + \eta_i^2 + \zeta_i^2) + M(A^2 + B^2 + C^2),$$

übereinstimmend mit Formel (6.).

Eine ähnliche Formel ergiebt sich für die Differentiale. Aus unseren bisherigen Formeln nämlich finden sich die Differentialformeln

$$dx_i = d\xi_i + dA, \quad dy_i = d\eta_i + dB, \quad dz_i = d\zeta_i + dC,$$
$$\Sigma m_i d\xi_i = 0, \quad \Sigma m_i d\eta_i = 0, \quad \Sigma m_i d\zeta_i = 0,$$

und hieraus erhält man

$$\Sigma m_i (dx_i^2 + dy_i^2 + dz_i^2) = \Sigma m_i (d\xi_i^2 + d\eta_i^2 + d\zeta_i^2) + M(dA^2 + dB^2 + dC^2)$$

oder, wenn wir durch dt^2 dividiren,

$$(7.)\quad \begin{cases} \Sigma m_i\left\{\left(\frac{dx_i}{dt}\right)^2+\left(\frac{dy_i}{dt}\right)^2+\left(\frac{dz_i}{dt}\right)^2\right\} \\ = \Sigma m_i\left\{\left(\frac{d\xi_i}{dt}\right)^2+\left(\frac{d\eta_i}{dt}\right)^2+\left(\frac{d\zeta_i}{dt}\right)^2\right\}+M\left\{\left(\frac{dA}{dt}\right)^2+\left(\frac{dB}{dt}\right)^2+\left(\frac{dC}{dt}\right)^2\right\}, \end{cases}$$

d. h. die absolute lebendige Kraft des Systems ist gleich der relativen lebendigen Kraft desselben in Beziehung auf den Schwerpunkt (oder, wie man sich ausdrückt, um den Schwerpunkt) vermehrt um die absolute lebendige Kraft des Schwerpunkts. Daher ist die absolute lebendige Kraft des Systems immer grösser als seine relative lebendige Kraft um den Schwerpunkt.

Man kann die relative lebendige Kraft um den Schwerpunkt in den Satz der lebendigen Kräfte einführen. Dieser Satz war in der Gleichung

$$\tfrac{1}{2}\Sigma m_i\left\{\left(\frac{dx_i}{dt}\right)^2+\left(\frac{dy_i}{dt}\right)^2+\left(\frac{dz_i}{dt}\right)^2\right\} = U+h$$

enthalten. Transformirt man die linke Seite dieser Gleichung mittelst der Gleichung (7.), so findet sich

$$\tfrac{1}{2}\Sigma m_i\left\{\left(\frac{d\xi_i}{dt}\right)^2+\left(\frac{d\eta_i}{dt}\right)^2+\left(\frac{d\zeta_i}{dt}\right)^2\right\} = U+h-\tfrac{1}{2}M\left\{\left(\frac{dA}{dt}\right)^2+\left(\frac{dB}{dt}\right)^2+\left(\frac{dC}{dt}\right)^2\right\}.$$

Es ist aber

$$h-\tfrac{1}{2}M\left\{\left(\frac{dA}{dt}\right)^2+\left(\frac{dB}{dt}\right)^2+\left(\frac{dC}{dt}\right)^2\right\} = h-\tfrac{1}{2}M(\alpha'^2+\beta'^2+\gamma'^2),$$

also dasselbe, was wir bisher mit h' bezeichnet haben. Mithin wird

$$(8.)\quad \tfrac{1}{2}\Sigma m_i\left\{\left(\frac{d\xi_i}{dt}\right)^2+\left(\frac{d\eta_i}{dt}\right)^2+\left(\frac{d\zeta_i}{dt}\right)^2\right\} = U+h'.$$

Der Satz der lebendigen Kräfte gilt also ebensowohl für die relative lebendige Kraft um den Schwerpunkt, als für die absolute; es ändert sich hierbei nur die Constante h in h'. Man darf übrigens nicht vergessen, dass hier vorausgesetzt wird, es gelte das Princip der Erhaltung der Bewegung des Schwerpunkts; denn auf dieser Voraussetzung beruht die Substitution von $\alpha'^2+\beta'^2+\gamma'^2$ für $\left(\frac{dA}{dt}\right)^2+\left(\frac{dB}{dt}\right)^2+\left(\frac{dC}{dt}\right)^2$. Das Resultat (8.) konnte man übrigens vorhersehen. In der That, falls das Princip der Erhaltung der Bewegung des Schwerpunkts gilt, sind U und die Bedingungsgleichungen nur von den Differenzen der Coordinaten abhängig; diese Ausdrücke bleiben also ungeändert, wenn man

ξ_i, η_i, ζ_i an die Stelle von x_i, y_i, z_i setzt, wo

$$x_i = \xi_i + A,\quad y_i = \eta_i + B,\quad z_i = \zeta_i + C;$$

ferner hat man

$$\frac{d^2A}{dt^2} = 0,\quad \frac{d^2B}{dt^2} = 0,\quad \frac{d^2C}{dt^2} = 0,$$

daher

$$\frac{d^2x_i}{dt^2} = \frac{d^2\xi_i}{dt^2},\quad \frac{d^2y_i}{dt^2} = \frac{d^2\eta_i}{dt^2},\quad \frac{d^2z_i}{dt^2} = \frac{d^2\zeta_i}{dt^2}.$$

Die symbolische Gleichung

$$\Sigma m_i\left(\frac{d^2x_i}{dt^2}\delta x_i + \frac{d^2y_i}{dt^2}\delta y_i + \frac{d^2z_i}{dt^2}\delta z_i\right) = \delta U$$

und die Bedingungsgleichungen des Problems gelten also noch, wenn man für x_i, y_i, z_i, ... die Grössen ξ_i, η_i, ζ_i setzt, d. h. diese Gleichungen gelten eben so wohl für die relative Bewegung um den Schwerpunkt als für die absolute. Dasselbe musste daher auch mit der daraus gezogenen Consequenz, dem Satz der lebendigen Kraft, der Fall sein, wobei sich freilich die Constante der Integration ändern konnte, was auch wirklich eintritt.

Aus der obenstehenden Auseinandersetzung sieht man, dass man im Falle der Gültigkeit des Princips der Erhaltung der Bewegung des Schwerpunkts nur nöthig hat, die relative Bewegung des Systems um den Schwerpunkt zu bestimmen. Alsdann suche man die Bewegung des Schwerpunkts, und man erhält aus der blossen Addition beider Bewegungen die absolute Bewegung des Systems.

Das Sonnensystem liefert ein Beispiel für diese Kategorie von Problemen. Aber wir kennen nur seine relative Bewegung. Zur Bestimmung der Bewegung des Schwerpunkts fehlen uns alle Data; denn hierzu müsste es wirkliche Fixsterne geben, was sehr zweifelhaft ist, und diese müssten uns so nahe sein, dass sie in Beziehung auf eine 40 Millionen Meilen lange Linie (grosse Axe der Erdbahn) eine einigermassen in Betracht kommende Parallaxe gäben. *Argelander* hat in neuerer Zeit die Verhältnisse von $\alpha':\beta':\gamma'$ (Siehe Gl. (3.) der dritten Vorlesung), d. h. die Richtung der Bewegung des Schwerpunkts zu bestimmen gesucht und zwar nach einer von dem älteren *Herschel* angeregten Idee; indessen beruht diese Bestimmung nur auf Wahrscheinlichkeitsgründen.

Wir kehren jetzt wieder zur Gleichung (4.) zurück, welche für den Fall, wo U eine homogene Function k^{ter} Ordnung ist, das Princip der Erhaltung der lebendigen Kraft in der interessanten Form

$$\frac{d^2(\Sigma m_i m_{i'} r_{i,i'}^2)}{M dt^2} = (2k+4)U + 4h'$$

enthielt. Mit Berücksichtigung der Gleichung (5.) kann man hierfür schreiben

$$\frac{d^2(\Sigma m_i \varrho_i^2)}{dt^2} = (2k+4)U + 4h',$$

wo die ϱ_i die vom Schwerpunkt aus gezogenen Radien Vectoren sind. Für das Sonnensystem ist $k = -1$, also hat man

$$\frac{d^2(\Sigma m_i \varrho_i^2)}{dt^2} = 2U + 4h',$$

wo

$$U = \Sigma \frac{m_i m_{i'}}{r_{i,i'}}.$$

Ueber diese Gleichung lassen sich mehrere Betrachtungen anstellen. Wäre die Attraction umgekehrt proportional nicht dem Quadrate der Entfernung, sondern dem Cubus derselben, so könnte man die obige Gleichung integriren. Denn in diesem Falle wäre $k = -2$, $2k+4 = 0$, also, wenn $\Sigma m_i \varrho_i^2$ zur Abkürzung mit R bezeichnet wird,

$$\frac{d^2 R}{dt^2} = 4h'.$$

Aber alsdann würde das Sonnensystem auseinandergehen, denn eine zweimalige Integration ergiebt:

$$R = 2h't^2 + h''t + h''',$$

es würde also mit wachsender Zeit R ins Unendliche wachsen. Da aber $R = \Sigma m_i \varrho_i^2$, so müsste wenigstens ein Körper des Sonnensystems in eine unendliche Entfernung vom Schwerpunkt desselben rücken.

Aehnliche Betrachtungen zeigen, dass für den wirklichen Fall des Sonnensystems, d. h. für die dem Quadrate der Entfernung umgekehrt proportionale Attraction die Constante h' negativ sein muss, wenn das Sonnensystem stabil sein soll. In der That, insofern im Sonnensystem nur anziehende Kräfte wirken, ist die Kräftefunction U eine ihrer Natur nach positive Grösse. Nun hat zwar *Bessel* die Hypothese gemacht, dass die Sonne eine abstossende Kraft gegen die Kometen besitze, und hat hiermit die Erscheinung in Verbindung gebracht, dass alle Kometenschweife von der Sonne abgekehrt sind; indessen ist dies doch noch nichts Gewisses und man wird vorläufig bei allgemeinen Betrachtungen von

dieser abstossenden Kraft absehen müssen. Demnach ist also U eine nothwendig positive Grösse. Dies vorausgesetzt, erhalten wir durch Integration der Gleichung

$$\frac{d^2R}{dt^2} = 2U + 4h'$$

zwischen den Grenzen 0 und t

$$\frac{dR}{dt} - R'_0 = \int_0^t (2U + 4h')dt,$$

oder, wenn α den kleinsten Werth von U zwischen den Grenzen 0 und t bedeutet,

$$\frac{dR}{dt} - R'_0 > (2\alpha + 4h')t,$$

wo R'_0 der Werth von $\frac{dR}{dt}$ für $t = 0$ ist. Die zweite Integration dieser Gleichung zwischen den Grenzen 0 und t giebt, wenn R_0 der Werth von R für $t = 0$ ist,

$$R - R_0 - R'_0 t > (\alpha + 2h')t^2$$

oder

$$R > R_0 + R'_0 t + (\alpha + 2h')t^2.$$

Hier ist α eine nothwendig positive Grösse, da U seiner Natur nach positiv ist. Wäre nun $2h'$ positiv, so wäre es auch $\alpha + 2h'$, also würde R mit wachsendem t ins Unendliche wachsen, d. h. das Sonnensystem wäre nicht stabil; $2h'$ muss also negativ sein. Aber sein numerischer Werth darf nicht grösser sein als der grösste Werth, den U zwischen 0 und t annimmt; denn sonst wären alle Elemente des Integrals $2\int_0^t (U + 2h')dt$ negativ, man könnte daher

$$\frac{dR}{dt} - R'_0 < -2\beta t$$

setzen, wo β eine positive Grösse ist, nämlich der kleinste numerische Werth, den $U + 2h'$ zwischen 0 und t annimmt; die Integration giebt

$$R < R_0 + R'_0 t - \beta t^2,$$

d. h. R näherte sich mit wachsendem t der negativen Unendlichkeit, was absurd ist, da R eine Summe von Quadraten bedeutet. Man kann alle diese Betrachtungen in der Behauptung zusammenfassen, dass $U + 2h'$ in den Grenzen der Integration weder lauter positive, noch lauter negative Werthe haben kann, die Stabilität des Sonnensystems vorausgesetzt. $U + 2h'$ muss also vom Positiven zum Negativen fortwährend herüber und hinüberschwanken, d. h. U muss um $-2h'$ herumschwanken. Diese Schwankungen von U müssen aber in bestimmten endlichen Grenzen eingeschlossen sein; denn gesetzt U werde zu einer Zeit unendlich gross, so kann dies, da $U=\Sigma\frac{m_i m_{i'}}{r_{i,i'}}$ ist, nur dadurch geschehen, dass sich zwei Körper unendlich nahe kommen. Da dann ihre Attraction unendlich gross wird, so würden sie sich nie wieder trennen können; es bleibt also von der Zeit an ein bestimmtes $r_{i,i'}=0$, mithin $U=\infty$, und es wird, sowie man über diese Zeit hinaus integrirt, $\iint(U+2h')dt^2$, mithin auch R, einen unendlich grossen positiven Werth erhalten, welchen Werth auch h' habe. Es müssten also andere Körper des Sonnensystems sich unendlich weit entfernen, mithin müsste die Stabilität aufhören. U muss also um $-2h'$ herum Schwankungen machen, die zwischen bestimmten endlichen Grenzen eingeschlossen sind, von welchem Verhalten die periodischen Functionen ein Beispiel geben, deren constanter Term $=-2h'$ ist. Dies wird durch die Formeln für die elliptische Bewegung bestätigt. In diesen ist $U=\frac{1}{r}$, $-2h'=\frac{1}{a}$, (abgesehen von einem constanten, beiden Grössen gemeinsamen Factor) r muss also um a herumschwanken, was in der That der Fall ist, ferner muss die Entwickelung von $\frac{1}{r}$ nach der mittleren Anomalie den constanten Term $\frac{1}{a}$ enthalten, und auch dies findet wirklich statt. Bei der gegenseitigen Anziehung zweier Körper geben negative Werthe von h' die elliptische Bewegung, $h'=0$ entspricht der parabolischen, und positive Werthe geben die hyperbolische Bewegung, was ebenfalls mit unseren Resultaten übereinstimmt.

Den Satz, dass U um $-2h'$ oder $U+2h'$ um Null herumschwankt, kann man auch so ausdrücken, dass $2U+2h'$ um U herumschwankt; $2U+2h'$ ist aber nach Gleichung (8.) die lebendige Kraft (um den Schwerpunkt); also muss der Werth der lebendigen Kraft um den Werth der Kräftefunction herumschwanken. Werden alle Entfernungen im System sehr gross, so wird die Kräftefunction sehr klein, also nach dem Satz der lebendigen Kraft auch diese. Mithin werden ebenso die Geschwindigkeiten sehr klein, oder je mehr die Entfernungen wachsen, desto kleiner werden die Geschwindigkeiten; hierauf beruht die Stabilität.

In diesen und ähnlichen Betrachtungen liegt der Kern der berühmten Untersuchungen von *Laplace, Lagrange* und *Poisson* über die Stabilität des Weltsystems. Es existirt nämlich der Satz: Nimmt man die Elemente einer Planetenbahn veränderlich an und entwickelt die grosse Axe nach der Zeit, so tritt diese nur als Argument periodischer Functionen ein, es kommen keine der Zeit proportionale Terme vor. Diesen Satz hat zuerst *Laplace* nur für kleine Excentricitäten und die erste Potenz der Masse bewiesen. *Lagrange* dehnte ihn*) mit einem Federstrich auf beliebige Excentricitäten aus. *Poisson* endlich bewies**), dass er auch noch gilt, wenn man die zweite Potenz der Masse berücksichtigt; diese Arbeit ist eine seiner schönsten. Bei der Berücksichtigung der dritten Potenz der Masse kommt schon die Zeit ausserhalb der periodischen Functionen, aber noch mit denselben multiplicirt vor; wird noch die vierte Potenz berücksichtigt, so tritt t sogar schon, ohne in periodische Functionen multiplicirt zu sein, auf. Das Resultat für die dritte Potenz gäbe also noch immer Oscillationen um einen Mittelwerth, aber für $t = \infty$ unendlich grosse, bei Berücksichtigung der vierten Potenz sind aber überhaupt dergleichen Oscillationen nicht mehr vorhanden. Auf ein ähnliches Resultat kommt man bei den kleinen Schwingungen; bei Berücksichtigung höherer Potenzen der Verschiebungen kommt man hier zu dem Ergebniss, dass kleine Impulse mit wachsendem t zu immer grösseren Schwingungen führen.

Aber alle diese Resultate beweisen genau genommen gar nichts. Denn indem man die höheren Potenzen der Verschiebungen vernachlässigt, nimmt man an, dass die Zeit klein sei, und kann nicht hieraus Schlüsse auf grosse Werthe von t machen. Man hätte sich daher gar nicht wundern dürfen, wenn auch für die erste und zweite Potenz der Masse die Zeit schon ausserhalb der periodischen Functionen vorkäme; denn die Berechtigung zur Entwickelung und Vernachlässigung der höheren Potenzen der Masse liegt nur in der Annahme, dass t eine gewisse Grenze nicht übersteigt. Man bewegt sich daher in einem Kreise.

Ein anschauliches Beispiel hiervon giebt das Pendel. Die Stellung, in welcher die Kugel senkrecht über dem Aufhängungspunkt sich befindet, giebt ein labiles Gleichgewicht des Pendels. Man erhält hier die Zeit ausserhalb des Sinus und Cosinus und und schliesst daraus mit Recht, dass ein unendlich kleiner Impuls eine endliche Bewegung giebt; aber es wäre sehr falsch, aus dem Umstand, dass die Zeit ausserhalb der periodischen Functionen vorkommt, zu schliessen, dass die Bewegung des Pendels nicht periodisch sei, denn die Kugel

*) Mém. de l'Institut, 1808.

**) Journal de l'école polytechnique, cah. 15.

rotirt in dem vorliegenden Fall periodisch um ihren Aufhängungspunkt. Ebenso falsch wäre es, aus dem Resultate, welches sich bei Berücksichtigung der höheren Potenzen der Masse im Sonnensysteme ergiebt, zu schliessen, dass es nicht stabil sei.

Fünfte Vorlesung.

Das Princip der Erhaltung der Flächenräume.

Indem wir die Annahme machten, dass die Kräftefunction U und die Bedingungsgleichungen ungeändert blieben, wenn man sämmtliche x-Coordinaten um ein und dasselbe Stück ändert, sämmtliche y-Coordinaten um ein zweites, sämmtliche z-Coordinaten um ein drittes, fanden wir das Princip der Erhaltung der Bewegung des Schwerpunkts. Die angegebenen Aenderungen der Coordinaten kommen darauf hinaus, dass man den Anfangspunkt derselben verlegt, die Coordinatenaxen aber parallel bleiben lässt.

Wir wollen jetzt eine andere Annahme machen: Es sollen die Bedingungsgleichungen ungeändert bleiben, wenn man bei ungeänderter x-Axe die Axen der y und z um einen beliebigen Winkel in ihrer Ebene dreht. Setzt man

$$y = r\cos v, \quad z = r\sin v,$$

so kommt dies mit der Vermehrung des Winkels v um einen beliebigen Winkel δv überein. Bezeichnet man für die verschiedenen Punkte des Systems die Winkel v respective mit $v_1, v_2, \ldots v_i, \ldots$, so müssen also U und die Bedingungsgleichungen ungeändert bleiben, wenn sämmtliche v um denselben Winkel δv geändert werden, d. h. sie müssen nur von den Differenzen $v_i - v_{i'}$ abhängig sein. Hierher gehört ein ganz freies System und überhaupt jeder Fall, wo nur die Entfernungen je zweier materiellen Punkte des Systems vorkommen. Durch Einführung von r und v wird nämlich der Ausdruck für eine solche Distanz:

$$\begin{aligned} r_{1.2}^2 &= (x_1-x_2)^2+(r_1\cos v_1-r_2\cos v_2)^2+(r_1\sin v_1-r_2\sin v_2)^2 \\ &= (x_1-x_2)^2+r_1^2+r_2^2-2r_1r_2\cos(v_1-v_2), \end{aligned}$$

also nur von der Differenz v_1-v_2 abhängig. Ebenso gehört der Fall hierher, wo die Punkte des Systems gezwungen sind, sich auf einer Rotationsfläche zu bewegen, deren Rotationsaxe die Axe der x ist; alsdann kommen nämlich die v in den Bedingungsgleichungen gar nicht vor. Ferner ist zu bemerken, dass, wenn feste Punkte in dem Problem vorkommen sollen, diese in der Axe der x liegen müssen.

Bei dieser Annahme über U und die Bedingungsgleichungen wird man also sämmtliche v_i gleichzeitig um δv vermehren können. Hierdurch bleiben die x_i ungeändert, die y_i und z_i aber werden variirt, denn es ist

$$y_i = r_i \cos v_i, \quad z_i = r_i \sin v_i,$$

also erhält man

$$\delta x_i = 0, \quad \delta y_i = -r_i \sin v_i . \delta v, \quad \delta z_i = r_i \cos v_i \delta v$$
$$= -z_i \delta v \qquad\qquad = y_i \delta v$$

als die für unser Problem geltenden virtuellen Variationen der Coordinaten. Die Einsetzung dieser Werthe in die symbolische Gleichung (2.) der zweiten Vorlesung führt zu der Gleichung:

$$\delta v \Sigma m_i \left\{ -z_i \frac{d^2 y_i}{dt^2} + y_i \frac{d^2 z_i}{dt^2} \right\} = \delta U;$$

für die angegebenen Verschiebungen bleibt U ungeändert, also ist $\delta U = 0$, und man hat

$$(1.) \qquad \Sigma m_i \left\{ y_i \frac{d^2 z_i}{dt^2} - z_i \frac{d^2 y_i}{dt^2} \right\} = 0.$$

Wir wollen hier sogleich bemerken, dass diese Gleichung in dem allgemeineren Fall, wo statt δU auf der rechten Seite der Ausdruck $\Sigma(X_i \delta x_i + Y_i \delta y_i + Z_i \delta z_i)$ steht, ebenfalls gültig bleibt, wenn nur

$$(2.) \qquad \Sigma(Y_i z_i - Z_i y_i) = 0$$

ist. Ist dieser Ausdruck nicht gleich Null, so tritt er auf der rechten Seite der Gleichung (1.) an die Stelle der Null. Nehmen wir also an, dass entweder eine Kräftefunction U von der angegebenen Beschaffenheit existire oder dass in dem allgemeineren Falle, wo sie nicht existirt, die Gleichung (2.) erfüllt sei. Dann gilt die Gleichung (1.) in der oben angegebenen Form; ihre linke Seite ist aber integrabel, und man erhält durch Integration:

$$(3.) \qquad \Sigma m_i \left\{ y_i \frac{dz_i}{dt} - z_i \frac{dy_i}{dt} \right\} = \alpha,$$

wo α die Constante der Integration bedeutet. Führt man wieder die Polarcoordinaten r_i und v_i ein, so nimmt (3.) die Form an:

$$(4.) \qquad \Sigma m_i r_i^2 \frac{dv_i}{dt} = \alpha.$$

In dieser Gleichung ist das Princip der Erhaltung der Flächen enthalten. Es ist nämlich bekanntlich $r^2 dv$ gleich dem doppelten Flächenelement in Polarcoordinaten, also ergiebt eine nochmalige Integration der Gleichung (4.) von 0 bis t den Satz: *Multiplicirt man jeden der Flächenräume, welche von den auf die Ebene der yz projicirten Radien Vectoren in dieser Ebene beschrieben werden, in die Masse des dazugehörigen materiellen Punktes, so ist die Summe der Producte proportional der Zeit.* Dies ist das berühmte Princip von der Erhaltung der Flächenräume. Es gilt, wie gesagt, wenn U und die Bedingungsgleichungen dadurch nicht geändert werden, dass man die Axen der y und z in ihrer Ebene um die Axe der x dreht, eine Hypothese, welche man für die Bedingungsgleichungen analytisch so ausdrücken kann, dass für jede Bedingungsgleichung $f=0$ die Gleichung

$$\Sigma\left(z_i\frac{\partial f}{\partial y_i}-y_i\frac{\partial f}{\partial z_i}\right)=0$$

identisch erfüllt sein muss.

Dass bei der vorhin gebrauchten Transformation $ydz-zdy=r^2dv$ nur das Differential der Grösse v vorkommt, ist ein in vielen Fällen sehr wichtiger Umstand; aus dieser Transformation geht unter Anderem auch hervor, dass $ydz-zdy$ in eine homogene Function -2ter Ordnung von y und z multiplicirt ein vollständiges Differential ist, da es sich als Product von dv in eine Function von v allein darstellt.

In dem Fall, wo U und die Bedingungsgleichungen auch unverändert bleiben, wenn man die Axen der x und z um die der y und die Axen der x und y um die der z dreht, hat man ausser der Gleichung (3.) noch zwei ähnliche, nämlich

$$(5.)\qquad \Sigma m_i\left(z_i\frac{dx_i}{dt}-x_i\frac{dz_i}{dt}\right)=\beta,$$

$$(6.)\qquad \Sigma m_i\left(x_i\frac{dy_i}{dt}-y_i\frac{dx_i}{dt}\right)=\gamma.$$

Dies gilt z. B. für n sich frei im Raum bewegende Körper: in diesem Fall hat man daher immer vier Integrale, die drei Flächensätze und den Satz der lebendigen Kraft.

Es ist ein sehr merkwürdiger Umstand, auf den wir schon in der Einleitung aufmerksam gemacht haben, dass von diesen Flächensätzen entweder nur einer gilt, oder alle drei. Wir werden es als ein reines Resultat des Calculs, als eine blosse Folgerung einer mathematischen Identität bewiesen sehen, dass der dritte Flächensatz immer aus den beiden anderen folgt. Wenn alle drei Flächensätze gelten, so kann man, ohne der Allgemeinheit der Lösung zu nahe zu treten, zwei der Constanten α, β, γ gleich Null annehmen. Diese Constanten werden nämlich in jedem Probleme durch die Bedingungsgleichungen bestimmt; aber, wie dieselben auch beschaffen sein mögen, immer lassen sich die Coordinatenaxen so verlegen, dass im neuen Coordinatensystem zwei der Constanten verschwinden. In der That, die neuen Coordinaten seien ξ_i, η_i, ζ_i, dann sind die allgemeinen Transformationsformeln der Coordinaten

$$\xi_i = ax_i + by_i + cz_i,$$
$$\eta_i = a'x_i + b'y_i + c'z_i,$$
$$\zeta_i = a''x_i + b''y_i + c''z_i.$$

Die Constanten a, b, c, a', b', c', a'', b'', c'' genügen unter anderen folgenden neun Gleichungen:

$$b'c'' - b''c' = a, \qquad c'a'' - c''a' = b, \qquad a'b'' - a''b' = c,$$
$$b''c - bc'' = a', \qquad c''a - ca'' = b', \qquad a''b - ab'' = c',$$
$$bc' - b'c = a'', \qquad ca' - c'a = b'', \qquad ab' - a'b = c''.$$

Demnach ist mit Berücksichtigung dieser Gleichungen

$$\eta_i \frac{d\zeta_i}{dt} - \zeta_i \frac{d\eta_i}{dt} = a\left(y_i \frac{dz_i}{dt} - z_i \frac{dy_i}{dt}\right) + b\left(z_i \frac{dx_i}{dt} - x_i \frac{dz_i}{dt}\right) + c\left(x_i \frac{dy_i}{dt} - y_i \frac{dx_i}{dt}\right),$$

daher

$$(7.) \qquad \Sigma m_i\left(\eta_i \frac{d\zeta_i}{dt} - \zeta_i \frac{d\eta_i}{dt}\right) = a\alpha + b\beta + c\gamma.$$

Hieraus sieht man, dass, wenn die Flächensätze für ein Coordinatensystem in allen drei Coordinatenebenen gelten, sie für jedes Coordinatensystem gelten *). Wir wollen die neue Constante $a\alpha + b\beta + c\gamma$ unter einer anderen Form darstellen.

---

*) Die bisher betrachteten Flächensätze, welche sich auf einen unbeweglichen Anfangspunkt der Coordinaten beziehen, kann man auf das Sonnensystem nicht anwenden, weil man im Weltraum keinen festen Punkt hat. Aber man überzeugt sich leicht, wenn man

$$x_i = \mathfrak{x}_i + A, \quad y_i = \mathfrak{y}_i + B, \quad z_i = \mathfrak{z}_i + C$$

setzt, wo A, B, C die Coordinaten des Schwerpunkts sind (dritte Vorlesung), dass die Flächensätze (3.), (5.), (6.) auch noch gelten, wenn man für x_i, y_i, z_i beziehungsweise $\mathfrak{x}_i$, $\mathfrak{y}_i$, $\mathfrak{z}_i$ setzt, sobald man zugleich α, β, γ um

$$M(\beta^{(0)}\gamma' - \gamma^{(0)}\beta'),$$
$$M(\gamma^{(0)}\alpha' - \alpha^{(0)}\gamma'),$$
$$M(\alpha^{(0)}\beta' - \beta^{(0)}\alpha')$$

verändert, d. h. dass jene Flächensätze auch noch für den Fall gelten, wo der gleichförmig und geradlinig bewegte Schwerpunkt als Anfangspunkt der Coordinaten betrachtet wird.

Bezeichnet man die Winkel, welche die Axe der ξ mit den Axen der x, y, z bildet, mit l, m, n, so ist

$$a = \cos l, \quad b = \cos m, \quad c = \cos n.$$

Setzt man noch

$$\frac{\alpha}{\sqrt{\alpha^2+\beta^2+\gamma^2}} = \cos\lambda, \quad \frac{\beta}{\sqrt{\alpha^2+\beta^2+\gamma^2}} = \cos\mu, \quad \frac{\gamma}{\sqrt{\alpha^2+\beta^2+\alpha^2}} = \cos\nu,$$

so hat man

$$a\alpha+b\beta+c\gamma = \sqrt{\alpha^2+\beta^2+\gamma^2}\,.(\cos l\cos\lambda+\cos m\cos\mu+\cos n\cos\nu).$$

Aber da $\cos\lambda^2+\cos\mu^2+\cos\nu^2 = 1$, so lassen sich λ, μ, ν als die Winkel ansehen, welche eine gewisse Gerade L mit den Axen der x, y, z bildet. Bezeichnet man den Winkel, welchen diese Gerade mit der ξ-Axe bildet, mit V, so hat man

$$\cos l\cos\lambda+\cos m\cos\mu+\cos n\cos\nu = \cos V,$$

also

$$a\alpha+b\beta+c\gamma = \sqrt{\alpha^2+\beta^2+\gamma^2}\,.\cos V.$$

Die Constante des Flächensatzes für die Ebene der η, ζ ist also $= \sqrt{\alpha^2+\beta^2+\gamma^2}$ multiplicirt in den Cosinus des Winkels, welchen die Axe der ξ mit der nach obiger Angabe construirten Geraden L bildet. Dasselbe gilt natürlich für die beiden anderen Flächensätze in dem neuen Coordinatensystem, nur dass statt V die Winkel V' und V'' zu nehmen sind, welche die Gerade L mit den Axen der η und ζ bildet. Lässt man nun die Axe der ξ mit der Geraden L zusammenfallen, so wird der Winkel $V=0$, zu gleicher Zeit wird $V'=90^\circ$ und $V''=90^\circ$, daher $\cos V=1$, $\cos V'=0$, $\cos V''=0$. Hieraus sieht man, dass die Constanten der Flächensätze für die Ebenen der ξ, η und ξ, ζ wirklich Null werden und zugleich wird die Constante des Flächensatzes der Ebene der η, ζ

$$\sqrt{\alpha^2+\beta^2+\gamma^2},$$

d. h. gleich dem Maximum, welches sie überhaupt erreichen kann, da ihr Werth in der allgemeinen Form $\sqrt{\alpha^2+\beta^2+\gamma^2}\,.\cos V$ enthalten ist.

Die auf diese Weise bestimmte Ebene der η, ζ hat *Laplace* mit dem Namen der unveränderlichen Ebene belegt; er hat geglaubt, dass man sie dazu benutzen könne, zu finden, ob im Lauf der Jahrtausende Stösse im Sonnensystem vorgekommen sind, da durch solche ihre Lage geändert werden müsste. Geben umgekehrt zwei zu verschiedenen Zeiten angestellte Messungen verschiedene Lagen für diese Ebene, so müssen Stösse während dieser Zeit vorgekommen sein. Dies ist aber der geringste Nutzen der unveränderlichen Ebene. Schreiben

5*

wir für die neuen Coordinaten wieder die Buchstaben der frühern x, y, z, so dass die Ebene der y, z die unveränderliche wird, so haben wir die drei Flächensätze

$$\Sigma m_i\left(y_i\frac{dz_i}{dt}-z_i\frac{dy_i}{dt}\right)=\varepsilon,\quad \Sigma m_i\left(z_i\frac{dx_i}{dt}-x_i\frac{dz_i}{dt}\right)=0,\quad \Sigma m_i\left(x_i\frac{dy_i}{dt}-y_i\frac{dx_i}{dt}\right)=0,$$

wo

$$\varepsilon=\sqrt{\alpha^2+\beta^2+\gamma^2}.$$

Für den Fall zweier Körper kann man diesen Flächensätzen eine interessante geometrische Deutung geben. In diesem Fall hat man

$$m_1\left(y_1\frac{dz_1}{dt}-z_1\frac{dy_1}{dt}\right)+m_2\left(y_2\frac{dz_2}{dt}-z_2\frac{dy_2}{dt}\right)=\varepsilon,$$
$$m_1\left(z_1\frac{dx_1}{dt}-x_1\frac{dz_1}{dt}\right)+m_2\left(z_2\frac{dx_2}{dt}-x_2\frac{dz_2}{dt}\right)=0,$$
$$m_1\left(x_1\frac{dy_1}{dt}-y_1\frac{dx_1}{dt}\right)+m_2\left(x_2\frac{dy_2}{dt}-y_2\frac{dx_2}{dt}\right)=0.$$

Durch Elimination von m_1 und m_2 aus den beiden letzten Gleichungen folgt:

$$(8.)\quad \left(z_1\frac{dx_1}{dt}-x_1\frac{dz_1}{dt}\right):\left(x_1\frac{dy_1}{dt}-y_1\frac{dx_1}{dt}\right)=\left(z_2\frac{dx_2}{dt}-x_2\frac{dz_2}{dt}\right):\left(x_2\frac{dy_2}{dt}-y_2\frac{dx_2}{dt}\right).$$

Diese Proportion hat eine einfache geometrische Bedeutung. In der That, man denke sich in m_1 an die von m_1 beschriebene Curve eine Tangente gelegt, durch diese Tangente und den Anfangspunkt der Coordinaten denke man sich eine Ebene E_1 gelegt, auf diese Ebene eine Normale N_1 im Anfangspunkt der Coordinaten errichtet. Die Cosinus der Winkel, welche N_1 mit den Coordinatenaxen bildet, seien p_1, q_1, r_1; dann hat man für den Punkt m_1 die beiden Gleichungen

$$p_1x_1+q_1y_1+r_1z_1=0,$$
$$p_1dx_1+q_1dy_1+r_1dz_1=0,$$

welche sich auch in Form einer doppelten Proportion schreiben lassen, nämlich:

$$p_1:q_1:r_1=(y_1dz_1-z_1dy_1):(z_1dx_1-x_1dz_1):(x_1dy_1-y_1dx_1).$$

Ebenso erhält man, wenn man für den Punkt m_2 die analoge Construction macht, indem man die Ebene E_2 der E_1 entsprechend und die Normale N_2 der N_1 entsprechend construirt und hierdurch die Cosinus p_2, q_2, r_2 bestimmt:

$$p_2:q_2:r_2=(y_2dz_2-z_2dy_2):(z_2dx_2-x_2dz_2):(x_2dy_2-y_2dx_2).$$

Hieraus geht hervor, dass man die Gleichung (8.) vermittelst der Grössen p_1, q_1, r_1, p_2, q_2, r_2 schreiben kann:

$$q_1:r_1=q_2:r_2.$$

Die geometrische Bedeutung dieser Gleichung lässt sich leicht finden. Die Gleichungen der Geraden N_1 und N_2 sind

$$\frac{x}{p_1} = \frac{y}{q_1} = \frac{z}{r_1} \text{ und } \frac{x}{p_2} = \frac{y}{q_2} = \frac{z}{r_2}.$$

Daher hat man als Gleichungen ihrer Projectionen auf die Ebene der yz

$$\frac{y}{q_1} = \frac{z}{r_1} \text{ und } \frac{y}{q_2} = \frac{z}{r_2}.$$

Aber da $q_1 : r_1 = q_2 : r_2$, so sind diese beiden Gleichungen identisch, d. h. N_1 und N_2 haben dieselbe Projection in der Ebene der yz, oder auch, N_1 und N_2 liegen in einer Ebene, welche senkrecht auf der der yz steht, und welche, da N_1 und N_2 durch den Anfangspunkt der Coordinaten gehen, die Axe der x enthält. Hieraus geht für die Ebenen E_1 und E_2 hervor, dass sie die Ebene der y, z in einer und derselben Linie schneiden. Es gilt also für die freie Bewegung zweier Massen m_1 und m_2 der Satz:

Wenn man sich in m_1 und m_2 Tangenten an die Bahnen der beiden Punkte gezogen und durch diese Tangenten und den Schwerpunkt des Systems (dieser ist der Anfangspunkt der Coordinaten) *Ebenen gelegt denkt, so schneiden dieselben die unveränderliche Ebene* (die Ebene der y, z) *in einer und derselben Geraden.*

Diese geometrische Deutung rührt von *Poinsot* her. Ich habe von derselben eine interessante Anwendung auf das Problem der drei Körper gemacht*).

Sowie aus dem Satz der lebendigen Kraft die Stabilität des Weltsystems rücksichtlich seiner Dimensionen abgeleitet wurde, so kann das Princip der Flächen dazu benutzt werden, die Stabilität desselben rücksichtlich der Form seiner Bahnen zu beweisen. Der früher erwähnte Beweis sollte zeigen, dass die grossen Axen der Ellipsen, in welchen sich die Planeten bewegen, nicht über gewisse Grenzen hinauswachsen können: ebenso kann man aus dem Satz der Flächen beweisen, dass die Excentricitäten sich nur zwischen gewissen Grenzen verändern können, und hiervon hängen die Formen der Bahnen ab. Aber ausser dem Uebelstande des früheren Beweises, dass für die Berücksichtigung der höheren Potenzen dennoch säculare Terme vorkommen, d. h. solche, welche die Zeit ausserhalb der periodischen Functionen Sinus und Cosinus enthalten,

*) *Crelles* Journal, Bd. 26, p. 115. Math. Werke, Bd. I, p. 30.

leidet dieser Beweis an der Unvollkommenheit, dass er nur für Himmelskörper mit einigermassen beträchtlichen Massen gilt. In der Gleichung nämlich, aus welcher man das in Rede stehende Resultat zieht, sind die einzelnen Terme in die Massen der Himmelskörper multiplicirt, und daher influiren die Körper mit kleinen Massen so wenig auf die ganze Gleichung, dass man auf ihre Excentricitäten hieraus keinen Schluss machen kann. Die Stabilität der Form der Bahn gilt auch in der That nicht von den Kometen; sie gilt auch nicht einmal für die kleineren Planeten, z. B. den Mercur, dessen Masse so gering ist, dass sie bisher nur nach Muthmassungen geschätzt werden konnte, und dass der erste von *Encke* herrührende Versuch, dieselbe aus Beobachtungen herzuleiten, nur durch die ausserordentliche Nähe möglich wurde, in welche der nach ihm benannte Komet dem Mercur kam.

Wenn zu den gegenseitigen Attractionen der materiellen Punkte noch Anziehungen nach festen Centren hinzukommen, so hört das Princip der Flächen auf zu gelten, es sei denn, dass diese Centren in einer Geraden liegen. Nehmen wir diese Gerade zur Axe der x, so gilt alsdann der eine Flächensatz in der Ebene der y, z, während die andern beiden zu bestehen aufhören. In der That, betrachten wir einen materiellen Punkt m_i und denken wir uns durch denselben eine Ebene E_i parallel der Ebene der y, z gelegt. Die Resultante aller Anziehungen, welche der Punkt m_i durch alle in der Axe der x gelegenen festen Centren erleidet, wird von ihm aus nach einem gewissen Punkte der x-Axe hin gerichtet sein; man kann daher diese Kraft in zwei zerlegen, von denen die eine parallel der Axe der x durch den Punkt m_i geht, die andere von dem Punkt m_i nach dem Durchschnittspunkt der Ebene E_i mit der Axe der x gerichtet ist, und daher in dieser Ebene liegt. Die letztere Kraft wollen wir mit Q_i bezeichnen und dieselbe in zwei Componenten parallel den Axen der y und z zerlegen. Behalten wir die früheren Bezeichnungen bei, so ist die Componente parallel der y-Axe

$$= Q_i \cos v_i,$$

und die Componente parallel der z-Axe

$$= Q_i \sin v_i.$$

Daher kommt in der symbolischen Gleichung der Bewegung zu dem früheren δU jetzt noch der Ausdruck

$$\Sigma Q_i(\cos v_i . \delta y_i + \sin v_i . \delta z_i)$$

hinzu. Wir haben also, wenn wir unter U nur denjenigen Theil der Kräftefunction verstehen, welcher von der gegenseitigen Attraction der Punkte herrührt,

$$\Sigma m_i\left\{\frac{d^2x_i}{dt^2}\delta x_i+\frac{d^2y_i}{dt^2}\delta y_i+\frac{d^2z_i}{dt^2}\delta z_i\right\}=\delta U+\Sigma Q_i(\cos v_i\,.\,\delta y_i+\sin v_i\delta z_i),$$

oder, wenn wie oben

$$\delta x_i=0,\quad \delta y_i=-r_i\sin v_i\delta v=-z_i\delta v,\quad \delta z_i=r_i\cos v_i\delta v=y_i\delta v$$

gesetzt wird, wodurch δU verschwindet,

$$\Sigma m_i\left(y_i\frac{d^2z_i}{dt^2}-z_i\frac{d^2y_i}{dt^2}\right)=0,$$

und daher durch Integration

$$\Sigma m_i\left(y_i\frac{dz_i}{dt}-z_i\frac{dy_i}{dt}\right)=a,$$

d. h. das Princip der Erhaltung der Flächen gilt für die Ebene, auf welcher die Gerade senkrecht steht, in der sämmtliche festen Centra enthalten sind. In diesem Fall hat man also zwei Integrale, den Satz der lebendigen Kraft und einen Flächensatz. Treten aber in das Problem mehrere feste Centra ein, welche nicht in gerader Linie liegen, so existirt kein Flächensatz mehr, und man hat nur noch das eine Integral des Princips der lebendigen Kraft.

Nimmt man überdies an, dass die Centra nicht fest seien, sondern eine eigene, von den übrigen materiellen Punkten des Systems unabhängige Bewegung haben, so dass diese Bewegung eine gegebene Function der Zeit ist, so hört auch das Princip der lebendigen Kraft zu bestehen auf. Solche Fälle kommen in der Natur vor; hierher gehört z. B. die Attraction eines Kometen durch Sonne und Jupiter, wo die Bahnen von Sonne und Jupiter als gegeben anzusehen sind, und der Komet als ein materieller Punkt, der auf jene Bahnen gar keinen Einfluss hat. Hier hört, wie gesagt, das Princip der lebendigen Kraft zu bestehen auf; denn dieses beruht wesentlich darauf, dass man für die Entfernung r eines materiellen Punktes (x, y, z) von einem Centrum (a, b, c) die Differentialgleichung

$$dr=\frac{x-a}{r}dx+\frac{y-b}{r}dy+\frac{z-c}{r}dz$$

hat. Aber diese Differentialgleichung setzt voraus, dass a, b, c Constanten sind; sie hört also in unserem Falle zu bestehen auf und mit ihr das Princip der lebendigen Kraft. Man kann zwar noch immer die auf die einzelnen Punkte wirkenden Kräfte als partielle Differentialquotienten einer Function U darstellen, aber diese Function enthält jetzt ausser den Coordinaten noch die Zeit explicite; es ist daher jetzt nicht mehr

$$\frac{dU}{dt}=\Sigma\left(\frac{\partial U}{\partial x_i}\frac{dx_i}{dt}+\frac{\partial U}{\partial y_i}\frac{dy_i}{dt}+\frac{\partial U}{\partial z_i}\frac{dz_i}{dt}\right),$$

sondern es kommt jetzt auf der rechten Seite noch der partielle Differentialquotient $\frac{\partial U}{\partial t}$ hinzu, so dass

$$\Sigma\left(\frac{\partial U}{\partial x_i}\frac{dx_i}{dt}+\frac{\partial U}{\partial y_i}\frac{dy_i}{dt}+\frac{\partial U}{\partial z_i}\frac{dz_i}{dt}\right)=\frac{dU}{dt}-\frac{\partial U}{\partial t}.$$

Nun war die Differentialgleichung des Satzes der lebendigen Kraft

$$\Sigma m_i\left(\frac{dx_i}{dt}\frac{d^2x_i}{dt^2}+\frac{dy_i}{dt}\frac{d^2y_i}{dt^2}+\frac{dz_i}{dt}\frac{d^2z_i}{dt^2}\right)=\Sigma\left(\frac{\partial U}{\partial x_i}\frac{dx_i}{dt}+\frac{\partial U}{\partial y_i}\frac{dy_i}{dt}+\frac{\partial U}{\partial z_i}\frac{dz_i}{dt}\right).$$

Diese wurde, indem man für die rechte Seite $\frac{dU}{dt}$ setzen konnte, integrabel. Jetzt aber muss man für dieselbe $\frac{dU}{dt}-\frac{\partial U}{\partial t}$ setzen und kann daher nicht mehr integriren. Wenn man in der Gleichung

$$\Sigma m_i\left(\frac{dx_i}{dt}\frac{d^2x_i}{dt^2}+\frac{dy_i}{dt}\frac{d^2y_i}{dt^2}+\frac{dz_i}{dt}\frac{d^2z_i}{dt^2}\right)=\frac{dU}{dt}-\frac{\partial U}{\partial t},$$

U in die Summe $U+V$ zerfällt denkt, wo V die Zeit explicite enthält, U aber nicht, so ergiebt sich

$$(9.)\qquad \Sigma m_i\left(\frac{dx_i}{dt}\frac{d^2x_i}{dt^2}+\frac{dy_i}{dt}\frac{d^2y_i}{dt^2}+\frac{dz_i}{dt}\frac{d^2z_i}{dt^2}\right)=\frac{dU}{dt}+\frac{dV}{dt}-\frac{\partial V}{\partial t}.$$

Dies ist die Gleichung, welche an die Stelle der Differentialgleichung des Princips der lebendigen Kraft tritt, die aber jetzt kein Integral mehr liefert. Ebenso wenig gilt jetzt noch das Princip der Flächen; man hat also kein einziges Princip, welches ein Integral gäbe. Dennoch habe ich bemerkt, dass es eine Hypothese über die Bewegung der festen Centren giebt und zwar eine dem eben erwähnten Fall der Natur sehr nahe kommende Hypothese, unter deren Annahme man aus der Combination beider Principe ein Integral erhalten kann. Diese Hypothese besteht darin, dass man annimmt, die festen Centren bewegen sich in Kreisen mit gleicher Winkelgeschwindigkeit um eine und dieselbe Axe, so dass man für die Coordinaten irgend eines Centrums $(a,\ b,\ c)$

$$a=\text{Const.},\quad b=\beta\cos nt,\quad c=\beta\sin nt$$

habe, wo n für alle Centren denselben Werth hat, und wo die x-Axe gemeinschaftliche Rotationsaxe ist. Dies kommt in der That mit dem Fall der Natur sehr nahe überein, denn Sonne und Jupiter bewegen sich in der Ekliptik um ihren gemeinschaftlichen Schwerpunkt in Ellipsen mit sehr kleiner Excentricität (ungefähr $=\frac{1}{20}$), die mithin als Kreise anzusehen sind. Ihre Umlaufszeit ist gleich gross, und setzt man diese $=T$, so hat man zur Bestimmung von n die Gleichung $nT=2\pi$.

Wir wollen nun untersuchen, was in diesem Fall aus der Differentialgleichung des Princips der Flächen wird. Wenn wir der Allgemeinheit wegen ausser den Centren nicht einen einzelnen materiellen Punkt annehmen, sondern ein ganzes System von Punkten, so wird in unserem Fall die Kräftefunction aus zwei Complexen von Termen bestehen. Der erste Complex rührt von der gegenseitigen Attraction der materiellen Punkte her und umfasst Glieder der Form

$$\frac{m_i m_{i'}}{\sqrt{(x_i-x_{i'})^2+(y_i-y_{i'})^2+(z_i-z_{i'})^2}}$$

oder, wenn wir wieder, wie im Vorhergehenden, r_i und v_i einführen, der Form

$$\frac{m_i m_{i'}}{\sqrt{(x_i-x_{i'})^2+r_i^2+r_{i'}^2-2r_i r_{i'}\cos(v_i-v_{i'})}}.$$

Der zweite Complex rührt von der Anziehung der Centren her und umfasst Glieder der Form

$$\frac{m_i\mu}{\sqrt{(x_i-a)^2+(y_i-b)^2+(z_i-c)^2}}$$

oder, wenn wir auch hier r_i und v_i einführen und zugleich $b=\beta\cos nt$, $c=\beta\sin nt$ einsetzen,

$$(B.)\qquad \frac{m_i\mu}{\sqrt{(x_i-a)^2+r_i^2+\beta^2-2r_i\beta\cos(v_i-nt)}}.$$

Beide Complexe bleiben unverändert, wenn man alle Grössen v_i um dieselbe Quantität vergrössert und zugleich t um den n^{ten} Theil derselben, wenn man also für jeden Werth von i

$$\delta v_i = n\delta t$$

setzt, welche Variationen für unseren Fall virtuelle sind. Wir wollen den ersten Complex von Termen U, den zweiten V nennen.

In der allgemeinen symbolischen Gleichung

$$\Sigma m_i\left(\frac{d^2x_i}{dt^2}\delta x_i+\frac{d^2y_i}{dt^2}\delta y_i+\frac{d^2z_i}{dt^2}\delta z_i\right)=\Sigma\left(\frac{\partial U}{\partial x_i}\delta x_i+\frac{\partial U}{\partial y_i}\delta y_i+\frac{\partial U}{\partial z_i}\delta z_i\right)$$

tritt in diesem Fall $U+V$ an die Stelle von U, also wird die rechte Seite

$$=\Sigma\left(\frac{\partial U}{\partial x_i}\delta x_i+\frac{\partial U}{\partial y_i}\delta y_i+\frac{\partial U}{\partial z_i}\delta z_i\right)+\Sigma\left(\frac{\partial V}{\partial x_i}\delta x_i+\frac{\partial V}{\partial y_i}\delta y_i+\frac{\partial V}{\partial z_i}\delta z_i\right).$$

In U ist t nicht explicite enthalten, die erste Summe wird daher gleich δU; in V aber ist t allerdings explicite enthalten, es fehlt also zur zweiten Summe noch $\frac{\partial V}{\partial t}\delta t$, um das vollständige δV zu geben, d. h. sie ist gleich $\delta V-\frac{\partial V}{\partial t}\delta t$, und man hat

$$\Sigma m_i\left(\frac{d^2x_i}{dt^2}\delta x_i+\frac{d^2y_i}{dt^2}\delta y_i+\frac{d^2z_i}{dt^2}\delta z_i\right)=\delta U+\delta V-\frac{\partial V}{\partial t}\delta t.$$

Die obigen Variationen sind aber so eingerichtet, dass U und V durch sie ungeändert bleiben, daher hat man $\delta U=0$ und $\delta V=0$; ferner ist

$$\delta x_i=0,\quad \delta y_i=-r_i\sin v_i\,\delta v_i=-nz_i\delta t,\quad \delta z_i=r_i\cos v_i\,\delta v_i=ny_i\delta t,$$

also

$$(10.)\qquad n\Sigma m_i\left(y_i\frac{d^2z_i}{dt^2}-z_i\frac{d^2y_i}{dt^2}\right)=-\frac{\partial V}{\partial t}.$$

Dies ist die Gleichung, welche in unserem Fall an die Stelle der Differentialgleichung des Princips der Flächen tritt; V ist ein Aggregat von Termen der Form (B.), wo n in allen Termen dasselbe sein muss, alle übrigen Grössen aber von einem Gliede zum anderen verschiedene Werthe annehmen können. — Nun war die Gleichung (9.)

$$\Sigma m_i\left(\frac{dx_i}{dt}\frac{d^2x_i}{dt^2}+\frac{dy_i}{dt}\frac{d^2y_i}{dt^2}+\frac{dz_i}{dt}\frac{d^2z_i}{dt^2}\right)=\frac{dU}{dt}+\frac{dV}{dt}-\frac{\partial V}{\partial t}$$

oder

$$\tfrac{1}{2}\Sigma m_i\frac{d}{dt}\left\{\left(\frac{dx_i}{dt}\right)^2+\left(\frac{dy_i}{dt}\right)^2+\left(\frac{dz_i}{dt}\right)^2\right\}=\frac{dU}{dt}+\frac{dV}{dt}-\frac{\partial V}{\partial t}.$$

Wenn man (10.) von dieser Gleichung abzieht, so erhält man

$$\tfrac{1}{2}\Sigma m_i\frac{d}{dt}\left\{\left(\frac{dx_i}{dt}\right)^2+\left(\frac{dy_i}{dt}\right)^2+\left(\frac{dz_i}{dt}\right)^2\right\}-n\Sigma m_i\left(y_i\frac{d^2z_i}{dt^2}-z_i\frac{d^2y_i}{dt^2}\right)=\frac{dU}{dt}+\frac{dV}{dt}$$

oder durch Integration

$$(11.)\qquad \tfrac{1}{2}\Sigma m_i\left\{\left(\frac{dx_i}{dt}\right)^2+\left(\frac{dy_i}{dt}\right)^2+\left(\frac{dz_i}{dt}\right)^2\right\}-n\Sigma m_i\left(y_i\frac{dz_i}{dt}-z_i\frac{dy_i}{dt}\right)=U+V+h''.$$

Dies ist das aus der Combination der Principe der lebendigen Kraft und der Flächen entstandene Princip, welches gilt, wenn Attractions-Centra sich um eine Rotationsaxe mit gleichförmiger Geschwindigkeit bewegen. In diese Kategorie gehört zum Beispiel die Bewegung an der Oberfläche der Erde oder in deren Nähe, denn die Erde ist ein Aggregat solcher Anziehungscentren. Unter diesen Gesichtspunkt müsste auch in der That die Aufgabe gefasst werden, wenn die Verschiedenheit der Dichtigkeit der Erde unter verschiedenen Meridianen beträchtlich wäre. Unter dieser Voraussetzung würde, wenn zugleich der Mond der Erde näher wäre und diese sich langsamer bewegte, die Anziehung des Mondes durch die Erde unter Anderem auch eine Function des Stundenwinkels sein. Alsdann wären die Momente der Trägheit in Bezug auf die verschiedenen Meridianebenen verschieden, was sich in den Beobachtungen entdecken lassen müsste.

Sechste Vorlesung.

Das Princip der kleinsten Wirkung.

Wir kommen jetzt zu einem neuen Princip, welches nicht, wie die früheren, ein Integral giebt. Dies ist das „principe de la moindre action", fälschlich der kleinsten Wirkung genannt. Die Wichtigkeit desselben liegt erstens in der Form, unter welcher es die Differentialgleichungen der Bewegung darstellt, und zweitens darin, dass es eine Function angiebt, welche, wenn diese Differentialgleichungen erfüllt sind, ein Minimum wird. Ein solches Minimum existirt zwar bei allen Aufgaben, aber man weiss in der Regel nicht wo. Während daher das Interesse dieses Princips gerade darin besteht, dass man das Minimum allgemein *angeben* kann, legte man in früheren Zeiten ein übertriebenes Gewicht darauf, dass ein solches Minimum überhaupt existire. Ein Beispiel des in Rede stehenden Princips kommt in der schon früher citirten Abhandlung von *Euler* „de motu projectorum" vor. Nachdem er daselbst dasselbe für die Anziehungen nach festen Centren bewiesen hat, gelingt ihm dies nicht für gegenseitige Attractionen, für welche ihm die Geltung des Princips der lebendigen Kraft unbekannt war; er begnügt sich daher zu sagen, für gegenseitige Anziehungen würde die Rechnung sehr weitläufig, indessen müsste das Princip der kleinsten Wirkung auch hier gelten, denn die Grundsätze einer gesunden Metaphysik zeigten, dass in der Natur die Kräfte nothwendig immer die kleinste Wirkung hervorbringen müssten (wegen der den Körpern inwohnenden Trägheit, wie er meinte). Aber dies zeigt weder eine gesunde, noch überhaupt irgend eine Metaphysik, und in der That ist *Euler* nur durch Missverständniss des Namens „kleinste Wirkung“ zu diesem Ausspruch veranlasst worden. *Maupertuis* wollte mit diesem Namen ausdrücken, dass die Natur ihre Wirkungen mit dem kleinsten Kraftaufwand erreiche, und dies ist die wahre Bedeutung des Namens „principe de la moindre action“.

Dies Princip wird fast in allen Lehrbüchern, auch in den besten, in denen von *Poisson*, *Lagrange* und *Laplace*, so dargestellt, dass es nach meiner Ansicht nicht zu verstehen ist. Es wird nämlich gesagt, es solle das Integral

$$\int \Sigma m_i v_i ds_i$$

(worin $v_i = \frac{ds_i}{dt}$ die Geschwindigkeit des Punktes m_i bezeichnet) ein Minimum sein, wenn man das Integral von einer Position des Systems zur anderen ausdehne. Es wird zwar dabei gesagt, dieser Satz gelte nur, so lange der Satz der lebendigen Kräfte gelte, aber es wird zu sagen vergessen, dass man durch den Satz der lebendigen Kraft die Zeit aus obigem Integral eliminiren und alles auf Raumelemente reduciren müsse. Das Minimum des obigen Integrals ist übrigens so zu verstehen, dass, wenn die Anfangs- und Endpositionen gegeben sind, das Integral unter allen von der einen zur anderen Position möglichen Wegen für den wirklich durchlaufenen ein Minimum wird.

Eliminiren wir die Zeit aus obigem Integral. Setzen wir $v_i = \frac{ds_i}{dt}$ ein, so wird

$$\int \Sigma m_i v_i ds_i = \int \frac{\Sigma m_i ds_i^2}{dt}.$$

Aber nach dem Satz der lebendigen Kraft ist

$$\tfrac{1}{2}\Sigma m_i v_i^2 = U + h,$$

oder

$$\frac{\Sigma m_i ds_i^2}{dt^2} = 2(U+h),$$

$$\frac{1}{dt} = \sqrt{\frac{2(U+h)}{\Sigma m_i ds_i^2}}.$$

Führt man diesen Werth von $\frac{1}{dt}$ ein, so ergiebt sich

$$\int \Sigma m_i v_i ds_i = \int \sqrt{2(U+h)} \sqrt{\Sigma m_i ds_i^2}.$$

Die Differentialgleichungen der Bewegung geben integrirt die $3n$ Coordinaten des Problems durch die Zeit ausgedrückt; zwischen je zwei Coordinaten kann man aber die Zeit eliminiren und erhält, wenn man will, $3n-1$ Coordinaten durch eine ausgedrückt, z. B. durch x_1. Unter dieser Voraussetzung kann man für $\Sigma m_i ds_i^2$ den Ausdruck $\Sigma m_i \left(\frac{ds_i}{dx_1}\right)^2 dx_1^2$ substituiren und erhält demnach das Integral in der Form

$$\int \sqrt{2(U+h)} \sqrt{\Sigma m_i \left(\frac{ds_i}{dx_1}\right)^2} \cdot dx_1,$$

mit welcher nun ein ganz bestimmter Begriff verbunden ist. Lassen wir, um keiner Coordinate den Vorzug zu geben, das Integral in der früheren Form

$$\int \sqrt{2(U+h)} \sqrt{\Sigma m_i ds_i^2},$$

so können wir das Princip der kleinsten Wirkung so aussprechen:

Sind zwei Positionen des Systems gegeben (d. h. kennt man die Werthe, welche für $x_1 = a$ und $x_1 = b$ die übrigen $3n-1$ Coordinaten erhalten), und dehnt man das Integral

$$\int \sqrt{2(U+h)} \sqrt{\Sigma m_i ds_i^2}$$

auf die ganze Bahn des Systems von der ersten Position zur zweiten aus, so ist sein Werth für die wirkliche Bahn ein Minimum in Beziehung auf alle möglichen Bahnen, d. h. solche, welche mit den Bedingungen des Systems (wenn es deren giebt) vereinbar sind. Es wird also

$$\int \sqrt{2(U+h)} \sqrt{\Sigma m_i ds_i^2}$$

ein Minimum oder

$$\delta \int \sqrt{2(U+h)} \sqrt{\Sigma m_i ds_i^2} = 0. \tag{1.}$$

Es ist schwer eine metaphysische Ursache für das Princip der kleinsten Wirkung zu finden, wenn es in dieser wahren Form, wie nothwendig ist, ausgesprochen wird. Es giebt Minima ganz anderer Art, aus denen man ebenfalls die Differentialgleichungen der Bewegung ableiten kann, welche in dieser Rücksicht etwas viel Ansprechenderes haben.

Zu dem Princip der kleinsten Wirkung muss noch eine Beschränkung hinzugesetzt werden. Das Minimum des Integrals findet nämlich nicht zwischen zwei beliebigen Positionen des Systems statt, sondern nur wenn die Endposition der Anfangsposition hinlänglich nahe ist. Wir werden sogleich erörtern, welche Grenze hier nicht überschritten werden darf.

Betrachten wir zunächst einen besonderen Fall. Es bewege sich ein einzelner materieller Punkt auf einer gegebenen Oberfläche durch einen anfänglichen Stoss fortgetrieben, ohne dass Anziehungskräfte auf ihn wirken. In diesem Fall ist $U = 0$ und die Summe $\Sigma m_i ds_i^2$ zieht sich auf $m ds^2$ zusammen; es wird also

$$\int ds$$

oder

$$s$$

ein Minimum, d. h. der materielle Punkt beschreibt eine kürzeste Linie auf der gegebenen Oberfläche. Aber die kürzesten Linien haben ihre Eigenschaft, ein Minimum zu sein, nur zwischen gewissen Grenzen; auf der Kugel z. B., wo die grössten Kreise kürzeste Linien sind, hört diese Eigenschaft auf, wenn man eine Länge betrachtet, die grösser als 180° ist. Um dies einzusehen, wird man nicht die Ergänzung zu 360° zu Hülfe rufen dürfen, was nichts beweisen würde, da die Minima nur immer in Beziehung auf die unendlich nahe liegenden Linien stattzufinden brauchen; man überzeugt sich vielmehr davon auf eine andere Art.

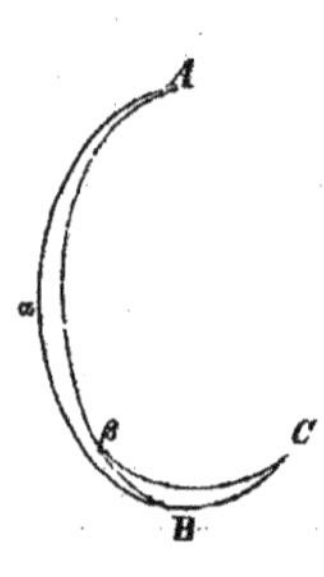

B sei der Pol von A; man verlängere den grössten Kreis $A\alpha B$ über B hinaus bis C und lege den grössten Kreis $A\beta B$ unendlich nahe an $A\alpha B$, dann ist $A\alpha BC = A\beta B + BC = A\beta + \beta B + BC$. Es sei ferner β unendlich nahe an B und βC ein grösster Kreisbogen, so ist $\beta C < \beta B + BC$, also ist die gebrochene Linie $A\beta + \beta C$ kleiner als der grösste Kreis $A\alpha BC$. Auf der Kugel also ist 180° die Grenze der Minimum-Eigenschaft. Um diese Grenze allgemein zu bestimmen, habe ich folgenden Satz aufgestellt, auf welchen ich durch tiefer liegende Untersuchungen gekommen bin:

Wenn man von einem Punkt einer Oberfläche nach allen Richtungen kürzeste Linien zieht, so können zwei Fälle eintreten: zwei unendlich nahe kürzeste Linien laufen entweder fortwährend neben einander, ohne sich zu schneiden, oder sie schneiden sich wiederum, und alsdann bildet die Continuität aller Durchschnittspunkte ihre einhüllende Curve. Im ersten Falle hören die kürzesten Linien nie auf kürzeste zu sein, im zweiten sind sie es nur bis zum Berührungspunkte mit der einhüllenden Curve.

Das Erstere findet, wie sich von selbst versteht, bei allen developpablen Flächen statt, denn in der Ebene schneiden sich die durch einen Punkt gehenden

Geraden nie wieder; ferner findet es auch, wie ich gefunden habe, bei allen concav-convexen Flächen statt, d. h. bei denjenigen, in welchen zwei auf einander senkrechte Normalschnitte ihre Krümmungshalbmesser nach entgegengesetzten Seiten haben, z. B. bei dem einschaligen Hyperboloid und bei dem hyperbolischen Paraboloid. Hiermit soll übrigens nicht gesagt sein, dass es nicht auch concav-concave Flächen geben könnte, welche in diese Kategorie gehören, wenigstens ist die Unmöglichkeit hiervon nicht bewiesen. Ein Beispiel der zweiten Art giebt das Revolutionsellipsoid. Nehmen wir dasselbe wenig von der Kugel verschieden an, so werden die kürzesten Linien, welche durch einen beliebigen Punkt der Oberfläche gehen, sich zwar nicht, wie auf der Kugel, in dem Pole sämmtlich schneiden, aber sie werden in der Gegend des Pols eine kleine einhüllende Curve bilden. In diesem Umstande scheint bei oberflächlicher Betrachtung ein Paradoxon zu liegen; denn die einhüllende Curve hat im Allgemeinen die Eigenschaft, dass das System von Curven, welches von derselben eingehüllt wird, nicht in den inneren Raum der einhüllenden eintreten kann. Demnach würde es einen Flächentheil geben von der Beschaffenheit, dass sich nach irgend einem Punkt im Innern desselben von dem gegebenen Punkt keine kürzeste Linie ziehen liesse, was unmöglich ist. Das Paradoxon lösst sich aber durch die genauere Betrachtung der einhüllenden Curve auf, wie aus der nebenstehenden Zeichnung zu ersehen ist, in welcher $ABCD$ die einhüllende Curve, welche ungefähr die Gestalt der Evolute der Ellipse hat, und EFG eine kürzeste Linie darstellt. Von E her tritt sie in den von der einhüllenden Curve begrenzten Flächentheil ein, berührt dann die Curve in einem Punkte F und hört von da an auf, kürzeste Linie zu sein. — Diese Eigenschaft der kürzesten Linien, dass sie aufhören solche zu sein, wenn sie ihre gemeinschaftliche einhüllende Curve berührt haben, ist, wie gesagt, durch tiefliegende Betrachtungen gefunden worden; sie lässt sich aber nachträglich sehr leicht einsehen. Denn indem zwei unendlich nahe kürzeste Linien sich schneiden, wird im Durchschnittspunkt nicht nur die erste, sondern auch die zweite Variation Null, der Unterschied reducirt sich also auf unendlich kleine Grössen dritter Ordnung, d. h. es findet kein Minimum mehr statt. —

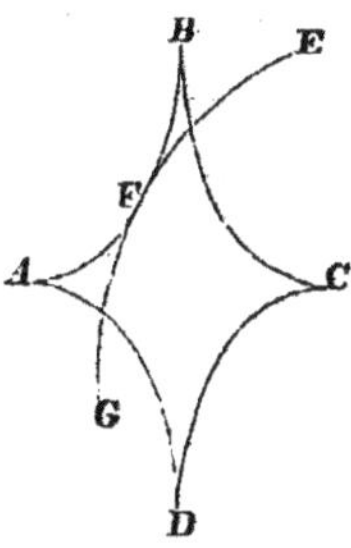

Wir kehren jetzt wieder zu der allgemeinen Betrachtung des Minimums für das Princip der kleinsten Wirkung zurück. Die willkürlichen Constanten, welche nach Integration der Differentialgleichungen der Bewegung übrig bleiben, können am einfachsten durch die Anfangspositionen und Anfangsgeschwindigkeiten der Bewegung bestimmt werden. Sind diese gegeben, so sind hierdurch alle Constanten der Integration bestimmt, und es kann keine Mehrdeutigkeit stattfinden. Aber bei dem Princip der kleinsten Wirkung nimmt man nicht die Anfangspositionen und Anfangsgeschwindigkeiten als gegeben an, sondern die Anfangs- und Endpositionen. Daher muss man, um die wirkliche Bewegung zu erhalten, durch Auflösung von Gleichungen die Anfangsgeschwindigkeiten aus den Endpositionen ableiten. Diese Gleichungen brauchen nicht linear zu sein, daher kann man mehrere Systeme von Werthen der Anfangsgeschwindigkeiten erhalten, und diesen entsprechen dann mehrere Bewegungen des Systems aus den gegebenen Anfangspositionen in die gegebenen Endpositionen, welche sämmtlich in Beziehung auf die ihnen unendlich nahe liegenden Bewegungen Minima geben. Indem man nun das Intervall der Anfangs- und Endpositionen von Null an continuirlich wachsen lässt, ändern sich auch die verschiedenen Systeme von Werthen, welche man aus der Auflösung der Gleichungen für die Anfangsgeschwindigkeiten erhält. Sobald nun bei dieser Aenderung der Werthsysteme der Fall eintritt, dass zwei Systeme von Werthen einander gleich werden, so ist dies die Grenze, über welche hinaus kein Minimum mehr stattfindet.

Diesen Satz, der übrigens für die Mechanik im engeren Sinne von gar keiner Wichtigkeit ist, habe ich im *Crelle*schen Journal*) bekannt gemacht, aber nur als Notiz ohne Beweis. Als Beispiel zu demselben wollen wir die Bewegung der Planeten um die Sonne wählen. Gegeben sei der eine Brennpunkt A der Ellipse als Ort der Sonne, die grosse Axe a der Ellipse und ausserdem zwei Positionen p und q des Planeten. Bezeichnen wir den zweiten vorläufig unbekannten Brennpunkt mit B, so sind durch die gegebenen Stücke die Entfernungen des Punktes B von den beiden Planetenörtern p und q bekannt; diese Entfernungen sind nämlich $= a - Ap$ und $= a - Aq$ wegen der bekannten Eigenschaft der Ellipse. Dies giebt aber für B zwei Lagen B und B', die eine oberhalb, die andere unterhalb der Verbindungslinie von p und q. Es giebt also zwei Ellipsen, mithin auch

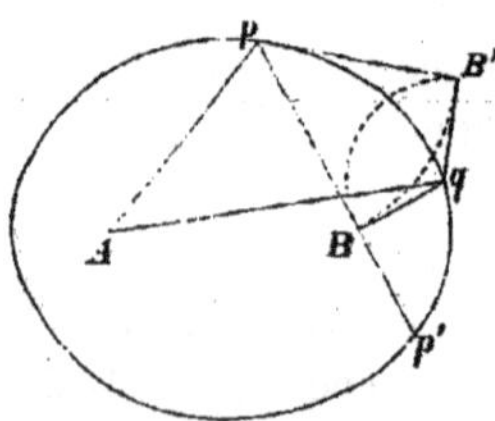

*) Bd. 17, p. 68 folgg.

zwei Bewegungen des Planeten, welche für die gegebenen Stücke möglich sind. Damit beide Lösungen zusammenfallen, müssen die Punkte B und B' in die Verbindungslinie von p und q fallen, d. h. p, B und q müssen in gerader Linie liegen, mithin q' in p'. Der Punkt p' bezeichnet also die Grenze, über welche man von p aus das Integral nicht ausdehnen darf, ohne dass es aufhört ein Minimum zu sein.

Wir kehren jetzt zu der eigentlich mechanischen Bedeutung des Princips der kleinsten Wirkung zurück. Diese besteht darin, dass in der Gleichung (1.) dieser Vorlesung die Grundgleichungen der Dynamik für den Fall enthalten sind, in dem das Princip der lebendigen Kraft gilt. In der That, die Gleichung (1.) war:

$$\delta\int\sqrt{2(U+h)}\sqrt{\Sigma m_i ds_i^2} = 0.$$

Hier können wir alle Coordinaten nach Elimination der Zeit als Functionen von einer, z. B. von x_1, ansehen, und demnach schreiben:

$$\delta\int\sqrt{2(U+h)}\sqrt{\Sigma m_i\left(\frac{ds_i}{dx_1}\right)^2}\cdot dx_1 = 0$$

oder

$$\delta\int\sqrt{2(U+h)}\sqrt{\Sigma m_i\left\{\left(\frac{dx_i}{dx_1}\right)^2+\left(\frac{dy_i}{dx_1}\right)^2+\left(\frac{dz_i}{dx_1}\right)^2\right\}}\cdot dx_1 = 0$$

oder, wenn wir

$$\frac{dx_i}{dx_1} = x_i', \quad \frac{dy_i}{dx_1} = y_i', \quad \frac{dz_i}{dx_1} = z_i'$$

setzen,

$$\delta\int\sqrt{2(U+h)}\sqrt{\Sigma m_i(x_i'^2+y_i'^2+z_i'^2)}dx_1 = 0.$$

Unter Einführung der Bezeichnungen

$$2(U+h) = A, \quad \Sigma m_i(x_i'^2+y_i'^2+z_i'^2) = B,$$
$$\sqrt{A}.\sqrt{B} = P$$

haben wir endlich

$$\delta\int P dx_1 = 0,$$

oder es ergiebt sich die Regel: Man setze in $\int P dx_1$ für x_i, y_i, z_i respective $x_i+\delta x_i$, $y_i+\delta y_i$, $z_i+\delta z_i$ ein, wo δx_i, δy_i, δz_i in den unendlich kleinen Factor α multiplicirte willkürliche Functionen sind, welche innerhalb der Integrationsgrenzen nicht unendlich werden, entwickele nach Potenzen von α und setze das in die erste Potenz von α multiplicirte Glied gleich Null. Hierbei ist zu

bemerken, dass erstens, weil die Grenzen des Integrals gegeben sind, von ihnen keine Variationen herrühren können, dass ferner aus demselben Grunde alle Variationen an den Grenzen verschwinden müssen, und endlich, dass δx_1 überhaupt Null ist, weil x_1 die unabhängige Variable ist. Demgemäss erhält man nach den Regeln der Variationsrechnung:

$$\delta\int P dx_1 = \int \delta P dx_1$$
$$= \int \Sigma \left\{ \frac{\partial P}{\partial x_i}\delta x_i + \frac{\partial P}{\partial y_i}\delta y_i + \frac{\partial P}{\partial z_i}\delta z_i + \frac{\partial P}{\partial x'_i}\delta x'_i + \frac{\partial P}{\partial y'_i}\delta y'_i + \frac{\partial P}{\partial z'_i}\delta z'_i \right\} dx_1.$$

Nun ist

$$\int \frac{\partial P}{\partial x'_i}\delta x'_i dx_1 = \int \frac{\partial P}{\partial x'_i}\frac{d\delta x_i}{dx_1}dx_1 = \frac{\partial P}{\partial x'_i}\delta x_i - \int \frac{d\frac{\partial P}{\partial x'_i}}{dx_1}\delta x_i dx_1$$

oder, da δx_i an den Grenzen der Integration verschwindet,

$$\int \frac{\partial P}{\partial x'_i}\delta x'_i dx_1 = -\int \frac{d\frac{\partial P}{\partial x'_i}}{dx_1}\delta x_i dx_1.$$

Aehnliche Gleichungen gelten für y_i und z_i. Die Benutzung derselben giebt:

$$\delta\int P dx_1 =$$
$$\int \Sigma \left[\left(\frac{\partial P}{\partial x_i} - \frac{d\frac{\partial P}{\partial x'_i}}{dx_1} \right)\delta x_i + \left(\frac{\partial P}{\partial y_i} - \frac{d\frac{\partial P}{\partial y'_i}}{dx_1} \right)\delta y_i + \left(\frac{\partial P}{\partial z_i} - \frac{d\frac{\partial P}{\partial z'_i}}{dx_1} \right)\delta z_i \right] dx_1.$$

Es ist aber

$$P = \sqrt{A}\sqrt{B}, \quad A = 2(U+h), \quad B = \Sigma m_i(x'^2_i + y'^2_i + z'^2_i),$$
$$\frac{\partial P}{\partial x_i} = \tfrac{1}{2}\sqrt{\frac{B}{A}}\frac{\partial A}{\partial x_i} = \sqrt{\frac{B}{A}}\frac{\partial U}{\partial x_i}, \quad \frac{\partial P}{\partial x'_i} = \tfrac{1}{2}\sqrt{\frac{A}{B}}\frac{\partial B}{\partial x'_i} = \sqrt{\frac{A}{B}}\cdot m_i x'_i;$$

also hat man

$$\frac{\partial P}{\partial x_i} - \frac{d\frac{\partial P}{\partial x'_i}}{dx_1} = \sqrt{\frac{B}{A}}\frac{\partial U}{\partial x_i} - \frac{d\left(m_i\sqrt{\frac{A}{B}}\frac{dx_i}{dx_1}\right)}{dx_1}.$$

Setzt man nun (s. S. 44)

(2.) $$\sqrt{\frac{B}{A}}dx_1 = dt,$$

so erhält man

$$\frac{\partial P}{\partial x_i} - \frac{d\frac{\partial P}{\partial x'_i}}{dx_1} = \sqrt{\frac{B}{A}}\left(\frac{\partial U}{\partial x_i} - m_i\frac{d^2x_i}{dt^2}\right)$$

und Aehnliches für y_i und z_i. Führt man diese Ausdrücke ein, so ergiebt sich:

$$\delta\int P dx_1 =$$

$$\int\sqrt{\frac{B}{A}}\cdot\Sigma\left\{\left(\frac{\partial U}{\partial x_i}-m_i\frac{d^2x_i}{dt^2}\right)\delta x_i+\left(\frac{\partial U}{\partial y_i}-m_i\frac{d^2y_i}{dt^2}\right)\delta y_i+\left(\frac{\partial U}{\partial z_i}-m_i\frac{d^2z_i}{dt^2}\right)\delta z_i\right\}dx_1.$$

Da diese Variation aber nach unserem Principe verschwinden soll, so hat man

$$0=\Sigma\left\{\left(\frac{\partial U}{\partial x_i}-m_i\frac{d^2x_i}{dt^2}\right)\delta x_i+\left(\frac{\partial U}{\partial y_i}-m_i\frac{d^2y_i}{dt^2}\right)\delta y_i+\left(\frac{\partial U}{\partial z_i}-m_i\frac{d^2z_i}{dt^2}\right)\delta z_i\right\}$$

oder

$$(3.)\quad \Sigma m_i\left(\frac{d^2x_i}{dt^2}\delta x_i+\frac{d^2y_i}{dt^2}\delta y_i+\frac{d^2z_i}{dt^2}\delta z_i\right)=\Sigma\left(\frac{\partial U}{\partial x_i}\delta x_i+\frac{\partial U}{\partial y_i}\delta y_i+\frac{\partial U}{\partial z_i}\delta z_i\right)=\delta U,$$

welches die frühere symbolische Gleichung ist.

Die Gleichung (2.) ist nichts Anderes als der Satz der lebendigen Kraft; denn durch Quadrirung findet man

$$B dx_1^2 = A dt^2$$

oder

$$\Sigma m_i\left\{\left(\frac{dx_i}{dt}\right)^2+\left(\frac{dy_i}{dt}\right)^2+\left(\frac{dz_i}{dt}\right)^2\right\}=2(U+h).$$

Dies war vorauszusehen, denn durch den Satz der lebendigen Kraft hatten wir die Zeit aus dem Integral des Princips der kleinsten Wirkung eliminirt.

Siebente Vorlesung.

Fernere Betrachtungen über das Princip der kleinsten Wirkung.
Die *Lagrange*schen Multiplicatoren.

Ausser dem Uebelstande, der bei der gewöhnlichen Ausdrucksweise des Princips der kleinsten Wirkung darin liegt, dass man den Satz der lebendigen Kraft nicht in das Integral einführt, kommt noch der hinzu, dass man sagt, das Integral solle ein Grösstes oder Kleinstes werden, statt zu sagen, seine erste Variation solle verschwinden. Die Verwechselung dieser keineswegs identischen Forderungen ist so sehr Sitte geworden, dass man sie den Autoren kaum als Fehler anrechnen kann. Es findet sich in dieser Rücksicht ein sonderbares Quidproquo bei *Lagrange* und *Poisson*, welches sich auf die kürzeste Linie bezieht.

Lagrange sagt ganz richtig, in diesem Falle könne das Integral nie ein Maximum werden, denn wie lang auch die zwischen zwei Punkten auf einer gegebenen Oberfläche gezogene Curve sein möge, so könne man immer eine noch längere angeben; und hieraus schliesst er, dass das Integral *immer* ein Minimum sein müsse. *Poisson* dagegen, der wusste, dass das Integral in gewissen Fällen, namentlich bei geschlossenen Oberflächen, über gewisse Grenzen hinaus aufhört ein Minimum zu sein, schloss hieraus, in diesen Fällen müsste es demnach ein Maximum sein. Beide Schlüsse sind falsch; im Fall der kürzesten Linien kann das Integral allerdings nie ein Maximum sein, vielmehr ist es entweder ein Minimum, oder keines von Beiden, weder Maximum, noch Minimum.

Die Elimination der Zeit aus dem Integral, welches bei dem Princip der kleinsten Wirkung in Betracht kommt, darf nicht etwa durch das Princip der Flächen oder irgend eine andere Integralgleichung des Problems, sondern sie muss gerade durch das Princip der lebendigen Kraft geschehen; nur so kommt man zu dem Princip der kleinsten Wirkung. *Lagrange* sagt an einer Stelle, er habe in den Turiner Memoiren die Differentialgleichungen der Bewegung aus dem Princip der kleinsten Wirkung in Verbindung mit dem Princip der lebendigen Kraft hergeleitet. Eine solche Ausdrucksweise ist nach den oben gemachten Bemerkungen nicht zulässig. *Lagrange* wandte die soeben von ihm erfundene Variationsrechnung auf das schon von *Euler* benutzte Princip der kleinsten Wirkung an, gebrauchte aber hierbei das Princip der lebendigen Kraft in der Ausdehnung, welche *Daniel Bernoulli* demselben gegeben hatte, und auf diese Weise kam er zu der allgemeinen symbolischen Gleichung der Dynamik, von welcher wir ausgegangen sind und welche wir hier noch einmal hinschreiben wollen; sie war:

$$(1.)\qquad \Sigma m_i\left\{\frac{d^2x_i}{dt^2}\delta x_i+\frac{d^2y_i}{dt^2}\delta y_i+\frac{d^2z_i}{dt^2}\delta z_i\right\}=\Sigma\{X_i\delta x_i+Y_i\delta y_i+Z_i\delta z_i\},$$

wo auf der rechten Seite δU zu setzen ist, wenn das Princip der lebendigen Kraft gilt. Abstrahirt man davon, dass δU nach dem in der Variationsrechnung üblichen Sinn nur dann für die rechte Seite obiger Gleichung gesetzt werden kann, wenn die Grössen X_i, Y_i, Z_i die partiellen Differentialquotienten einer einzigen Function U sind, und betrachtet man es rein als symbolische abgekürzte Bezeichnung, so hat man

$$(2.)\qquad \Sigma m_i\left\{\frac{d^2x_i}{dt^2}\delta x_i+\frac{d^2y_i}{dt^2}\delta y_i+\frac{d^2z_i}{dt^2}\delta z_i\right\}=\delta U$$

auch, wenn der Satz der lebendigen Kraft nicht gilt. Diese Gleichung ist nun, wie schon früher erwähnt wurde, auch noch richtig, wenn Bedingungsgleichungen stattfinden, aber dann sind die Variationen nicht mehr alle von einander unabhängig. Hat man m Bedingungsgleichungen

$$(3.)\qquad f=0,\quad \varphi=0,\quad \ldots,$$

so existiren zwischen den Variationen die m Relationen

$$(4.)\qquad \begin{cases} \Sigma\left(\frac{\partial f}{\partial x_i}\delta x_i+\frac{\partial f}{\partial y_i}\delta y_i+\frac{\partial f}{\partial z_i}\delta z_i\right)=0, \\ \Sigma\left(\frac{\partial \varphi}{\partial x_i}\delta x_i+\frac{\partial \varphi}{\partial y_i}\delta y_i+\frac{\partial \varphi}{\partial z_i}\delta z_i\right)=0, \\ \text{u. s. w.} \end{cases}$$

Vermittelst dieser m Gleichungen kann man m von den $3n$ Variationen δx_i, δy_i, δz_i ... aus der Gleichung (1.) eliminiren, und indem man die übrig bleibenden von einander unabhängig setzt, zerfällt die symbolische Gleichung (1.) in die Differentialgleichungen der Bewegung. Aber diese Elimination würde sehr mühsam sein und hat überdies manche Uebelstände; denn erstens müsste man gewisse Coordinaten vor den übrigen bevorzugen und erhielte dadurch keine symmetrischen Formeln, und ausserdem wäre die Form der Eliminationsgleichungen für jede Anzahl von Bedingungsgleichungen eine andere, durch welchen Umstand die Allgemeinheit der Untersuchung sehr erschwert werden würde. Alle diese Schwierigkeiten hat *Lagrange* durch Einführung von Multiplicatoren besiegt, eine Methode, welche schon *Euler* bei den Problemen „de maximis et minimis" häufig angewendet hat. Da nämlich die Variationen δx_i, δy_i, δz_i ... in den Gleichungen (1.) und (4.) linear vorkommen, so kann man die Elimination von m derselben folgendermassen bewerkstelligen: Man multiplicire die Gleichungen (4.) respective mit den Factoren λ, μ ... und addire sie zu (1.); die resultirende Gleichung heisse (L). Nun bestimme man die Factoren λ, μ ... so, dass in der mit (L) bezeichneten Gleichung m der in die Variationen δx_i, δy_i, δz_i ... multiplicirten Ausdrücke identisch verschwinden; dann geben die in die übrig bleibenden $3n-m$ Variationen multiplicirten Ausdrücke gleich Null gesetzt die Differentialgleichungen des Problems. Man sieht auf diese Weise, dass man in der Gleichung (L) sämmtliche $3n$ in die Variationen δx_i, δy_i, δz_i ... multiplicirten Ausdrücke gleich Null zu setzen und dann diese Gleichungen so anzusehen hat, dass m derselben die Multiplicatoren λ, μ ... definiren, die übrigen aber, in welche die so bestimmten Multiplicatoren einzusetzen sind, die Differentialgleichungen des Problems geben. Mit andern Worten, aus den $3n$ Gleichungen, in welche die Gleichung (L) zerfällt, wenn man die Variationen alle als unabhängig ansieht, hat man die m Multiplicatoren $\lambda, \mu \ldots$ zu eliminiren und erhält dann die $3n-m$ Differentialgleichungen des Problems. Anstatt aber diese Elimination auszuführen, thut man besser die unbekannten Multiplicatoren in den $3n$ Gleichungen zu lassen und auf diese die ferneren Untersuchungen zu gründen. Diese $3n$ Gleichungen werden alsdann von der Form

$$(5.)\quad \begin{cases} m_i \dfrac{d^2x_i}{dt^2} = X_i + \lambda \dfrac{\partial f}{\partial x_i} + \mu \dfrac{\partial \varphi}{\partial x_i} + \cdots, \\ m_i \dfrac{d^2y_i}{dt^2} = Y_i + \lambda \dfrac{\partial f}{\partial y_i} + \mu \dfrac{\partial \varphi}{\partial y_i} + \cdots, \\ m_i \dfrac{d^2z_i}{dt^2} = Z_i + \lambda \dfrac{\partial f}{\partial z_i} + \mu \dfrac{\partial \varphi}{\partial z_i} + \cdots, \end{cases}$$

wo für alle n Werthe von i überall dieselben Multiplicatoren $\lambda, \mu \ldots$ vorkommen. Dies ist die Form, welche *Lagrange* den Gleichungen der Bewegung eines durch beliebige Bedingungen gebundenen Systems gegeben hat.

Die zu den Kräften X_i, Y_i, Z_i hinzukommenden Grössen drücken die Wirkung des Systems aus, d. h. die Modification, welche die sollicitirenden Kräfte durch die Verbindungen der materiellen Punkte erleiden. Zu diesem Resultat gelangt man auch in der Statik, indem man beweist, dass, wenn in den n Punkten des Systems die Kräfte

$$\lambda \frac{\partial f}{\partial x_i} + \mu \frac{\partial \varphi}{\partial x_i} + \cdots, \quad \lambda \frac{\partial f}{\partial y_i} + \mu \frac{\partial \varphi}{\partial y_i} + \cdots, \quad \lambda \frac{\partial f}{\partial z_i} + \mu \frac{\partial \varphi}{\partial z_i} + \cdots$$

parallel den Coordinatenaxen angebracht werden, dieselben durch die Verbindung des Systems aufgehoben werden, woraus hervorgeht, dass die durch die Verbindung des Systems aufgehobenen Kräfte nicht bestimmt sind, sondern die unbestimmten Grössen $\lambda, \mu \ldots$ enthalten. Die Einführung der Multiplicatoren $\lambda, \mu \ldots$ ist daher nicht ein blosser Kunstgriff der Rechnung, sondern diese Grössen haben in der Statik ihre ganz bestimmte Bedeutung. Aus dem soeben ausgesprochenen Satz der Statik kann man nun auch auf die Gleichungen (5.) der Bewegung kommen und zwar, indem man den Uebergang von der Statik zur Mechanik auf folgende Betrachtung gründet:

Wegen der Verbindung des Systems können die materiellen Punkte den ihnen mitgetheilten Impulsen nicht Folge leisten. Um die wirkliche Bewegung zu ermitteln, muss man daher solche Kräfte hinzusetzen, deren Complex von der Verbindung des Systems aufgehoben wird, nach deren Hinzufügung es daher so anzusehen ist, als wenn die Punkte den an sie angebrachten Kräften ohne Hinderniss folgten; mit andern Worten, nach Hinzufügung von Kräften, durch welche die Verbindung des Systems aufgehoben wird, kann man das System als ein freies betrachten. Dies ist als ein Princip anzusehen, und aus ihm ergeben sich ganz von selbst die Gleichungen (5.).

Eben dieses Princip, welches uns die Modification der beschleunigenden Kräfte durch die Verbindungen des Systems gegeben hat, dient auch dazu, die Modification der momentanen Kräfte durch die Verbindungen des Systems zu finden. Die Formeln, welche man hier anzuwenden hat, sind ganz die nämlichen. Wirken auf den Punkt m_i die momentanen Impulse a_i, b_i, c_i, so sind die mit Berücksichtigung der Verbindung des Systems hieraus folgenden modificirten Impulse:

$$(6.)\quad \begin{cases} a_i+\lambda_1\dfrac{\partial f}{\partial x_i}+\mu_1\dfrac{\partial \varphi}{\partial x_i}+\cdots, \\ b_i+\lambda_1\dfrac{\partial f}{\partial y_i}+\mu_1\dfrac{\partial \varphi}{\partial y_i}+\cdots, \\ c_i+\lambda_1\dfrac{\partial f}{\partial z_i}+\mu_1\dfrac{\partial \varphi}{\partial z_i}+\cdots, \end{cases}$$

wo die Grössen λ_1, μ_1 ... wieder für alle Punkte des Systems dieselben bleiben.

Wenn man die Grössen λ, μ ... und λ_1, μ_1 ... bestimmen will, so muss man die Gleichungen $f=0$, $\varphi=0$ ... differentiiren. Zur Bestimmung der Grössen λ, μ ... muss man zweimal differentiiren und dann die zweiten Differentialquotienten der Coordinaten aus den Gleichungen (5.) substituiren; zur Bestimmung der Grössen λ_1, μ_1 ... hat man aber nur einmal zu differentiiren, denn die momentanen Impulse sind den Geschwindigkeiten, d. h. den ersten Differentialquotienten, proportional. Wir wollen die Gleichungen zur Bestimmung von λ_1, μ_1 ... wirklich entwickeln, indem wir annehmen, dass die momentanen Impulse a_i, b_i, c_i am Anfang der Bewegung erfolgen und dass das System in diesem Moment sich in vollkommener Ruhe befindet. Unter diesen Umständen können wir für den Anfang der Bewegung die beschleunigenden Kräfte ganz ausser Acht lassen, da dieselben nur unendlich kleine Geschwindigkeiten ergeben würden, und haben daher, wenn wir zur Bestimmung von λ_1, μ_1 ... die

Differentialgleichungen

$$\Sigma\left\{\frac{\partial f}{\partial x_i}\frac{dx_i}{dt}+\frac{\partial f}{\partial y_i}\frac{dy_i}{dt}+\frac{\partial f}{\partial z_i}\frac{dz_i}{dt}\right\}=0,$$

$$\Sigma\left\{\frac{\partial \varphi}{\partial x_i}\frac{dx_i}{dt}+\frac{\partial \varphi}{\partial y_i}\frac{dy_i}{dt}+\frac{\partial \varphi}{\partial z_i}\frac{dz_i}{dt}\right\}=0,$$

u. s. w.

bilden, für $\frac{dx_i}{dt}$, $\frac{dy_i}{dt}$, $\frac{dz_i}{dt}$ die Grössen (6.) zu setzen, nachdem sie durch m_i dividirt worden sind. Dies giebt folgendes Resultat: man setze

$$A=\Sigma\frac{1}{m_i}\left(\frac{\partial f}{\partial x_i}a_i+\frac{\partial f}{\partial y_i}b_i+\frac{\partial f}{\partial z_i}c_i\right),$$

$$B=\Sigma\frac{1}{m_i}\left(\frac{\partial \varphi}{\partial x_i}a_i+\frac{\partial \varphi}{\partial y_i}b_i+\frac{\partial \varphi}{\partial z_i}c_i\right),$$

. . . .

$$(f,f)=\Sigma\frac{1}{m_i}\left(\frac{\partial f}{\partial x_i}\frac{\partial f}{\partial x_i}+\frac{\partial f}{\partial y_i}\frac{\partial f}{\partial y_i}+\frac{\partial f}{\partial z_i}\frac{\partial f}{\partial z_i}\right),$$

$$(f,\varphi)=\Sigma\frac{1}{m_i}\left(\frac{\partial f}{\partial x_i}\frac{\partial \varphi}{\partial x_i}+\frac{\partial f}{\partial y_i}\frac{\partial \varphi}{\partial y_i}+\frac{\partial f}{\partial z_i}\frac{\partial \varphi}{\partial z_i}\right),$$

. . . .

dann hat man zur Bestimmung von λ_1, μ_1 ... die Gleichungen

$$(7.)\qquad\left\{\begin{aligned}0&=A+(f,f)\lambda_1+(f,\varphi)\mu_1+(f,\psi)\nu_1+\cdots,\\0&=B+(\varphi,f)\lambda_1+(\varphi,\varphi)\mu_1+(\varphi,\psi)\nu_1+\cdots,\\0&=C+(\psi,f)\lambda_1+(\psi,\varphi)\mu_1+(\psi,\psi)\nu_1+\cdots,\\&\text{u. s. w.}\end{aligned}\right.$$

Von derselben Form werden die Gleichungen zur Bestimmung von λ, μ ..., nur dass A, B, C ... hier andere Werthe annehmen.

Wir kehren jetzt zu den Differentialgleichungen (5.) zurück. Wenn wir dieselben der Reihe nach mit δx_i, δy_i, δz_i multipliciren und alle $3n$ Producte addiren, so erhalten wir wieder die symbolische Gleichung, die wir oben mit (L) bezeichnet haben, nämlich

$$(8.)\qquad \Sigma m_i\left(\frac{d^2x_i}{dt^2}\delta x_i+\frac{d^2y_i}{dt^2}\delta y_i+\frac{d^2z_i}{dt^2}\delta z_i\right)=\delta U+\lambda\delta\varphi+\mu\delta\varphi+\cdots,$$

welche Gleichung mit dem System (5.) gleichbedeutend ist.

Um den ganzen Umfang von Problemen zu betrachten, welcher in den Gleichungen (5.) enthalten ist, müssen wir auch auf den Fall Rücksicht nehmen, in welchem die Zeit in den Bedingungen explicite vorkommt. Auch dann noch gelten die Gleichungen (5.). Um eine Vorstellung davon zu bekommen, wie die Zeit in den Bedingungen enthalten sein kann, nehme man z. B. an, die materiellen Punkte seien mit beweglichen Centren, deren Bewegung gegeben sei, in Verbindung gesetzt und zwar so, dass die Centra auf die materiellen Punkte wirken, ohne dass Reaction stattfinde. Zu dieser Annahme aber ist es nöthig, den beweglichen Centren Massen zu geben, welche im Verhältniss zu den Massen der materiellen Punkte unendlich gross sind. In diesem Falle gelten für die materiellen Punkte die Gleichungen (5.) ohne Weiteres; die beweglichen Centra aber behalten die gegebenen Bewegungen unverändert bei. In der That, es sei M die als unendlich gross zu behandelnde Masse eines Centrums, p eine seiner Coordinaten, so ist die in der Richtung der Coordinate p wirkende Kraft proportional M; nennen wir dieselbe MP, so haben wir mit Rücksicht auf die Verbindungen des Systems

$$M\frac{d^2p}{dt^2} = MP + \lambda\frac{\partial f}{\partial p} + \mu\frac{\partial \varphi}{\partial p} + \cdots$$

Aber nach Division durch die unendlich grosse Masse M fallen alle übrigen Glieder fort, und man erhält

$$\frac{d^2p}{dt^2} = P.$$

Dasselbe gilt für die übrigen Coordinaten, d. h. die Centra folgen ihren gegebenen Bewegungen ohne Rücksicht auf die Verbindungen. Die Werthe von λ, μ ... und λ_1, μ_1 ... werden hier freilich andere als früher; denn bei den Differentiationen kommen noch die partiellen Differentialquotienten nach t hinzu. So kommt z. B. zu A (Gleichungen (7.)) der Term $\frac{\partial f}{\partial t}$, zu B ebenso $\frac{\partial \varphi}{\partial t}$ hinzu u. s. w.

Die Zeit kann zwar noch ganz anders in die Bedingungen eintreten, z. B. wenn die Verbindung zweier Punkte locker wird oder sich ausdehnt, etwa durch steigende Temperatur; indessen wird man alle Bedingungen dieser Art auf bewegliche Centra zurückführen können, wenn man nur als Grundsatz festhält, dass zwei Verbindungen, welche auf dieselben Gleichungen führen, durch einander ersetzt werden können.

Die Zeit kann übrigens auch eine sehr erschwerende Rolle spielen, z. B. wenn sich im Verlaufe derselben die Massen verändern. Bis jetzt hat man aber noch nicht nöthig gehabt, diese Annahme im Weltsystem zu machen; denn um zu entscheiden, ob dergleichen stattfindet, haben die Beobachtungen noch nicht Schärfe genug.

Achte Vorlesung.

Das *Hamilton*sche Integral und die zweite *Lagrange*sche Form der dynamischen Gleichungen.

Man kann statt des Princips der kleinsten Wirkung ein anderes substituiren, welches auch darin besteht, dass die erste Variation eines Integrals verschwindet, und aus welchem man die Differentialgleichungen der Bewegungen auf eine noch einfachere Weise erhält als aus dem Princip der kleinsten Wirkung. Man scheint dies Princip früher deshalb unbemerkt gelassen zu haben, weil hier nicht, wie bei dem Princip der kleinsten Wirkung, mit dem Verschwinden der Variation im Allgemeinen zugleich ein Minimum eintritt. *Hamilton* ist der erste, der von diesem Princip ausgegangen ist. Wir werden dasselbe benutzen, um die Gleichungen der Bewegung in der Form aufzustellen, welche ihnen *Lagrange* in der Mécanique analytique gegeben hat. Es seien zunächst die Kräfte X_i, Y_i, Z_i partielle Differentialquotienten einer Function U; ferner sei T die halbe lebendige Kraft, d. h.

$$T = \tfrac{1}{2}\Sigma m_i v_i^2 = \tfrac{1}{2}\Sigma m_i\left\{\left(\frac{dx_i}{dt}\right)^2+\left(\frac{dy_i}{dt}\right)^2+\left(\frac{dz_i}{dt}\right)^2\right\},$$

dann besteht das neue Princip in der Gleichung

$$(1.)\qquad \delta\int(T+U)dt = 0.$$

Dies Princip ist, mit dem der kleinsten Wirkung verglichen, insofern allgemeiner, als hier U auch t explicite enthalten darf, was in jenem Princip ausgeschlossen ist; denn in ihm muss die Zeit durch den Satz der lebendigen Kraft eliminirt werden, der nur gilt, wenn U die Zeit nicht explicite enthält.

Die Gleichung (1.) werden wir benutzen, um die Zurückführung der Differentialgleichungen der Bewegung auf eine partielle Differentialgleichung erster Ordnung nachzuweisen. Wie *Hamilton* gezeigt hat, kann man durch theilweise Integration die Variation (1.) in zwei Theile dergestalt zerlegen, dass der eine ausser, der andere unter dem Integralzeichen steht, und jeder für sich verschwinden muss. Auf diese Weise giebt der Ausdruck unter dem Integralzeichen gleich Null gesetzt die Differentialgleichungen des Problems und der Ausdruck ausser dem Integralzeichen die Integralgleichungen desselben.

Das neue Princip lautet vollständig ausgesprochen folgendermassen:

Es seien die Positionen des Systems zu einer gegebenen Anfangszeit t_0 und zu einer gegebenen Endzeit t_1 gegeben; dann hat man zur Bestimmung der wirklich erfolgenden Bewegung die Gleichung

$$(1.)\qquad \delta\int(T+U)dt = 0.$$

Hier ist das Integral von t_0 bis t_1 auszudehnen, U ist die Kräftefunction und kann die Zeit auch explicite enthalten, und T ist die halbe lebendige Kraft, man hat also

$$T = \tfrac{1}{2}\Sigma m_i(x_i'^2+y_i'^2+z_i'^2),$$

$$x_i' = \frac{dx_i}{dt},\quad y_i' = \frac{dy_i}{dt},\quad z_i' = \frac{dz_i}{dt}.$$

Wenn man die in diesem Princip vorgeschriebene Variation ausführt, indem man nach den Regeln der Variationsrechnung den Coordinaten die Variationen δx_i, δy_i, δz_i hinzufügt, die unabhängige Variable t aber unvariirt lässt, so erhält man

$$\delta\int Tdt = \int\delta Tdt = \int\Sigma m_i(x_i'\delta x_i'+y_i'\delta y_i'+z_i'\delta z_i')dt,$$

oder, indem man für $\delta x_i'$, $\delta y_i'$, $\delta z_i'$ die Ausdrücke $\frac{d\delta x_i}{dt}$, $\frac{d\delta y_i}{dt}$, $\frac{d\delta z_i}{dt}$ einführt und theilweise integrirt,

$$\delta\int Tdt = \int\Sigma m_i\left(x_i'\frac{d\delta x_i}{dt}+y_i'\frac{d\delta y_i}{dt}+z_i'\frac{d\delta z_i}{dt}\right)dt$$

$$= \Sigma m_i(x_i'\delta x_i+y_i'\delta y_i+z_i'\delta z_i)-\int\Sigma m_i(x_i''\delta x_i+y_i''\delta y_i+z_i''\delta z_i)dt,$$

wo x_i'', y_i'', z_i'' die zweiten nach t genommenen Differentialquotienten von x_i, y_i, z_i sind. Da aber die Anfangs- und Endpositionen gegeben sind, so verschwinden δx_i, δy_i, δz_i an den Grenzen der Integration, die ausser dem Integralzeichen stehenden Glieder werden gleich Null, so dass

$$\delta\int Tdt = -\int\{\Sigma m_i(x_i''\delta x_i+y_i''\delta y_i+z_i''\delta z_i)\}dt.$$

Man hat also

$$(2.)\qquad \delta\int(T+U)dt = -\int\{\Sigma m_i(x_i''\delta x_i+y_i''\delta y_i+z_i''\delta z_i)-\delta U\}dt,$$

wo

$$\delta U = \Sigma\left(\frac{\partial U}{\partial x_i}\delta x_i+\frac{\partial U}{\partial y_i}\delta y_i+\frac{\partial U}{\partial z_i}\delta z_i\right),$$

eine Gleichung, aus welcher in der That die frühere in der zweiten Vorlesung (p. 12) gegebene symbolische Grundgleichung (2.) der Dynamik folgt.

Das in der Gleichung (1.) enthaltene Princip ist sehr nützlich bei der Transformation der Coordinaten. Sie gilt für jedes Coordinatensystem; in einem neuen System hat man daher nach den neuen Coordinaten ebenso zu variiren, wie früher nach den alten, und die ganze Substitution, welche vorzunehmen ist, beschränkt sich auf die beiden Ausdrücke T und U.

Wir wollen dies zunächst auf Polarcoordinaten anwenden; die Transformationsformeln sind in diesem Falle:

$$x_i = r_i \cos\varphi_i,$$
$$y_i = r_i \sin\varphi_i \cos\psi_i,$$
$$z_i = r_i \sin\varphi_i \sin\psi_i.$$

Hieraus folgt durch Differentiation

$$dx_i = \cos\varphi_i . dr_i - r_i \sin\varphi_i . d\varphi_i,$$
$$dy_i = \sin\varphi_i \cos\psi_i dr_i + r_i \cos\varphi_i \cos\psi_i d\varphi_i - r_i \sin\varphi_i \sin\psi_i d\psi_i,$$
$$dz_i = \sin\varphi_i \sin\psi_i dr_i + r_i \cos\varphi_i \sin\psi_i d\varphi_i + r_i \sin\varphi_i \cos\psi_i d\psi_i;$$

daher ist

$$dx_i^2 + dy_i^2 + dz_i^2 = dr_i^2 + r_i^2 d\varphi_i^2 + r_i^2 \sin^2\varphi_i d\psi_i^2,$$

oder

$$x_i'^2 + y_i'^2 + z_i'^2 = r_i'^2 + r_i^2 \varphi_i'^2 + r_i^2 \sin^2\varphi_i \psi_i'^2,$$

wo

$$r_i' = \frac{dr_i}{dt}, \quad \varphi_i' = \frac{d\varphi_i}{dt}, \quad \psi_i' = \frac{d\psi_i}{dt}.$$

Man hat also sofort:

$$(3.)\qquad T = \tfrac{1}{2}\Sigma m_i (x_i'^2 + y_i'^2 + z_i'^2) = \tfrac{1}{2}\Sigma m_i (r_i'^2 + r_i^2 \varphi_i'^2 + r_i^2 \sin^2\varphi_i \psi_i'^2).$$

Unter dieser Voraussetzung und der Annahme, dass auch U durch die neuen Coordinaten ausgedrückt sei, werden wir die aus $\delta\int(T+U)dt = 0$ hervorgehende Gleichung nach den allgemeinen Regeln der Variationsrechnung finden.

Ist P eine Function mehrerer Variablen $\ldots p \ldots$ und ihrer ersten Differentialquotienten $\ldots p' \ldots$, wobei vorausgesetzt wird, dass alle p von einer unabhängigen Variabeln t abhängen, und soll die erste Variation von $\int P dt$ verschwinden, soll also

$$\delta \int P dt = 0$$

sein, wo das Integral von t_0 bis t_1 zu nehmen ist und wo die diesen Werthen von t entsprechenden Werthe der p gegeben sind: so führt dies, wie die in der sechsten Vorlesung (p. 50) ausgeführten Entwickelungen gezeigt haben, zu der Gleichung

$$(4.)\qquad 0=\Sigma\left[\frac{d\frac{\partial P}{\partial p'}}{dt}-\frac{\partial P}{\partial p}\right]\delta p.$$

In unserem Falle sind r_i, φ_i, ψ_i die Grössen p, und $P=T+U$; ferner erhält U die Differentialquotienten r'_i, φ'_i, ψ'_i nicht; daher erhalten wir

$$0=\Sigma\left[\frac{d\frac{\partial T}{\partial r'_i}}{dt}-\frac{\partial T}{\partial r_i}-\frac{\partial U}{\partial r_i}\right]\delta r_i+\Sigma\left[\frac{d\frac{\partial T}{\partial \varphi'_i}}{dt}-\frac{\partial T}{\partial \varphi_i}-\frac{\partial U}{\partial \varphi_i}\right]\delta\varphi_i+\Sigma\left[\frac{d\frac{\partial T}{\partial \psi'_i}}{dt}-\frac{\partial T}{\partial \psi_i}-\frac{\partial U}{\partial \psi_i}\right]\delta\psi_i.$$

Nun ist nach (3.)

$$\frac{\partial T}{\partial r'_i}=m_i r'_i,\qquad \frac{\partial T}{\partial \varphi'_i}=m_i r_i^2\varphi'_i,\qquad \frac{\partial T}{\partial \psi'_i}=m_i r_i^2\sin^2\varphi_i\psi'_i,$$

$$\frac{\partial T}{\partial r_i}=m_i(r_i\varphi_i'^2+r_i\sin^2\varphi_i\psi_i'^2),\qquad \frac{\partial T}{\partial \varphi_i}=\tfrac{1}{2}m_i r_i^2\sin 2\varphi_i\psi_i'^2,\qquad \frac{\partial T}{\partial \psi_i}=0;$$

also hat man

$$0=\Sigma\left\{m_i\left(\frac{dr'_i}{dt}-r_i\varphi_i'^2-r_i\sin\varphi_i^2\psi_i'^2\right)-\frac{\partial U}{\partial r_i}\right\}\delta r_i$$
$$+\Sigma\left\{m_i\left(\frac{d(r_i^2\varphi'_i)}{dt}-\tfrac{1}{2}r_i^2\sin 2\varphi_i\psi_i'^2\right)-\frac{\partial U}{\partial \varphi_i}\right\}\delta\varphi_i+\Sigma\left\{m_i\frac{d(r_i^2\sin^2\varphi_i\psi'_i)}{dt}-\frac{\partial U}{\partial \psi_i}\right\}\delta\psi_i,$$

oder

$$\Sigma m_i\left\{\left(\frac{d^2r_i}{dt^2}-r_i\varphi_i'^2-r_i\sin^2\varphi_i\psi_i'^2\right)\delta r_i+\left(\frac{d(r_i^2\varphi'_i)}{dt}-\tfrac{1}{2}r_i^2\sin 2\varphi_i\psi_i'^2\right)\delta\varphi_i+\frac{d(r_i^2\sin\varphi_i^2\psi'_i)}{dt}\delta\psi_i\right\}$$
$$=\Sigma\left(\frac{\partial U}{\partial r_i}\delta r_i+\frac{\partial U}{\partial \varphi_i}\delta\varphi_i+\frac{\partial U}{\partial \psi_i}\delta\psi_i\right)=\delta U.$$

Sind Bedingungsgleichungen vorhanden: $f=0$, $\varpi=0\ldots$, so kommt auf der rechten Seite dieser Gleichung zu δU noch das Aggregat $\lambda\delta f+\mu\delta\varpi+\cdots$ hinzu, und man hat also in diesem Falle

$$(5.)\quad\left\{\begin{array}{l}\Sigma m_i\left\{\left(\frac{d^2r_i}{dt^2}-r_i\varphi_i'^2-r_i\sin^2\varphi_i\psi_i'^2\right)\delta r_i+\left(\frac{d(r_i^2\varphi'_i)}{dt}-\tfrac{1}{2}r_i^2\sin 2\varphi_i\psi_i'^2\right)\delta\varphi_i+\frac{d(r_i^2\sin^2\varphi_i\psi'_i)}{dt}\delta\psi_i\right\}\\ \qquad=\delta U+\lambda\delta f+\mu\delta\varpi+\cdots,\end{array}\right.$$

eine Gleichung, welche in $3n$ Gleichungen von folgender Form zerfällt:

$$(6.)\quad \begin{cases} m_i\left\{\dfrac{d^2r_i}{dt^2}-r_i\varphi_i'^2-r_i\sin^2\varphi_i\,\psi_i'^2\right\}=\dfrac{\partial U}{\partial r_i}+\lambda\dfrac{\partial f}{\partial r_i}+\mu\dfrac{\partial \varpi}{\partial r_i}+\cdots,\\ m_i\left\{\dfrac{d(r_i^2\varphi_i')}{dt}-\tfrac{1}{2}r_i^2\sin 2\varphi_i\,\psi_i'^2\right\}=\dfrac{\partial U}{\partial \varphi_i}+\lambda\dfrac{\partial f}{\partial \varphi_i}+\mu\dfrac{\partial \varpi}{\partial \varphi_i}+\cdots,\\ m_i\dfrac{d(r_i^2\sin^2\varphi_i\,\psi_i')}{dt}=\dfrac{\partial U}{\partial \psi_i}+\lambda\dfrac{\partial f}{\partial \psi_i}+\mu\dfrac{\partial \varpi}{\partial \psi_i}+\cdots. \end{cases}$$

Von vorzüglicher Wichtigkeit ist die Transformation der ursprünglichen Veränderlichen in neue, die so gewählt sind, dass, wenn Alles durch sie ausgedrückt ist, die Bedingungsgleichungen von selbst befriedigt werden. Wenn nämlich m Bedingungsgleichungen vorhanden sind, so lassen sich alle $3n$ Coordinaten durch $3n-m$ derselben oder auch durch $3n-m$ Functionen derselben ausdrücken. In den meisten Fällen ist es sehr wichtig, nicht die Coordinaten selbst, sondern neue Grössen einzuführen, um Irrationalitäten zu vermeiden. Bei der Bewegung eines Punktes auf dem Ellipsoid z. B. sind die Formeln

$$x=a\cos\eta,\quad y=b\sin\eta\cos\zeta,\quad z=c\sin\eta\sin\zeta,$$

welche die Gleichung des Ellipsoids identisch befriedigen, von der grössten Wichtigkeit. Wir wollen die neuen $3n-m=k$ Grössen $q_1, q_2, \ldots q_k$ nennen; sie sollen so beschaffen sein, dass, wenn man $x_1, y_1, z_1, x_2, y_2, z_2 \ldots$ durch sie ausdrückt und in die m Bedingungsgleichungen $f=0$, $\varpi=0$, ... diese Ausdrücke einsetzt, die linken Seiten dieser Gleichungen identisch verschwinden, d. h. es soll identisch

$$(7.)\qquad f(q_1, q_2, \ldots q_k)=0,\quad \varpi(q_1, q_2, \ldots q_k)=0,\quad \ldots$$

sein, ohne dass zwischen den q irgend welche Relation stattfindet. Hierdurch werden die Differentialgleichungen der Bewegung bedeutend vereinfacht. Für irgend ein Coordinatensystem nämlich ist nach Gleichung (4.) die allgemeine symbolische Grundgleichung der Dynamik, wenn Bedingungsgleichungen stattfinden,

$$\Sigma\left[\frac{d\dfrac{\partial T}{\partial q_s'}}{dt}-\frac{\partial T}{\partial q_s}\right]\delta q_s=\delta U+\lambda\delta f+\mu\delta\varpi+\cdots,$$

wo sich das Summenzeichen auf alle q erstreckt. Aber für unsere Grössen q gelten die Gleichungen (7.) identisch; daher hat man nach Einführung dieser Grössen $\delta f=0$, $\delta\varpi=0$, etc. und die obige Gleichung reducirt sich auf

$$\Sigma\left[\frac{d\dfrac{\partial T}{\partial q_s'}}{dt}-\frac{\partial T}{\partial q_s}\right]\delta q_s=\delta U,$$

welche in k Differentialgleichungen der Form

$$\frac{d\frac{\partial T}{\partial q'_s}}{dt}-\frac{\partial T}{\partial q_s}=\frac{\partial U}{\partial q_s}$$

zerfällt. Dies ist die Form, in welcher *Lagrange* schon in der alten Ausgabe der Mécanique analytique die Differentialgleichungen der Bewegung dargestellt hat.

Denkt man sich alle Coordinaten durch die Grössen q ausgedrückt, so erhält man durch Differentiation:

$$x'_i=\frac{\partial x_i}{\partial q_1}q'_1+\frac{\partial x_i}{\partial q_2}q'_2+\cdots+\frac{\partial x_i}{\partial q_k}q'_k,$$
$$y'_i=\frac{\partial y_i}{\partial q_1}q'_1+\frac{\partial y_i}{\partial q_2}q'_2+\cdots+\frac{\partial y_i}{\partial q_k}q'_k,$$
$$z'_i=\frac{\partial z_i}{\partial q_1}q'_1+\frac{\partial z_i}{\partial q_2}q'_2+\cdots+\frac{\partial z_i}{\partial q_k}q'_k.$$

Wenn man diese Werthe in $T=\frac{1}{2}\Sigma m_i(x_i'^2+y_i'^2+z_i'^2)$ einsetzt, so erhält man einen Ausdruck, der in Beziehung auf die Grössen $q'_1, q'_2, \ldots q'_k$ eine homogene Function zweiten Grades ist, deren Coefficienten bekannte Functionen von $q_1, q_2, \ldots q_k$ sind. Setzen wir

$$\frac{\partial T}{\partial q'_s}=p_s,$$

so können wir die Gleichung (8.) auch so schreiben:

$$\frac{dp_s}{dt}=\frac{\partial(T+U)}{\partial q_s}.$$

Dies ist zwar noch nicht die schliessliche Form der Gleichungen der Bewegung, sie erfordert vielmehr eine fernere Transformation; aber ehe wir hierzu übergehen, wollen wir das Bisherige auf den Fall ausdehnen, wo keine Kräftefunction existirt, sondern wo an die Stelle von δU in der ursprünglichen symbolischen Gleichung der Bewegung $\Sigma(X_i\delta x_i+Y_i\delta y_i+Z_i\delta z_i)$ tritt. Wenn Alles in den Grössen q ausgedrückt ist, so ist $\delta U=\sum_s\frac{\partial U}{\partial q_s}\delta q_s$. Vergleicht man dies mit dem eben erwähnten Ausdruck $\Sigma(X_i\delta x_i+Y_i\delta y_i+Z_i\delta z_i)$ und erinnert sich an die in der zweiten Vorlesung (p. 13) gegebene Regel, wonach bei einer Transformation der Coordinaten für δx_i, δy_i, δz_i beziehungsweise $\sum_s\frac{\partial x_i}{\partial q_s}\delta q_s$, $\sum_s\frac{\partial y_i}{\partial q_s}\delta q_s$, $\sum_s\frac{\partial z_i}{\partial q_s}\delta q_s$ zu substituiren sind, so sieht man, dass an

Stelle von

$$\sum_s \frac{\partial U}{\partial q_s}\delta q_s$$

der Ausdruck

$$\sum_i\sum_s\left(X_i\frac{\partial x_i}{\partial q_s}+Y_i\frac{\partial y_i}{\partial q_s}+Z_i\frac{\partial z_i}{\partial q_s}\right)\delta q_s$$

tritt, und also an die Stelle von $\frac{\partial U}{\partial q_s}$ der Ausdruck

$$Q_s=\sum_i\left(X_i\frac{\partial x_i}{\partial q_s}+Y_i\frac{\partial y_i}{\partial q_s}+Z_i\frac{\partial z_i}{\partial q_s}\right). \tag{10.}$$

Vermöge dieser Aenderung wird Gleichung (8.) durch folgende ersetzt:

$$\frac{d\frac{\partial T}{\partial q_s'}}{dt}-\frac{\partial T}{\partial q_s}=Q_s. \tag{11.}$$

Wenn man hierin für s die Werthe 1 bis k setzt, so erhält man für den vorliegenden Fall die Gleichungen der Bewegung in den Grössen q ausgedrückt.

Wir wollen die Gleichung (11.) noch auf anderem Wege verificiren und zwar, indem wir von den in der vorigen Vorlesung (p. 54) gegebenen Gleichungen (5.)

$$m_i\frac{d^2x_i}{dt^2}=X_i+\lambda\frac{\partial f}{\partial x_i}+\mu\frac{\partial\varpi}{\partial x_i}+\cdots,$$
$$m_i\frac{d^2y_i}{dt^2}=Y_i+\lambda\frac{\partial f}{\partial y_i}+\mu\frac{\partial\varpi}{\partial y_i}+\cdots,$$
$$m_i\frac{d^2z_i}{dt^2}=Z_i+\lambda\frac{\partial f}{\partial z_i}+\mu\frac{\partial\varpi}{\partial z_i}+\cdots$$

ausgehen. Multiplicirt man diese Gleichungen mit $\frac{\partial x_i}{\partial q_s}$, $\frac{\partial y_i}{\partial q_s}$, $\frac{\partial z_i}{\partial q_s}$ und summirt in Beziehung auf i, so erhält man als Multiplicator von λ

$$\sum_i\left(\frac{\partial f}{\partial x_i}\frac{\partial x_i}{\partial q_s}+\frac{\partial f}{\partial y_i}\frac{\partial y_i}{\partial q_s}+\frac{\partial f}{\partial z_i}\frac{\partial z_i}{\partial q_s}\right)=\frac{\partial f(q_1,q_2,\ldots q_k)}{\partial q_s}.$$

Der Ausdruck rechts aber verschwindet nach (7.), und dasselbe gilt von den Coefficienten von $\mu\ldots$; daher erhält man mit Berücksichtigung der Gleichung (10.):

$$\sum_i m_i\left\{\frac{d^2x_i}{dt^2}\frac{\partial x_i}{\partial q_s}+\frac{d^2y_i}{dt^2}\frac{\partial y_i}{\partial q_s}+\frac{d^2z_i}{dt^2}\frac{\partial z_i}{\partial q_s}\right\}=Q_s. \tag{12.}$$

Um die Gleichung (11.) zu verificiren müssen wir also zeigen, dass ihre linke Seite mit der linken dieser Gleichung identisch ist. Dies wird folgendermassen nachgewiesen. Es ist

$$T = \tfrac{1}{2}\Sigma m_i(x_i'^2+y_i'^2+z_i'^2),$$

daher

$$\frac{\partial T}{\partial q_s'} = \sum_i m_i\left(x_i'\frac{\partial x_i'}{\partial q_s'}+y_i'\frac{\partial y_i'}{\partial q_s'}+z_i'\frac{\partial z_i'}{\partial q_s'}\right),\quad \frac{\partial T}{\partial q_s} = \sum_i m_i\left(x_i'\frac{\partial x_i'}{\partial q_s}+y_i'\frac{\partial y_i'}{\partial q_s}+z_i'\frac{\partial z_i'}{\partial q_s}\right).$$

Nun hatten wir aber die Differentialgleichungen

$$x_i' = \frac{\partial x_i}{\partial q_1}q_1'+\frac{\partial x_i}{\partial q_2}q_2'+\cdots+\frac{\partial x_i}{\partial q_k}q_k',$$

$$y_i' = \frac{\partial y_i}{\partial q_1}q_1'+\frac{\partial y_i}{\partial q_2}q_2'+\cdots+\frac{\partial y_i}{\partial q_k}q_k',$$

$$z_i' = \frac{\partial z_i}{\partial q_1}q_1'+\frac{\partial z_i}{\partial q_2}q_2'+\cdots+\frac{\partial z_i}{\partial q_k}q_k'.$$

Hieraus folgt:

$$\frac{\partial x_i'}{\partial q_s'} = \frac{\partial x_i}{\partial q_s},\quad \frac{\partial y_i'}{\partial q_s'} = \frac{\partial y_i}{\partial q_s},\quad \frac{\partial z_i'}{\partial q_s'} = \frac{\partial z_i}{\partial q_s};$$

ferner:

$$\frac{\partial x_i'}{\partial q_s} = \frac{\partial^2 x_i}{\partial q_s \partial q_1}q_1'+\frac{\partial^2 x_i}{\partial q_s \partial q_2}q_2'+\cdots+\frac{\partial^2 x_i}{\partial q_s \partial q_k}q_k' = \frac{d\dfrac{\partial x_i}{\partial q_s}}{dt},$$

$$\frac{\partial y_i'}{\partial q_s} = \frac{\partial^2 y_i}{\partial q_s \partial q_1}q_1'+\frac{\partial^2 y_i}{\partial q_s \partial q_2}q_2'+\cdots+\frac{\partial^2 y_i}{\partial q_s \partial q_k}q_k' = \frac{d\dfrac{\partial y_i}{\partial q_s}}{dt},$$

$$\frac{\partial z_i'}{\partial q_s} = \frac{\partial^2 z_i}{\partial q_s \partial q_1}q_1'+\frac{\partial^2 z_i}{\partial q_s \partial q_2}q_2'+\cdots+\frac{\partial^2 z_i}{\partial q_s \partial q_k}q_k' = \frac{d\dfrac{\partial z_i}{\partial q_s}}{dt}.$$

Die Substitution dieser Werthe in $\dfrac{\partial T}{\partial q_s'}$ und $\dfrac{\partial T}{\partial q_s}$ giebt

$$\frac{\partial T}{\partial q_s'} = \sum_i m_i\left(x_i'\frac{\partial x_i}{\partial q_s}+y_i'\frac{\partial y_i}{\partial q_s}+z_i'\frac{\partial z_i}{\partial q_s}\right),$$

$$\frac{\partial T}{\partial q_s} = \sum_i m_i\left(x_i'\frac{d\dfrac{\partial x_i}{\partial q_s}}{dt}+y_i'\frac{d\dfrac{\partial y_i}{\partial q_s}}{dt}+z_i'\frac{d\dfrac{\partial z_i}{\partial q_s}}{dt}\right);$$

daher ist

$$\frac{d\dfrac{\partial T}{\partial q_s'}}{dt}-\frac{\partial T}{\partial q_s} = \sum_i m_i\left(\frac{dx_i'}{dt}\frac{\partial x_i}{\partial q_s}+\frac{dy_i'}{dt}\frac{\partial y_i}{\partial q_s}+\frac{dz_i'}{dt}\frac{\partial z_i}{\partial q_s}\right)$$

$$= \sum_i m_i\left(\frac{d^2x_i}{dt^2}\frac{\partial x_i}{\partial q_s}+\frac{d^2y_i}{dt^2}\frac{\partial y_i}{\partial q_s}+\frac{d^2z_i}{dt^2}\frac{\partial z_i}{\partial q_s}\right),$$

wodurch die Identität der Gleichungen (11.) und (12.) bewiesen und zugleich die erstere verificirt ist.

Somit hat man, wenn keine Kräftefunction vorhanden ist, Gleichungen der Form (11.) als Gleichungen der Bewegung, wenn aber eine solche existirt, Gleichungen der Form (8.) oder, was dasselbe ist, der Form (9.), nämlich

$$\frac{dp_s}{dt} = \frac{\partial(T+U)}{\partial q_s}, \quad p_s = \frac{\partial T}{\partial q'_s}.$$

Aus der Form dieser Gleichungen ergiebt sich auf der Stelle ein bemerkenswerthes Resultat, und zwar: *Kann man die neuen Variablen so wählen, dass eine derselben q_s in der Kräftefunction nicht vorkommt und dass zur Darstellung von T nicht die Variable q_s selbst, sondern nur ihr Differentialquotient q'_s gebraucht wird, so ergiebt sich aus diesem Umstande jedesmal ein Integral des vorgelegten Systems von Differentialgleichungen und zwar* $p_s = \text{Const.}$, *oder, was dasselbe ist,* $\frac{\partial T}{\partial q'_s} = \text{Const.}$ Denn unter der gemachten Voraussetzung ist $\frac{\partial(T+U)}{\partial q_s} = 0$, man hat daher $\frac{dp_s}{dt} = 0$, $p_s = \text{Const.}$ Dieser Fall tritt z. B. bei der Attraction eines Punktes durch *ein* festes Centrum ein. Befindet sich das Centrum im Anfangspunkt der Coordinaten, so hat man in Polarcoordinaten (Siehe Gleichung (3.))

$$U = \frac{a}{r}, \quad T = \tfrac{1}{2}m(r'^2 + r^2\varphi'^2 + r^2\sin^2\varphi\,\psi'^2),$$

es kommt also ψ in U nicht vor und in T nicht ψ selbst, sondern nur dessen Differentialquotient ψ', daher hat man

$$\frac{\partial T}{\partial \psi'} = mr^2\sin^2\varphi\,\psi' = \text{Const.}$$

oder, indem man den Factor m in die Constante eingehen lässt,

$$r^2\sin\varphi^2 . \psi' = \text{Const.},$$

was man übrigens auch aus der dritten Gleichung (6.) hätte ableiten können. Dies ist das Princip der Flächen in Beziehung auf die Ebene der y, z. In der That, es ist

$$x = r\cos\varphi, \quad y = r\sin\varphi\cos\psi, \quad z = r\sin\varphi\sin\psi,$$

also

$$\operatorname{tg}\psi = \frac{z}{y},$$

$$\frac{1}{\cos^2\psi} . \psi' = \frac{yz' - zy'}{y^2},$$

oder nach Multiplication mit $y^2 = r^2 \sin^2\varphi \cos^2\psi$,

$$r^2 \sin^2\varphi \,.\, \psi' = y\frac{dz}{dt} - z\frac{dy}{dt},$$

und es ist daher

$$r^2 \sin^2\varphi \,.\, \psi' = y\frac{dz}{dt} - z\frac{dy}{dt} = \text{Const.}$$

das Princip der Flächen für die Ebene der y, z.

Neunte Vorlesung.

Die *Hamilton*sche Form der Bewegungsgleichungen.

Nach dem Erscheinen der ersten Ausgabe der Mécanique analytique wurde der wichtigste Fortschritt in der Umformung der Differentialgleichungen der Bewegung von *Poisson* in einem Aufsatze gemacht, der von der Methode der Variation der Constanten handelt und im 15ten Hefte des polytechnischen Journals steht. Hier führt *Poisson* die Grössen $p = \frac{\partial T}{\partial q'}$ für die Grössen q' ein; da nun, wie schon oben bemerkt, T eine homogene Function zweiten Grades der Grössen q' ist, deren Coefficienten von den q abhängen, so werden die p lineare Functionen der Grössen q'; zur Definition der p hat man also k Gleichungen der Form $p_i = \varpi_i$, wo ϖ_i in Beziehung auf $q'_1, q'_2, \ldots q'_k$ linear ist. Löst man diese k linearen Gleichungen nach den Grössen q' auf, so bekommt man Gleichungen der Form $q'_i = K_i$, wo die K_i lineare Ausdrücke in den p sind, deren Coefficienten von den q abhängen. Diese Ausdrücke von q'_i wollen wir in die Gleichung (9.) der vorigen Vorlesung einsetzen, d. h. in die Gleichung

$$\frac{dp_i}{dt} = \frac{\partial(T+U)}{\partial q_i} = \frac{\partial T}{\partial q_i} + \frac{\partial U}{\partial q_i},$$

wo $\frac{\partial U}{\partial q_i}$ nur die q enthält, während $\frac{\partial T}{\partial q_i}$ noch überdies Function der Grössen q' ist und zwar eine in Bezug auf diese Grössen homogene Function zweiten Grades. Setzen wir nun $q'_i = K_i$ ein, so wird $\frac{\partial T}{\partial q_i}$ eine homogene Function zweiten Grades der Grössen p_i. Dadurch wird die obige Gleichung von der Form

$$\frac{dp_i}{dt} = P_i,$$

wo P_i ein Ausdruck in den p und q ist und zwar zweiten Grades in Bezug auf die p. Diese Gleichungen mit den Gleichungen $q'_i = \frac{dq_i}{dt} = K_i$ combinirt geben:

$$\text{(1.)} \qquad \frac{dq_i}{dt} = K_i, \quad \frac{dp_i}{dt} = P_i.$$

Dies ist die Form, auf welche *Poisson* die Gleichungen der Bewegung bringt, wo K_i und P_i weiter keine variablen Grössen enthalten, als die p und die q. Von diesem System von $2k$ Gleichungen gelten die merkwürdigen Sätze, dass

$$\text{(2.)} \qquad \frac{\partial K_i}{\partial p_{i'}} = \frac{\partial K_{i'}}{\partial p_i}, \quad \frac{\partial K_i}{\partial q_{i'}} = -\frac{\partial P_{i'}}{\partial p_i}, \quad \frac{\partial P_i}{\partial q_{i'}} = \frac{\partial P_{i'}}{\partial q_i},$$

von welchen *Poisson* am angeführten Orte die erste Gruppe genau ebenso angiebt, während die übrigen sich aus seinen Resultaten unmittelbar hinschreiben lassen.

Die Gleichungen (2.) zeigen, dass die Grössen K_i und P_i als die partiellen Differentialquotienten *einer* Function nach den Grössen p_i und $-q_i$ anzusehen sind. Diese Bemerkung, die ohne Weiteres aus den Gleichungen (2.) hervorgeht, macht *Poisson* nicht; noch weniger sucht er jene Function zu ermitteln. Diese Bestimmung hat vielmehr *Hamilton* zuerst gemacht, und durch die Einführung seiner charakteristischen Function wird die ganze Umformung ausserordentlich erleichtert. Auf dieselbe kommt man fast von selbst, wenn man aus der in der vorigen Vorlesung angegebenen zweiten *Lagrange*schen Form der Differentialgleichungen den Satz der lebendigen Kraft herleiten will, eine Herleitung, welche nicht ganz auf der Hand liegt. Der Satz der lebendigen Kraft ist, wenn man den Fall mitberücksichtigt, in welchem in der Kräftefunction U die Zeit explicite vorkommt,

$$T = U - \int \frac{\partial U}{\partial t} dt + \text{Const.}$$

oder differentiirt

$$\frac{d(T-U)}{dt} + \frac{\partial U}{\partial t} = 0. \quad \text{(Seite 40.)}$$

Um dies Resultat aus der (in Gleichung (9.) der achten Vorlesung enthaltenen) zweiten *Lagrange*schen Form der Differentialgleichungen

$$\frac{dp_i}{dt} = \frac{\partial (T+U)}{\partial q_i}, \quad p_i = \frac{\partial T}{\partial q'_i}$$

herzuleiten, verfährt man auf folgende Art. T ist eine homogene Function zweiten Grades der Grössen q', also hat man, wie bekannt,

$$2T = q'_1 \frac{\partial T}{\partial q'_1} + q'_2 \frac{\partial T}{\partial q'_2} + \cdots + q'_k \frac{\partial T}{\partial q'_k} = \Sigma q'_i p_i$$

oder

$$T = \Sigma q'_i \frac{\partial T}{\partial q'_i} - T,$$

und hieraus erhält man durch vollständige Differentiation

$$dT = \Sigma q'_i d\frac{\partial T}{\partial q'_i} + \Sigma \frac{\partial T}{\partial q'_i} dq'_i - \Sigma \frac{\partial T}{\partial q'_i} dq'_i - \Sigma \frac{\partial T}{\partial q_i} dq_i$$

oder, da die zweite und dritte Summe einander aufheben,

$$(3.) \qquad dT = \Sigma q'_i d\frac{\partial T}{\partial q'_i} - \Sigma \frac{\partial T}{\partial q_i} dq_i = \Sigma q'_i dp_i - \Sigma \frac{\partial T}{\partial q_i} dq_i,$$

welche Gleichung identisch ist. Führt man hierin für $d\frac{\partial T}{\partial q'_i} = dp_i$ seinen Werth aus (9.) der vorigen Vorlesung ein und dividirt durch dt, so ergiebt sich

$$\frac{dT}{dt} = \Sigma \frac{\partial (T+U)}{\partial q_i} q'_i - \Sigma \frac{\partial T}{\partial q_i} \frac{dq_i}{dt}$$
$$= \Sigma \frac{\partial U}{\partial q_i} q'_i = \frac{dU}{dt} - \frac{\partial U}{\partial t},$$

also haben wir

$$\frac{d(T-U)}{dt} + \frac{\partial U}{\partial t} = 0, \quad \text{w. z. b. w.}$$

Die identische Gleichung (3.) führt mit Leichtigkeit auf die *Hamilton*sche charakteristische Function. Die partiellen Differentialquotienten $\frac{\partial T}{\partial q_i}$ und $\frac{\partial T}{\partial q'_i} = p_i$ nämlich, welche auf der rechten Seite der Gleichung (3.) vorkommen (von den letzteren die Differentiale), werden gebildet, indem man T als Functionen der Grössen q und q' ansieht. Führen wir aber durch die schon oben erwähnten linearen Gleichungen $q'_i = K_i$ die Grössen p_i für q'_i ein, so wird dadurch T eine Function der Grössen p und q, und die unter dieser Hypothese gebildeten Differentialquotienten von T nach p_i und q_i wollen wir zur Unterscheidung mit $\left(\frac{\partial T}{\partial p_i}\right)$ und $\left(\frac{\partial T}{\partial q_i}\right)$ bezeichnen. Dann ist

$$dT = \Sigma \left(\frac{\partial T}{\partial p_i}\right) dp_i + \Sigma \left(\frac{\partial T}{\partial q_i}\right) dq_i,$$

also nach Gleichung (3.)

$$\Sigma\left(\frac{\partial T}{\partial p_i}\right)dp_i+\Sigma\left(\frac{\partial T}{\partial q_i}\right)dq_i=\Sigma q_i' dp_i-\Sigma\frac{\partial T}{\partial q_i}dq_i.$$

Da diese Gleichung identisch sein muss, so folgt aus derselben

$$\left(\frac{\partial T}{\partial p_i}\right)=q_i', \tag{4.}$$

$$\left(\frac{\partial T}{\partial q_i}\right)=-\frac{\partial T}{\partial q_i}. \tag{5.}$$

Die Gleichung (4.) zeigt, dass zwischen den Grössen p und q' eine Art von Reciprocität stattfindet; denn durch Zusammenstellung mit der früher aufgestellten, $\frac{\partial T}{\partial q_i'}=p_i$, erhalten wir die beiden Gleichungen

$$\frac{\partial T}{\partial q_i'}=p_i, \quad \left(\frac{\partial T}{\partial p_i}\right)=q_i',$$

eine Correlation, wie sie ähnlich in der Theorie der Oberflächen zweiter Ordnung vorkommt. Setzen wir den in (5.) gefundenen Werth von $\frac{\partial T}{\partial q_i}$ in die Gleichung (9.) der vorigen Vorlesung ein, so erhalten wir

$$\frac{dp_i}{dt}=-\left(\frac{\partial T}{\partial q_i}\right)+\frac{\partial U}{\partial q_i}.$$

Aber da U die p gar nicht enthält und ebenso wenig die q', so ist

$$\frac{\partial U}{\partial q_i}=\left(\frac{\partial U}{\partial q_i}\right), \quad \text{also} \quad \frac{dp_i}{dt}=-\left(\frac{\partial(T-U)}{\partial q_i}\right).$$

Ferner kann man, weil U kein p enthält, die Gleichung (4.) auch so schreiben:

$$\frac{dq_i}{dt}=\left(\frac{\partial(T-U)}{\partial p_i}\right).$$

Also haben wir, wenn

$$T-U=H \tag{6.}$$

gesetzt wird,

$$\frac{dq_i}{dt}=\left(\frac{\partial H}{\partial p_i}\right), \quad \frac{dp_i}{dt}=-\left(\frac{\partial H}{\partial q_i}\right), \tag{7.}$$

woraus man sieht, dass $H=T-U$ die characteristische Function ist. Aus diesen Gleichungen ergiebt sich der Satz der lebendigen Kraft von selbst; denn aus den beiden Gleichungen (7.) folgt

$$\left(\frac{\partial H}{\partial p_i}\right)\frac{dp_i}{dt}+\left(\frac{\partial H}{\partial q_i}\right)\frac{dq_i}{dt}=0.$$

und dies in Beziehung auf alle i summirt giebt:

$$\frac{dH}{dt}-\frac{\partial H}{\partial t}=0,$$

d. h. den Satz der lebendigen Kraft.

Da es sich von selbst versteht, dass in den Gleichungen (7.) die Grössen p und q als die Variablen anzusehen sind, so kann man die Klammern um die Differentialquotienten fortlassen und erhält:

$$(8.)\qquad \frac{dq_i}{dt}=\frac{\partial H}{\partial p_i},\quad \frac{dp_i}{dt}=-\frac{\partial H}{\partial q_i},\quad H=T-U.$$

In dem allgemeineren Fall, wo keine Kräftefunction existirt, tritt an die Stelle von $\frac{\partial U}{\partial q_i}$ der Ausdruk

$$Q_i=\Sigma\left(X\frac{\partial x}{\partial q_i}+Y\frac{\partial y}{\partial q_i}+Z\frac{\partial z}{\partial q_i}\right),$$

wo die Summe über alle x, y, z auszudehnen ist, und es treten also an die Stelle der Gleichungen (8.) folgende:

$$(9.)\qquad \frac{dq_i}{dt}=\frac{\partial T}{\partial p_i},\quad \frac{dp_i}{dt}=-\frac{\partial T}{\partial q_i}+Q_i.$$

Wenn keine Bedingungsgleichungen vorhanden sind, fallen die Grössen q mit den Coordinaten zusammen; die erste der Gleichungen (8.) wird identisch, die zweite geht über in das System

$$m_i\frac{d^2x_i}{dt^2}=\frac{\partial U}{\partial x_i},\quad m_i\frac{d^2y_i}{dt^2}=\frac{\partial U}{\partial y_i},\quad m_i\frac{d^2z_i}{dt^2}=\frac{\partial U}{\partial z_i},$$

welches die ursprüngliche Form der Bewegungsgleichungen ist.

Zehnte Vorlesung.

Das Princip des letzten Multiplicators. Ausdehnung des *Euler*schen Multiplicators auf drei Veränderliche. Aufstellung des letzten Multiplicators für diesen Fall.

Das Princip des letzten Multiplicators leistet in allen Fällen, wo die Integration eines Systems von Differentialgleichungen der Bewegung bis auf eine Differentialgleichung erster Ordnung zwischen zwei Variablen zurückgeführt ist, die Integration dieser letzten Gleichung durch Angabe ihres Multiplicators. Vorausgesetzt wird hierbei, dass die sollicitirenden Kräfte X_i, Y_i, Z_i nur von den Coordinaten und der Zeit abhängen.

Wenn wir in das System der ursprünglichen Differentialgleichungen der Bewegung die Differentialquotienten $\frac{dx_i}{dt}$, $\frac{dy_i}{dt}$, $\frac{dz_i}{dt}$ als neue Variable x'_i, y'_i, z'_i einführen, so nimmt dasselbe folgende Form an:

$$m_i \frac{dx'_i}{dt} = X_i + \lambda \frac{\partial f}{\partial x_i} + \mu \frac{\partial \varpi}{\partial x_i} + \cdots, \quad \frac{dx_i}{dt} = x'_i,$$

$$m_i \frac{dy'_i}{dt} = Y_i + \lambda \frac{\partial f}{\partial y_i} + \mu \frac{\partial \varpi}{\partial y_i} + \cdots, \quad \frac{dy_i}{dt} = y'_i,$$

$$m_i \frac{dz'_i}{dt} = Z_i + \lambda \frac{\partial f}{\partial z_i} + \mu \frac{\partial \varpi}{\partial z_i} + \cdots, \quad \frac{dz_i}{dt} = z'_i.$$

Dies sind $6n$ Differentialgleichungen; aber zwischen den in ihnen vorkommenden $6n$ von t abhängigen Variablen x_i, y_i, z_i, x'_i, y'_i, z'_i ... bestehen schon $2m$ Relationen, nämlich:

$$f = 0, \quad \varpi = 0, \quad \ldots,$$

$$\Sigma\left(\frac{\partial f}{\partial x_i} x'_i + \frac{\partial f}{\partial y_i} y'_i + \frac{\partial f}{\partial z_i} z'_i\right) = 0, \quad \Sigma\left(\frac{\partial \varpi}{\partial x_i} x'_i + \frac{\partial \varpi}{\partial y_i} y'_i + \frac{\partial \varpi}{\partial z_i} z'_i\right) = 0.$$

Auf den linken Seiten der letzteren m Gleichungen sind respective die Terme $\frac{\partial f}{\partial t}$, $\frac{\partial \varpi}{\partial t}$, ... hinzuzufügen, wenn t in f, ϖ, ... explicite vorkommt. Man hat also noch $6n - 2m$ Integralgleichungen zu finden.

Setzen wir nun zuerst voraus, dass t weder in X_i, Y_i, Z_i, noch in f, ϖ, ... explicite vorkommt, so kann man durch eine der $6n$ Gleichungen, etwa durch die Gleichung $\frac{dx_1}{dt} = x'_1$ oder $dt = \frac{dx_1}{x'_1}$, aus den übrigen die Zeit eliminiren und hat dann ein System von $6n - 1$ Differentialgleichungen, dessen vollständige Integration $6n - 2m - 1$ Integrale erfordert. Gesetzt, diese Integration wäre geleistet, so kann man die $6n$ Grössen x_i, y_i, z_i, x'_i, y'_i, z'_i ... durch eine derselben, z. B. durch x_1, ausdrücken. Denken wir uns auf diese Weise x'_1 als Function von x_1 dargestellt, so giebt die Gleichung $dt = \frac{dx_1}{x'_1}$ integrirt

$$t + \text{Const.} = \int \frac{dx_1}{x'_1};$$

es kommt also, wenn die Zeit nicht explicite vorkommt, die letzte Integration auf eine blosse Quadratur zurück, und die Zeit ist dann immer mit einer willkürlichen Constanten durch Addition verbunden. Dies findet z. B. bei der elliptischen Bewegung der Planeten statt. Nehmen wir aber an, das System der $6n - 1$ Differentialgleichungen, welche nach Elimination der Zeit erhalten wurden, sei nicht vollständig integrirt, sondern es fehle noch eine Integration, man habe also nicht $6n-2m-1$ Integrale gefunden, sondern nur $6n-2m-2$; alsdann kann man nicht alle Variablen durch eine einzige, z. B. x_1, ausdrücken, wohl aber durch zwei, z. B. x_1 und y_1. In diesem Falle bleibt noch eine Differentialgleichung zwischen x_1 und y_1 zu integriren übrig; hat man nämlich aus $\frac{dy_1}{dt}=y'_1$ das Differential der Zeit durch $dt=\frac{dx_1}{x'_1}$ eliminirt, so erhält man

$$dx_1 : dy_1 = x'_1 : y'_1,$$

wo x'_1 und y'_1 nach unserer Annahme Functionen von x_1 und y_1 sind. Von dieser Differentialgleichung nun giebt das von mir aufgestellte Princip den Multiplicator an. Nachdem man sie mit Hülfe desselben integrirt hat, findet man, wie oben bemerkt, die Zeit durch eine blosse Quadratur. Wenn also diese nicht explicite vorkommt, so braucht man nur $6n-2m-2$ Integrationen auszuführen, um die beiden letzten ohne weiteren Kunstgriff zu erhalten.

Kommt die Zeit aber explicite, also nicht blos in ihrem Differential vor, so lässt sie sich aus den Differentialgleichungen nicht eliminiren. Wenn jedoch alsdann $6n-2m-1$ Integrationen ausgeführt werden können, durch welche sich Alles auf die Integration einer Differentialgleichung von der Form

$$dx_1 - x'_1 dt = 0$$

reducirt, wo x'_1 Function von x_1 und t ist, so erhält man wiederum durch das Princip des letzten Multiplicators das letzte Integral.

Nachdem wir gesehen haben, was das in Rede stehende Princip leistet, gehen wir zur Herleitung desselben über. —

Als *Euler* schon an sehr vielen Beispielen gesehen hatte, dass man Differentialgleichungen erster Ordnung zwischen zwei Variablen durch Multiplicatoren zu vollständigen Differentialen machen und so integriren könne, dauerte es doch noch sehr lange, bis er zu der Einsicht gelangte, dass dies eine allgemeine Eigenschaft dieser Differentialgleichungen sei. Dies lag daran, dass ihm die Vorstellung, die Integralgleichung nach der willkürlichen Constante aufzulösen, sehr fern lag. Wäre ihm diese geläufiger gewesen, so würde er auch nicht daran verzweifelt haben, die linearen partiellen Differentialgleichungen auf gewöhnliche zurückzuführen, ein Problem, welches er für schwieriger hielt, als das noch heute ungelöste, Differentialgleichungen zweiter Ordnung zwischen zwei Variablen zu integriren, während die Zurückführung der partiellen linearen Differentialgleichungen auf gewöhnliche jetzt zu den

Elementen gehört. *Euler* hat auch nie die Theorie des Multiplicators auf ein System von Differentialgleichungen ausgedehnt, obgleich in diesem Falle das Verfahren ebenso einfach ist, wenn man sich die Integralgleichungen nach den willkürlichen Constanten aufgelöst denkt.

Nehmen wir zuerst eine Differentialgleichung zwischen zwei Variablen x und y, und zwar sei sie in Gestalt der Proportion

$$dx:dy = X:Y,$$

gegeben, welche mit der Gleichung

$$Xdy - Ydx = 0$$

identisch ist. Denkt man sich das Integral auf die Form $F = \text{Const.}$ gebracht, so erhält man durch Differentiation die Gleichung

$$\frac{\partial F}{\partial y}dy + \frac{\partial F}{\partial x}dx = 0,$$

deren linke Seite nur um einen Factor M von der linken Seite obiger Differentialgleichung verschieden sein kann; man hat also

$$MX = \frac{\partial F}{\partial y}, \quad -MY = \frac{\partial F}{\partial x},$$

und hieraus ergiebt sich zur Bestimmung von M die Gleichung

$$(1.) \qquad \frac{\partial(MX)}{\partial x} + \frac{\partial(MY)}{\partial y} = 0.$$

Dehnen wir die Theorie dieses Multiplicators M auf ein System zweier simultanen Differentialgleichungen zwischen drei Variablen aus. Dasselbe sei in folgender Form vorgelegt:

$$(2.) \qquad dx:dy:dz = X:Y:Z,$$

die Integralgleichungen nach den willkürlichen Constanten aufgelöst seien

$$(3.) \qquad f = \alpha, \quad \varphi = \beta;$$

dann hat man

$$\frac{\partial f}{\partial x}dx + \frac{\partial f}{\partial y}dy + \frac{\partial f}{\partial z}dz = 0, \quad \frac{\partial \varphi}{\partial x}dx + \frac{\partial \varphi}{\partial y}dy + \frac{\partial \varphi}{\partial z}dz = 0,$$

und hieraus ergiebt sich

$$dx:dy:dz = \left(\frac{\partial f}{\partial y}\frac{\partial \varphi}{\partial z} - \frac{\partial f}{\partial z}\frac{\partial \varphi}{\partial y}\right):\left(\frac{\partial f}{\partial z}\frac{\partial \varphi}{\partial x} - \frac{\partial f}{\partial x}\frac{\partial \varphi}{\partial z}\right):\left(\frac{\partial f}{\partial x}\frac{\partial \varphi}{\partial y} - \frac{\partial f}{\partial y}\frac{\partial \varphi}{\partial x}\right).$$

Setzt man

$$A = \frac{\partial f}{\partial y}\frac{\partial \varphi}{\partial z} - \frac{\partial f}{\partial z}\frac{\partial \varphi}{\partial y}, \quad B = \frac{\partial f}{\partial z}\frac{\partial \varphi}{\partial x} - \frac{\partial f}{\partial x}\frac{\partial \varphi}{\partial z}, \quad C = \frac{\partial f}{\partial x}\frac{\partial \varphi}{\partial y} - \frac{\partial f}{\partial y}\frac{\partial \varphi}{\partial x},$$

so ist also

$$dx:dy:dz = A:B:C,$$

was mit dem vorgelegten System (2.) verglichen zu der Proportion

$$A:B:C = X:Y:Z$$

führt. Es giebt also einen Multiplicator M von der Beschaffenheit, dass

$$A = MX, \quad B = MY, \quad C = MZ.$$

Aber die Grössen A, B, C befriedigen identisch die Relation

$$\frac{\partial A}{\partial x} + \frac{\partial B}{\partial y} + \frac{\partial C}{\partial z} = 0;$$

daher hat man für M die Gleichung

$$\frac{\partial (MX)}{\partial x} + \frac{\partial (MY)}{\partial y} + \frac{\partial (MZ)}{\partial z} = 0,$$

oder

$$(4.) \qquad X\frac{\partial M}{\partial x} + Y\frac{\partial M}{\partial y} + Z\frac{\partial M}{\partial z} + \left\{\frac{\partial X}{\partial x} + \frac{\partial Y}{\partial y} + \frac{\partial Z}{\partial z}\right\} M = 0.$$

Da $f = \alpha$ und $\varphi = \beta$ Integrale des vorgelegten Systems (2.) sind, so muss df und $d\varphi$ vermöge desselben identisch verschwinden, ohne dass die Integralgleichungen zu Hülfe genommen werden. Es ist aber

$$df = \frac{\partial f}{\partial x}dx + \frac{\partial f}{\partial y}dy + \frac{\partial f}{\partial z}dz, \quad d\varphi = \frac{\partial \varphi}{\partial x}dx + \frac{\partial \varphi}{\partial y}dy + \frac{\partial \varphi}{\partial z}dz;$$

folglich erhält man vermöge des Systems (2.)

$$(5.) \qquad X\frac{\partial f}{\partial x} + Y\frac{\partial f}{\partial y} + Z\frac{\partial f}{\partial z} = 0, \quad X\frac{\partial \varphi}{\partial x} + Y\frac{\partial \varphi}{\partial y} + Z\frac{\partial \varphi}{\partial z} = 0,$$

welche Gleichungen als die Definitionsgleichungen der Integrale des Systems (2.) anzusehen sind.

Man kann hieraus beweisen, dass jede Function von f und φ, einer Constanten gleich gesetzt, ebenfalls ein Integral des Systems (2.) ist. In der That, ist ϖ irgend eine Function von f und φ, so multiplicire man die Gleichungen (5.) respective mit $\frac{\partial \varpi}{\partial f}$ und $\frac{\partial \varpi}{\partial \varphi}$ und addire; alsdann erhält man

$$X\left(\frac{\partial \varpi}{\partial f}\frac{\partial f}{\partial x} + \frac{\partial \varpi}{\partial \varphi}\frac{\partial \varphi}{\partial x}\right) + Y\left(\frac{\partial \varpi}{\partial f}\frac{\partial f}{\partial y} + \frac{\partial \varpi}{\partial \varphi}\frac{\partial \varphi}{\partial y}\right) + Z\left(\frac{\partial \varpi}{\partial f}\frac{\partial f}{\partial z} + \frac{\partial \varpi}{\partial \varphi}\frac{\partial \varphi}{\partial z}\right) = 0,$$

oder

$$(6.) \qquad X\frac{\partial \varpi}{\partial x} + Y\frac{\partial \varpi}{\partial y} + Z\frac{\partial \varpi}{\partial z} = 0.$$

also ist ϖ ein Integral von (2.). Umgekehrt ist aber jedes Integral von (2.) nothwendig eine Function von f und φ. Denn gesetzt es gäbe ein Integral $\varpi = \gamma$, welches keine Function von f und φ wäre, so gilt für ϖ die Gleichung (6.). Nun sei ω eine beliebige Function von f, φ und ϖ. Multiplicirt man dann die Gleichungen (5.) und (6.) respective mit $\frac{\partial\omega}{\partial f}$, $\frac{\partial\omega}{\partial\varphi}$ und $\frac{\partial\omega}{\partial\varpi}$ und addirt, so erhält man

$$X\frac{\partial\omega}{\partial x}+Y\frac{\partial\omega}{\partial y}+Z\frac{\partial\omega}{\partial z}=0,$$

folglich ist auch ω ein Integral der Gleichungen (2.). Es ist aber ω eine ganz beliebige Function der Grössen f, φ, ϖ, und diese sind von einander unabhängig. Daher könnte man f, φ, ϖ als neue Variablen für die ursprünglichen x, y, z einführen und diese ursprünglichen Variablen durch f, φ, ϖ ausdrücken. Demnach kann man jede Function von x, y, z als Function von f, φ, ϖ darstellen, und eine willkürliche Function von f, φ, ϖ ist gleichbedeutend mit einer willkürlichen Function von x, y, z. Man kann also jede Function von x, y, z für ω setzen, d. h. jede Function von x, y, z einer Constanten gleich gesetzt ist ein Integral des Systems (2.), was unmöglich ist. Es kann also nur zwei von einander unabhängige Integrale des Systems (2.) geben und jedes dritte ist eine Function zweier von einander unabhängigen, f und φ.

Man kann dies Resultat dazu benutzen, um aus *einem* Werthe des Multiplicators M alle anderen abzuleiten. Es sei N ein zweiter Werth dieses Multiplicators, so hat man

$$X\frac{\partial M}{\partial x}+Y\frac{\partial M}{\partial y}+Z\frac{\partial M}{\partial z}+\left\{\frac{\partial X}{\partial x}+\frac{\partial Y}{\partial y}+\frac{\partial Z}{\partial z}\right\}M=0,$$

$$X\frac{\partial N}{\partial x}+Y\frac{\partial N}{\partial y}+Z\frac{\partial N}{\partial z}+\left\{\frac{\partial X}{\partial x}+\frac{\partial Y}{\partial y}+\frac{\partial Z}{\partial z}\right\}N=0.$$

Wenn man die zweite dieser Gleichungen mit M, die erste mit N multiplicirt und die Resultate von einander abzieht, so ergiebt sich

$$0=X\left\{M\frac{\partial N}{\partial x}-N\frac{\partial M}{\partial x}\right\}+Y\left\{M\frac{\partial N}{\partial y}-N\frac{\partial M}{\partial y}\right\}+Z\left\{M\frac{\partial N}{\partial z}-N\frac{\partial M}{\partial z}\right\},$$

oder, wenn man durch M^2 dividirt,

$$0=X\frac{\partial\left(\frac{N}{M}\right)}{\partial x}+Y\frac{\partial\left(\frac{N}{M}\right)}{\partial y}+Z\frac{\partial\left(\frac{N}{M}\right)}{\partial z}.$$

$\frac{N}{M}=\text{Const.}$ ist also ein Integral des Systems (2.), mithin $\frac{N}{M}$ eine Function von

f und φ, oder

$$N = MF(f, \varphi); \tag{7.}$$

d. h. ist M ein Werth des Multiplicators, so sind alle übrigen Werthe unter der Form $MF(f, \varphi)$ enthalten. Aber, wie vorausgesetzt ist, sind $f = \alpha$ und $\varphi = \beta$ die Integrale von (2.), also wird $F(f, \varphi) = \text{Const.}$; d. h. wenn man die Integralgleichungen zu Hülfe nimmt, so sind die verschiedenen Werthe des Multiplicators nur um constante Factoren von einander verschieden. —

Wir wollen nun sehen, welchen Vortheil die Kenntniss eines Werthes von M gewährt; hierdurch findet man nicht wie bei einer Differentialgleichung zwischen zwei Variablen das Integral selbst, sondern man findet nur vermittelst der Gleichungen $A = MX$, $B = MY$, $C = MZ$ Werthe der Grössen

$$A = \frac{\partial f}{\partial y}\frac{\partial \varphi}{\partial z} - \frac{\partial f}{\partial z}\frac{\partial \varphi}{\partial y}, \quad B = \frac{\partial f}{\partial z}\frac{\partial \varphi}{\partial x} - \frac{\partial f}{\partial x}\frac{\partial \varphi}{\partial z}, \quad C = \frac{\partial f}{\partial x}\frac{\partial \varphi}{\partial y} - \frac{\partial f}{\partial y}\frac{\partial \varphi}{\partial x}.$$

Der Vortheil, den man hieraus ziehen kann, tritt erst dann ein, wenn man ein Integral z. B. φ schon kennt und das andere f sucht. Man führe statt einer der Variablen z. B. statt z den Ausdruck φ ein, so dass z als Function von φ, x und y dargestellt wird; wir wollen uns demnach das zu suchende Integral f durch x, y, φ ausgedrückt denken und die unter dieser Hypothese gebildeten partiellen Differentialquotienten mit $\left(\frac{\partial f}{\partial x}\right)$, $\left(\frac{\partial f}{\partial y}\right)$, $\left(\frac{\partial f}{\partial \varphi}\right)$ bezeichnen, dann haben wir

$$\frac{\partial f}{\partial x} = \left(\frac{\partial f}{\partial x}\right) + \left(\frac{\partial f}{\partial \varphi}\right)\frac{\partial \varphi}{\partial x}, \quad \frac{\partial f}{\partial y} = \left(\frac{\partial f}{\partial y}\right) + \left(\frac{\partial f}{\partial \varphi}\right)\frac{\partial \varphi}{\partial y}, \quad \frac{\partial f}{\partial z} = \left(\frac{\partial f}{\partial \varphi}\right)\frac{\partial \varphi}{\partial z}$$

und erhalten für die Grössen A, B, C die Ausdrücke

$$A = \left(\frac{\partial f}{\partial y}\right)\frac{\partial \varphi}{\partial z}, \quad B = -\left(\frac{\partial f}{\partial x}\right)\frac{\partial \varphi}{\partial z}, \quad C = \left(\frac{\partial f}{\partial x}\right)\frac{\partial \varphi}{\partial y} - \left(\frac{\partial f}{\partial y}\right)\frac{\partial \varphi}{\partial x}.$$

Aus denselben ergiebt sich, dass, wenn man das Integral $\varphi = \beta$ und einen Werth des Multiplicators M kennt, man f bestimmen kann. Denn denkt man sich f durch x, y und $\varphi = \beta$ ausgedrückt, so ist

$$df = \left(\frac{\partial f}{\partial x}\right)dx + \left(\frac{\partial f}{\partial y}\right)dy + \left(\frac{\partial f}{\partial \varphi}\right)d\varphi,$$

oder da $d\varphi = 0$ ist,

$$df = \left(\frac{\partial f}{\partial x}\right)dx + \left(\frac{\partial f}{\partial y}\right)dy.$$

Aber aus den obigen Gleichungen für A und B hat man

$$\left(\frac{\partial f}{\partial y}\right)=\frac{A}{\frac{\partial \varphi}{\partial z}},\quad \left(\frac{\partial f}{\partial x}\right)=-\frac{B}{\frac{\partial \varphi}{\partial z}},$$

also

$$df=\frac{Ady-Bdx}{\frac{\partial \varphi}{\partial z}}.$$

Da nun

$$A=MX,\quad B=MY,$$

so wird

$$(8.)\qquad df=\frac{M}{\frac{\partial \varphi}{\partial z}}(Xdy-Ydx),$$

und es ergiebt sich daher

$$\int\frac{M}{\frac{\partial \varphi}{\partial z}}(Xdy-Ydx)=f=\alpha$$

als zweites Integral des Systems (2.). Hier muss man X und Y, welche als Functionen von x, y, z gegeben sind, durch x, y und $\varphi=\beta$ ausgedrückt annehmen. Unter dieser Voraussetzung ist, wie wir aus Gleichung (8.) sehen, $\frac{M}{\frac{\partial \varphi}{\partial z}}$ der integrirende Factor der Differentialgleichung $Xdy-Ydx=0$. Somit haben wir folgenden Satz:

Ist das System von Differentialgleichungen

$$dx:dy:dz=X:Y:Z$$

gegeben, und kennt man erstens ein Integral $\varphi=\beta$ desselben, sowie zweitens einen Werth des Multiplicators M des Systems, welcher der partiellen Differentialgleichung

$$X\frac{\partial M}{\partial x}+Y\frac{\partial M}{\partial y}+Z\frac{\partial M}{\partial z}+\left\{\frac{\partial X}{\partial x}+\frac{\partial Y}{\partial y}+\frac{\partial Z}{\partial z}\right\}M=0$$

genügt, so ist

$$\frac{M}{\frac{\partial \varphi}{\partial z}}$$

der integrirende Factor der Differentialgleichung

$$Xdy-Ydx=0.$$

vorausgesetzt, dass sowohl aus dem angegebenen Factor, als aus X und Y vermöge des schon gefundenen Integrals $\varphi = \beta$ die Variable z eliminirt sei.

Man könnte diesen Satz für sehr unfruchtbar halten; denn während zur Kenntniss des zweiten Integrals f die Lösung der partiellen Differentialgleichung

$$X\frac{\partial f}{\partial x}+Y\frac{\partial f}{\partial y}+Z\frac{\partial f}{\partial z}=0$$

erfordert wird, haben wir, um M zu bestimmen und daraus das zweite Integral f zu finden, die viel complicirtere Differentialgleichung

$$(4.)\qquad X\frac{\partial M}{\partial x}+Y\frac{\partial M}{\partial y}+Z\frac{\partial M}{\partial z}+\left(\frac{\partial X}{\partial x}+\frac{\partial Y}{\partial y}+\frac{\partial Z}{\partial z}\right)M=0$$

zu lösen. Es scheint also ein leichteres Problem auf ein schwierigeres zurückgeführt zu sein; indessen tritt hier ein eigenthümlicher Umstand ein. Die partielle Differentialgleichung, welche f definirt, also die Gleichung

$$X\frac{\partial f}{\partial x}+Y\frac{\partial f}{\partial y}+Z\frac{\partial f}{\partial z}=0$$

lässt die Lösung $f=$ Const. zu; aber diese evidente Lösung giebt kein Integral des vorgelegten Systems und muss daher ausgeschlossen werden. Ein solches Ausschliessen einer Lösung ist bei dem Multiplicator M nicht nöthig, und wenn z. B. M einer Constanten gleich gesetzt eine Lösung der Gleichung (4.) giebt, so ist dieser Werth von M als Multiplicator ebensowohl zu brauchen, wie jeder andere. Der Fall, dass man $M=$ Const. setzen kann, tritt ein, wenn

$$(9.)\qquad \frac{\partial X}{\partial x}+\frac{\partial Y}{\partial y}+\frac{\partial Z}{\partial z}=0$$

ist, denn alsdann reducirt sich die Gleichung (4.) auf

$$X\frac{\partial M}{\partial x}+Y\frac{\partial M}{\partial y}+Z\frac{\partial M}{\partial z}=0;$$

man kann also $M=$ Const., z. B. $=1$, setzen und hat den Satz:

Wenn in dem System der Differentialgleichungen

$$dx:dy:dz = X:Y:Z$$

X, Y, Z Functionen von x, y, z sind, welche der Bedingung

$$\frac{\partial X}{\partial x}+\frac{\partial Y}{\partial y}+\frac{\partial Z}{\partial z}=0$$

genügen, wenn man ferner ein Integral $\varphi=\beta$ des Systems kennt, aus dieser Gleichung z in den Grössen x, y, β ausdrückt und den gefundenen Werth in

$X, Y, \frac{\partial\varphi}{\partial z}$ *einsetzt, so ist*

$$\frac{1}{\frac{\partial\varphi}{\partial z}}(Xdy - Ydx) = df$$

ein vollständiges Differential, und man findet also durch blosse Quadratur das zweite Integral $f = a$ des Systems.

Es ist noch ein zweiter allgemeiner Fall zu erwähnen, der den eben genannten in sich schliesst, und in welchem sich ebenfalls M allgemein bestimmen lässt. Führt man nämlich in die für M geltende Gleichung (4.), nachdem man dieselbe mittelst Division durch MX auf die Form

$$\frac{1}{M}\left(\frac{\partial M}{\partial x} + \frac{Y}{X}\frac{\partial M}{\partial y} + \frac{Z}{X}\frac{\partial M}{\partial z}\right) + \frac{1}{X}\left(\frac{\partial X}{\partial x} + \frac{\partial Y}{\partial y} + \frac{\partial Z}{\partial z}\right) = 0$$

gebracht hat, die aus dem vorgelegten System (2.) folgenden Werthe

$$\frac{Y}{X} = \frac{dy}{dx}, \quad \frac{Z}{X} = \frac{dz}{dx}$$

ein, so erhält man

$$\frac{1}{M}\left(\frac{\partial M}{\partial x} + \frac{\partial M}{\partial y}\frac{dy}{dx} + \frac{\partial M}{\partial z}\frac{dz}{dx}\right) + \frac{1}{X}\left(\frac{\partial X}{\partial x} + \frac{\partial Y}{\partial y} + \frac{\partial Z}{\partial z}\right) = 0,$$

oder

$$\frac{1}{M}\frac{dM}{dx} + \frac{1}{X}\left(\frac{\partial X}{\partial x} + \frac{\partial Y}{\partial y} + \frac{\partial Z}{\partial z}\right) = 0,$$

oder endlich

$$\frac{d\lg M}{dx} + \frac{1}{X}\left(\frac{\partial X}{\partial x} + \frac{\partial Y}{\partial y} + \frac{\partial Z}{\partial z}\right) = 0. \tag{11.}$$

Ist nun $\frac{1}{X}\left(\frac{\partial X}{\partial x} + \frac{\partial Y}{\partial y} + \frac{\partial Z}{\partial z}\right)$ ein vollständiger Differentialquotient nach x, also von der Form $\frac{d\xi}{dx}$, so hat man

$$\frac{d\lg M}{dx} + \frac{d\xi}{dx} = 0,$$

$$M = C.e^{-\xi}.$$

Hieraus ergiebt sich der Satz:

Das vorgelegte System heisse

$$dx : dy : dz = X : Y : Z,$$

es sei ferner der Ausdruck

$$\frac{1}{X}\left(\frac{\partial X}{\partial x} + \frac{\partial Y}{\partial y} + \frac{\partial Z}{\partial z}\right)$$

gleich $\frac{d\xi}{dx}$, *d. h. gleich irgend einem vollständigen Differentialquotienten nach* x, *endlich sei* $\varphi = \beta$ *ein bekanntes Integral des Systems; dann ist*

$$\frac{e^{-\xi}}{\frac{\partial \varphi}{\partial z}}(Xdy - Ydy)$$

ein vollständiges Differential, vorausgesetzt, dass hierin vermöge des Integrals $\varphi = \beta$ *Alles in* x *und* y *ausgedrückt sei.* Man kann natürlich dies Resultat auch so aussprechen, dass die beiden Veränderlichen des Differentialausdrucks, von welchem der integrirende Factor angegeben wird, nicht x und y sondern x und z oder y und z sind.

Wir wollen Beispiele zu diesen Sätzen geben. Es sei zuerst eine gewöhnliche Differentialgleichung zweiter Ordnung zu integriren, nämlich

$$\frac{d^2y}{dx^2} = f\left(x, y, \frac{dy}{dx}\right) = u.$$

Führt man eine neue Variable $z = \frac{dy}{dx}$ ein, so hat man die beiden Gleichungen

$$\frac{dy}{dx} = z, \quad \frac{dz}{dx} = u,$$

also

$$dx : dy : dz = 1 : z : u;$$

daher ist nach den früheren Bezeichnungen

$$X = 1, \quad Y = z, \quad Z = u.$$

Um den ersten der beiden aufgestellten Sätze anwenden zu können, muss

$$\frac{\partial X}{\partial x} + \frac{\partial Y}{\partial y} + \frac{\partial Z}{\partial z} = 0$$

sein; in dem hier vorliegenden Fall ist $\frac{\partial X}{\partial x} = 0$, $\frac{\partial Y}{\partial y} = 0$, $\frac{\partial Z}{\partial z} = \frac{\partial u}{\partial z}$, also hat man die Bedingung

$$\frac{\partial u}{\partial z} = 0,$$

d. h. es darf in u nicht z oder, was dasselbe ist, nicht $\frac{dy}{dx}$ vorkommen. Indem man diese Annahme macht, erhält man das Theorem:

Es sei die Differentialgleichung

$$\frac{d^2y}{dx^2} = f(x, y)$$

zu integriren, wo f kein $\frac{dy}{dx}$ *enthält, man kenne hiervon ein erstes Integral*

$$\varphi\left(x, y, \frac{dy}{dx}\right) = \alpha,$$

welches nach $\frac{dy}{dx}$ *aufgelöst*

$$\frac{dy}{dx} = \psi(x, y, \alpha)$$

oder

$$dy - \psi(x, y, \alpha)dx = 0$$

gebe, dann ist

$$\frac{1}{\frac{\partial \varphi}{\partial \frac{dy}{dx}}}$$

in x, y und α ausgedrückt der integrirende Factor dieser Differentialgleichung.

Ein Beispiel zu dem zweiten Satze giebt die Variationsrechnung. Das einfachste Problem derselben ist dasjenige, in welchem das Integral

$$\int \psi\left(x, y, \frac{dy}{dx}\right)dx$$

ein Maximum oder Minimum werden soll. Diese Aufgabe führt auf die Differentialgleichungen

$$\frac{d\frac{\partial \psi}{\partial y'}}{dx} = \frac{\partial \psi}{\partial y}, \quad y' = \frac{dy}{dx}.$$

Die erste derselben giebt entwickelt

$$\frac{\partial^2 \psi}{\partial x \partial y'} + \frac{\partial^2 \psi}{\partial y \partial y'} y' + \frac{\partial^2 \psi}{\partial y'^2} \frac{dy'}{dx} = \frac{\partial \psi}{\partial y};$$

man hat also

$$\frac{dy'}{dx} = \frac{\frac{\partial \psi}{\partial y} - \frac{\partial^2 \psi}{\partial x \partial y'} - \frac{\partial^2 \psi}{\partial y \partial y'} y'}{\frac{\partial^2 \psi}{\partial y'^2}} = u$$

oder, wenn man zur Abkürzung

$$v = \frac{\partial \psi}{\partial y} - \frac{\partial^2 \psi}{\partial x \partial y'} - \frac{\partial^2 \psi}{\partial y \partial y'} y' = \frac{\partial^2 \psi}{\partial y'^2} \frac{dy'}{dx}$$

setzt,

$$\frac{dy'}{dx} = \frac{v}{\frac{\partial^2 \psi}{\partial y'^2}} = u.$$

Nun ist ausserdem

$$\frac{dy}{dx} = y',$$

also hat man

$$dx : dy : dy' = 1 : y' : u.$$

Es tritt hier y' an die Stelle der Variablen, welche oben mit z bezeichnet wurde, und es ist also

$$X = 1, \quad Y = y', \quad Z = u.$$

Damit der zweite Satz Anwendung finde, muss der Ausdruck

$$\frac{1}{X}\left(\frac{\partial X}{\partial x} + \frac{\partial Y}{\partial y} + \frac{\partial Z}{\partial z}\right)$$

ein vollständiger Differentialquotient nach x sein; im vorliegenden Fall ist derselbe

$$= \frac{\partial u}{\partial y'},$$

also fragt es sich, ob sich $\frac{\partial u}{\partial y'}$ als vollständiger Differentialquotient nach x darstellen lässt. Es ist

$$u = \frac{v}{\frac{\partial^2 \psi}{\partial y'^2}},$$

also

$$\frac{\partial u}{\partial y'} = \frac{\frac{\partial^2 \psi}{\partial y'^2}\frac{\partial v}{\partial y'} - \frac{\partial^3 \psi}{\partial y'^3} v}{\left(\frac{\partial^2 \psi}{\partial y'^2}\right)^2}.$$

Aber zugleich wird

$$\frac{\partial v}{\partial y'} = \frac{\partial^2 \psi}{\partial y \partial y'} - \frac{\partial^3 \psi}{\partial x \partial y'^2} - \frac{\partial^3 \psi}{\partial y \partial y'^2} y' - \frac{\partial^2 \psi}{\partial y \partial y'} = -\left(\frac{\partial}{\partial x}\frac{\partial^2 \psi}{\partial y'^2} + \frac{\partial}{\partial y}\frac{\partial^2 \psi}{\partial y'^2}\frac{dy}{dx}\right);$$

und da zufolge der Gleichung

$$v = \frac{\partial^2 \psi}{\partial y'^2}\frac{dy'}{dx}$$

$\frac{\partial^2 \psi}{\partial y'^2}$ im Zähler und Nenner von $\frac{\partial u}{\partial y'}$ sich forthebt, so erhält man

$$\frac{\partial u}{\partial y'} = -\frac{\frac{\partial}{\partial x}\frac{\partial^2 \psi}{\partial y'^2} + \frac{\partial}{\partial y}\frac{\partial^2 \psi}{\partial y'^2}\frac{dy}{dx} + \frac{\partial}{\partial y'}\frac{\partial^2 \psi}{\partial y'^2}\frac{dy'}{dx}}{\frac{\partial^2 \psi}{\partial y'^2}},$$

oder

$$\frac{\partial u}{\partial y'} = -\frac{\frac{d}{dx}\frac{\partial^2\psi}{\partial y'^2}}{\frac{\partial^2\psi}{\partial y'^2}} = -\frac{d\lg\frac{\partial^2\psi}{\partial y'^2}}{dx}.$$

Es ist also in der That $\frac{\partial u}{\partial y'}$ ein vollständiger Differentialquotient nach x, und nach Gleichung (11.)

$$\frac{d\lg M}{dx} = -\frac{d\lg\frac{\partial^2\psi}{\partial y'^2}}{dx},$$

$$M = C\cdot\frac{\partial^2\psi}{\partial y'^2}.$$

Man hat demnach einen Satz, der für alle Probleme der Variationsrechnung gilt, in welchen das Integral

$$\int\psi(x, y, y')dx$$

ein Maximum oder Minimum werden soll. Damit diese Bedingung erfüllt werde, muss zwischen x und y die Differentialgleichung zweiter Ordnung

$$\frac{d\frac{\partial\psi}{\partial y'}}{dx} = \frac{\partial\psi}{\partial y}$$

bestehen, welche folgende Eigenschaft besitzt: *Kennt man ein erstes Integral derselben*

$$\varphi\left(x, y, \frac{dy}{dx}\right) = \alpha$$

und bringt dasselbe auf die Form

$$dy - F(x, y, \alpha)dx = 0,$$

so ist

$$\frac{1}{\frac{\partial\varphi}{\partial\frac{dy}{dx}}}\cdot\frac{\partial^2\psi}{\partial y'^2}$$

in x, y und α ausgedrückt der integrirende Factor dieser Differentialgleichung.

In diese Kategorie von Aufgaben des Maximums oder Minimums gehört z. B. die Bestimmung der kürzesten Linie auf einer gegebenen Oberfläche. Diese Aufgabe führt auf eine Differentialgleichung zweiter Ordnung; kennt man von derselben ein Integral, so lässt sich der Multiplicator der noch zu integrirenden Differentialgleichung erster Ordnung bestimmen.

Was bis jetzt von dem einfachsten Fall der Variationsrechnung gesagt worden ist, lässt sich auf den allgemeinsten ausdehnen, in welchem unter dem Integralzeichen eine Function steht, die beliebig viele von einer Variablen x abhängige Variable $y, z, u, \ldots$ und von jeder die Differentialquotienten bis zu einer beliebig hohen Ordnung hin enthält. Wenn eine solche Aufgabe bis zu einer Differentialgleichung erster Ordnung zwischen zwei Variablen zurückgeführt ist, so lässt sich die letzte Integration ebenfalls ausführen. Aber um dieses Resultat zu gewinnen, ist es nöthig einige Sätze über die Ausdrücke anzuführen, welche bei der Auflösung der linearen Gleichungen vorkommen, und welche von *Laplace* Resultanten, von *Gauss* Determinanten, von *Cauchy* alternirende Functionen genannt worden sind.

Elfte Vorlesung.

Uebersicht derjenigen Eigenschaften der Determinanten, welche in der Theorie des letzten Multiplicators benutzt werden.

Setzt man

$$\begin{aligned} P = (a_2-a_1)(a_3-a_1)\ldots(a_s-a_1)\ldots(a_n-a_1) \\ (a_3-a_2)\ldots(a_s-a_2)\ldots(a_n-a_2) \\ \cdots\cdots\cdots\cdots\cdots \\ \cdots\cdots\cdots\cdots \\ \cdots\cdots\cdots \\ \cdots\cdots \\ (a_n-a_{n-1}), \end{aligned}$$

so hat das so definirte Product P die Eigenschaft, dass es durch irgend eine Permutation der Grössen $a_1, a_2, \ldots a_n$ oder, was dasselbe ist, der Indices $1, 2, \ldots n$ nur das Zeichen und nicht seinen absoluten Werth ändert. Von diesen Permutationen soll hier nur Folgendes angeführt werden:

Man bezeichne die Indices $1, 2, \ldots n$, nachdem man ihre Ordnung auf eine ganz beliebige Art geändert hat, mit $i_1, i_2, \ldots i_n$ und die Permutation, durch welche

$$1,\ 2,\ 3,\ \ldots\ s\ \ldots\ n$$

in

$$i_1,\ i_2,\ i_3,\ \ldots\ i_s\ \ldots\ i_n$$

übergeht, mit J. Wie auch die Permutation J beschaffen sein mag, so kann man immer die Indices $1, 2, \ldots n$ in gewisse Gruppen von der Beschaffenheit theilen, dass durch die Permutation J die Indices, die zu einer Gruppe gehören, entweder in einander oder sammt und sonders in eine andere Gruppe übergehen, so dass jedenfalls die zu einer Gruppe gehörenden Indices bei einander bleiben. In Rücksicht auf diese Gruppen kann man alsdann wiederum die Permutationen klassificiren, so dass für einige derselben alle Gruppen in sich selbst übergehen, für andere eine bestimmte Gruppe von Indices in eine zweite übergeht u. s. w. Dieser noch keineswegs erschöpfte Gegenstand ist einer der wichtigsten der Algebra; in allen Fällen, wo bis jetzt die Auflösung der Gleichungen möglich gewesen ist, ist hierin der Grund zu suchen.

Die wichtigste dieser Klassificationen der Permutationen ist die in positive und negative Permutationen, von welchen die ersteren P ungeändert lassen, die letzteren P in $-P$ verwandeln. In die zweite Klasse gehört z. B. der einfachste Fall, in welchem man nur zwei Indices i und i' mit einander vertauscht. Man sieht dies auf der Stelle ein, wenn man P auf die Form

$$P = \pm(a_i - a_{i'})\Pi(a_i - a_k)\Pi(a_{i'} - a_k)\Pi(a_k - a_{k'})$$

bringt, wo k sämmtliche Indices bedeutet, die von i und i' verschieden sind, und k, k' sämmtliche Combinationen der von i und i' verschiedenen Indices zu je zweien, wobei die Vertauschung zweier in derselben Differenz vorkommenden ausgeschlossen ist. Um zu beurtheilen, ob eine Permutation

$$(J) \qquad \begin{cases} 1, & 2, & 3, & \ldots & n \\ i_1, & i_2, & i_3, & \ldots & i_n \end{cases}$$

positiv oder negativ sei, vergleiche man der Reihe nach jedes i mit den nachfolgenden Zahlen. Ist μ die Anzahl derjenigen Fälle, in welchen das grössere i vor einem nachfolgenden kleineren steht, so ist (J) eine positive oder negative Permutation, jenachdem μ gerade oder ungerade ist; oder einfacher: (J) ist positiv oder negativ, je nachdem man durch eine gerade oder ungerade Anzahl von Vertauschungen je zweier Elemente aus $1, 2, 3 \ldots n$, die Permutation $i_1, i_2, i_3 \ldots i_n$ erhält.

Um von dem Bisherigen zu den Determinanten überzugehen, betrachte man die n^2 Grössen

$$\begin{matrix} a_1, & b_1, & c_1, & \ldots & p_1. \\ a_2, & b_2, & c_2, & \ldots & p_2. \\ \vdots \\ a_n, & b_n, & c_n, & \ldots & p_n. \end{matrix}$$

Man bilde das Product

$$a_1\, b_2\, c_3 \ldots p_n,$$

permutire in ihm die Indices auf alle möglichen Arten, gebe dem jedesmal resultirenden Producte das Plus- oder Minuszeichen, jenachdem die Permutation eine positive oder negative ist, und summire alle diese Producte mit den ihnen zukommenden Zeichen. Der dadurch entstandene Ausdruck

$$R = \Sigma \pm a_1 b_2 c_3 \dots p_n,$$

wo das doppelte Vorzeichen in der angegebenen Bedeutung genommen werden muss, ist die Determinante der n^2 Grössen $a_1 \dots p_n$, und diese n^2 Grössen werden die Elemente der Determinante R genannt. Man kann sich R aus der Entwickelung von P dadurch entstanden denken, dass man in jedem Gliede dasjenige a, welches in demselben nicht auftritt, zur nullten Potenz erhoben als Factor hinzufügt und sodann für jeden Werth des Index i an die Stelle der Potenzen $a_i^0, a_i^1, a_i^2, \dots a_i^{n-1}$ beziehungsweise $a_i, b_i, c_i, \dots p_i$ setzt. Die Determinante R hat folgende Fundamental-Eigenschaften:

1. Permutirt man zwei Indices i und k oder zwei Buchstaben z. B. a und b mit einander, so geht R in $-R$ über. Daraus folgt, dass, sobald zwei Reihen von Grössen mit einander zusammenfallen, sobald also

$$a_i = a_k, \quad b_i = b_k, \quad \dots \quad p_i = p_k,$$

oder

$$g_1 = h_1, \quad g_2 = h_2, \quad \dots \quad g_n = h_n,$$

die Determinante R verschwindet.

2. Die Determinante R ist in Beziehung auf alle Grössen, die in einer Reihe stehen, homogen und linear, also sowohl in Beziehung auf die Grössen

$$a_i, b_i, \dots p_i,$$

als auch auf die Grössen

$$g_1, g_2, \dots g_n.$$

Daher hat man

$$R = \frac{\partial R}{\partial a_i} a_i + \frac{\partial R}{\partial b_i} b_i + \dots + \frac{\partial R}{\partial p_i} p_i,$$

$$R = \frac{\partial R}{\partial g_1} g_1 + \frac{\partial R}{\partial g_2} g_2 + \dots + \frac{\partial R}{\partial g_n} g_n.$$

Setzen wir

$$\frac{\partial R}{\partial a_i} = A_i, \quad \frac{\partial R}{\partial b_i} = B_i, \quad \dots \quad \frac{\partial R}{\partial p_i} = P_i,$$

so ist

$$R = A_i a_i + B_i b_i + C_i c_i + \dots + P_i p_i,$$

ebenso

$$R = A_k a_k + B_k b_k + C_k c_k + \dots + P_k p_k.$$

Aber durch Vertauschung der Indices i und k geht R in $-R$ über, also, wie hieraus ersichtlich ist, A_i in $-A_k$, B_i in $-B_k$ u. s. w.; mithin geht der Term von A_i, der in b_k multiplicirt ist, in den Term von $-A_k$ über, der in b_i multiplicirt ist, d. h. in R haben $a_i b_k$ und $a_k b_i$ entgegengesetzte Factoren, oder es ist

$$\frac{\partial^2 R}{\partial a_i \partial b_k} = -\frac{\partial^2 R}{\partial a_k \partial b_i}.$$

Ebenso hat man für drei Indices i, k, l

$$\frac{\partial^3 R}{\partial a_i \partial b_k \partial c_l} = \frac{\partial^3 R}{\partial a_k \partial b_l \partial c_i} = \frac{\partial^3 R}{\partial a_l \partial b_i \partial c_k} = -\frac{\partial^3 R}{\partial a_l \partial b_k \partial c_i} = -\frac{\partial^3 R}{\partial a_k \partial b_i \partial c_l} = -\frac{\partial^3 R}{\partial a_i \partial b_l \partial c_k},$$

und hieraus ergeben sich folgende Darstellungen von R:

$$R = \Sigma\Sigma(a_i b_k - a_k b_i)\frac{\partial^2 R}{\partial a_i \partial b_k},$$

$$R = \Sigma\Sigma\Sigma\{a_i(b_k c_l - b_l c_k) + a_k(b_l c_i - b_i c_l) + a_l(b_i c_k - b_k c_i)\}\frac{\partial^3 R}{\partial a_i \partial b_k \partial c_l},$$

wo die Summationen auf alle von einander verschiedenen Combinationen der Indices 1, 2, ... n zu zweien und zu dreien auszudehnen sind. Diese Darstellung einer Determinante durch Producte von Determinanten niederer Ordnung findet sich zuerst in einer Abhandlung von *Laplace* über das Weltsystem in den Pariser Memoiren von 1772. *Laplace* und *Cramer* in Genf sind überhaupt die ersten, welche die Eigenschaften der Determinanten gehörig untersucht haben.

3. Die oben angeführte Gleichung

$$R = g_1\frac{\partial R}{\partial g_1} + g_2\frac{\partial R}{\partial g_2} + \cdots + g_n\frac{\partial R}{\partial g_n}$$

giebt, wenn man a für g schreibt:

$$R = a_1\frac{\partial R}{\partial a_1} + a_2\frac{\partial R}{\partial a_2} + \cdots + a_n\frac{\partial R}{\partial a_n}.$$

Dieser Gleichung sind noch $n-1$ andere hinzuzufügen, welche sich dadurch beweisen lassen, dass R identisch verschwinden muss, wenn man zwei Reihen von Grössen einander gleich setzt; sie lauten:

$$\begin{aligned}
0 &= b_1\frac{\partial R}{\partial a_1} + b_2\frac{\partial R}{\partial a_2} + \cdots + b_n\frac{\partial R}{\partial a_n}, \\
0 &= c_1\frac{\partial R}{\partial a_1} + c_2\frac{\partial R}{\partial a_2} + \cdots + c_n\frac{\partial R}{\partial a_n}, \\
&\vdots \qquad \vdots \qquad\qquad \vdots \qquad\qquad\qquad \vdots \\
0 &= p_1\frac{\partial R}{\partial a_1} + p_2\frac{\partial R}{\partial a_2} + \cdots + p_n\frac{\partial R}{\partial a_n}.
\end{aligned}$$

Auf diesen Formeln beruht die Auflösung der linearen Gleichungen. Denn hat man das System

$$\begin{aligned} a_1x_1+b_1x_2+\cdots+p_1x_n &= y_1, \\ a_2x_1+b_2x_2+\cdots+p_2x_n &= y_2, \\ \vdots \quad \vdots \quad & \quad \vdots \\ a_nx_1+b_nx_2+\cdots+p_nx_n &= y_n, \end{aligned}$$

und multiplicirt man diese Gleichungen respective mit $\frac{\partial R}{\partial a_1}, \frac{\partial R}{\partial a_2}, \cdots \frac{\partial R}{\partial a_n}$, mit $\frac{\partial R}{\partial b_1}, \frac{\partial R}{\partial b_2}, \cdots \frac{\partial R}{\partial b_n}$, etc. wo R die oben angegebene Bedeutung

$$R = \Sigma \pm a_1 b_2 \dots p_n$$

hat, so erhält man

$$\begin{aligned} Rx_1 &= \frac{\partial R}{\partial a_1}y_1+\frac{\partial R}{\partial a_2}y_2+\cdots+\frac{\partial R}{\partial a_n}y_n, \\ Rx_2 &= \frac{\partial R}{\partial b_1}y_1+\frac{\partial R}{\partial b_2}y_2+\cdots+\frac{\partial R}{\partial b_n}y_n, \\ \vdots \quad & \quad \vdots \qquad \vdots \\ Rx_n &= \frac{\partial R}{\partial p_1}y_1+\frac{\partial R}{\partial p_2}y_2+\cdots+\frac{\partial R}{\partial p_n}y_n. \end{aligned}$$

4. Mit Hülfe dieser Formeln beweist man einen merkwürdigen Satz über die Variation der Determinante R. Man bezeichne die Variationen der Grössen $a_i, b_i, \dots p_i$ mit $\delta a_i, \delta b_i, \dots \delta p_i$ und bilde folgende n Systeme von linearen Gleichungen:

$$\begin{aligned} 1)\quad a_1x_1' + b_1x_2' + \cdots + p_1x_n' &= \delta a_1, \\ a_2x_1' + b_2x_2' + \cdots + p_2x_n' &= \delta a_2, \\ \vdots \quad \vdots \quad \vdots & \\ a_nx_1' + b_nx_2' + \cdots + p_nx_n' &= \delta a_n; \end{aligned}$$

$$\begin{aligned} 2)\quad a_1x_1'' + b_1x_2'' + \cdots + p_1x_n'' &= \delta b_1, \\ a_2x_1'' + b_2x_2'' + \cdots + p_2x_n'' &= \delta b_2, \\ \vdots \quad \vdots \quad \vdots & \\ a_nx_1'' + b_nx_2'' + \cdots + p_nx_n'' &= \delta b_n; \end{aligned}$$

u. s. w. u. s. w.

endlich

$$\begin{aligned} n)\quad a_1x_1^{(n)} + b_1x_2^{(n)} + \cdots + p_1x_n^{(n)} &= \delta p_1, \\ a_2x_1^{(n)} + b_2x_2^{(n)} + \cdots + p_2x_n^{(n)} &= \delta p_2, \\ \vdots \quad \vdots \quad \vdots \quad & \vdots \\ a_nx_1^{(n)} + b_nx_2^{(n)} + \cdots + p_nx_n^{(n)} &= \delta p_n. \end{aligned}$$

Nun ist

$$\delta R = \sum_i \left\{ \frac{\partial R}{\partial a_i} \delta a_i + \frac{\partial R}{\partial b_i} \delta b_i + \cdots + \frac{\partial R}{\partial p_i} \delta p_i \right\}.$$

Aber nach den obigen Formeln für die Auflösung der Gleichungen hat man

$$R x_1' = \frac{\partial R}{\partial a_1} \delta a_1 + \frac{\partial R}{\partial a_2} \delta a_2 + \cdots + \frac{\partial R}{\partial a_n} \delta a_n = \sum_i \frac{\partial R}{\partial a_i} \delta a_i,$$

und ebenso

$$R x_2'' = \sum_i \frac{\partial R}{\partial b_i} \delta b_i, \quad R x_3''' = \sum_i \frac{\partial R}{\partial c_i} \delta c_i, \quad \ldots \quad R x_n^{(n)} = \sum_i \frac{\partial R}{\partial p_i} \delta p_i;$$

also

$$\delta R = R \{ x_1' + x_2'' + x_3''' + \cdots + x_n^{(n)} \},$$

oder

$$\delta \lg R = x_1' + x_2'' + x_3''' + \cdots + x_n^{(n)}.$$

Zwölfte Vorlesung.

Der Multiplicator für Systeme von Differentialgleichungen mit beliebig vielen Veränderlichen.

Wir wollen sogleich von dem gegebenen Satz über die Variation der Determinante eine Anwendung auf ein System von Differentialgleichungen machen.

Es sei folgendes System gegeben:

$$(1.) \quad \frac{dx_1}{dx} = X_1, \quad \frac{dx_2}{dx} = X_2, \quad \ldots \quad \frac{dx_i}{dx} = X_i, \quad \ldots \quad \frac{dx_n}{dx} = X_n.$$

Dieses System, in welchem $X_1, X_2, \ldots X_n$ beliebige Functionen von $x, x_1, x_2, \ldots x_n$ sein können, sei integrirt durch folgendes System von Gleichungen:

$$\begin{aligned} x_1 &= f_1(x, \alpha_1, \alpha_2, \ldots \alpha_n), \\ x_2 &= f_2(x, \alpha_1, \alpha_2, \ldots \alpha_n), \\ \vdots \ & \quad \vdots \qquad\qquad\quad \vdots \\ x_n &= f_n(x, \alpha_1, \alpha_2, \ldots \alpha_n). \end{aligned}$$

Setzt man hieraus die Werthe von $x_1, x_2, \ldots x_n$ in $X_1, X_2, \ldots X_n$ ein und bestimmt auch die Differentialquotienten $\frac{dx_1}{dx}, \frac{dx_2}{dx}, \ldots \frac{dx_n}{dx}$ als Functionen von x und den n willkürlichen Constanten $\alpha_1, \alpha_2, \ldots \alpha_n$, so wird durch diese Werthe das System (1.) identisch erfüllt, d. h. die Gleichungen (1.) gelten für jeden Werth der Veränderlichen x und der willkürlichen Constanten $\alpha_1, \alpha_2, \ldots \alpha_n$; daher kann man sie nach jeder dieser n Constanten differentiiren. Aus jeder

der Gleichungen (1.) entstehen auf diese Weise n Gleichungen, im Ganzen n Systeme von je n Gleichungen, also n^2 Gleichungen, sämmtlich von der Form

$$\frac{d\frac{\partial x_i}{\partial \alpha_k}}{dx} = \frac{\partial X_i}{\partial x_1}\frac{\partial x_1}{\partial \alpha_k} + \frac{\partial X_i}{\partial x_2}\frac{\partial x_2}{\partial \alpha_k} + \cdots + \frac{\partial X_i}{\partial x_n}\frac{\partial x_n}{\partial \alpha_k}.$$

Das aus der ersten Gleichung $\frac{dx_1}{dx} = X_1$ folgende System ist:

$$1)\quad \begin{aligned}
&\frac{\partial x_1}{\partial \alpha_1}\frac{\partial X_1}{\partial x_1} + \frac{\partial x_2}{\partial \alpha_1}\frac{\partial X_1}{\partial x_2} + \cdots + \frac{\partial x_n}{\partial \alpha_1}\frac{\partial X_1}{\partial x_n} = \frac{d\frac{\partial x_1}{\partial \alpha_1}}{dx},\\
&\frac{\partial x_1}{\partial \alpha_2}\frac{\partial X_1}{\partial x_1} + \frac{\partial x_2}{\partial \alpha_2}\frac{\partial X_1}{\partial x_2} + \cdots + \frac{\partial x_n}{\partial \alpha_2}\frac{\partial X_1}{\partial x_n} = \frac{d\frac{\partial x_1}{\partial \alpha_2}}{dx},\\
&\quad\vdots \qquad\qquad\quad \vdots \qquad\qquad\qquad \vdots\\
&\frac{\partial x_1}{\partial \alpha_n}\frac{\partial X_1}{\partial x_1} + \frac{\partial x_2}{\partial \alpha_n}\frac{\partial X_1}{\partial x_2} + \cdots + \frac{\partial x_n}{\partial \alpha_n}\frac{\partial X_1}{\partial x_n} = \frac{d\frac{\partial x_1}{\partial \alpha_n}}{dx}.
\end{aligned}$$

Die aus den übrigen Gleichungen (1.) folgenden Systeme sind:

$$2)\quad \begin{aligned}
&\frac{\partial x_1}{\partial \alpha_1}\frac{\partial X_2}{\partial x_1} + \frac{\partial x_2}{\partial \alpha_1}\frac{\partial X_2}{\partial x_2} + \cdots + \frac{\partial x_n}{\partial \alpha_1}\frac{\partial X_2}{\partial x_n} = \frac{d\frac{\partial x_2}{\partial \alpha_1}}{dx},\\
&\frac{\partial x_1}{\partial \alpha_2}\frac{\partial X_2}{\partial x_1} + \frac{\partial x_2}{\partial \alpha_2}\frac{\partial X_2}{\partial x_2} + \cdots + \frac{\partial x_n}{\partial \alpha_2}\frac{\partial X_2}{\partial x_n} = \frac{d\frac{\partial x_2}{\partial \alpha_2}}{dx},\\
&\quad\vdots \qquad\qquad\quad \vdots \qquad\qquad\qquad \vdots\\
&\frac{\partial x_1}{\partial \alpha_n}\frac{\partial X_2}{\partial x_1} + \frac{\partial x_2}{\partial \alpha_n}\frac{\partial X_2}{\partial x_2} + \cdots + \frac{\partial x_n}{\partial \alpha_n}\frac{\partial X_2}{\partial x_n} = \frac{d\frac{\partial x_2}{\partial \alpha_n}}{dx};
\end{aligned}$$

u. s. w. u. s. w.

. . . .

. . . .

endlich

$$n)\quad \begin{aligned}
&\frac{\partial x_1}{\partial \alpha_1}\frac{\partial X_n}{\partial x_1} + \frac{\partial x_2}{\partial \alpha_1}\frac{\partial X_n}{\partial x_2} + \cdots + \frac{\partial x_n}{\partial \alpha_1}\frac{\partial X_n}{\partial x_n} = \frac{d\frac{\partial x_n}{\partial \alpha_1}}{dx},\\
&\frac{\partial x_1}{\partial \alpha_2}\frac{\partial X_n}{\partial x_1} + \frac{\partial x_2}{\partial \alpha_2}\frac{\partial X_n}{\partial x_2} + \cdots + \frac{\partial x_n}{\partial \alpha_2}\frac{\partial X_n}{\partial x_n} = \frac{d\frac{\partial x_n}{\partial \alpha_2}}{dx},\\
&\quad\vdots \qquad\qquad\quad \vdots \qquad\qquad\qquad \vdots\\
&\frac{\partial x_1}{\partial \alpha_n}\frac{\partial X_n}{\partial x_1} + \frac{\partial x_2}{\partial \alpha_n}\frac{\partial X_n}{\partial x_2} + \cdots + \frac{\partial x_n}{\partial \alpha_n}\frac{\partial X_n}{\partial x_n} = \frac{d\frac{\partial x_n}{\partial \alpha_n}}{dx}.
\end{aligned}$$

Vergleicht man diese Systeme mit denen, welche in N°. 4 der vorigen Vorlesung bei Gelegenheit des Satzes von der Variation der Determinante aufgestellt worden sind, so findet man, dass jene in diese durch die folgenden Annahmen übergehen:

$$a_1 = \frac{\partial x_1}{\partial \alpha_1}, \quad b_1 = \frac{\partial x_2}{\partial \alpha_1}, \quad \dots \quad p_1 = \frac{\partial x_n}{\partial \alpha_1},$$
$$a_2 = \frac{\partial x_1}{\partial \alpha_2}, \quad b_2 = \frac{\partial x_2}{\partial \alpha_2}, \quad \dots \quad p_2 = \frac{\partial x_n}{\partial \alpha_2},$$
$$\vdots \qquad \vdots \qquad \vdots$$
$$a_n = \frac{\partial x_1}{\partial \alpha_n}, \quad b_n = \frac{\partial x_2}{\partial \alpha_n}, \quad \dots \quad p_n = \frac{\partial x_n}{\partial \alpha_n},$$
$$R = \Sigma \pm a_1 b_2 \dots p_n = \Sigma \pm \frac{\partial x_1}{\partial \alpha_1} \frac{\partial x_2}{\partial \alpha_2} \dots \frac{\partial x_n}{\partial \alpha_n},$$
$$x_1' = \frac{\partial X_1}{\partial x_1}, \quad x_2' = \frac{\partial X_1}{\partial x_2}, \quad \dots \quad x_n' = \frac{\partial X_1}{\partial x_n},$$
$$x_1'' = \frac{\partial X_2}{\partial x_1}, \quad x_2'' = \frac{\partial X_2}{\partial x_2}, \quad \dots \quad x_n'' = \frac{\partial X_2}{\partial x_n},$$
$$\vdots \qquad \vdots \qquad \vdots$$
$$x_1^{(n)} = \frac{\partial X_n}{\partial x_1}, \quad x_2^{(n)} = \frac{\partial X_n}{\partial x_2}, \quad \dots \quad x_n^{(n)} = \frac{\partial X_n}{\partial x_n},$$
$$\delta = \frac{d}{dx}.$$

Daher lässt sich der vollständige Differentialquotient von $\lg R$ nach x in der merkwürdigen Form

$$\text{(2.)} \qquad \frac{d \lg R}{dx} = \frac{\partial X_1}{\partial x_1} + \frac{\partial X_2}{\partial x_2} + \dots + \frac{\partial X_n}{\partial x_n}$$

darstellen, wo

$$R = \Sigma \pm \frac{\partial x_1}{\partial \alpha_1} \frac{\partial x_2}{\partial \alpha_2} \dots \frac{\partial x_n}{\partial \alpha_n}.$$

Nach vollendeter Integration des Systems (1.) findet man also R aus der Gleichung (2.) durch eine Quadratur nach x. Aber es giebt Fälle, in welchen die Determinante R vor allen Integrationen angegeben werden kann, nämlich wenn sich die Summe $\frac{\partial X_1}{\partial x_1} + \frac{\partial X_2}{\partial x_2} + \dots + \frac{\partial X_n}{\partial x_n}$ mit Hülfe des Systems (1.) in einen vollständigen Differentialquotienten nach x transformiren lässt, oder, was ein noch einfacherer Fall ist, wenn X_1 kein x_1, X_2 kein x_2 u. s. w. X_n kein x_n enthält. Alsdann ist $\frac{\partial X_1}{\partial x_1} + \frac{\partial X_2}{\partial x_2} + \dots + \frac{\partial X_n}{\partial x_n} = 0$; daher

$$\frac{d \lg R}{dx} = 0, \quad R = \text{Const.}$$

Der in der Gleichung (2.) enthaltene Satz ist zuerst von *Liouville* und zwar in dieser Form aufgestellt worden (*Liouville* Journal Bd. 3, p. 348); in einer anderen Form, in welcher die willkürlichen Constanten α durch unabhängige Variable x und diese durch Functionen f von den Variablen x ersetzt sind, kommt derselbe in einer meiner Abhandlungen (*Crelle* Journal Bd. 22, p. 336) vor. *Liouville* hat aus diesem Satz nicht den Nutzen gezogen, welchen er für die Integration gewährt. Ehe wir zu dieser Anwendung übergehen, wollen wir dem gewonnenen Ergebniss eine etwas allgemeinere Form geben, indem wir daran eine Veränderung anbringen, die zwar sehr unwesentlich scheint, ohne welche aber nichtsdestoweniger seine Anwendbarkeit sehr viel beschränkter sein würde.

Schreibt man das System (1.) in Form der Proportion

$$dx : dx_1 : dx_2 : \ldots : dx_n = 1 : X_1 : X_2 : \ldots : X_n,$$

so lässt sich derselben, durch Multiplication mit einer willkürlichen Grösse X auf der rechten Seite, die früher betrachtete Gestalt

$$dx : dx_1 : dx_2 : \ldots : dx_n = X : X_1 : X_2 : \ldots : X_n \tag{3.}$$

geben, wenn man gleichzeitig $X_1, X_2, \ldots X_n$ beziehungsweise durch die Quotienten $\frac{X_1}{X}, \frac{X_2}{X}, \ldots \frac{X_n}{X}$ ersetzt. Durch diese Veränderung geht die Gleichung (2.) in

$$\frac{d \lg R}{dx} = \frac{\partial\left(\frac{X_1}{X}\right)}{\partial x_1} + \frac{\partial\left(\frac{X_2}{X}\right)}{\partial x_2} + \frac{\partial\left(\frac{X_3}{X}\right)}{\partial x_3} + \cdots + \frac{\partial\left(\frac{X_n}{X}\right)}{\partial x}$$

$$= \frac{1}{X}\left(\frac{\partial X_1}{\partial x_1} + \frac{\partial X_2}{\partial x_2} + \cdots + \frac{\partial X_n}{\partial x_n}\right) - \frac{1}{X^2}\left(X_1 \frac{\partial X}{\partial x_1} + X_2 \frac{\partial X}{\partial x_2} + \cdots + X_n \frac{\partial X}{\partial x_n}\right)$$

über. Das substractive Glied auf der rechten Seite dieser Gleichung kann man mit Hülfe der Gleichungen

$$\frac{X_1}{X} = \frac{dx_1}{dx}, \quad \frac{X_2}{X} = \frac{dx_2}{dx}, \quad \ldots \quad \frac{X_n}{X} = \frac{dx_n}{dx}$$

auf die Form

$$-\frac{1}{X}\left(\frac{\partial X}{\partial x_1}\frac{dx_1}{dx} + \frac{\partial X}{\partial x_2}\frac{dx_2}{dx} + \cdots + \frac{\partial X}{\partial x_n}\frac{dx_n}{dx}\right)$$

oder

$$-\frac{1}{X}\left(\frac{dX}{dx} - \frac{\partial X}{\partial x}\right)$$

bringen. Setzt man dies in den Ausdruck von $\frac{d \lg R}{dx}$ ein, so ergiebt sich

$$\frac{d \lg R}{dx} = \frac{1}{X}\left(\frac{\partial X_1}{\partial x_1} + \frac{\partial X_2}{\partial x_2} + \cdots + \frac{\partial X_n}{\partial x_n}\right) - \frac{1}{X}\left(\frac{dX}{dx} - \frac{\partial X}{\partial x}\right),$$

oder

$$(4.)\qquad \frac{d\lg(XR)}{dx} = \frac{1}{X}\left(\frac{\partial X}{\partial x} + \frac{\partial X_1}{\partial x_1} + \frac{\partial X_2}{\partial x_2} + \cdots + \frac{\partial X_n}{\partial x_n}\right).$$

Man kann also, wenn sich $\frac{1}{X}\left(\frac{\partial X}{\partial x} + \frac{\partial X_1}{\partial x_1} + \cdots + \frac{\partial X_n}{\partial x_n}\right)$ durch das gegebene System (3.) in einen vollständigen Differentialquotienten nach x transformiren lässt, oder wenn $\frac{\partial X}{\partial x} + \frac{\partial X_1}{\partial x_1} + \cdots + \frac{\partial X_n}{\partial x_n} = 0$ ist, R vor allen Integrationen bestimmen. Im letzteren Falle hat man

$$XR = \text{Const.},$$

also

$$R = \frac{\text{Const.}}{X},$$

wo, wie früher,

$$R = \Sigma \pm \frac{\partial x_1}{\partial \alpha_1} \frac{\partial x_2}{\partial \alpha_2} \cdots \frac{\partial x_n}{\partial \alpha_n}.$$

Setzen wir nun voraus, das System (3.) sei in der That von der Beschaffenheit, dass sich R vor aller Integration angeben lässt, und nehmen wir an, man habe schon $n-1$ Integrale gefunden, das n^{te} fehle noch, so kann man die $n-1$ Integralgleichungen in der Form

$$\begin{aligned} x_2 &= \varphi_2(x, x_1, \alpha_2, \alpha_3, \ldots \alpha_n), \\ x_3 &= \varphi_3(x, x_1, \alpha_2, \alpha_3, \ldots \alpha_n), \\ &\vdots \\ x_n &= \varphi_n(x, x_1, \alpha_2, \alpha_3, \ldots \alpha_n) \end{aligned}$$

darstellen, und es bleibt alsdann die Differentialgleichung

$$X dx_1 - X_1 dx = 0$$

zu integriren übrig, deren Integral auf eine Gleichung von der Form

$$x_1 = \varphi_1(x, \alpha_1, \alpha_2, \ldots \alpha_n)$$

führt. Aus der Vergleichung mit dem obigen vollständigen Integrationssystem der Differentialgleichungen (1.) folgt überdies, dass die gegenwärtig mit φ_1 bezeichnete Function dieselbe ist, welche oben mit f_1 bezeichnet wurde, und dass die Functionen $\varphi_2, \varphi_3, \ldots \varphi_n$ respective in $f_2, f_3, \ldots f_n$ übergehen, wenn man für x_1 seinen Werth φ_1 substituirt.

Schliessen wir die Differentialquotienten der Grössen $x_2, x_3, \ldots x_n$, insofern wir sie als Functionen von $x, x_1, \alpha_2, \alpha_3, \ldots \alpha_n$ ansehen, zur Unterscheidung von den bisher betrachteten Differentialquotienten in Klammern ein, so wird

$$\frac{\partial x_i}{\partial \alpha_k} = \left(\frac{\partial x_i}{\partial \alpha_k}\right) + \left(\frac{\partial x_i}{\partial x_1}\right)\frac{\partial x_1}{\partial \alpha_k},$$

wo i und k alle Werthe von 2 bis n inclusive annehmen können. Für $k=1$ erhält man

$$\frac{\partial x_i}{\partial \alpha_1} = \left(\frac{\partial x_i}{\partial x_1}\right)\frac{\partial x_1}{\partial \alpha_1},$$

eine Gleichung, welche man unter der allgemeinen Formel mit begreifen kann, wenn man berücksichtigt, dass

$$(5.)\qquad \left(\frac{\partial x_2}{\partial \alpha_1}\right) = \left(\frac{\partial x_3}{\partial \alpha_1}\right) = \cdots = \left(\frac{\partial x_n}{\partial \alpha_1}\right) = 0$$

ist. Es gilt demnach die Formel

$$\frac{\partial x_i}{\partial \alpha_k} = \left(\frac{\partial x_i}{\partial \alpha_k}\right) + \left(\frac{\partial x_i}{\partial x_1}\right)\frac{\partial x_1}{\partial \alpha_k}$$

von $i=2$ bis $i=n$ und von $k=1$ bis $k=n$. Hierdurch wird

$$R = \Sigma \pm \frac{\partial x_1}{\partial \alpha_1}\left\{\left(\frac{\partial x_2}{\partial \alpha_2}\right) + \left(\frac{\partial x_2}{\partial x_1}\right)\frac{\partial x_1}{\partial \alpha_2}\right\}\left\{\left(\frac{\partial x_3}{\partial \alpha_3}\right) + \left(\frac{\partial x_3}{\partial x_1}\right)\frac{\partial x_1}{\partial \alpha_3}\right\}\cdots\left\{\left(\frac{\partial x_n}{\partial \alpha_n}\right) + \left(\frac{\partial x_n}{\partial x_1}\right)\frac{\partial x_1}{\partial \alpha_n}\right\},$$

d. h. R wird die Determinante aus den Grössen

$$\begin{array}{lllll}
\frac{\partial x_1}{\partial \alpha_1}, & \left(\frac{\partial x_2}{\partial \alpha_1}\right) + \left(\frac{\partial x_2}{\partial x_1}\right)\frac{\partial x_1}{\partial \alpha_1}, & \left(\frac{\partial x_3}{\partial \alpha_1}\right) + \left(\frac{\partial x_3}{\partial x_1}\right)\frac{\partial x_1}{\partial \alpha_1}, & \cdots & \left(\frac{\partial x_n}{\partial \alpha_1}\right) + \left(\frac{\partial x_n}{\partial x_1}\right)\frac{\partial x_1}{\partial \alpha_1}, \\
\frac{\partial x_1}{\partial \alpha_2}, & \left(\frac{\partial x_2}{\partial \alpha_2}\right) + \left(\frac{\partial x_2}{\partial x_1}\right)\frac{\partial x_1}{\partial \alpha_2}, & \left(\frac{\partial x_3}{\partial \alpha_2}\right) + \left(\frac{\partial x_3}{\partial x_1}\right)\frac{\partial x_1}{\partial \alpha_2}, & \cdots & \left(\frac{\partial x_n}{\partial \alpha_2}\right) + \left(\frac{\partial x_n}{\partial x_1}\right)\frac{\partial x_1}{\partial \alpha_2}, \\
\frac{\partial x_1}{\partial \alpha_3}, & \left(\frac{\partial x_2}{\partial \alpha_3}\right) + \left(\frac{\partial x_2}{\partial x_1}\right)\frac{\partial x_1}{\partial \alpha_3}, & \left(\frac{\partial x_3}{\partial \alpha_3}\right) + \left(\frac{\partial x_3}{\partial x_1}\right)\frac{\partial x_1}{\partial \alpha_3}, & \cdots & \left(\frac{\partial x_n}{\partial \alpha_3}\right) + \left(\frac{\partial x_n}{\partial x_1}\right)\frac{\partial x_1}{\partial \alpha_3}, \\
\vdots & \vdots & \vdots & & \vdots \\
\frac{\partial x_1}{\partial \alpha_n}, & \left(\frac{\partial x_2}{\partial \alpha_n}\right) + \left(\frac{\partial x_2}{\partial x_1}\right)\frac{\partial x_1}{\partial \alpha_n}, & \left(\frac{\partial x_3}{\partial \alpha_n}\right) + \left(\frac{\partial x_3}{\partial x_1}\right)\frac{\partial x_1}{\partial \alpha_n}, & \cdots & \left(\frac{\partial x_n}{\partial \alpha_n}\right) + \left(\frac{\partial x_n}{\partial x_1}\right)\frac{\partial x_1}{\partial \alpha_n}.
\end{array}$$

Bezeichnet man mit R_1 und mit R_2 die Determinanten, in welche die vorgelegte Determinante R übergeht, wenn man die n Grössen der zweiten Verticale für R_1 auf ihren ersten Term, für R_2 auf ihren zweiten Term reducirt, so ist R als lineare homogene Function jener n Grössen gleich der Summe von R_1 und R_2. Aber R_2 hat den gemeinschaftlichen Factor $\left(\frac{\partial x_2}{\partial x_1}\right)$, und nachdem man denselben herausgezogen, fallen die Grössen der ersten und zweiten

Verticalreihe zusammen, d. h. R_2 ist eine nach Nr. 1 der vorigen Vorlesung verschwindende Determinante, und R wird gleich R_1, d. h. R bleibt unverändert, wenn man die Grössen der zweiten Verticalreihe auf ihre ersten Terme reducirt. Dasselbe gilt von den Grössen der dritten, vierten, ... n^{ten} Verticalreihe, und es ergiebt sich daher R gleich der Determinante aus den Grössen

$$\begin{array}{lllll}
\frac{\partial x_1}{\partial \alpha_1}, & \left(\frac{\partial x_2}{\partial \alpha_1}\right), & \left(\frac{\partial x_3}{\partial \alpha_1}\right), & \dots & \left(\frac{\partial x_n}{\partial \alpha_1}\right), \\
\frac{\partial x_1}{\partial \alpha_2}, & \left(\frac{\partial x_2}{\partial \alpha_2}\right), & \left(\frac{\partial x_3}{\partial \alpha_2}\right), & \dots & \left(\frac{\partial x_n}{\partial \alpha_2}\right), \\
\frac{\partial x_1}{\partial \alpha_3}, & \left(\frac{\partial x_2}{\partial \alpha_3}\right), & \left(\frac{\partial x_3}{\partial \alpha_3}\right), & \dots & \left(\frac{\partial x_n}{\partial \alpha_3}\right), \\
\vdots & \vdots & \vdots & & \vdots \\
\frac{\partial x_1}{\partial \alpha_n}, & \left(\frac{\partial x_2}{\partial \alpha_n}\right), & \left(\frac{\partial x_3}{\partial \alpha_n}\right), & \dots & \left(\frac{\partial x_n}{\partial \alpha_n}\right).
\end{array}$$

Stellt man nun diese Determinante als lineare Function der Grössen der ersten Horizontalreihe dar und berücksichtigt, dass nach (5.) dieselben mit Ausnahme von $\frac{\partial x_1}{\partial \alpha_1}$ alle verschwinden, so erhält man R als Product von $\frac{\partial x_1}{\partial \alpha_1}$ in $\frac{\partial R}{\partial \frac{\partial x_1}{\partial \alpha_1}}$ d. h. als Product von $\frac{\partial x_1}{\partial \alpha_1}$ in die Determinante

$$Q = \Sigma \pm \left(\frac{\partial x_2}{\partial \alpha_2}\right)\left(\frac{\partial x_3}{\partial \alpha_3}\right) \cdots \left(\frac{\partial x_n}{\partial \alpha_n}\right), \tag{6.}$$

deren Elemente diejenigen sind, welche von dem letzten Schema übrig bleiben, wenn man die erste Horizontalreihe und die erste Verticalreihe fortlässt. Man hat also schliesslich

$$R = \frac{\partial x_1}{\partial \alpha_1} Q. \tag{7.}$$

Diese Gleichung ist von der höchsten Wichtigkeit. Da man nämlich nach unserer Annahme R aus dem gegebenen System (3.) a priori finden kann, ohne irgend eine Integration gemacht zu haben, da ferner Q vermöge der $n-1$ bereits ausgeführten Integrationen bekannt ist, so liefert die Gleichung (7.), wie wir sogleich sehen werden, die noch übrig bleibende n^{te} Integration, indem sie für die Differentialgleichung

$$X dx_1 - X_1 dx = 0,$$

in welcher X und X_1 als Functionen von x und x_1 ausgedrückt sind, den integrirenden Factor bestimmt. Das vollständige Integral dieser Gleichung sei

$$F(x, x_1) = \alpha_1. \tag{8.}$$

Hieraus ergiebt sich durch Auflösung für x_1 derselbe Ausdruck, den wir oben mit

$$x_1 = \varphi_1(x, \alpha_1, \alpha_2, \dots \alpha_n)$$

bezeichnet haben. Die Substitution dieses Ausdrucks für x_1 macht (8.) zu einer identischen Gleichung, daher erhält man durch Differentiation nach α_1

$$\frac{\partial F}{\partial x_1} \frac{\partial x_1}{\partial \alpha_1} = 1$$

oder, da nach Gleichung (7.)

$$\frac{\partial x_1}{\partial \alpha_1} = \frac{R}{Q}$$

ist,

$$\frac{\partial F}{\partial x_1} = \frac{Q}{R}.$$

Bezeichnet man mit N den integrirenden Factor von $Xdx_1 - X_1 dx$, so hat man

$$NX = \frac{\partial F}{\partial x_1}, \quad -NX_1 = \frac{\partial F}{\partial x},$$

also aus der ersten dieser Gleichungen

$$N = \frac{1}{X} \frac{\partial F}{\partial x_1} = \frac{Q}{XR}. \tag{9.}$$

$N = \frac{Q}{RX}$ ist also der integrirende Factor der Gleichung $Xdx_1 - X_1 dx = 0$. Also hat man den Satz:

Ist in dem System von Differentialgleichungen

$$dx : dx_1 : dx_2 : \dots : dx_n = X : X_1 : X_2 : \dots : X_n,$$

der Ausdruck

$$\frac{1}{X}\left(\frac{\partial X}{\partial x} + \frac{\partial X_1}{\partial x_1} + \dots + \frac{\partial X_n}{\partial x_n}\right)$$

ein vollständiger Differentialquotient nach x, *kennt man* $n-1$ *Integrale des Systems, aus welchen sich die Veränderlichen* $x_2, x_3, \dots x_n$ *als Functionen von* x, x_1 *und den* $n-1$ *willkürlichen Constanten der Integration durch die Gleichungen*

$$x_2 = \varphi_2(x, x_1, \alpha_2 \dots \alpha_n), \quad x_3 = \varphi_3(x, x_1, \alpha_2 \dots \alpha_n), \quad \dots \quad x_n = \varphi_n(x, x_1, \alpha_2 \dots \alpha_n)$$

darstellen lassen, und bleibt demnach allein die Differentialgleichung

$$X dx_1 - X_1 dx = 0$$

zu integriren übrig, so ist

$$N = \frac{Q}{XR}$$

der integrirende Factor dieser Differentialgleichungen, wo

$$XR = e^{\int \frac{1}{X}\left(\frac{\partial X}{\partial x}+\frac{\partial X_1}{\partial x_1}+\cdots+\frac{\partial X_n}{\partial x_n}\right)dx}$$

und

$$Q = \Sigma \pm \frac{\partial x_2}{\partial \alpha_2}\frac{\partial x_3}{\partial \alpha_3}\cdots\frac{\partial x_n}{\partial \alpha_n}.$$

Wenn $\frac{\partial X}{\partial x}+\frac{\partial X_1}{\partial x_1}+\cdots+\frac{\partial X_n}{\partial x_n}=0$ ist, so wird $XR = \text{Const.}$, und in diesem Fall ist die Determinante Q selbst der integrirende Factor der Differentialgleichung $X dx_1 - X_1 dx = 0$.

Wenn man die Gleichung (4.) dieser Vorlesung mit der Gleichung (11.) der zehnten Vorlesung zusammenstellt, so zeigt sich, dass die Differentialgleichung, welcher $-\lg XR$ genügt, die nämliche für $n+1$ Variable ist, welche wir damals (für ein System zweier Differentialgleichungen zwischen drei Variablen) für $\lg M$ gefunden haben. Man kann daher

$$\lg M = -\lg XR$$

setzen, oder

$$M = \frac{1}{XR},$$

und es ist unter den Voraussetzungen des soeben ausgesprochenen Satzes

$$MQ$$

der integrirende Factor der letzten Differentialgleichung $X dx_1 - X_1 dx = 0$, wo M aus der Gleichung

$$X\frac{d \lg M}{dx}+\frac{\partial X}{\partial x}+\frac{\partial X_1}{\partial x_1}+\cdots+\frac{\partial X_n}{\partial x_n}=0$$

zu bestimmen ist.

Die im Vorigen betrachtete Determinante Q kann man auf verschiedene Weise bilden. Die einfachste Darstellung ist die in Form eines Products. Sowie wir nämlich vermittelst x_1 die Constante α_1 aus den Variablen $x_2, x_3, \ldots x_n$ eliminirten und dann die Determinante R als Product von $\frac{\partial x_1}{\partial \alpha_1}$ in die Determinante Q darstellten, deren Ordnung um eine Einheit niedriger ist, als die Ordnung von R, so können wir wieder vermittelst x_2 die Constante α_2 aus den Variablen $x_3, x_4, \ldots x_n$ eliminiren und dann Q als Product von $\frac{\partial x_2}{\partial \alpha_2}$ in die Determinante $P = \Sigma \pm \frac{\partial x_3}{\partial \alpha_3}\frac{\partial x_4}{\partial \alpha_4}\cdots\frac{\partial x_n}{\partial \alpha_n}$ darstellen. Auf diese Weise hat man fortzufahren; man eliminire vermittelst x_3 die Constante α_3 aus $x_4, x_5, \ldots x_n$, vermittelst x_4 die Constante a_4 aus $x_5, x_6, \dots x_n$ u. s. w., so dass man folgende Darstellung der Integralgleichungen erhält:

$$(F.)\quad \begin{cases} x_1 = F_1(x, a_1, a_2, a_3, a_4, \dots a_{n-1}, a_n), \\ x_2 = F_2(x, x_1, a_2, a_3, a_4, \dots a_{n-1}, a_n), \\ x_3 = F_3(x, x_1, x_2, a_3, a_4, \dots a_{n-1}, a_n), \\ x_4 = F_4(x, x_1, x_2, x_3, a_4, \dots a_{n-1}, a_n), \\ \vdots \quad \vdots \quad \vdots \\ x_n = F_n(x, x_1, x_2, x_3, x_4, \dots x_{n-1}, a_n); \end{cases}$$

alsdann ist

$$(10.)\quad R = \frac{\partial x_1}{\partial a_1} \frac{\partial x_2}{\partial a_2} \frac{\partial x_3}{\partial a_3} \cdots \frac{\partial x_n}{\partial a_n},$$

wo für die Grössen x_1 bis x_n die Ausdrücke F_1 bis F_n zu setzen sind, und für dieselbe Darstellungsart der Integralgleichungen hat man

$$(11.)\quad Q = \frac{\partial x_2}{\partial a_2} \frac{\partial x_3}{\partial a_3} \cdots \frac{\partial x_n}{\partial a_n}.$$

Die hier gebrauchte Transformation besteht also in Folgendem:

Sind n Grössen $x_1, x_2, \dots x_n$ Functionen von n anderen $a_1, a_2, \dots a_n$, so dass

$$\begin{aligned} x_1 &= f_1(a_1, a_2, \dots a_n), \\ x_2 &= f_2(a_1, a_2, \dots a_n), \\ &\vdots \\ x_n &= f_n(a_1, a_2, \dots a_n), \end{aligned}$$

und stellt man durch successive Elimination die Grössen $x_1, x_2, \dots x_n$ folgendermassen dar:

$$\begin{aligned} x_1 &= F_1(a_1, a_2, a_3, \dots a_{n-1}, a_n), \\ x_2 &= F_2(x_1, a_2, a_3, \dots a_{n-1}, a_n), \\ x_3 &= F_3(x_1, x_2, a_3, \dots a_{n-1}, a_n), \\ &\vdots \\ x_n &= F_n(x_1, x_2, x_3, \dots x_{n-1}, a_n), \end{aligned}$$

so ist

$$\Sigma \pm \frac{\partial f_1}{\partial a_1} \frac{\partial f_2}{\partial a_2} \cdots \frac{\partial f_n}{\partial a_n} = \frac{\partial F_1}{\partial a_1} \frac{\partial F_2}{\partial a_2} \cdots \frac{\partial F_n}{\partial a_n},$$

oder wenn wir die Differentiationen der Grössen x in der ersten Darstellung ohne Klammern, in der zweiten mit Klammern bezeichnen,

$$\Sigma \pm \frac{\partial x_1}{\partial a_1} \frac{\partial x_2}{\partial a_2} \cdots \frac{\partial x_n}{\partial a_n} = \left(\frac{\partial x_1}{\partial a_1}\right) \left(\frac{\partial x_2}{\partial a_2}\right) \cdots \left(\frac{\partial x_n}{\partial a_n}\right).$$

Die Form $(F.)$ der Integralgleichungen ist diejenige, welche sie für den Fall einer einzigen Differentialgleichung höherer Ordnung bei successiver Integration von selbst annehmen. Die successive Integration der Gleichung

$$y^{(n+1)} = f(y^{(n)}, y^{(n-1)}, y^{(n-2)}, \dots y'', y', y, x)$$

giebt:

$$\begin{aligned} y^{(n)} &= f_1\ (a_n, y^{(n-1)}, y^{(n-2)}, \dots y'', y', y, x), \\ y^{(n-1)} &= f_2\ (a_n, a_{n-1}, y^{(n-2)}, \dots y'', y', y, x), \\ &\vdots \\ y'' &= f_{n-1}(a_n, a_{n-1}, \dots\dots\ a_2, y', y, x), \\ y' &= f_n\ (a_n, a_{n-1}, \dots\dots\ a_2, a_1, y, x). \end{aligned}$$

Gehört nun die vorgelegte Gleichung $y^{(n+1)} = f$ zur Kategorie derer, für welche der Multiplicator M sich a priori bestimmen lässt, so ist für die Differentialgleichung erster Ordnung

$$y' = f_n$$

der integrirende Factor

$$MQ,$$

wo

$$Q = \frac{\partial y_n}{\partial a_n} \frac{\partial y_{n-1}}{\partial a_{n-1}} \cdots \frac{\partial y''}{\partial a_2} \frac{\partial y'}{\partial a_1}.$$

Dreizehnte Vorlesung.

Functionaldeterminanten. Ihre Anwendung zur Aufstellung der partiellen Differentialgleichung für den Multiplicator.

Determinanten der Form

$$\Sigma \pm \frac{\partial f_1}{\partial x_1} \frac{\partial f_2}{\partial x_2} \cdots \frac{\partial f_n}{\partial x_n}$$

werden von mir *Functional-Determinanten*, von *Cauchy*, welcher in den Comptes rendus der Pariser Akademie einige Sätze darüber gegeben hat, „fonctions différentielles alternées“ genannt. Functional-Determinanten werden also aus den n^2 partiellen Differentialquotienten $\frac{\partial f_i}{\partial x_k}$ von n Functionen $f_1, f_2, \dots f_n$ gebildet, deren jede von den n Grössen $x_1, x_2, \dots x_n$ abhängt.

Ich habe im 22sten Bande des *Crelle*schen Journals eine Abhandlung über Functional-Determinanten erscheinen lassen, in welcher die Analogie nachgewiesen wird, welche zwischen den Functional-Determinanten in Problemen mit mehreren Variablen und den Differentialquotienten in Problemen mit einer Variablen stattfindet. In folgenden, daselbst bewiesenen Sätzen spricht sich diese Analogie aus:

1. Ist f Function von φ und φ Function von x, so ist $\frac{df}{dx} = \frac{df}{d\varphi}\frac{d\varphi}{dx}$. Dem entspricht für n Variable der Satz: *Sind $f_1, f_2, \ldots f_n$ Functionen von $\varphi_1, \varphi_2, \ldots \varphi_n$ und diese wiederum Functionen von $x_1, x_2, \ldots x_n$, so ist*

$$\Sigma \pm \frac{\partial f_1}{\partial x_1}\frac{\partial f_2}{\partial x_2}\cdots\frac{\partial f_n}{\partial x_n} = \left(\Sigma \pm \frac{\partial f_1}{\partial \varphi_1}\frac{\partial f_2}{\partial \varphi_2}\cdots\frac{\partial f_n}{\partial \varphi_n}\right)\left(\Sigma \pm \frac{\partial \varphi_1}{\partial x_1}\frac{\partial \varphi_2}{\partial x_2}\cdots\frac{\partial \varphi_n}{\partial x_n}\right).$$

2. Dies kann in anderer Gestalt auch so ausgedrückt werden: Sind f und φ Functionen von x, so ist

$$\frac{df}{d\varphi} = \frac{\frac{df}{dx}}{\frac{d\varphi}{dx}}.$$

Hierzu hat man für n Variable den analogen Satz: *Sind $f_1, f_2, \ldots f_n$ und $\varphi_1, \varphi_2, \ldots \varphi_n$ Functionen von $x_1, x_2, \ldots x_n$, so ist*

$$\Sigma \pm \frac{\partial f_1}{\partial \varphi_1}\frac{\partial f_2}{\partial \varphi_2}\cdots\frac{\partial f_n}{\partial \varphi_n} = \frac{\Sigma \pm \frac{\partial f_1}{\partial x_1}\frac{\partial f_2}{\partial x_2}\cdots\frac{\partial f_n}{\partial x_n}}{\Sigma \pm \frac{\partial \varphi_1}{\partial x_1}\frac{\partial \varphi_2}{\partial x_2}\cdots\frac{\partial \varphi_n}{\partial x_n}},$$

und daher, wenn man $f_1 = x_1,\ f_2 = x_2, \ldots f_n = x_n$ setzt,

$$\Sigma \pm \frac{\partial x_1}{\partial \varphi_1}\frac{\partial x_2}{\partial \varphi_2}\cdots\frac{\partial x_n}{\partial \varphi_n} = \frac{1}{\Sigma \pm \frac{\partial \varphi_1}{\partial x_1}\frac{\partial \varphi_2}{\partial x_2}\cdots\frac{\partial \varphi_n}{\partial x_n}}.$$

3. Aus der Gleichung

$$\Pi(x, y) = 0$$

ergiebt sich:

$$\frac{dy}{dx} = -\frac{\frac{\partial \Pi}{\partial x}}{\frac{\partial \Pi}{\partial y}}.$$

Hierzu hat man folgende Analogie: *Aus den n Gleichungen zwischen $2n$ Variablen*

$$\begin{gathered}\Pi_1(y_1, y_2, \ldots y_n, x_1, x_2, \ldots x_n) = 0,\\ \Pi_2(y_1, y_2, \ldots y_n, x_1, x_2, \ldots x_n) = 0,\\ \vdots \qquad\qquad \vdots \qquad\qquad \vdots\\ \Pi_n(y_1, y_2, \ldots y_n, x_1, x_2, \ldots x_n) = 0\end{gathered}$$

ergiebt sich:

$$(-1)^n \Sigma \pm \frac{\partial y_1}{\partial x_1} \frac{\partial y_2}{\partial x_2} \cdots \frac{\partial y_n}{\partial x_n} = \frac{\Sigma \pm \frac{\partial \Pi_1}{\partial x_1} \frac{\partial \Pi_2}{\partial x_2} \cdots \frac{\partial \Pi_n}{\partial x_n}}{\Sigma \pm \frac{\partial \Pi_1}{\partial y_1} \frac{\partial \Pi_2}{\partial y_2} \cdots \frac{\partial \Pi_n}{\partial y_n}}.$$

4. Damit die Gleichung $Fx = 0$ zwei gleiche Wurzeln habe, muss zugleich $F'x = 0$ sein. Hierzu giebt es folgende Analogie: *Damit die Gleichungen*

$$F_1(x_1, x_2, \ldots x_n) = 0, \quad F_2(x_1, x_2, \ldots x_n) = 0, \quad \ldots \quad F_n(x_1, x_2, \ldots x_n) = 0$$

zwei zusammenfallende Systeme von Wurzeln haben, muss zugleich

$$\Sigma \pm \frac{\partial F_1}{\partial x_1} \frac{\partial F_2}{\partial x_2} \cdots \frac{\partial F_n}{\partial x_n} = 0$$

sein.

5. Wenn für alle Werthe von x der Differentialquotient $\frac{\partial F}{\partial x}$ verschwindet, so folgt hieraus $F = \text{Const.}$ Hierzu hat man die Analogie: *Sobald für alle Werthe von* $x_1, x_2, \ldots x_n$

$$\Sigma \pm \frac{\partial F_1}{\partial x_1} \frac{\partial F_2}{\partial x_2} \cdots \frac{\partial F_n}{\partial x_n} = 0$$

ist, muss zwischen den n *Functionen* $F_1, F_2, \ldots F_n$ *eine Gleichung*

$$\Pi(F_1, F_2, \ldots F_n) = 0$$

bestehen, in welcher die Variablen $x_1, x_2, \ldots x_n$ *nicht explicite vorkommen.* Dies giebt für $n = 1$ auch in der That $\Pi(F) = 0$, also $F = \text{Const.}$, wie es sein muss.

Diesen Beispielen für die erwähnte Analogie lassen sich viele andere hinzufügen, welche theils in der angeführten Abhandlung, theils in der im 12ten Bande des *Crelle*schen Journals erschienenen „de binis quibuslibet functionibus homogeneis etc." zu finden sind.

Indem wir von der Betrachtung der Functional-Determinanten ausgehen, gelangen wir dazu, für den allgemeinen Fall von $n+1$ Variablen die Theorie des Multiplicators eines Systems von Differentialgleichungen in anderer Art, als es in der zwölften Vorlesung geschehen ist, zu begründen, nämlich auf demjenigen Wege, den wir in der zehnten Vorlesung für den Fall von drei Variablen betreten haben.

Das System

$$dx : dx_1 : dx_2 : \ldots : dx_n = X : X_1 : X_2 : \ldots : X_n$$

sei integrirt durch die Gleichungen

$$f_1 = \alpha_1, \quad f_2 = \alpha_2, \quad \ldots \quad f_n = \alpha_n,$$

in welchen $\alpha_1, \alpha_2, \ldots \alpha_n$ die willkürlichen Constanten bedeuten. Die unmittelbaren Differentiale derselben sind

$$\begin{aligned}
&\frac{\partial f_1}{\partial x} dx + \frac{\partial f_1}{\partial x_1} dx_1 + \frac{\partial f_1}{\partial x_2} dx_2 + \cdots + \frac{\partial f_1}{\partial x_n} dx_n = 0, \\
&\frac{\partial f_2}{\partial x} dx + \frac{\partial f_2}{\partial x_1} dx_1 + \frac{\partial f_2}{\partial x_2} dx_2 + \cdots + \frac{\partial f_2}{\partial x_n} dx_n = 0, \\
&\quad\vdots \qquad\quad \vdots \qquad\quad \vdots \qquad\qquad\quad \vdots \\
&\frac{\partial f_n}{\partial x} dx + \frac{\partial f_n}{dx_1} dx_1 + \frac{\partial f_n}{dx_2} dx_2 + \cdots + \frac{\partial f_n}{\partial x_n} dx_n = 0,
\end{aligned}$$

welche, da die willkürlichen Constanten durch die Differentiation verschwunden sind, mit dem vorgelegten System identisch sein müssen. Fügt man zu diesen n in Beziehung auf $dx, dx_1, \ldots dx_n$ linearen Gleichungen als $n+1^{te}$ die identische Gleichung

$$\frac{\partial f}{\partial x} dx + \frac{\partial f}{\partial x_1} dx_1 + \frac{\partial f}{\partial x_2} dx_2 + \cdots + \frac{\partial f}{\partial x_n} dx_n = df$$

hinzu, wo f eine beliebige Function von $x, x_1, \ldots x_n$ bezeichnet, und wendet auf diese $n+1$ Gleichungen die in No. 3 der elften Vorlesung enthaltenen Auflösungsformeln für lineare Gleichungen an, so ergeben sich für $dx, dx_1, \ldots dx_n$ die Werthe:

$$R dx = A df, \quad R dx_1 = A_1 df, \quad \ldots \quad R dx_n = A_n df,$$

wo

$$\begin{aligned}
R &= \Sigma \pm \frac{\partial f}{\partial x} \frac{\partial f_1}{\partial x_1} \cdots \frac{\partial f_n}{\partial x_n} \\
&= A \frac{\partial f}{\partial x} + A_1 \frac{\partial f}{\partial x_1} + \cdots + A_n \frac{\partial f}{\partial x_n},
\end{aligned}$$

$$A = \frac{\partial R}{\partial \frac{\partial f}{\partial x}}, \quad A_1 = \frac{\partial R}{\partial \frac{\partial f}{\partial x_1}}, \quad \ldots \quad A_n = \frac{\partial R}{\partial \frac{\partial f}{\partial x_n}}.$$

Obgleich diese aus der Entwicklung von R nach den partiellen Differentialquotienten von f sich ergebende Bestimmung der Grössen $A, A_1, \ldots A_n$ gerade diejenige ist, deren wir uns im Folgenden zu bedienen haben werden, so ist es, namentlich um die Analogie mit dem in der zehnten Vorlesung gegebenen Fall von drei Variablen zu verfolgen, von Interesse, die Grössen A

eine aus der anderen, ohne R zu Hülfe zu nehmen, abzuleiten. Zunächst ist

$$A = \Sigma \pm \frac{\partial f_1}{\partial x_1} \frac{\partial f_2}{\partial x_2} \cdots \frac{\partial f_n}{\partial x_n}.$$

Aus A erhält man nach No. 2 der elften Vorlesung A_1, indem man die Differentiationen nach x und nach x_1 mit einander vertauscht und das Zeichen ändert. Diese Regel, A_1 aus A herzuleiten, kann man durch folgende gleichbedeutende ersetzen. Man permutire die nach sämmtlichen $n+1$ Variablen x genommenen Differentiationen cyclisch, an die Stelle der nach $x, x_1, x_2, \ldots x_{n-1}, x_n$ genommenen setze man nämlich beziehungsweise Differentiationen nach $x_1, x_2, x_3, \ldots x_n, x$, und ändere überdies das Vorzeichen oder behalte es bei, je nachdem die Anzahl $n+1$ der Variablen gerade oder ungerade ist, alsdann verwandelt sich A in A_1. Die letztere Regel hat den Vortheil, dass durch blosse Wiederholung derselben Operation sich A_1 in A_2, A_2 in A_3 u. s. w. verwandelt.

Indem man aus den für $dx, dx_1, \ldots dx_n$ erhaltenen Werthen df eliminirt, ergiebt sich

$$dx : dx_1 : \ldots : dx_n = A : A_1 : \ldots : A_n,$$

was mit dem gegebenen System

$$dx : dx_1 : \ldots : dx_n = X : X_1 : \ldots : X_n$$

übereinstimmen muss. Es muss also die Proportion

$$A : A_1 : \ldots : A_n = X : X_1 : \ldots : X_n$$

bestehen, d. h. es muss einen Multiplicator M von der Beschaffenheit geben, dass

$$MX = A, \quad MX_1 = A_1, \quad \ldots \quad MX_n = A_n$$

ist. Es kommt jetzt darauf an, die für $n=2$ bereits in der zehnten Vorlesung bewiesene identische Gleichung, der die Grössen A genügen, auf den allgemeinen Fall auszudehnen, also zu beweisen, dass die Gleichung

$$\frac{\partial A}{\partial x} + \frac{\partial A_1}{\partial x_1} + \cdots + \frac{\partial A_n}{\partial x_n} = 0$$

stattfindet. Wenn man auf die Zusammensetzung der Grössen $A, A_1 \ldots A_n$ Rücksicht nimmt, so sieht man leicht ein, dass auf der linken Seite dieser Gleichung nur erste und zweite Differentialquotienten der Grössen $f_1, f_2, \ldots f_n$ vorkommen können und zwar die letzteren nur linear, d. h. niemals das Product zweier Differentialquotienten zweiter Ordnung. Ferner, da in A keine Differentiationen nach x, in A_1 keine nach x_1 u. s. w. in A_n keine nach x_n vorkommen, so können die in dem Ausdruck

$$\frac{\partial A}{\partial x} + \frac{\partial A_1}{\partial x_1} + \cdots + \frac{\partial A_n}{\partial x_n}$$

auftretenden zweiten Differentialquotienten nicht von der Form $\frac{\partial^2 f_s}{\partial x_i^2}$ sondern nur von der Form $\frac{\partial^2 f_s}{\partial x_i \partial x_k}$ sein, wo i von k verschieden ist. Man kann also den betrachteten Ausdruck $\Sigma \frac{\partial A_i}{\partial x_i}$ als eine Summe von Termen der Form

$$F_{i,k}^{(s)} \cdot \frac{\partial^2 f_s}{\partial x_i \partial x_k}$$

darstellen. Der Werth von $F_{i,k}^{(s)}$ wird mit Hülfe der Formeln

$$R = \Sigma \pm \frac{\partial f}{\partial x} \frac{\partial f_1}{\partial x_1} \cdots \frac{\partial f_n}{\partial x_n} = A \frac{\partial f}{\partial x} + A_1 \frac{\partial f}{\partial x_1} + \cdots + A_n \frac{\partial f}{\partial x_n},$$

$$A_i = \frac{\partial R}{\partial \frac{\partial f}{\partial x_i}}, \quad A_k = \frac{\partial R}{\partial \frac{\partial f}{\partial x_k}}$$

ermittelt, und zwar sind dazu nur die beiden Differentialquotienten $\frac{\partial A_i}{\partial x_i}$ und $\frac{\partial A_k}{\partial x_k}$ zu untersuchen, denn in den übrigen kommt $\frac{\partial^2 f_s}{\partial x_i \partial x_k}$ offenbar nicht vor. Da nun die Grössen A_i und A_k selbst Determinanten sind, so können sie folgendermassen dargestellt werden:

$$A_i = \frac{\partial A_i}{\partial \frac{\partial f_1}{\partial x_k}} \frac{\partial f_1}{\partial x_k} + \frac{\partial A_i}{\partial \frac{\partial f_2}{\partial x_k}} \frac{\partial f_2}{\partial x_k} + \cdots + \frac{\partial A_i}{\partial \frac{\partial f_s}{\partial x_k}} \frac{\partial f_s}{\partial x_k} + \cdots + \frac{\partial A_i}{\partial \frac{\partial f_n}{\partial x_k}} \frac{\partial f_n}{\partial x_k},$$

$$A_k = \frac{\partial A_k}{\partial \frac{\partial f_1}{\partial x_i}} \frac{\partial f_1}{\partial x_i} + \frac{\partial A_k}{\partial \frac{\partial f_2}{\partial x_i}} \frac{\partial f_2}{\partial x_i} + \cdots + \frac{\partial A_k}{\partial \frac{\partial f_s}{\partial x_i}} \frac{\partial f_s}{\partial x_i} + \cdots + \frac{\partial A_k}{\partial \frac{\partial f_n}{\partial x_i}} \frac{\partial f_n}{\partial x_i}.$$

Hieraus ergeben sich als Beitrag zu dem betrachteten Ausdruck $\Sigma \frac{\partial A_i}{\partial x_i}$ zwei in $\frac{\partial^2 f_s}{\partial x_i \partial x_k}$ multiplicirte Terme. Der eine rührt aus $\frac{\partial A_i}{\partial x_i}$ her und ist

$$\frac{\partial A_i}{\partial \frac{\partial f_s}{\partial x_k}} \frac{\partial^2 f_s}{\partial x_i \partial x_k},$$

der andere rührt aus $\frac{\partial A_k}{\partial x_k}$ her und ist

$$\frac{\partial A_k}{\partial \frac{\partial f_s}{\partial x_i}} \frac{\partial^2 f_s}{\partial x_i \partial x_k};$$

folglich wird

$$F_{i,k}^{(s)} = \frac{\partial A_i}{\partial \frac{\partial f_s}{\partial x_k}} + \frac{\partial A_k}{\partial \frac{\partial f_s}{\partial x_i}} = \frac{\partial^2 R}{\partial \frac{\partial f}{\partial x_i} \partial \frac{\partial f_s}{\partial x_k}} + \frac{\partial^2 R}{\partial \frac{\partial f}{\partial x_k} \partial \frac{\partial f_s}{\partial x_i}}.$$

Die in N°. 2 der elften Vorlesung enthaltene Formel

$$\frac{\partial^2 R}{\partial a_i \partial b_k} = -\frac{\partial^2 R}{\partial a_k \partial b_i} \text{ oder } \frac{\partial^2 R}{\partial a_i \partial b_k} + \frac{\partial^2 R}{\partial a_k \partial b_i} = 0$$

giebt im vorliegenden Fall

$$\frac{\partial^2 R}{\partial \frac{\partial f}{\partial x_i} \partial \frac{\partial f_s}{\partial x_k}} + \frac{\partial^2 R}{\partial \frac{\partial f}{\partial x_k} \partial \frac{\partial f_s}{\partial x_i}} = 0,$$

also

$$F_{i,k}^{(s)} = 0.$$

Auf diese Weise ist die identische Gleichung

$$\frac{\partial A}{\partial x} + \frac{\partial A_1}{\partial x_1} + \cdots + \frac{\partial A_n}{\partial x_n} = 0$$

allgemein bewiesen. Aber wir hatten

$$A = MX, \quad A_1 = MX_1, \quad \ldots \quad A_n = MX_n;$$

daher ergiebt sich

$$\frac{\partial (MX)}{\partial x} + \frac{\partial (MX_1)}{\partial x_1} + \cdots + \frac{\partial (MX_n)}{\partial x_n} = 0,$$

welches die partielle Differentialgleichung für den Multiplicator M ist.

Vierzehnte Vorlesung.

Die zweite Form der den Multiplicator definirenden Gleichung. Die Multiplicatoren der stufenweise reducirten Systeme von Differentialgleichungen. Der Multiplicator bei Benutzung particularer Integrale.

Wir können nun die fernere Untersuchung für $n+1$ Variable ganz auf dieselbe Weise führen, wie in der zehnten Vorlesung für 3 Variable. Indem wir die partielle Differentialgleichung für den Multiplicator M entwickeln, erhalten wir

$$(1.)\quad X\frac{\partial M}{\partial x} + X_1\frac{\partial M}{\partial x_1} + \cdots + X_n\frac{\partial M}{\partial x_n} + \left\{\frac{\partial X}{\partial x} + \frac{\partial X_1}{\partial x_1} + \cdots + \frac{\partial X_n}{\partial x_n}\right\} M = 0.$$

Diese Differentialgleichung werde durch eine andere Grösse N befriedigt, dann hat man auch

$$X\frac{\partial N}{\partial x}+X_1\frac{\partial N}{\partial x_1}+\cdots+X_n\frac{\partial N}{\partial x_n}+\left\{\frac{\partial X}{\partial x}+\frac{\partial X_1}{\partial x_1}+\cdots+\frac{\partial X_n}{\partial x_n}\right\}N=0.$$

Multiplicirt man die zweite dieser Gleichungen mit $\frac{1}{M}$, die erste mit $\frac{N}{M^2}$ und zieht sie von einander ab, so erhält man

$$X\frac{M\frac{\partial N}{\partial x}-N\frac{\partial M}{\partial x}}{M^2}+X_1\frac{M\frac{\partial N}{\partial x_1}-N\frac{\partial M}{\partial x_1}}{M^2}+\cdots+X_n\frac{M\frac{\partial N}{\partial x_n}-N\frac{\partial M}{\partial x_n}}{M^2}=0$$

oder

$$X\frac{\partial\left(\frac{N}{M}\right)}{\partial x}+X_1\frac{\partial\left(\frac{N}{M}\right)}{\partial x_1}+\cdots+X_n\frac{\partial\left(\frac{N}{M}\right)}{\partial x_n}=0,$$

d. h. $\frac{N}{M}$ ist eine Lösung der Gleichung

$$(2.)\qquad X\frac{\partial f}{\partial x}+X_1\frac{\partial f}{\partial x_1}+\cdots+X_n\frac{\partial f}{\partial x_n}=0.$$

Zur vollständigen Integration einer solchen Gleichung ist die Kenntniss von n von einander unabhängigen Lösungen $f_1, f_2, \ldots f_n$ nöthig, d. h. von n Functionen $f_1, f_2, \ldots f_n$, welche den Gleichungen

$$\begin{gathered}
X\frac{\partial f_1}{\partial x}+X_1\frac{\partial f_1}{\partial x_1}+\cdots+X_n\frac{\partial f_1}{\partial x_n}=0,\\
X\frac{\partial f_2}{\partial x}+X_1\frac{\partial f_2}{\partial x_1}+\cdots+X_n\frac{\partial f_2}{\partial x_n}=0,\\
\vdots\qquad\vdots\\
X\frac{\partial f_n}{\partial x}+X_1\frac{\partial f_n}{\partial x_1}+\cdots+X_n\frac{\partial f_n}{\partial x_n}=0
\end{gathered}$$

genügen, ohne dass eine der n Functionen eine Function der übrigen ist. Kennt man solche n Functionen, so ist die allgemeinste Lösung

$$F(f_1, f_2, \ldots f_n).$$

Dies beweist man, indem man die obigen n Gleichungen respective mit $\frac{\partial F}{\partial f_1}$, $\frac{\partial F}{\partial f_2}$, $\cdots$ $\frac{\partial F}{\partial f_n}$ multiplicirt und dann addirt. Eine $(n+1)^{\text{te}}$ Lösung f_{n+1}, welche von den n übrigen unabhängig wäre, giebt es nicht: denn gesetzt es gäbe eine solche, so würde nach der eben angewandten Schlussweise folgen, dass jede Function dieser $n+1$ Lösungen

$$\varphi(f_1, f_2, \ldots f_n, f_{n+1})$$

gleichfalls eine Lösung ist. Da aber $f_1, f_2, \dots f_n, f_{n+1}$ von einander unabhängig angenommen werden, so kann man sie als neue Variable für $x, x_1, \dots x_n$ einführen, und daher ist eine willkürliche Function von $f_1, f_2, \dots f_n, f_{n+1}$ gleichbedeutend mit einer willkürlichen Function von $x, x_1, \dots x_n$. Der in Rede stehenden Differentialgleichung für f würde demnach jede beliebige Function von $x, x_1, \dots x_n$ genügen, was unmöglich ist. Es kann also nur n von einander unabhängige Lösungen $f_1, f_2, \dots f_n$ geben.

Diese n Lösungen der partiellen Differentialgleichung (2.) haben die Eigenschaft, dass sie durch die Integralgleichungen des Systems gewöhnlicher Differentialgleichungen

$$dx : dx_1 : \dots : dx_n = X : X_1 : \dots : X_n \tag{3.}$$

Constanten gleich werden. Denn da diese Integralgleichungen die Grössen $X, X_1, \dots X_n$ den Differentialen $dx, dx_1, \dots dx_n$ proportional machen, so kann man in der für irgend ein f geltenden partiellen Differentialgleichung, also in der Gleichung

$$X\frac{\partial f_i}{\partial x} + X_1\frac{\partial f_i}{\partial x_1} + \dots + X_n\frac{\partial f_i}{\partial x_n} = 0,$$

die Grössen $X, X_1, \dots X_n$ durch die denselben proportionalen Differentiale $dx, dx_1, \dots dx_n$ ersetzen und erhält

$$\frac{\partial f_i}{\partial x}dx + \frac{\partial f_i}{\partial x_1}dx_1 + \dots + \frac{\partial f_i}{\partial x_n}dx_n = 0$$

oder

$$df_i = 0,$$

und daher

$$f_i = \text{Const.}$$

Indem man annimmt, dass die Constanten, welchen $f_1, f_2, \dots f_n$ gleich werden müssen, n von einander unabhängige willkürliche Constanten $\alpha_1, \alpha_2, \dots \alpha_n$ sind, erhält man die allgemeinste Integration, deren die Differentialgleichungen (3.) fähig sind, und es bilden also

$$f_1 = \alpha_1, \quad f_2 = \alpha_2, \quad \dots \quad f_i = \alpha_i, \quad \dots \quad f_n = \alpha_n$$

ein vollständiges nach den willkürlichen Constanten aufgelöstes System von Integralen jener Differentialgleichungen. Umgekehrt, wird die vollständige Integration der Differentialgleichungen (3.) durch n Gleichungen mit n von einander unabhängigen willkürlichen Constanten geleistet, d. h. durch n Gleichungen der Beschaffenheit, dass es unmöglich ist, aus denselben eine von allen n Constanten freie Resultante der Elimination herzuleiten, und ergiebt die Auflösung dieser n Gleichungen nach den Constanten die Werthe derselben

$$f_1 = \alpha_1, \quad f_2 = \alpha_2, \quad \ldots \quad f_i = \alpha_i, \quad \ldots \quad f_n = \alpha_n,$$

so erhält man durch Differentiation

$$\frac{\partial f_i}{\partial x} dx + \frac{\partial f_i}{\partial x_1} dx_1 + \cdots + \frac{\partial f_i}{\partial x_n} dx_n = 0.$$

Da aber $f_1 = \alpha_1$, $f_2 = \alpha_2$, ... $f_n = \alpha_n$ ein vollständiges System von Integralen der Differentialgleichungen (3.) bilden, so sind die Differentiale dx, dx_1 ... dx_n den Grössen X, X_1 ... X_n proportional, so dass

$$X\frac{\partial f_i}{\partial x} + X_1\frac{\partial f_i}{\partial x_1} + \cdots + X_n\frac{\partial f_i}{\partial x_n} = 0,$$

d. h. f_1, f_2, ... f_n sind Lösungen der Gleichung (2.).

Es ist also vollkommen dasselbe, ob man sagt: f_1, f_2, ... f_n sind n von einander unabhängige Lösungen der partiellen Differentialgleichung (2.), oder ob man sagt: $f_1 = \alpha_1$, $f_2 = \alpha_2$, ... $f_n = \alpha_n$ bilden ein vollständiges System von Integralen der Differentialgleichungen (3.). Nun haben wir gesehen, dass

$$F(f_1, f_2, \ldots f_n)$$

die allgemeinste Lösung der Gleichung (2.) ist, ferner dass $\frac{N}{M}$ eben dieser Gleichung genügt. Hieraus folgt, dass, wenn M eine bestimmte Lösung der Gleichung (1.) ist und N irgend eine Lösung, $\frac{N}{M}$ eine Function von f_1, f_2, ... f_n sein muss. Dies giebt

$$N = M.F(f_1, f_2, \ldots f_n);$$

ist M *ein* Multiplicator, so ist also

$$M.F(f_1, f_2, \ldots f_n)$$

die allgemeine Form, unter welcher *alle* Multiplicatoren enthalten sind. Durch die Integralgleichungen des Systems (3.) wird aber $f_1 = \alpha_1$, $f_2 = \alpha_2$, ... $f_n = \alpha_n$; bei Benutzung der Integralgleichungen unterscheidet sich also diese allgemeine Form nur durch einen constanten Factor von M. Um Verwechselungen zu vermeiden, wollen wir den bestimmten Werth des Multiplicators M mit M_0 bezeichnen, den allgemeinen mit M, ferner mit $\frac{1}{\varpi}$ die Function von f_1, f_2, ... f_n, mit welcher M_0 zu multipliciren ist um M zu ergeben, so dass $M = M_0 \frac{1}{\varpi}$. Alsdann kann man die am Ende der vorigen Vorlesung vorkommenden Gleichungen

$$MX = A, \quad MX_1 = A_1, \quad \ldots \quad MX_n = A_n$$

auch so schreiben:

(4.) $$M_0 X = A\varpi, \quad M_0 X_1 = A_1\varpi, \quad \ldots \quad M_0 X_n = A_n\varpi.$$

Mit Hülfe des Systems der Differentialgleichungen (3.) lässt sich die für M gefundene partielle Differentialgleichung (1.) transformiren. Die Gleichung

$$X\frac{\partial M}{\partial x} + X_1\frac{\partial M}{\partial x_1} + \cdots + X_n\frac{\partial M}{\partial x_n} + M\left(\frac{\partial X}{\partial x} + \frac{\partial X_1}{\partial x_1} + \cdots + \frac{\partial X_n}{\partial x_n}\right) = 0,$$

oder, was dasselbe ist,

$$X\left(\frac{\partial M}{\partial x} + \frac{X_1}{X}\frac{\partial M}{\partial x_1} + \cdots + \frac{X_n}{X}\frac{\partial M}{\partial x_n}\right) + M\left(\frac{\partial X}{\partial x} + \frac{\partial X_1}{\partial x_1} + \cdots + \frac{\partial X_n}{\partial x_n}\right) = 0,$$

geht nämlich unter Berücksichtigung von (3.) in

$$X\frac{dM}{dx} + M\left(\frac{\partial X}{\partial x} + \frac{\partial X_1}{\partial x_1} + \cdots + \frac{\partial X_n}{\partial x_n}\right) = 0,$$

oder in

(5.) $$X\frac{d \lg M}{dx} + \frac{\partial X}{\partial x} + \frac{\partial X_1}{\partial x_1} + \cdots + \frac{\partial X_n}{\partial x_n} = 0$$

über. Diese Gleichung ist, da für die Grössen $x, x_1, \ldots x_n$ die Differentialgleichungen (3.) bestehen, mit der Gleichung (1.) vollkommen identisch; man kann vermittelst (3.) den Uebergang von (1.) zu (5.) sowie den umgekehrten Uebergang machen.

Aus der Gleichung (5.) lässt sich der Multiplicator M häufig bestimmen. Ist $\frac{\partial X}{\partial x} + \frac{\partial X_1}{\partial x_1} + \cdots + \frac{\partial X_n}{\partial x_n} = 0$, so findet man $M = \text{Const.}$ In anderen Fällen lässt sich vermöge der Differentialgleichungen (3.) der Ausdruck

$$\frac{1}{X}\left(\frac{\partial X}{\partial x} + \frac{\partial X_1}{\partial x_1} + \cdots + \frac{\partial X_n}{\partial x_n}\right)$$

in einen vollständigen Differentialquotienten nach x transformiren, eine Transformation, welche freilich häufig noch grosse analytische Kunstgriffe erfordert. Ist eine solche möglich, so erhält man ebenfalls M aus (5.)

Hat man nun auf irgend eine Weise einen Werth M_0 des Multiplicators M gefunden, so besteht der Nutzen, der sich hieraus für die Integration des Systems (3.) ziehen lässt, darin, dass man vermittelst M_0 den integrirenden Factor derjenigen Differentialgleichung angeben kann, welche nach Auffindung von $n-1$ Integralen zu integriren übrig bleibt. Zufolge der ersten Gleichung (4.) hat man

$$M_0 X = A\varpi,$$

wo ϖ eine Function der n Lösungen der partiellen Differentialgleichung (2.) oder, wie bewiesen worden, eine Function der n Integrale des Systems (3.) ist.

Nehmen wir nun an, man kenne $n-1$ dieser Integrale, nämlich $f_2, f_3, \dots f_n$, so dass nur noch f_1 zu finden übrig bleibt, so führen wir statt $n-1$ der unabhängigen Variablen, nämlich statt $x_2, x_3, \dots x_n$, die Grössen $f_2, f_3, \dots f_n$ ein und drücken Alles durch $x, x_1, f_2, f_3, \dots f_n$ aus. Untersuchen wir, welche Veränderung dadurch in der Determinante

$$A = \Sigma \pm \frac{\partial f_1}{\partial x_1} \frac{\partial f_2}{\partial x_2} \cdots \frac{\partial f_n}{\partial x_n}$$

hervorgebracht wird. Schreiben wir dieselbe als lineare Function der partiellen Differentialquotienten von f_1:

$$A = \frac{\partial f_1}{\partial x_1} B_1 + \frac{\partial f_1}{\partial x_2} B_2 + \cdots + \frac{\partial f_1}{\partial x_n} B_n,$$

so bestehen nach der Fundamentaleigenschaft der Determinanten die Gleichungen

$$\begin{aligned} 0 &= \frac{\partial f_2}{\partial x_1} B_1 + \frac{\partial f_2}{\partial x_2} B_2 + \cdots + \frac{\partial f_2}{\partial x_n} B_n, \\ 0 &= \frac{\partial f_3}{\partial x_1} B_1 + \frac{\partial f_3}{\partial x_2} B_2 + \cdots + \frac{\partial f_3}{\partial x_n} B_n, \\ &\vdots \\ 0 &= \frac{\partial f_n}{\partial x_1} B_1 + \frac{\partial f_n}{\partial x_2} B_2 + \cdots + \frac{\partial f_n}{\partial x_n} B_n. \end{aligned}$$

Denken wir uns nun $f_2, f_3, \dots f_n$ für $x_2, x_3, \dots x_n$ eingeführt, so dass f_1 unter der Form

$$f_1 = \Phi(x, x_1, f_2, f_3, \dots f_n)$$

dargestellt wird, und schliessen wir die unter dieser Hypothese gebildeten Differentialquotienten von f_1 in Klammern ein, so ist

$$\begin{aligned} \frac{\partial f_1}{\partial x_1} &= \left(\frac{\partial f_1}{\partial x_1}\right) + \left(\frac{\partial f_1}{\partial f_2}\right)\frac{\partial f_2}{\partial x_1} + \left(\frac{\partial f_1}{\partial f_3}\right)\frac{\partial f_3}{\partial x_1} + \cdots + \left(\frac{\partial f_1}{\partial f_n}\right)\frac{\partial f_n}{\partial x_1}, \\ \frac{\partial f_1}{\partial x_2} &= \left(\frac{\partial f_1}{\partial f_2}\right)\frac{\partial f_2}{\partial x_2} + \left(\frac{\partial f_1}{\partial f_3}\right)\frac{\partial f_3}{\partial x_2} + \cdots + \left(\frac{\partial f_1}{\partial f_n}\right)\frac{\partial f_n}{\partial x_2}, \\ &\vdots \\ \frac{\partial f_1}{\partial x_n} &= \left(\frac{\partial f_1}{\partial f_2}\right)\frac{\partial f_2}{\partial x_n} + \left(\frac{\partial f_1}{\partial f_3}\right)\frac{\partial f_3}{\partial x_n} + \cdots + \left(\frac{\partial f_1}{\partial f_n}\right)\frac{\partial f_n}{\partial x_n}, \end{aligned}$$

und hierdurch wird mit Berücksichtigung der früheren Gleichungen

$$A = \left(\frac{\partial f_1}{\partial x_1}\right) \cdot B_1,$$

wo

$$B_1 = \Sigma \pm \frac{\partial f_2}{\partial x_2} \frac{\partial f_3}{\partial x_3} \cdots \frac{\partial f_n}{\partial x_n}.$$

Substituirt man diesen Werth von A in die Gleichung

$$M_0 X = A\varpi,$$

so ergiebt sich:

$$(6.)\qquad M_0 X = \left(\frac{\partial f_1}{\partial x_1}\right) \cdot B_1 \varpi.$$

Da nun f_1 das zu suchende Integral der noch übrig bleibenden Differentialgleichung

$$X dx_1 - X_1 dx = 0$$

ist, in welcher aus X und X_1 vermittelst der bekannten $n-1$ Integrale die Variablen $x_2, x_3, \ldots x_n$ eliminirt sind, so muss durch den zu bestimmenden integrirenden Factor diese Differentialgleichung in

$$df_1 = 0$$

oder

$$\left(\frac{\partial f_1}{\partial x_1}\right) dx_1 + \left(\frac{\partial f_1}{\partial x}\right) dx = 0$$

übergehen; folglich ist der gesuchte integrirende Factor

$$\frac{1}{X}\left(\frac{\partial f_1}{\partial x_1}\right)$$

oder nach (6.)

$$\frac{M_0}{B_1 \varpi},$$

d. h. man hat identisch

$$\frac{M_0}{B_1 \varpi}(X dx_1 - X_1 dx) = \left(\frac{\partial f_1}{\partial x_1}\right) dx_1 + \left(\frac{\partial f_1}{\partial x}\right) dx = df_1,$$

oder

$$\frac{M_0}{B_1}(X dx_1 - X_1 dx) = \varpi df_1.$$

Hierin ist ϖ eine willkürliche Function von $f_1, f_2, \ldots f_n$. Inzwischen werden, mit Hülfe der gefundenen $n-1$ Integrale, $f_2, f_3, \ldots f_n$ Constanten gleich, also wird ϖ eine blosse Function von f_1 und ϖdf_1 ebensowohl ein vollständiges Differential als df_1 selbst. Man kann daher ϖ im Divisor fortlassen und erhält $\frac{M_0}{B_1}$ als Multiplicator der Differentialgleichung

$$X dx_1 - X_1 dx = 0.$$

Somit gelangen wir zu folgendem Satze:

Es sei das System von Differentialgleichungen

$$dx : dx_1 : dx_2 : \ldots : dx_n = X : X_1 : X_2 : \ldots : X_n$$

vorgelegt, man kenne $n-1$ Integrale desselben,

$$f_2 = \alpha_2, \quad f_3 = \alpha_3, \quad \ldots \quad f_n = \alpha_n,$$

man kenne ferner eine Lösung M der Differentialgleichung

$$X\frac{d\lg M}{dx}+\frac{\partial X}{\partial x}+\frac{\partial X_1}{\partial x_1}+\cdots+\frac{\partial X_n}{\partial x_n}=0;$$

ist vermöge jener $n-1$ Integrale das vorgelegte System auf die Differentialgleichung erster Ordnung zwischen zwei Variablen

$$X dx_1 - X_1 dx = 0$$

zurückgeführt, so ist der integrirende Factor derselben

$$\frac{M}{\Sigma\pm\frac{\partial f_2}{\partial x_2}\frac{\partial f_3}{\partial x_3}\cdots\frac{\partial f_n}{\partial x_n}}.$$

Dies ist derselbe Satz, der in der zwölften Vorlesung aufgestellt wurde. Dort fanden wir für den Multiplicator den Ausdruck

$$M\Sigma\pm\frac{\partial x_2}{\partial \alpha_2}\frac{\partial x_3}{\partial \alpha_3}\cdots\frac{\partial x_n}{\partial \alpha_n};$$

aber da $f_2=\alpha_2$, $f_3=\alpha_3$, ... $f_n=\alpha_n$, so hat man, nach einem p. 101 No. 2 angeführten Satz über Functionaldeterminanten,

$$\Sigma\pm\frac{\partial x_2}{\partial \alpha_2}\frac{\partial x_3}{\partial \alpha_3}\cdots\frac{\partial x_n}{\partial \alpha_n}=\frac{1}{\Sigma\pm\frac{\partial f_2}{\partial x_2}\frac{\partial f_3}{\partial x_3}\cdots\frac{\partial f_n}{\partial x_n}},$$

so dass beide Multiplicatoren identisch sind.

Der Name des zum System der Differentialgleichungen (3.) gehörenden Multiplicators, den wir der durch die Gleichung (1.) oder (5.) definirten Grösse M beilegen, empfiehlt sich deswegen, weil dieselbe für den Fall zweier Variablen, x und x_1, mit dem *Euler*schen Multiplicator oder integrirenden Factor zusammenfällt.

Wir haben bisher gezeigt, dass, wenn durch $n-1$ Integrale das System auf eine Differentialgleichung zwischen zwei Variablen zurückgeführt worden ist, der Multiplicator dieser Differentialgleichung aus dem Multiplicator des Systems hergeleitet werden kann. Aber dies ist nur ein specieller Fall eines allgemeineren Satzes; kennt man nämlich nicht $n-1$ Integrale, sondern eine kleinere Anzahl, etwa $n-k$, so dass man das gegebene System zwischen $n+1$ Variablen auf ein System zwischen $k+1$ Variablen zurückführen kann, so lässt sich, wie wir sogleich sehen werden, aus dem Multiplicator des gegebenen Systems der Multiplicator des zurückgeführten Systems bestimmen. Diese Verallgemeinerung wird uns zugleich in den Stand setzen, eine den Multiplicator betreffende, bis jetzt unberührt gebliebene Frage zu erörtern. Wir haben nämlich bisher vorausgesetzt, dass bei jeder Integration des vorgelegten Systems von Differentialgleichungen eine neue willkürliche Constante hinzukomme. Es ist aber nothwendig, die

Frage zu beantworten, ob und in welcher Weise die Methode des letzten Multiplicators sich auch auf den Fall ausdehnen lässt, wo die willkürlichen Constanten besondere Werthe annehmen, und wo man daher schliesslich nicht mehr zur vollständigen Integration des vorgelegten Systems von Differentialgleichungen gelangt. Um zu zeigen, wie man aus dem Multiplicator eines gegebenen Systems den Multiplicator des reducirten irgend einer Ordnung finden kann, verfahren wir stufenweise. Wir nehmen zunächst *eine* Integralgleichung $f_n = \alpha_n$ als gegeben an, wodurch sich die Ordnung des Systems um *eine* Einheit erniedrigen lässt, und suchen den Multiplicator des so reducirten Systems auf.

Für das gegebene System

$$(3.)\qquad dx : dx_1 : \ldots : dx_n = X : X_1 : \ldots : X_n$$

wird der Multiplicator M durch die Differentialgleichung (1.) oder (5.) definirt. Nehmen wir aber alle Integrale des Systems als bekannt an, so ist nicht mehr die Lösung einer Differentialgleichung nöthig, sondern wir können M unmittelbar finden und zwar aus jeder der Gleichungen

$$MX = \varpi A,\quad MX_1 = \varpi A_1,\quad \ldots\quad MX_n = \varpi A_n,$$

wo $A = \Sigma \pm \frac{\partial f_1}{\partial x_1}\frac{\partial f_2}{\partial x_2}\cdots\frac{\partial f_n}{\partial x_n}$, $A_1 = (-1)^n \Sigma \pm \frac{\partial f_1}{\partial x_2}\frac{\partial f_2}{\partial x_3}\cdots\frac{\partial f_{n-1}}{\partial x_n}\frac{\partial f_n}{\partial x}$ u. s. w. und ϖ eine Function von $f_1, f_2, \ldots f_n$ ist. Betrachten wir die erste dieser Gleichungen, also

$$MX = \varpi(f_1, f_2, \ldots f_n)\Sigma \pm \frac{\partial f_1}{\partial x_1}\frac{\partial f_2}{\partial x_2}\cdots\frac{\partial f_n}{\partial x_n}.$$

Gesetzt, das Integral $f_n = \alpha_n$ sei gefunden, und es komme x_n in demselben vor, so lässt sich x_n durch f_n und die übrigen Variablen x darstellen; wird dieser Ausdruck von x_n in $f_1, f_2, \ldots f_{n-1}$ substituirt, so sind diese Grössen Functionen von $x_1, x_2, \ldots x_{n-1}$ und f_n. Schliesst man die unter dieser Hypothese gebildeten Differentialquotienten in Klammern ein, so erhält man für die Elemente der Determinante A folgende Werthe:

$$\begin{array}{llll}
\left(\frac{\partial f_1}{\partial x_1}\right)+\left(\frac{\partial f_1}{\partial f_n}\right)\frac{\partial f_n}{\partial x_1}, & \left(\frac{\partial f_2}{\partial x_1}\right)+\left(\frac{\partial f_2}{\partial f_n}\right)\frac{\partial f_n}{\partial x_1}, & \cdots\ \left(\frac{\partial f_{n-1}}{\partial x_1}\right)+\left(\frac{\partial f_{n-1}}{\partial f_n}\right)\frac{\partial f_n}{\partial x_1}, & \frac{\partial f_n}{\partial x_1}, \\
\left(\frac{\partial f_1}{\partial x_2}\right)+\left(\frac{\partial f_1}{\partial f_n}\right)\frac{\partial f_n}{\partial x_2}, & \left(\frac{\partial f_2}{\partial x_2}\right)+\left(\frac{\partial f_2}{\partial f_n}\right)\frac{\partial f_n}{\partial x_2}, & \cdots\ \left(\frac{\partial f_{n-1}}{\partial x_2}\right)+\left(\frac{\partial f_{n-1}}{\partial f_n}\right)\frac{\partial f_n}{\partial x_2}, & \frac{\partial f_n}{\partial x_2}, \\
\vdots & \vdots & \vdots & \vdots \\
\left(\frac{\partial f_1}{\partial x_{n-1}}\right)+\left(\frac{\partial f_1}{\partial f_n}\right)\frac{\partial f_n}{\partial x_{n-1}}, & \left(\frac{\partial f_2}{\partial x_{n-1}}\right)+\left(\frac{\partial f_2}{\partial f_n}\right)\frac{\partial f_n}{\partial x_{n-1}}, & \cdots\ \left(\frac{\partial f_{n-1}}{\partial x_{n-1}}\right)+\left(\frac{\partial f_{n-1}}{\partial f_n}\right)\frac{\partial f_n}{\partial x_{n-1}}, & \frac{\partial f_n}{\partial x_{n-1}}, \\
\quad\left(\frac{\partial f_1}{\partial f_n}\right)\frac{\partial f_n}{\partial x_n}, & \quad\left(\frac{\partial f_2}{\partial f_n}\right)\frac{\partial f_n}{\partial x_n}, & \cdots\quad \left(\frac{\partial f_{n-1}}{\partial f_n}\right)\frac{\partial f_n}{\partial x_n}, & \frac{\partial f_n}{\partial x_n}.
\end{array}$$

Wie p. 95 gezeigt ist, kann man hier diejenigen Terme der ersten $n-1$ Verticalreihen fortlassen, welche den Elementen der letzten Verticalreihe proportional sind; dabei verschwinden die ersten $n-1$ Elemente der letzten Horizontalreihe, so dass $\frac{\partial f_n}{\partial x_n}$ Factor der Determinante wird, und man erhält daher

$$MX = \varpi(f_1, f_2, \dots f_{n-1}, f_n) \cdot \frac{\partial f_n}{\partial x_n} \Sigma \pm \left(\frac{\partial f_1}{\partial x_1}\right)\left(\frac{\partial f_2}{\partial x_2}\right) \cdots \left(\frac{\partial f_{n-1}}{\partial x_{n-1}}\right)$$

oder, da $f_n = \alpha_n$ ist,

$$(7.) \quad MX = \varpi(f_1, f_2, \dots f_{n-1}, \alpha_n) \cdot \frac{\partial f_n}{\partial x_n} \Sigma \pm \left(\frac{\partial f_1}{\partial x_1}\right)\left(\frac{\partial f_2}{\partial x_2}\right) \cdots \left(\frac{\partial f_{n-1}}{\partial x_{n-1}}\right).$$

Nun habe man vermöge des Integrals $f_n = \alpha_n$ aus dem gegebenen System (3.) x_n und dx_n eliminirt und sei dadurch zu dem reducirten System

$$(8.) \quad dx : dx_1 : \dots : dx_{n-1} = X : X_1 : \dots : X_{n-1}$$

gelangt. Ist μ der Multiplicator dieses Systems, so hat man zu seiner Bestimmung die Gleichung

$$\mu X = F . \Sigma \pm \left(\frac{\partial f_1}{\partial x_1}\right)\left(\frac{\partial f_2}{\partial x_2}\right) \cdots \left(\frac{\partial f_{n-1}}{\partial x_{n-1}}\right),$$

wo F eine willkürliche Function von $f_1, f_2, \dots f_{n-1}$ ist. Ein Werth von μ entspricht der Annahme $F = \varpi(f_1, f_2, \dots f_{n-1}, \alpha_n)$, derselbe wird durch die Gleichung

$$\mu X = \varpi(f_1, f_2, \dots f_{n-1}, \alpha_n) \Sigma \pm \left(\frac{\partial f_1}{\partial x_1}\right)\left(\frac{\partial f_2}{\partial x_2}\right) \cdots \left(\frac{\partial f_{n-1}}{\partial x_{n-1}}\right)$$

bestimmt. Aus dieser letzteren und aus (7.) ergiebt sich durch Division

$$\frac{M}{\mu} = \frac{\partial f_n}{\partial x_n}$$

oder

$$\mu = \frac{M}{\frac{\partial f_n}{\partial x_n}}.$$

Dieser Ausdruck also ist der Multiplicator des Systems (8.).

Auf dieselbe Weise kann man weiter gehen; kennt man ein Integral $f_{n-1} = \alpha_{n-1}$ des Systems (8.) und reducirt dadurch dasselbe auf folgendes:

$$dx : dx_1 : \dots : dx_{n-2} = X : X_1 : \dots : X_{n-2},$$

wo x_{n-1} eliminirt ist, so ist der Multiplicator dieses Systems

$$\frac{M}{\frac{\partial f_n}{\partial x_n}\left(\frac{\partial f_{n-1}}{\partial x_{n-1}}\right)}.$$

Eliminirt man durch ein neues Integral $f_{n-2} = \alpha_{n-2}$ die Variable x_{n-2}, so erhält man als Multiplicator des so entstehenden Systems den Ausdruck

$$\frac{M}{\frac{\partial f_n}{\partial x_n}\left(\frac{\partial f_{n-1}}{\partial x_{n-1}}\right)\left(\left(\frac{\partial f_{n-2}}{\partial x_{n-2}}\right)\right)},$$

wo die Klammern bedeuten, dass f_{n-1} durch f_n und $x_1, x_2, \ldots x_{n-1}$, und dass f_{n-2} durch f_n, f_{n-1} und $x_1, x_2, \ldots x_{n-2}$ auszudrücken ist. Indem man so fortfährt, kommt man zuletzt auf die Differentialgleichung

$$dx : dx_1 = X : X_1$$

oder

$$X dx_1 - X_1 dx = 0,$$

und ihr Multiplicator ist

$$\frac{M}{\frac{\partial f_n}{\partial x_n}\frac{\partial f_{n-1}}{\partial x_{n-1}}\cdots\frac{\partial f_2}{\partial x_2}},$$

wo die Differentiationen so zu verstehen sind, dass die Functionen $f_n, f_{n-1}, \ldots f_2$ in der Form

$$\begin{aligned}
f_n &= \varphi_n(x, x_1, x_2, x_3, \ldots x_{n-2}, x_{n-1}, x_n),\\
f_{n-1} &= \varphi_{n-1}(x, x_1, x_2, x_3, \ldots x_{n-2}, x_{n-1}, f_n),\\
f_{n-2} &= \varphi_{n-2}(x, x_1, x_2, x_3, \ldots x_{n-2}, f_{n-1}, f_n),\\
&\cdots\cdots\cdots\cdots\\
f_2 &= \varphi_2(x, x_1, x_2, f_3, \ldots f_{n-1}, f_{n-2}, f_n)
\end{aligned}$$

dargestellt angenommen werden. Bei dieser stufenweisen Reduction wird die jedesmal hinzukommende Integralgleichung dazu benutzt, um eine Variable zu eliminiren. Das erste Integral $f_n = \alpha_n$ z. B. wird dazu benutzt, um x_n durch $x, x_1, \ldots x_{n-1}$ und α_n auszudrücken und den erhaltenen Werth in $X, X_1, \ldots X_{n-1}$ zu substituiren. Hierbei haben wir zwar bisher α_n als eine willkürliche Constante angesehen; indessen ist leicht einzusehen, dass in dem Raisonnement nichts geändert wird, wenn man für α_n einen bestimmten Werth a_n setzt. Nur wird in diesem Fall das reducirte System nicht mehr gleichbedeutend mit dem gegebenen, sondern entspricht nur dem besonderen Fall, wo in der Integralgleichung $f_n = \alpha_n$ die willkürliche Constante α_n den besonderen Werth a_n hat. Obgleich man also im Verlauf der Integration der willkürlichen Constante α_n einen besonderen Werth geben und dadurch ein besonderes Integral des gegebenen Systems in die Rechnung einführen darf, so muss man doch das vollständige Integral $f_n = \alpha_n$ kennen, weil zur Bestimmung des Multiplicators μ

aus M die Kenntniss von f_n nothwendig ist. Es genügt also nicht, ein particulares Integral $x_n = \Phi(x, x_1, \ldots x_{n-1})$ ohne willkürliche Constante zu kennen, sondern man muss wissen, wie dies particulare aus dem vollständigen Integral $f_n = \alpha_n$ hervorgegangen ist, und welchen Werth man der willkürlichen Constante gegeben hat. Hierin liegt eine Ausdehnung des Princips des letzten Multiplicators, welche man folgendermassen aussprechen kann:

Es sei das System von Differentialgleichungen

$$dx : dx_1 : \ldots : dx_n = X : X_1 : \ldots : X_n$$

gegeben; ein Integral desselben mit einer willkürlichen Constante sei bekannt und auf die Form $f_n = \alpha_n = Const.$ gebracht. Man lege der Constante irgend einen particularen Werth a_n bei, löse $f_n = a_n$ nach x_n auf und setze seinen hieraus hervorgehenden Werth in X, X_1, $\ldots$ X_{n-1} ein. Hierauf erhält man das erste reducirte System von Differentialgleichungen

$$dx : dx_1 : \ldots : dx_{n-1} = X : X_1 : \ldots : X_{n-1},$$

welches aber nicht mehr die Allgemeinheit des vorgelegten Systems hat, sondern nur den Fall $\alpha_n = a_n$ repräsentirt. Von dem ersten reducirten System von Differentialgleichungen sei wiederum ein Integral mit einer willkürlichen Constante bekannt und auf die Form $f_{n-1} = \alpha_{n-1} = Const.$ gebracht, wo f_{n-1} eine Function von x, x_1, $\ldots$ x_{n-1} ist. Man lege der Constante α_{n-1} den besonderen Werth a_{n-1} bei, löse $f_{n-1} = a_{n-1}$ nach x_{n-1} auf und setze seinen hieraus hervorgehenden Werth in die Grössen X, X_1, $\ldots$ X_{n-2} ein, so dass sich das zweite reducirte System von Differentialgleichungen

$$dx : dx_1 : \ldots : dx_{n-2} = X : X_1 : \ldots : X_{n-2}$$

ergiebt, und fahre auf diese Weise fort, bis man auf die Differentialgleichung

$$dx : dx_1 = X : X_1$$

kommt: dann ist auch jetzt der Multiplicator der letzten Differentialgleichung

$$\frac{M}{\frac{\partial f_n}{\partial x_n} \frac{\partial f_{n-1}}{\partial x_{n-1}} \cdots \frac{\partial f_2}{\partial x_2}}.$$

Hier sind aber f_n, f_{n-1}, $\ldots$ f_2 nicht mehr $n-1$ Integrale des vorgelegten Systems, sondern nur $f_n = \alpha_n$ ist ein solches; $f_{n-1} = \alpha_{n-1}$ ist ein Integral des ersten reducirten Systems, welches den besonderen Fall $\alpha_n = a_n$ des gegebenen darstellt; $f_{n-2} = \alpha_{n-2}$ ist ein Integral des zweiten reducirten Systems, welches den besonderen Fall $\alpha_{n-1} = a_{n-1}$ des ersten reducirten Systems darstellt u. s. w.

Hiermit ist der Umfang erschöpft, den wir dem Princip des letzten Multiplicators zu geben vermögen; wir gehen jetzt zu den Anwendungen desselben über.

Fünfzehnte Vorlesung.

Der Multiplicator für Systeme von Differentialgleichungen mit höheren Differentialquotienten. Anwendung auf ein freies System materieller Punkte.

Alle unsere bisherigen Betrachtungen betrafen Systeme von Differentialgleichungen, in welchen nur Differentialquotienten erster Ordnung vorkommen. Systeme dieser Art kann man als einen besonderen Fall derjenigen ansehen, in welchen die Differentialquotienten auf beliebige Ordnung steigen. Aber auch umgekehrt kann man durch Vermehrung der Anzahl der Variablen ein System mit höheren Differentialquotienten auf die Form eines nur Differentialquotienten erster Ordnung enthaltenden Systems zurückführen, so dass jenes ein besonderer Fall von diesem wird. Mit dieser Zurückführung eines beliebigen Systems auf ein anderes, in welchem nur Differentialquotienten erster Ordnung vorkommen, wollen wir uns zunächst beschäftigen. Man habe ein System von i Differentialgleichungen zwischen $i+1$ Variablen $t, x, y, z, \ldots,$ wovon t als die unabhängige, $x, y, z, \ldots$ als die abhängigen Variablen angesehen werden. Die höchsten Differentialquotienten, welche in diesen Differentialgleichungen vorkommen, seien der m^{te} von x, der n^{te} von y, der p^{te} von z, etc. Nehmen wir ferner an, dass man nach diesen höchsten Differentialquotienten auflösen könne, so dass die Differentialgleichungen folgende Form bekommen:

$$(1.)\qquad \frac{d^m x}{dt^m} = A, \quad \frac{d^n y}{dt^n} = B, \quad \frac{d^p z}{dt^p} = C, \quad \ldots,$$

wo die höchsten Differentialquotienten, die in $A, B, C \ldots$ vorkommen, der $(m-1)^{\text{te}}$ von x, der $(n-1)^{\text{te}}$ von y, der $(p-1)^{\text{te}}$ von z, etc. seien, so ist dies die canonische Form der Differentialgleichungen, in Beziehung auf welche alle Untersuchungen anzustellen sind. Auf diese canonische Form (1.) wird sich nicht immer unmittelbar jedes gegebene System zurückführen lassen; dies wird z. B. nicht angehen, wenn in der einen der gegebenen Gleichungen die höchsten Differentialquotienten $\frac{d^m x}{dt^m}, \frac{d^n y}{dt^n}, \frac{d^p z}{dt^p}, \ldots$ nicht vorkommen. Alsdann muss man zur Elimination die Differentiation hinzufügen. Gesetzt z. B. in der in Rede stehenden Gleichung wären die höchsten Differentialquotienten $\frac{d^{m-\mu}x}{dt^{m-\mu}}$, $\frac{d^{n-\nu}y}{dt^{n-\nu}}$, $\frac{d^{p-\pi}z}{dt^{p-\pi}}$, ... und es wäre $\mu \leq \nu \leq \pi \leq \ldots$, so differentiire man μmal nach t und benutze die so erhaltene Gleichung, um $\frac{d^m x}{dt^m}$ aus den übrigen Gleichungen zu eliminiren. Findet sich unter den aus dieser Elimination hervorgehenden Gleichungen wiederum eine, in welcher keiner der höchsten Differentialquotienten von y, z ... vorkommt, so hat man diese von Neuem zu differentiiren u. s. w. Genügt auch diese Betrachtung um zu zeigen, dass die Zurückführung auf die canonische Form in jedem Fall möglich ist, so giebt es doch vorläufig keine allgemeine Methode dieser Zurückführung. Eine solche aufzustellen würde eine sehr schöne Aufgabe sein*): sie kommt damit überein, die Anzahl der willkürlichen Constanten zu bestimmen, welche in den Integralen eines gegebenen Systems von Differentialgleichungen enthalten sind, diese Anzahl ergiebt sich unmittelbar aus der canonischen Form, sie ist nämlich $m+n+p+\cdots$ Die Aufgabe, den Grad der Eliminationsgleichung aus einem gegebenen System algebraischer Gleichungen zu bestimmen, hat daher mit der in Rede stehenden einige Aehnlichkeit.

Ein besonderer Fall der canonischen Form ist der, in welchem man alle Variablen, y, z, ... bis auf zwei, t und x, eliminirt und nach den Differentialquotienten von x nach t ordnet. Diese Elimination ist aber für unsere Betrachtung nicht nöthig; wir brauchen nur, wie gesagt, die Differentialgleichungen auf die Form (1.) reducirt anzunehmen, wo die höchsten Differentialquotienten in A, B, C, ... der $(m-1)^{\text{te}}$ von x, der $(n-1)^{\text{te}}$ von y, der $(p-1)^{\text{te}}$ von z ... sind.

Dies vorausgesetzt wollen wir $m+n+p+\cdots-i$ neue Variable einführen, nämlich:

---

*) *Jacobi* selbst hat diese Aufgabe gelöst; Andeutungen darüber finden sich in seiner Abhandlung über den Multiplicator (*Crelles* Journal. Bd. XXIX, p. 369), wo auf eine weiter zu erwartende Abhandlung hingewiesen ist, welche diesem Gegenstande gewidmet sein sollte. Von den beiden im Nachlasse vorgefundenen Aufsätzen über das vorliegende Problem war der eine, welcher eine sehr vollständige Auseinandersetzung der Resultate erhält (de aequationum differentialium systemate non normali ad formam normalem revocando) der ersten Ausgabe dieser Vorlesungen beigefügt worden; der andere, die Beweise enthaltend, findet sich im 64. Bande des mathematischen Journals abgedruckt (de investigando ordine systematis aequationum differentialium vulgarium cujuscunque). Beide Abhandlungen erhalten jetzt im fünften Bande der gesammelten Werke *Jacobis* ihren Platz. Anm. d. Herausgebers.

$$(2.)\quad \begin{cases} x' = \frac{dx}{dt}, & x'' = \frac{dx'}{dt}, \quad \dots \quad x^{(m-1)} = \frac{dx^{(m-2)}}{dt}; \\ y' = \frac{dy}{dt}, & y'' = \frac{dy'}{dt}, \quad \dots \quad y^{(n-1)} = \frac{dy^{(n-2)}}{dt}; \\ z' = \frac{dz}{dt}, & z'' = \frac{dz'}{dt}, \quad \dots \quad z^{(p-1)} = \frac{dz^{(p-2)}}{dt}; \\ \dots & \dots \end{cases}$$

dann kann man alle diese Gleichungen mit den Gleichungen (1.) zusammen als folgendes System darstellen:

$$(3.)\quad \left\{\begin{matrix} dt : dx : dx' : \dots dx^{(m-1)} \\ : dy : dy' : \dots dy^{(n-1)} \\ : dz : dz' : \dots dz^{(p-1)} \\ \dots\dots\dots\dots \end{matrix}\right\} = \left\{\begin{matrix} 1 : x' : x'' : \dots : A \\ : y' : y'' : \dots : B \\ : z' : z'' : \dots : C \\ \dots\dots\dots \end{matrix}\right\}.$$

Wendet man auf dieses System die allgemeine Theorie an, so erhält man als Differentialgleichung für den Multiplicator

$$(4.)\quad 0 = \frac{d \lg M}{dt} + \frac{\partial A}{\partial x^{(m-1)}} + \frac{\partial B}{\partial y^{(n-1)}} + \frac{\partial C}{\partial z^{(p-1)}} + \cdots.$$

Man kann daher M in allen Fällen angeben, in welchen die Summe

$$\frac{\partial A}{\partial x^{(m-1)}} + \frac{\partial B}{\partial y^{(n-1)}} + \frac{\partial C}{\partial z^{(p-1)}} + \cdots,$$

ein vollständiger Differentialquotient ist. Wenn z. B.

$$\frac{\partial A}{\partial x^{(m-1)}} + \frac{\partial B}{\partial y^{(n-1)}} + \frac{\partial C}{\partial z^{(p-1)}} + \cdots = 0$$

ist, was namentlich immer der Fall ist, wenn A kein $\frac{d^{m-1}x}{dt^{m-1}}$, B kein $\frac{d^{n-1}y}{dt^{n-1}}$, C kein $\frac{d^{p-1}z}{dt^{p-1}}$ enthält u. s. w., so hat man

$$M = \text{Const.}$$

und kann daher nach unserer Theorie, wenn man die Differentialgleichungen (1.) auf eine Differentialgleichung erster Ordnung zwischen zwei Variablen zurückgeführt hat, den integrirenden Factor derselben angeben.

Diese Betrachtung würde von keinem sehr grossen Interesse sein, wenn nicht solche Fälle in der Praxis vorkämen. Dies findet aber statt. Sobald nämlich die Bewegung eines freien Systems materieller Punkte bloss von ihrer Configuration abhängt, so dass der Widerstand des Mediums nicht in Betracht kommt, so sind die Differentialgleichungen der Bewegung

$$(5.)\quad m_i \frac{d^2 x_i}{dt^2} = X_i, \quad m_i \frac{d^2 y_i}{dt^2} = Y_i, \quad m_i \frac{d^2 z_i}{dt^2} = Z_i,$$

wo X_i, Y_i, Z_i keine ersten Differentialquotienten enthalten; daher hat man

$$\frac{\partial X_i}{\partial x_i'} = 0, \quad \frac{\partial Y_i}{\partial y_i'} = 0, \quad \frac{\partial Z_i}{\partial z_i'} = 0,$$

also

$$\frac{d \lg M}{dt} = 0,$$

$$M = \text{Const.},$$

und das Princip des letzten Multiplicators ist anwendbar. Es findet aber sogar, wie wir später nachweisen werden, noch für ein durch irgend welche Verbindungen beschränktes System seine Anwendung.

Eine besondere Betrachtung verdient der Fall, wo in der canonischen Form der Differentialgleichungen,

$$(6.) \qquad \frac{d^m x}{dt^m} = A, \quad \frac{d^n y}{dt^n} = B, \quad \frac{d^p z}{dt^p} = C, \quad \dots$$

die Grössen A, B, C, ... kein t enthalten. In diesem Fall kann man t ganz eliminiren, und zwar einfach dadurch, dass man in der unter (3.) gegebenen Form der Differentialgleichungen auf der linken Seite dt, auf der rechten das ihm entsprechende Glied 1 fortlässt. Man erhält auf diese Weise ein System, dessen Ordnung um eine Einheit niedriger, nämlich gleich $m+n+p+\dots-1$ ist. Hat man dies System integrirt, mithin alle Variablen, also auch x', durch eine, z. B. x, ausgedrückt, so ergiebt sich t, wie schon früher erwähnt, aus der Differentialgleichung

$$dx - x'dt = 0.$$

Also hat man

$$dt = \frac{dx}{x'},$$

$$t = \int \frac{dx}{x'} + C.$$

Man findet daher t durch blosse Quadratur.

Hat man nun einen Multiplicator M, der von t frei ist (hierher gehört namentlich der Fall, wo $\frac{\partial A}{\partial x^{(m-1)}} + \frac{\partial B}{\partial y^{(n-1)}} + \frac{\partial C}{\partial z^{(p-1)}} + \dots = 0$, also $M = \text{Const.}$ ist), so giebt dieser Werth von M den letzten Multiplicator des Systems $(m+n+p+\dots-1)^{\text{ter}}$ Ordnung, aus welchem t eliminirt ist; man kann also die *beiden* letzten Integrationen ausführen. Besitzt man dagegen nur einen Werth von M, der t enthält, so kann man hieraus keinen Nutzen für die $(m+n+p+\dots-1)^{\text{te}}$ Integration ziehen, sondern nur für die $(m+n+p+\dots)^{\text{te}}$, welche den Werth von t liefert und bereits auf eine Quadratur zurückgeführt ist; und zwar besteht dieser Nutzen darin, dass man auch die Quadratur ersparen und t durch Auflösung einer Gleichung bestimmen kann. In der That, nach der ersten der Gleichungen (4.) der vorigen Vorlesung hatten wir für den Multiplicator M des daselbst mit (3.) bezeichneten und zwischen den Variablen $x, x_1, \dots x_n$ stattfindenden Systems n^{ter} Ordnung die Formel

$$(7.) \qquad MX = \varpi \Sigma \pm \frac{\partial f_1}{\partial x_1} \frac{\partial f_2}{\partial x_2} \cdots \frac{\partial f_n}{\partial x_n},$$

wo $f_1 = \alpha_1$, $f_2 = \alpha_2$, $\dots$ $f_n = \alpha_n$ die Integrale jenes Systems darstellen und ϖ eine Function von $f_1, f_2, \dots f_n$, d. h. da diese Grössen durch die Integrale des Systems zu Constanten werden, eine Constante bedeutet. Dies wollen wir auf das System (6.) anwenden. Sind

$$f_1 = \alpha_1, \quad f_2 = \alpha_2, \quad \dots \quad f_{m+n+p+\cdots-1} = \alpha_{m+n+p+\cdots-1}$$

die Integrale des nach Elimination von t aus (6.) erhaltenen reducirten Systems, und ist

$$f = t - \int \frac{dx}{x'} = \text{Const.}$$

das letzte, den Werth von t liefernde Integral von (6.), so ergiebt sich aus Formel (7.), indem $t, x, x', \dots x^{(m-1)}, y, y', \dots y^{(n-1)}, z, z', \dots z^{(p-1)}, \dots$ an die Stelle von $x, x_1, \dots x_n$ und demgemäss 1 an die Stelle von X gesetzt wird, für den Multiplicator M des Systems (6.) die Formel

$$M = \varpi \Sigma \pm \frac{\partial f}{\partial x} \frac{\partial f_1}{\partial x'} \frac{\partial f_2}{\partial x''} \cdots \frac{\partial f_{m-1}}{\partial x^{(m-1)}} \frac{\partial f_m}{\partial y} \cdots \frac{\partial f_{m+n-1}}{\partial y^{(n-1)}} \frac{\partial f_{m+n}}{\partial z} \cdots \frac{\partial f_{m+n+p-1}}{\partial z^{(p-1)}} \cdots$$

Aber es ist $f = t - \int \frac{dx}{x'}$, wo x' eine gegebene Function von x ist, daher

$$\frac{\partial f}{\partial x} = -\frac{1}{x'}, \quad \frac{\partial f}{\partial x'} = 0, \quad \frac{\partial f}{\partial x''} = 0, \quad \dots \quad \frac{\partial f}{\partial z^{(p-1)}} = 0 \text{ etc.},$$

mithin

$$M = -\text{Const.} \frac{1}{x'} \Sigma \pm \frac{\partial f_1}{\partial x'} \frac{\partial f_2}{\partial x''} \cdots \frac{\partial f_{m+n+p-1}}{\partial z^{(p-1)}} \cdots$$

Die rechte Seite dieser Gleichung ist zugleich ein Multiplicator des von t freien Systems $(m+n+p+\cdots-1)^{\text{ter}}$ Ordnung; denn für den Multiplicator dieses Systems, welcher mit μ bezeichnet werde, ergiebt die Anwendung von (7.) die Formel

$$\mu x' = \text{Const.} \Sigma \pm \frac{\partial f_1}{\partial x'} \frac{\partial f_2}{\partial x''} \cdots \frac{\partial f_{m+n+p-1}}{\partial z^{(p-1)}} \cdots,$$

wo μ, wie sich von selbst versteht, ein von t freier Ausdruck ist. Wir haben also

$$M = \text{Const.}\,\mu,$$

und da M der Annahme nach t enthält, so ergiebt sich t durch Auflösung dieser Gleichung. Inzwischen wissen wir vermöge der uns bereits bekannten Bestimmung von t

$$t = \int \frac{dx}{x'} + \text{Const.},$$

dass die Constante mit t additiv verbunden sein muss; damit diese Verbindung von t mit der Constante auch aus der obigen Gleichung für M hervorgehe, muss M von der Form

$$e^{mt} N$$

sein, wo N frei von t ist. Alsdann erhält man durch die Logarithmen

$$mt = \lg \frac{\mu}{N} + \lg \text{Const.}$$

Wenn A, B, C, ... die Variable t nicht enthalten, so giebt also M, wenn es t ebenfalls nicht enthält, die vorletzte Integration. Enthält dagegen M die Variable t, so kann man durch die Kenntniss von M die Quadratur ersparen, welche sonst zur Bestimmung von t nothwendig wäre.

Zu dem ersten Fall gehören die für die Bewegung eines Systems von n materiellen Punkten geltenden Differentialgleichungen (5.), da der uns bekannte Werth $M = \text{Const.}$ des Multiplicators derselben von t frei ist. Die Differentialgleichungen (5.) bilden ein System der $6n^{\text{ten}}$ Ordnung, welches nach unserer Methode durch die $6n+1$ Variablen x_i, x'_i, y_i, y'_i, z_i, z'_i und t dargestellt wird. Kennt man $6n-2 = \nu$ die Variable t nicht enthaltende Integrale

$$f_1 = \alpha_1, \quad f_2 = \alpha_2, \quad \ldots \quad f_\nu = \alpha_\nu$$

dieses Systems, kann man also alle abhängigen Variablen durch zwei, etwa x_1 und y_1, ausdrücken, zwischen welchen die noch zu integrirende Differentialgleichung erster Ordnung

$$x'_1 dy_1 - y'_1 dx_1 = 0$$

stattfindet, so lässt sich der integrirende Factor R dieser letzteren angeben. Bezeichnet man die nach Ausschluss von x_1 und y_1 von den $6n$ Variablen x_i, x'_i, y_i, y'_i, z_i, z'_i übrig bleibenden $6n-2 = \nu$ mit p_1, p_2, ... p_ν, so ist

$$R = \Sigma \pm \frac{\partial p_1}{\partial \alpha_1} \frac{\partial p_2}{\partial \alpha_2} \cdots \frac{\partial p_\nu}{\partial \alpha_\nu},$$

wo vorausgesetzt ist, dass man für die Variablen $p_1, p_2, \ldots p_\nu$ ihre aus den Integralen $f_1 = \alpha_1,\ f_2 = \alpha_2, \ldots f_\nu = \alpha_\nu$ sich ergebenden Werthe substituirt habe. Sind die gegebenen ν Integralgleichungen weder nach den Variablen $p_1, p_2, \ldots p_\nu$, noch nach den willkürlichen Constanten $\alpha_1, \alpha_2, \ldots \alpha_\nu$ aufgelöst, und werden sie mit

$$\varpi_1 = 0,\quad \varpi_2 = 0,\quad \ldots\quad \varpi_\nu = 0$$

bezeichnet, so ergiebt sich nach den in der dreizehnten Vorlesung ausgesprochenen Sätzen über Functionaldeterminanten für den integrirenden Factor R der Bruch

$$R = \frac{\Sigma \pm \dfrac{\partial \varpi_1}{\partial \alpha_1} \dfrac{\partial \varpi_2}{\partial \alpha_2} \cdots \dfrac{\partial \varpi_\nu}{\partial \alpha_\nu}}{\Sigma \pm \dfrac{\partial \varpi_1}{\partial p_1} \dfrac{\partial \varpi_2}{\partial p_2} \cdots \dfrac{\partial \varpi_\nu}{\partial p_\nu}}.$$

Unter der oben gemachten Annahme, dass die Integralgleichungen nach den willkürlichen Constanten aufgelöst seien, hat man $\varpi_i = f_i - \alpha_i$ zu setzen; dann reducirt sich der Zähler des Bruches auf 1, und der integrirende Factor wird

$$R = \frac{1}{\Sigma \pm \dfrac{\partial f_1}{\partial p_1} \dfrac{\partial f_2}{\partial p_2} \cdots \dfrac{\partial f_\nu}{\partial p_\nu}}.$$

Ein umfassenderer Fall, in welchem die den Zähler des obigen Bruches bildende Determinante sich bedeutend vereinfacht, ist der, wenn ϖ_1 nur α_1 enthält, ϖ_2 nur α_1 und α_2 u. s. w. und allgemein ϖ_i nur $\alpha_1, \alpha_2, \ldots \alpha_i$; dann reducirt sich die Determinante $\Sigma \pm \dfrac{\partial \varpi_1}{\partial \alpha_1} \dfrac{\partial \varpi_2}{\partial \alpha_2} \cdots \dfrac{\partial \varpi_\nu}{\partial \alpha_\nu}$ auf den einen Term

$$\frac{\partial \varpi_1}{\partial \alpha_1} \frac{\partial \varpi_2}{\partial \alpha_2} \cdots \frac{\partial \varpi_\nu}{\partial \alpha_\nu}.$$

Diese Form der Integralgleichungen kann natürlich durch successive Elimination immer erzielt werden. Der analoge Fall für den Nenner von R ist der, wenn ϖ_1 von allen Variablen $p_1, p_2, \ldots p_\nu$ nur die eine p_1 enthält, ϖ_2 nur p_1 und p_2 u. s. w., ϖ_i nur $p_1, p_2, \ldots p_i$. Alsdann reducirt sich die Determinante $\Sigma \pm \dfrac{\partial \varpi_1}{\partial p_1} \dfrac{\partial \varpi_2}{\partial p_2} \cdots \dfrac{\partial \varpi_\nu}{\partial p_\nu}$ auf den einen Term

$$\frac{\partial \varpi_1}{\partial p_1} \frac{\partial \varpi_2}{\partial p_2} \cdots \frac{\partial \varpi_\nu}{\partial p_\nu}.$$

Wenn wir nicht ν vollständige Integrale kennen, sondern nur ν besondere, d. h. solche, in welchen den Constanten $\alpha_1, \ldots \alpha_\nu$ besondere Werthe gegeben sind, so können wir die Determinante im Nenner von R wohl bilden, die im Zähler von R aber nicht, denn hierzu wäre es nöthig zu wissen, unter welcher Form die Constanten in die Integrale eintreten. Steht es aber fest, dass, ehe den willkürlichen Constanten besondere Werthe beigelegt wurden, in ϖ_1 nur α_1, in ϖ_2 nur α_1 und α_2 u. s. w., in ϖ_i nur $\alpha_1, \alpha_2, \ldots \alpha_i$ vorkommen, so braucht uns ausserdem nur noch die Form bekannt zu sein, in welcher α_1 in ϖ_1, α_2 in $\varpi_2 \ldots$, α_i in $\varpi_i \ldots$, α_ν in ϖ_ν enthalten waren, um die Determinante im Zähler von R bilden zu können. Wir brauchen dagegen nicht zu wissen, wie ϖ_2 von α_1, ϖ_3 von $\alpha_1, \alpha_2 \ldots$, ϖ_i von $\alpha_1, \alpha_2, \ldots \alpha_{i-1}$ abhängt, denn, wie wir gesehen haben, reducirt sich die ganze Determinante auf den einen Term $\frac{\partial \varpi_1}{\partial \alpha_1} \frac{\partial \varpi_2}{\partial \alpha_2} \cdots \frac{\partial \varpi_\nu}{\partial \alpha_\nu}$. Dieser Fall tritt bei der Integration einer gewöhnlichen Differentialgleichung höherer Ordnung ein, wenn vorausgesetzt wird, dass man jede Integration vollständig ausführen kann, aber dann, um weiter zu integriren, der willkürlichen Constante einen besonderen Werth geben muss.

Sechzehnte Vorlesung.

Beispiele für die Aufsuchung des Multiplicators. Anziehung eines Punkts nach einem festen Centrum im widerstehenden Mittel und im leeren Raum.

Wir wollen, um die Anwendbarkeit der Theorie des Multiplicators zu zeigen, zunächst einen Fall betrachten, in welchem, abweichend von allen übrigen Beispielen, auf welche sich diese Untersuchungen beziehen, X_i, Y_i, Z_i nicht bloss Functionen der Coordinaten sind, sondern auch die Geschwindigkeiten enthalten, wo also M nicht eine Constante wird. Dieser Fall ist der eines Planeten, welcher sich in einem widerstehenden Mittel um die Sonne bewegt. Ohne Berücksichtigung des Widerstandes sind bekanntlich die Gleichungen für die Bewegung eines Planeten folgende:

$$\frac{d^2x}{dt^2} = -k^2 \frac{x}{r^3}, \quad \frac{d^2y}{dt^2} = -k^2 \frac{y}{r^3}, \quad \frac{d^2z}{dt^2} = -k^2 \frac{z}{r^3},$$

wo x, y, z die heliocentrischen Coordinaten des Planeten sind, r seine Entfernung von der Sonne und k^2 die Anziehung, welche die Sonne in der Einheit der Entfernung ausübt. Ist $v = \sqrt{x'^2 + y'^2 + z'^2}$ die Geschwindigkeit des Planeten in der Richtung der Tangente seiner Trajectorie und V der Widerstand in derselben Richtung, so sind die Componenten des Widerstandes nach den Axen der x, y und z respective

$$\frac{Vx'}{v}, \quad \frac{Vy'}{v}, \quad \frac{Vz'}{v}.$$

Diese Grössen sind auf der rechten Seite der Differentialgleichungen mit demselben Zeichen hinzuzufügen, welches die von der Attraction herrührenden Terme haben. Die Bewegungsgleichungen werden also:

$$\frac{d^2x}{dt^2} = -k^2\frac{x}{r^3} - \frac{Vx'}{v},$$

$$\frac{d^2y}{dt^2} = -k^2\frac{y}{r^3} - \frac{Vy'}{v},$$

$$\frac{d^2z}{dt^2} = -k^2\frac{z}{r^3} - \frac{Vz'}{v}.$$

Nehmen wir den Widerstand proportional der n^{ten} Potenz der Geschwindigkeit,

$$V = f.v^n,$$

an, wo f eine Constante ist, so hat man demnach die Differentialgleichungen

$$(1.)\quad \begin{cases} \dfrac{d^2x}{dt^2} = -k^2\dfrac{x}{r^3} - f.v^{n-1}x' = A, \\ \dfrac{d^2y}{dt^2} = -k^2\dfrac{y}{r^3} - f.v^{n-1}y' = B, \\ \dfrac{d^2z}{dt^2} = -k^2\dfrac{z}{r^3} - f.v^{n-1}z' = C. \end{cases}$$

Die Vergleichung dieses Systems mit der allgemeinen Form (1.) und (3.) der vorigen Vorlesung ergiebt $m = n = p = 2$; also erhält man nach Formel (4.) der nämlichen Vorlesung für den Multiplicator M des Systems (1.)

$$0 = \frac{d \lg M}{dt} + \frac{\partial A}{\partial x'} + \frac{\partial B}{\partial y'} + \frac{\partial C}{\partial z'}$$

oder, wenn man für A, B, C ihre Werthe setzt,

$$\frac{d\lg M}{dt} = f\left\{\frac{\partial(v^{n-1}x')}{\partial x'} + \frac{\partial(v^{n-1}y')}{\partial y'} + \frac{\partial(v^{n-1}z')}{\partial z'}\right\}$$

$$= f\left\{3v^{n-1} + (n-1)v^{n-2}\left(x'\frac{\partial v}{\partial x'} + y'\frac{\partial v}{\partial y'} + z'\frac{\partial v}{\partial z'}\right)\right\}.$$

Aber es ist

$$\frac{\partial v}{\partial x'} = \frac{x'}{v}, \quad \frac{\partial v}{\partial y'} = \frac{y'}{v}, \quad \frac{\partial v}{\partial z'} = \frac{z'}{v},$$

also

$$x'\frac{\partial v}{\partial x'} + y'\frac{\partial v}{\partial y'} + z'\frac{\partial v}{\partial z'} = \frac{x'^2 + y'^2 + z'^2}{v} = v,$$

und somit

$$(2.)\qquad \frac{d \lg M}{dt} = (n+2) f . v^{n-1}.$$

Für $n = -2$ hätte man demnach $M = \text{Const.}$ Dieser Fall kann aber in der Natur nicht vorkommen, denn sonst müsste der Widerstand desto geringer sein, je schneller der Planet sich bewegte. Wir wollen also untersuchen, ob, auch ohne diese Annahme für n, v^{n-1} sich in einen vollständigen Differentialquotienten verwandeln lässt. Der Satz der lebendigen Kraft und die Flächensätze gelten für dieses Problem nicht mehr; untersuchen wir indess, welche Form die ihnen entsprechenden Gleichungen hier annehmen. Um die dem Satz der lebendigen Kraft analoge Gleichung zu erhalten, muss man die drei Gleichungen (1.) respective mit x', y', z' multipliciren und addiren; dann ergiebt sich

$$x' \frac{d^2x}{dt^2} + y' \frac{d^2y}{dt^2} + z' \frac{d^2z}{dt^2} = -\frac{k^2}{r^3}(xx'+yy'+zz') - f v^{n-1}(x'^2+y'^2+z'^2).$$

Nun ist

$$x'^2+y'^2+z'^2 = v^2, \qquad x^2+y^2+z^2 = r^2,$$

$$x' \frac{d^2x}{dt^2} + y' \frac{d^2y}{dt^2} + z' \frac{d^2z}{dt^2} = v \frac{dv}{dt}, \qquad xx'+yy'+zz' = r \frac{dr}{dt},$$

also

$$v \frac{dv}{dt} = -\frac{k^2}{r^2} \frac{dr}{dt} - f v^{n+1},$$

oder

$$\tfrac{1}{2} \frac{d(v^2)}{dt} = k^2 \frac{d\left(\frac{1}{r}\right)}{dt} - f v^{n+1}$$

und

$$f \int v^{n+1} dt = -\tfrac{1}{2} v^2 + k^2 \frac{1}{r}.$$

Dies ist zwar auch ein merkwürdiges Resultat; aber wir brauchen nicht $\int v^{n+1} dt$, sondern $\int v^{n-1} dt$.

Um die den Flächensätzen entsprechenden Gleichungen zu erhalten, haben wir aus den Gleichungen (1.) die Grössen $y \frac{d^2z}{dt^2} - z \frac{d^2y}{dt^2}$, $z \frac{d^2x}{dt^2} - x \frac{d^2z}{dt^2}$, $x \frac{d^2y}{dt^2} - y \frac{d^2x}{dt^2}$ zu bilden; dann ergiebt sich

$$y \frac{d^2z}{dt^2} - z \frac{d^2y}{dt^2} = -f . v^{n-1}(yz'-zy'),$$

$$z \frac{d^2x}{dt^2} - x \frac{d^2z}{dt^2} = -f . v^{n-1}(zx'-xz'),$$

$$x \frac{d^2y}{dt^2} - y \frac{d^2x}{dt^2} = -f . v^{n-1}(xy'-yx');$$

und durch Integration

$$(3.)\quad -f.\int v^{n-1}dt = \lg(yz'-zy')-\lg\alpha = \lg(zx'-xz')-\lg\beta = \lg(xy'-yx')-\lg\gamma,$$

wo $\lg\alpha$, $\lg\beta$, $\lg\gamma$ die willkürlichen Constanten der Integration sind. Man erhält also hieraus erstens das gesuchte Integral $\int v^{n-1}dt$ und zweitens zwei Integralgleichungen, nämlich

$$(4.)\quad \frac{yz'-zy'}{\alpha} = \frac{zx'-xz'}{\beta} = \frac{xy'-yx'}{\gamma},$$

welche aussagen, dass die Grössen $yz'-zy'$, $zx'-xz'$, $xy'-yx'$ in constantem Verhältniss stehen, ein Ergebniss, welches sich hätte voraussehen lassen. Denn da der Planet in einem widerstehenden Mittel nicht aufhören kann sich in einer Ebene zu bewegen, so müssen die in Rede stehenden Grössen, welche mit dt multiplicirt die Projectionen des von dem heliocentrischen Radiusvector beschriebenen Flächenelements darstellen, sich nach einem bekannten Satz wie die Cosinus der Winkel verhalten, welche die Normale der Planetenbahn mit den drei Coordinatenaxen bildet.

Aus den Gleichungen (2.) und (3.) folgern wir

$$\lg M = (n+2)f.\int v^{n-1}dt = -(n+2)\lg\left(\frac{xy'-yx'}{\gamma}\right),$$

also

$$M = \frac{\gamma^{n+2}}{(xy'-yx')^{n+2}},$$

oder, mit Fortlassung der Constante γ^{n+2},

$$M = \frac{1}{(xy'-yx')^{n+2}}.$$

Wir können somit in der That das Princip des letzten Multiplicators auf diese Aufgabe anwenden. Das vorgelegte System (1.) ist sechster Ordnung, und führt nach Elimination von t auf ein reducirtes System fünfter Ordnung. Indessen können wir, da die Bewegung in einer Ebene vor sich geht, die eine Coordinatenebene, z. B. die der x, y, mit der Ebene der Bahn zusammenfallen lassen; dann ist $z=0$ zu setzen, die letzte Gleichung (1.) fällt fort, es bleibt ein System vierter Ordnung und, nach Elimination von t, ein reducirtes System dritter Ordnung übrig. Von diesem letzteren ist uns aber kein einziges Integral gegeben, denn von den drei Gleichungen, welche an die Stelle der Flächensätze treten, existirt jetzt nur eine, und diese ist keine Integralgleichung, sie liefert nur für $\int v^{n-1}dt$ den dritten in (3.) gegebenen Ausdruck. Hat man nun von dem in Rede stehenden System dritter Ordnung zwei Integrale mit den beiden willkürlichen Constanten α_1, α_2 gefunden, so dass x' und y' als Functionen von x und y dargestellt werden können, und bleibt demnach nur noch die Differentialgleichung erster Ordnung

$$x'dy - y'dx = 0$$

zu integriren übrig, so ist ihr Multiplicator

$$\frac{\dfrac{\partial x'}{\partial \alpha_1}\dfrac{\partial y'}{\partial \alpha_2} - \dfrac{\partial x'}{\partial \alpha_2}\dfrac{\partial y'}{\partial \alpha_1}}{(xy'-yx')^{n+2}}.$$

Als zweites Beispiel der Anwendung des letzten Multiplicators wollen wir ein solches nehmen, bei welchem wir nicht den Multiplicator einer unbekannten Differentialgleichung erhalten, sondern alle Integrationen vollkommen durchführen können, nämlich die Bewegung eines Planeten um die Sonne in einem nicht widerstehenden Mittel. Man überzeugt sich leicht, dass die Bewegung in einer Ebene vor sich gehen muss, und dass man daher nur ein System vierter oder, nach Elimination von t, dritter Ordnung erhält. Hiervon geben die Principe der lebendigen Kraft und der Flächen zwei Integrale und das Princip des letzten Multiplicators das dritte. Bei dieser Aufgabe müssen sich also, wie man a priori einsieht, die Integrationen vollständig ausführen lassen. Das zu integrirende System von Differentialgleichungen ist, wie wir schon oben gesehen haben,

$$(5.)\qquad \frac{d^2x}{dt^2} = -k^2\frac{x}{r^3},\quad \frac{d^2y}{dt^2} = -k^2\frac{y}{r^3},$$

wo k^2 die Anziehung der Sonne in der Einheit der Entfernung bedeutet. Die beiden Integrale, welche das Princip der lebendigen Kraft und der Flächen liefern, seien

$$f_1 = \alpha,\quad f_2 = \beta,$$

wo f_1 und f_2 Functionen von x, y, x' und y' sind; dann findet man für die zwischen x und y übrig bleibende Differentialgleichung als letzten Multiplicator den Ausdruck

$$M\left(\frac{\partial x'}{\partial \alpha}\frac{\partial y'}{\partial \beta} - \frac{\partial x'}{\partial \beta}\frac{\partial y'}{\partial \alpha}\right) = \frac{M}{\dfrac{\partial f_1}{\partial x'}\dfrac{\partial f_2}{\partial y'} - \dfrac{\partial f_1}{\partial y'}\dfrac{\partial f_2}{\partial x'}}.$$

wo M der Multiplicator des Systems (5.) ist. Aber da wir es hier mit einer ganz freien Bewegung zu thun haben, so ist nach der vorigen Vorlesung

$M = \text{Const.}$; man kann also $M = 1$ setzen und erhält als letzten Multiplicator

(6.) $$\frac{1}{\frac{\partial f_1}{\partial x'}\frac{\partial f_2}{\partial y'} - \frac{\partial f_1}{\partial y'}\frac{\partial f_2}{\partial x'}}.$$

Denken wir uns mittelst der Gleichungen $f_1 = \alpha$ und $f_2 = \beta$ die Grössen x' und y' durch x und y ausgedrückt und in die Differentialgleichung

(7.) $$x'dy - y'dx = 0$$

eingesetzt, so ist dies die Gleichung, deren Multiplicator der Ausdruck (6.) sein muss. Wir wollen dies durch Ausführung der Rechnung nachweisen.

Indem wir die Gleichungen (5.) respective mit x' und y' multipliciren und dann addiren, erhalten wir den Satz der lebendigen Kraft, nämlich zunächst

$$x'\frac{d^2x}{dt^2} + y'\frac{d^2y}{dt^2} = -k^2\frac{xx'+yy'}{r^3} = -k^2\frac{r'}{r^2}$$

und durch Integration

(8.) $$\tfrac{1}{2}(x'^2+y'^2) = \frac{k^2}{r} + \alpha.$$

Das Princip der Flächen erhält man, indem man aus der Gleichung

$$x\frac{d^2y}{dt^2} - y\frac{d^2x}{dt^2} = 0$$

durch Integration

(9.) $$xy' - yx' = \beta$$

herleitet. Unsere beiden Integrale sind also

$$f_1 = \tfrac{1}{2}(x'^2+y'^2) - \frac{k^2}{r} = \alpha, \quad f_2 = xy' - yx' = \beta.$$

Hieraus ergiebt sich:

$$\frac{\partial f_1}{\partial x'} = x', \quad \frac{\partial f_2}{\partial x'} = -y,$$
$$\frac{\partial f_1}{\partial y'} = y', \quad \frac{\partial f_2}{\partial y'} = x;$$

also wird nach (6.) der Multiplicator von (7.)

$$\frac{1}{\frac{\partial f_1}{\partial x'}\frac{\partial f_2}{\partial y'} - \frac{\partial f_1}{\partial y'}\frac{\partial f_2}{\partial x'}} = \frac{1}{xx'+yy'},$$

d. h. der Ausdruck

(10.) $$\frac{x'dy - y'dx}{xx'+yy'}$$

wird ein vollständiges Differential. Dies haben wir zu beweisen, indem wir x' und y' aus den Gleichungen (8.) und (9.) bestimmen. Setzen wir zur Abkürzung

$$\frac{k^2}{r} + \alpha = \lambda,$$

so haben wir zur Bestimmung von x' und y' die Gleichungen

$$x'^2 + y'^2 = 2\lambda, \quad xy' - yx' = \beta.$$

Die zweite dieser Gleichungen ist schon linear in Beziehung auf x' und y', es kommt also nur darauf an, eine zweite ebenfalls lineare herzuleiten. Dies kann man am besten durch die bekannte identische Formel

$$(x'^2 + y'^2)(x^2 + y^2) = (xx' + yy')^2 + (xy' - yx')^2.$$

Setzt man in derselben für $x'^2 + y'^2$ und $xy' - yx'$ ihre Werthe ein, so erhält man

$$2\lambda r^2 = (xx' + yy')^2 + \beta^2,$$
$$xx' + yy' = \sqrt{2\lambda r^2 - \beta^2}.$$

Man hat also die Gleichungen

$$yy' + xx' = \sqrt{2\lambda r^2 - \beta^2},$$
$$xy' - yx' = \beta,$$

und hieraus ergiebt sich

$$r^2 y' = \beta x + y\sqrt{2\lambda r^2 - \beta^2}, \quad r^2 x' = -\beta y + x\sqrt{2\lambda r^2 - \beta^2}.$$

Dividirt man beide Gleichungen durch

$$r^2(yy' + xx') = r^2\sqrt{2\lambda r^2 - \beta^2},$$

so erhält man

$$\frac{y'}{xx' + yy'} = \frac{\beta x}{r^2\sqrt{2\lambda r^2 - \beta^2}} + \frac{y}{r^2}, \quad \frac{x'}{xx' + yy'} = -\frac{\beta y}{r^2\sqrt{2\lambda r^2 - \beta^2}} + \frac{x}{r^2},$$

und wenn man diese Werthe in (10.) einsetzt,

$$\frac{x'dy - y'dx}{xx' + yy'} = -\frac{\beta(xdx + ydy)}{r^2\sqrt{2\lambda r^2 - \beta^2}} + \frac{xdy - ydx}{r^2}.$$

Nun ist $xdx + ydy = rdr$, ferner, wenn wir für λ seinen Werth einsetzen,

$$\sqrt{2\lambda r^2 - \beta^2} = \sqrt{2\alpha r^2 + 2k^2 r - \beta^2} = \sqrt{R},$$

wo R eine blosse Function von r ist; also wird

$$\frac{x'dy - y'dx}{xx' + yy'} = -\frac{\beta}{\sqrt{R}} \cdot \frac{dr}{r} + \frac{xdy - ydx}{r^2}.$$

Der erste Term auf der rechten Seite ist ein vollständiges Differential, denn er ist gleich dr multiplicirt in eine Function von r. Der zweite Term hat die bereits in der fünften Vorlesung p. 33 erwähnte Form eines Products von $xdy-ydx$ in eine homogene Function -2ter Ordnung von x und y, welches sich immer als Product einer Function des Quotienten $\frac{y}{x}$ in sein Differential darstellen lässt und daher ein vollständiges Differential ist. In dem vorliegenden Fall hat man

$$\frac{xdy-ydx}{r^2}=\frac{d\left(\frac{y}{x}\right)}{1+\left(\frac{y}{x}\right)^2}=d\operatorname{arctg}\frac{y}{x}.$$

Der Ausdruck $\frac{x'dy-y'dx}{xx'+yy'}$ ist also ein vollständiges Differential, was zu beweisen war.

Wir wollen jetzt zu den Differentialgleichungen der Bewegung eines nicht freien Systems übergehen.

Siebzehnte Vorlesung.

Der Multiplicator für die Bewegungsgleichungen unfreier Systeme in der ersten *Lagrange*schen Form.

Wir haben in der siebenten Vorlesung p. 54 gezeigt, dass die Differentialgleichungen eines Systems, welches durch die Bedingungsgleichungen

$$\varphi=0,\quad \psi=0,\quad \varpi=0,\ \ldots$$

gebunden ist, auf folgende Form gebracht werden können:

$$\begin{aligned}
m_i\frac{d^2x_i}{dt^2}&=X_i+\lambda\frac{\partial\varphi}{\partial x_i}+\mu\frac{\partial\psi}{\partial x_i}+\nu\frac{\partial\varpi}{\partial x_i}+\cdots,\\
m_i\frac{d^2y_i}{dt^2}&=Y_i+\lambda\frac{\partial\varphi}{\partial y_i}+\mu\frac{\partial\psi}{\partial y_i}+\nu\frac{\partial\varpi}{\partial y_i}+\cdots,\\
m_i\frac{d^2z_i}{dt^2}&=Z_i+\lambda\frac{\partial\varphi}{\partial z_i}+\mu\frac{\partial\psi}{\partial z_i}+\nu\frac{\partial\varpi}{\partial z_i}+\cdots,
\end{aligned}$$

wo die Multiplicatoren λ, μ, ν, ..., wie ebendaselbst bemerkt ist, durch zweimalige Differentiation der Gleichungen $\varphi=0$, $\psi=0$, $\varpi=0$, ... zu bestimmen sind. Wenn man diese Bestimmung von λ, μ, ν, ... ausführt, so findet man, wie wir sogleich zeigen werden, dass diese Grössen von x', y', z' nicht unabhängig werden; daher kann man hier den Multiplicator M nicht gleich 1 setzen, sondern muss zu dessen Bestimmung auf die Gleichung (4.) der fünfzehnten Vorlesung p. 120 zurückgehen. Nach derselben wird für das System von Differentialgleichungen

$$\frac{d^m x}{dt^m} = A, \quad \frac{d^n y}{dt^n} = B, \quad \frac{d^p z}{dt^p} = C, \quad \dots$$

der Multiplicator M durch die Gleichung

$$0 = \frac{d \lg M}{dt} + \frac{\partial A}{\partial x^{(m-1)}} + \frac{\partial B}{\partial y^{(n-1)}} + \frac{\partial C}{\partial z^{(p-1)}} + \cdots$$

definirt. Hieraus ergiebt sich für den vorliegenden Fall

$$-\frac{d \lg M}{dt} = \sum_i \frac{1}{m_i}\left(\frac{\partial \varphi}{\partial x_i}\frac{\partial \lambda}{\partial x_i'} + \frac{\partial \varphi}{\partial y_i}\frac{\partial \lambda}{\partial y_i'} + \frac{\partial \varphi}{\partial z_i}\frac{\partial \lambda}{\partial z_i'}\right)$$
$$+ \sum_i \frac{1}{m_i}\left(\frac{\partial \psi}{\partial x_i}\frac{\partial \mu}{\partial x_i'} + \frac{\partial \psi}{\partial y_i}\frac{\partial \mu}{\partial y_i'} + \frac{\partial \psi}{\partial z_i}\frac{\partial \mu}{\partial z_i'}\right)$$
$$+ \dots\dots\dots\dots\dots\dots$$

wo auf der rechten Seite jedem der Multiplicatoren λ, μ, ... eine Summe entspricht. Für die Anwendung der Theorie des Multiplicators M ist es nöthig, dass die rechte Seite dieser Gleichung ein vollständiger Differentialquotient wird. Um zu untersuchen, ob dies der Fall ist, müssen die Werthe von λ, μ, ν, ... oder wenigstens diejenigen ihrer nach den Grössen x_i', y_i', z_i' genommenen Differentialquotienten ermittelt werden. Zur Bestimmung dieser Werthe differentiire man eine der Bedingungsgleichungen, z. B. $\varphi = 0$, zweimal hinter einander nach t. Die erste Differentiation giebt

$$\sum\left(\frac{\partial \varphi}{\partial x_i} x_i' + \frac{\partial \varphi}{\partial y_i} y_i' + \frac{\partial \varphi}{\partial z_i} z_i'\right) = 0,$$

die zweite Differentiation führt zu der Gleichung

$$\sum\left(\frac{\partial \varphi}{\partial x_i} x_i'' + \frac{\partial \varphi}{\partial y_i} y_i'' + \frac{\partial \varphi}{\partial z_i} z_i''\right) + u = 0,$$

wo u den Theil des Resultats darstellt, welcher aus der Differentiation der Factoren $\frac{\partial \varphi}{\partial x_i}$, $\frac{\partial \varphi}{\partial y_i}$, $\frac{\partial \varphi}{\partial z_i}$ hervorgeht und eine homogene Function zweiter Ordnung der $3n$ Grössen x_i', y_i', z_i' ist. Bezeichnet man durch die Reihe p_1, p_2, ... p_{3n} den Complex aller $3n$ Coordinaten x_i, y_i, z_i, so kann man der Function u die Gestalt geben:

$$u = \sum \frac{\partial^2 \varphi}{\partial p_i^2} p_i'^2 + 2\sum\sum \frac{\partial^2 \varphi}{\partial p_i \partial p_k} p_i' p_k',$$

wo die letzte Summe nur auf von einander verschiedene Werthe von i und k auszudehnen ist. Auf dieselbe Weise leitet man aus den anderen Bedingungsgleichungen durch zweimalige Differentiation die Gleichungen

$$\Sigma\left(\frac{\partial\psi}{\partial x_i}x_i''+\frac{\partial\psi}{\partial y_i}y_i''+\frac{\partial\psi}{\partial z_i}z_i''\right)+v=0,$$
$$\Sigma\left(\frac{\partial\varpi}{\partial x_i}x_i''+\frac{\partial\varpi}{\partial y_i}y_i''+\frac{\partial\varpi}{\partial z_i}z_i''\right)+w=0,$$
$$\cdots\cdots\cdots\cdots$$

ab, wo nach der oben eingeführten Bezeichnung der Coordinaten die Functionen v, w, ... die Werthe

$$v=\Sigma\frac{\partial^2\psi}{\partial p_i^2}p_i'^2+2\Sigma\Sigma\frac{\partial^2\psi}{\partial p_i\partial p_k}p_i'p_k',$$
$$w=\Sigma\frac{\partial^2\varpi}{\partial p_i^2}p_i'^2+2\Sigma\Sigma\frac{\partial^2\varpi}{\partial p_i\partial p_k}p_i'p_k',$$
$$\cdots\cdots\cdots\cdots$$

haben. Um nun λ, μ, ν, ... zu erhalten, hat man in diese Gleichungen die aus dem vorgelegten System abgeleiteten Werthe von x_i'', y_i'', z_i'' einzusetzen. So ergiebt die durch zweimalige Differentiation aus φ hergeleitete Gleichung:

$$\left.\begin{aligned}u&+\Sigma\frac{\partial\varphi}{\partial x_i}\cdot\frac{1}{m_i}\left\{X_i+\lambda\frac{\partial\varphi}{\partial x_i}+\mu\frac{\partial\psi}{\partial x_i}+\nu\frac{\partial\varpi}{\partial x_i}+\cdots\right\}\\&+\Sigma\frac{\partial\varphi}{\partial y_i}\cdot\frac{1}{m_i}\left\{Y_i+\lambda\frac{\partial\varphi}{\partial y_i}+\mu\frac{\partial\psi}{\partial y_i}+\nu\frac{\partial\varpi}{\partial y_i}+\cdots\right\}\\&+\Sigma\frac{\partial\varphi}{\partial z_i}\cdot\frac{1}{m_i}\left\{Z_i+\lambda\frac{\partial\varphi}{\partial z_i}+\mu\frac{\partial\psi}{\partial z_i}+\nu\frac{\partial\varpi}{\partial z_i}+\cdots\right\}\end{aligned}\right\}=0,$$

oder wenn man

$$a=\Sigma\frac{1}{m_i}\left(\frac{\partial\varphi}{\partial x_i}\frac{\partial\varphi}{\partial x_i}+\frac{\partial\varphi}{\partial y_i}\frac{\partial\varphi}{\partial y_i}+\frac{\partial\varphi}{\partial z_i}\frac{\partial\varphi}{\partial z_i}\right),$$
$$b=\Sigma\frac{1}{m_i}\left(\frac{\partial\varphi}{\partial x_i}\frac{\partial\psi}{\partial x_i}+\frac{\partial\varphi}{\partial y_i}\frac{\partial\psi}{\partial y_i}+\frac{\partial\varphi}{\partial z_i}\frac{\partial\psi}{\partial z_i}\right),$$
$$c=\Sigma\frac{1}{m_i}\left(\frac{\partial\varphi}{\partial x_i}\frac{\partial\varpi}{\partial x_i}+\frac{\partial\varphi}{\partial y_i}\frac{\partial\varpi}{\partial y_i}+\frac{\partial\varphi}{\partial z_i}\frac{\partial\varpi}{\partial z_i}\right),$$
$$\cdots\cdots\cdots\cdots$$
$$u_1=u+\Sigma\frac{1}{m_i}\left(\frac{\partial\varphi}{\partial x_i}X_i+\frac{\partial\varphi}{\partial y_i}Y_i+\frac{\partial\varphi}{\partial z_i}Z_i\right)$$

setzt,

$$u_1+a\lambda+b\mu+c\nu+\cdots=0.$$

Eine solche lineare Gleichung zwischen den Grössen λ, μ, ν, ... erhält man für jede einzelne der Bedingungsgleichungen $\varphi=0$, $\psi=0$, $\varpi=0$ .... Führt man allgemein, wie in der siebenten Vorlesung p. 56, die Bezeichnung

$$(F,\Phi)=\Sigma\frac{1}{m_i}\left(\frac{\partial F}{\partial x_i}\frac{\partial \Phi}{\partial x_i}+\frac{\partial F}{\partial y_i}\frac{\partial \Phi}{\partial y_i}+\frac{\partial F}{\partial z_i}\frac{\partial \Phi}{\partial z_i}\right),$$

ein, so dass

$$(F,\Phi)=(\Phi,F)$$

wird, und setzt

$$\begin{array}{llll} a\;=(\varphi,\varphi), & b\;=(\varphi,\psi), & c\;=(\varphi,\varpi), & \ldots \\ a'\;=(\psi,\varphi), & b'\;=(\psi,\psi), & c'\;=(\psi,\varpi), & \ldots \\ a''=(\varpi,\varphi), & b''=(\varpi,\psi), & c''=(\varpi,\varpi), & \ldots \\ \ldots & \ldots & \ldots & \ldots \end{array}$$

so dass zwischen diesen Grössen die Gleichungen

$$a'=b,\quad a''=c,\quad b''=c',\quad \ldots$$

bestehen, setzt man ferner

$$u_1=u+\Sigma\frac{1}{m_i}\left(\frac{\partial\varphi}{\partial x_i}X_i+\frac{\partial\varphi}{\partial y_i}Y_i+\frac{\partial\varphi}{\partial z_i}Z_i\right),$$

$$v_1=v+\Sigma\frac{1}{m_i}\left(\frac{\partial\psi}{\partial x_i}X_i+\frac{\partial\psi}{\partial y_i}Y_i+\frac{\partial\psi}{\partial z_i}Z_i\right),$$

$$w_1=w+\Sigma\frac{1}{m_i}\left(\frac{\partial\varpi}{\partial x_i}X_i+\frac{\partial\varpi}{\partial y_i}Y_i+\frac{\partial\varpi}{\partial z_i}Z_i\right),$$

$$\ldots\ldots\ldots\ldots$$

so hat man zur Bestimmung von λ, μ, ν ... die Gleichungen

$$\begin{aligned} u_1+a\;\lambda+b\;\mu+c\;\nu+\cdots&=0,\\ v_1+a'\;\lambda+b'\;\mu+c'\;\nu+\cdots&=0,\\ w_1+a''\lambda+b''\mu+c''\nu+\cdots&=0,\\ \ldots\ldots\ldots\ldots \end{aligned}$$

Anstatt dieselben nach λ, μ, ν ... aufzulösen und aus den so gefundenen Werthen durch Differentiation $\frac{\partial\lambda}{\partial x_i'}$, $\frac{\partial\mu}{\partial x_i'}$, ... abzuleiten, differentiire man vielmehr unmittelbar die vorgelegten linearen Gleichungen partiell, was die Rechnung bedeutend vereinfacht. Die Grössen a, b, c, ... a', b', c', ... enthalten nämlich die Differentialquotienten x_i', y_i', z_i' gar nicht und sind daher bei dieser Differentiation als constant anzusehen; ferner sind die Grössen u_1, v_1, w_1, ... respective von u, v, w, ... nur um Ausdrücke verschieden, die ebenfalls die Differentialquotienten x_i', y_i', z_i' nicht enthalten, daher ist $\frac{\partial u_1}{\partial x_i'} = \frac{\partial u}{\partial x_i'}$, $\frac{\partial v_1}{\partial x_i'} = \frac{\partial v}{\partial x_i'}$ u. s. w., also erhält man:

$$\frac{\partial u}{\partial x_i'} + a\frac{\partial \lambda}{\partial x_i'} + b\frac{\partial \mu}{\partial x_i'} + c\frac{\partial \nu}{\partial x_i'} + \cdots = 0,$$

$$\frac{\partial v}{\partial x_i'} + a'\frac{\partial \lambda}{\partial x_i'} + b'\frac{\partial \mu}{\partial x_i'} + c'\frac{\partial \nu}{\partial x_i'} + \cdots = 0,$$

$$\frac{\partial w}{\partial x_i'} + a''\frac{\partial \lambda}{\partial x_i'} + b''\frac{\partial \mu}{\partial x_i'} + c''\frac{\partial \nu}{\partial x_i'} + \cdots = 0,$$

. . . .

Die Function u wurde durch die Gleichung

$$u = \Sigma \frac{\partial^2 \varphi}{\partial p_i^2} p_i'^2 + 2\Sigma\Sigma \frac{\partial^2 \varphi}{\partial p_i \partial p_k} p_i' p_k'$$

definirt, wo die Grössen p die $3n$ Coordinaten x_i, y_i, z_i bedeuten und in der zweiten Summe rechter Hand i von k verschieden ist. Durch Differentiation nach p_i' ergiebt sich

$$\frac{\partial u}{\partial p_i'} = 2\sum_{k=1}^{k=3n} \frac{\partial^2 \varphi}{\partial p_i \partial p_k} p_k',$$

oder indem wir für p_i wiederum x_i und für die Grössen p_k die Grössen x_k, y_k, z_k setzen

$$\frac{\partial u}{\partial x_i'} = 2\sum_{k=1}^{k=n}\left(\frac{\partial^2 \varphi}{\partial x_i \partial x_k} x_k' + \frac{\partial^2 \varphi}{\partial x_i \partial y_k} y_k' + \frac{\partial^2 \varphi}{\partial x_i \partial z_k} z_k'\right).$$

Die Summe rechts ist aber der vollständige Differentialquotient von $\frac{\partial \varphi}{\partial x_i}$ nach t, also hat man

$$\frac{\partial u}{\partial x_i'} = 2\frac{d\frac{\partial \varphi}{\partial x_i}}{dt}.$$

In dieser Gleichung kann man, wie sich von selbst versteht, y oder z für x schreiben, ferner v, w ... für u, wenn man zugleich ψ, ϖ, ... für φ setzt. Man erhält also:

$$\frac{\partial u}{\partial x_i'} = 2\frac{d\frac{\partial \varphi}{\partial x_i}}{dt}, \quad \frac{\partial v}{\partial x_i'} = 2\frac{d\frac{\partial \psi}{\partial x_i}}{dt}, \quad \frac{\partial w}{\partial x_i'} = 2\frac{d\frac{\partial \varpi}{\partial x_i}}{dt}, \quad \ldots$$

und ähnliche Gleichungen für die nach y_i', z_i' genommenen partiellen Differentialquotienten. Hierdurch verwandeln sich die obigen linearen Gleichungen für die Grössen $\frac{\partial \lambda}{\partial x_i'}$, $\frac{\partial \mu}{\partial x_i'}$, $\frac{\partial \nu}{\partial x_i'}$ ... in die folgenden:

$$2\frac{d\frac{\partial\varphi}{\partial x_i}}{dt}+a\frac{\partial\lambda}{\partial x_i'}+b\frac{\partial\mu}{\partial x_i'}+c\frac{\partial\nu}{\partial x_i'}+\cdots=0,$$

$$2\frac{d\frac{\partial\psi}{\partial x_i}}{dt}+a'\frac{\partial\lambda}{\partial x_i'}+b'\frac{\partial\mu}{\partial x_i'}+c'\frac{\partial\nu}{\partial x_i'}+\cdots=0,$$

$$2\frac{d\frac{\partial\varpi}{\partial x_i}}{dt}+a''\frac{\partial\lambda}{\partial x_i'}+b''\frac{\partial\mu}{\partial x_i'}+c''\frac{\partial\nu}{\partial x_i'}+\cdots=0,$$

. . . .

Um diese linearen Gleichungen aufzulösen, muss man bekanntlich die Determinante der Grössen

$$\begin{matrix} a, & b, & c, & \ldots \\ a', & b', & c', & \ldots \\ a'', & b'', & c'', & \ldots \\ \cdot & \cdot & \cdot & \ldots, \end{matrix}$$

also, in abgekürzter Bezeichnung die Determinante

$$R=\Sigma\pm ab'c''\ldots$$

bilden; dann hat man, um $\frac{\partial\lambda}{\partial x_i'}$ zu bestimmen, die obigen Gleichungen mit $\frac{\partial R}{\partial a}, \frac{\partial R}{\partial a'}, \frac{\partial R}{\partial a''}, \ldots$ zu multipliciren und erhält durch Addition:

$$0=R\frac{\partial\lambda}{\partial x_i'}+2\frac{\partial R}{\partial a}\frac{d\frac{\partial\varphi}{\partial x_i}}{dt}+2\frac{\partial R}{\partial a'}\frac{d\frac{\partial\psi}{\partial x_i}}{dt}+2\frac{\partial R}{\partial a''}\frac{d\frac{\partial\varpi}{\partial x_i}}{dt}+\cdots.$$

Ebenso erhält man:

$$0=R\frac{\partial\mu}{\partial x_i'}+2\frac{\partial R}{\partial b}\frac{d\frac{\partial\varphi}{\partial x_i}}{dt}+2\frac{\partial R}{\partial b'}\frac{d\frac{\partial\psi}{\partial x_i}}{dt}+2\frac{\partial R}{\partial b''}\frac{d\frac{\partial\varpi}{\partial x_i}}{dt}+\cdots.$$

$$0=R\frac{\partial\nu}{\partial x_i'}+2\frac{\partial R}{\partial c}\frac{d\frac{\partial\varphi}{\partial x_i}}{dt}+2\frac{\partial R}{\partial c'}\frac{d\frac{\partial\psi}{\partial x_i}}{dt}+2\frac{\partial R}{\partial c''}\frac{d\frac{\partial\varpi}{\partial x_i}}{dt}+\cdots,$$

. . . .

Aehnliche Gleichungen gelten für die nach y_i' und z_i' genommenen Differentialquotienten von $\lambda, \mu, \nu, \ldots$. Die Werthe aller dieser Differentialquotienten sind in den oben gegebenen Ausdruck von $\frac{d\lg M}{dt}$ einzusetzen, welchen man in folgender Art ordnen kann:

$$\frac{d\lg M}{dt}=\begin{cases}-\Sigma\frac{1}{m_i}\left(\frac{\partial\varphi}{\partial x_i}\frac{\partial\lambda}{\partial x_i'}+\frac{\partial\psi}{\partial x_i}\frac{\partial\mu}{\partial x_i'}+\frac{\partial\varpi}{\partial x_i}\frac{\partial\nu}{\partial x_i'}+\cdots\right)\\ -\Sigma\frac{1}{m_i}\left(\frac{\partial\varphi}{\partial y_i}\frac{\partial\lambda}{\partial y_i'}+\frac{\partial\psi}{\partial y_i}\frac{\partial\mu}{\partial y_i'}+\frac{\partial\varpi}{\partial y_i}\frac{\partial\nu}{\partial y_i'}+\cdots\right)\\ -\Sigma\frac{1}{m_i}\left(\frac{\partial\varphi}{\partial z_i}\frac{\partial\lambda}{\partial z_i'}+\frac{\partial\psi}{\partial z_i}\frac{\partial\mu}{\partial z_i'}+\frac{\partial\varpi}{\partial z_i}\frac{\partial\nu}{\partial z_i'}+\cdots\right).\end{cases}$$

Dann erhält man für das Product von R in die erste der drei Summen rechter Hand das Ergebniss

$$\begin{aligned}&-R\Sigma\frac{1}{m_i}\left(\frac{\partial\varphi}{\partial x_i}\frac{\partial\lambda}{\partial x_i'}+\frac{\partial\psi}{\partial x_i}\frac{\partial\mu}{\partial x_i'}+\frac{\partial\varpi}{\partial x_i}\frac{\partial\nu}{\partial x_i'}+\cdots\right)\\ &=2\frac{\partial R}{\partial a}\Sigma\frac{1}{m_i}\frac{\partial\varphi}{\partial x_i}\frac{d\frac{\partial\varphi}{\partial x_i}}{dt}+2\frac{\partial R}{\partial a'}\Sigma\frac{1}{m_i}\frac{\partial\varphi}{\partial x_i}\frac{d\frac{\partial\psi}{\partial x_i}}{dt}+2\frac{\partial R}{\partial a''}\Sigma\frac{1}{m_i}\frac{\partial\varphi}{\partial x_i}\frac{d\frac{\partial\varpi}{\partial x_i}}{dt}+\cdots\\ &+2\frac{\partial R}{\partial b}\Sigma\frac{1}{m_i}\frac{\partial\psi}{\partial x_i}\frac{d\frac{\partial\varphi}{\partial x_i}}{dt}+2\frac{\partial R}{\partial b'}\Sigma\frac{1}{m_i}\frac{\partial\psi}{\partial x_i}\frac{d\frac{\partial\psi}{\partial x_i}}{dt}+2\frac{\partial R}{\partial b''}\Sigma\frac{1}{m_i}\frac{\partial\psi}{\partial x_i}\frac{d\frac{\partial\varpi}{\partial x_i}}{dt}+\cdots\\ &+2\frac{\partial R}{\partial c}\Sigma\frac{1}{m_i}\frac{\partial\varpi}{\partial x_i}\frac{d\frac{\partial\varphi}{\partial x_i}}{dt}+2\frac{\partial R}{\partial c'}\Sigma\frac{1}{m_i}\frac{\partial\varpi}{\partial x_i}\frac{d\frac{\partial\psi}{\partial x_i}}{dt}+2\frac{\partial R}{\partial c''}\Sigma\frac{1}{m_i}\frac{\partial\varpi}{\partial x_i}\frac{d\frac{\partial\varpi}{\partial x_i}}{dt}+\cdots\\ &\cdots\cdots\cdots\end{aligned}$$

Die Elemente der Determinante R stehen aber, wie wir gesehen haben, in den Beziehungen zu einander, dass

$$b=a',\quad c=a'',\quad c'=b'',\quad \ldots,$$

und nach einem bekannten Satz über die Auflösung linearer Gleichungen folgen hieraus die Relationen

$$\frac{\partial R}{\partial b}=\frac{\partial R}{\partial a'},\quad \frac{\partial R}{\partial c}=\frac{\partial R}{\partial a''},\quad \frac{\partial R}{\partial c'}=\frac{\partial R}{\partial b''},\quad \ldots$$

Mit Berücksichtigung hievon kann man der rechten Seite obiger Gleichung auch die Gestalt

$$\begin{aligned}\frac{\partial R}{\partial a}\Sigma\frac{1}{m_i}\frac{d}{dt}\frac{\partial\varphi}{\partial x_i}\frac{\partial\varphi}{\partial x_i}&+2\frac{\partial R}{\partial a'}\Sigma\frac{1}{m_i}\frac{d}{dt}\frac{\partial\varphi}{\partial x_i}\frac{\partial\psi}{\partial x_i}+2\frac{\partial R}{\partial a''}\Sigma\frac{1}{m_i}\frac{d}{dt}\frac{\partial\varphi}{\partial x_i}\frac{\partial\varpi}{\partial x_i}+\cdots\\ &+\frac{\partial R}{\partial b'}\Sigma\frac{1}{m_i}\frac{d}{dt}\frac{\partial\psi}{\partial x_i}\frac{\partial\psi}{\partial x_i}+2\frac{\partial R}{\partial b''}\Sigma\frac{1}{m_i}\frac{d}{dt}\frac{\partial\psi}{\partial x_i}\frac{\partial\varpi}{\partial x_i}+\cdots\\ &+\frac{\partial R}{\partial c''}\Sigma\frac{1}{m_i}\frac{d}{dt}\frac{\partial\varpi}{\partial x_i}\frac{\partial\varpi}{\partial x_i}+\cdots\end{aligned}$$

geben, oder indem man wieder für $2\frac{\partial R}{\partial a'}$, $2\frac{\partial R}{\partial a''}$, $2\frac{\partial R}{\partial b''}$, ... respective $\frac{\partial R}{\partial a'}+\frac{\partial R}{\partial b}$, $\frac{\partial R}{\partial a''}+\frac{\partial R}{\partial c}$, $\frac{\partial R}{\partial b''}+\frac{\partial R}{\partial c'}$, ... schreibt, die folgende:

$$\begin{aligned}
&\frac{\partial R}{\partial a}\Sigma\frac{1}{m_i}\frac{d}{dt}\frac{\partial\varphi}{\partial x_i}\frac{\partial\varphi}{\partial x_i}+\frac{\partial R}{\partial a'}\Sigma\frac{1}{m_i}\frac{d}{dt}\frac{\partial\varphi}{\partial x_i}\frac{\partial\psi}{\partial x_i}+\frac{\partial R}{\partial a''}\Sigma\frac{1}{m_i}\frac{d}{dt}\frac{\partial\varphi}{\partial x_i}\frac{\partial\varpi}{\partial x_i}+\cdots\\
+&\frac{\partial R}{\partial b}\Sigma\frac{1}{m_i}\frac{d}{dt}\frac{\partial\psi}{\partial x_i}\frac{\partial\varphi}{\partial x_i}+\frac{\partial R}{\partial b'}\Sigma\frac{1}{m_i}\frac{d}{dt}\frac{\partial\psi}{\partial x_i}\frac{\partial\psi}{\partial x_i}+\frac{\partial R}{\partial b''}\Sigma\frac{1}{m_i}\frac{d}{dt}\frac{\partial\psi}{\partial x_i}\frac{\partial\varpi}{\partial x_i}+\cdots\\
+&\frac{\partial R}{\partial c}\Sigma\frac{1}{m_i}\frac{d}{dt}\frac{\partial\varpi}{\partial x_i}\frac{\partial\varphi}{\partial x_i}+\frac{\partial R}{\partial c'}\Sigma\frac{1}{m_i}\frac{d}{dt}\frac{\partial\varpi}{\partial x_i}\frac{\partial\psi}{\partial x_i}+\frac{\partial R}{\partial c''}\Sigma\frac{1}{m_i}\frac{d}{dt}\frac{\partial\varpi}{\partial x_i}\frac{\partial\varpi}{\partial x_i}+\cdots\\
+&\cdots\cdots\cdots\cdots\cdots\cdots\cdots\cdots
\end{aligned}$$

Setzt man die analogen Werthe für die beiden anderen in dem Ausdruck von $\frac{d\lg M}{dt}$ vorkommenden Summen und erinnert sich der Werthe von a, a', a'', ... b, b', b'', ... c, c', c'', ..., so erhält man

$$\begin{aligned}
R\frac{d\lg M}{dt}&=\frac{\partial R}{\partial a}\frac{da}{dt}+\frac{\partial R}{\partial a'}\frac{da'}{dt}+\frac{\partial R}{\partial a''}\frac{da''}{dt}+\cdots\\
&+\frac{\partial R}{\partial b}\frac{db}{dt}+\frac{\partial R}{\partial b'}\frac{db'}{dt}+\frac{\partial R}{\partial b''}\frac{db''}{dt}+\cdots\\
&+\frac{\partial R}{\partial c}\frac{dc}{dt}+\frac{\partial R}{\partial c'}\frac{dc'}{dt}+\frac{\partial R}{\partial c''}\frac{dc''}{dt}+\cdots\\
&+\cdots\cdots\cdots\cdots\cdots\\
&=\frac{dR}{dt},
\end{aligned}$$

also

$$R\frac{d\lg M}{dt}=\frac{dR}{dt},$$

und mit Vernachlässigung eines constanten Factors

$$M=R.$$

Aus der eigenthümlichen Form der Grössen a, a', a'', ... b, b', b'', ... c, c', c'', ... kann man auch eine merkwürdige Darstellung ihrer Determinante ableiten. Wir haben oben

$$\begin{aligned}
a&=(\varphi,\varphi), & a'&=(\varphi,\psi), & a''&=(\varphi,\varpi), & \cdots\\
b&=(\psi,\varphi), & b'&=(\psi,\psi), & b''&=(\psi,\varpi), & \cdots\\
c&=(\varpi,\varphi), & c'&=(\varpi,\psi), & c''&=(\varpi,\varpi), & \cdots\\
&\cdots\cdots\cdots\cdots\cdots\cdots
\end{aligned}$$

gesetzt, wo die in Klammern eingeschlossenen Grössen dem Ausdruck

$$(\varphi,\psi)=\Sigma\frac{1}{m_i}\left(\frac{\partial\varphi}{\partial x_i}\frac{\partial\psi}{\partial x_i}+\frac{\partial\varphi}{\partial y_i}\frac{\partial\psi}{\partial y_i}+\frac{\partial\varphi}{\partial z_i}\frac{\partial\psi}{\partial z_i}\right)$$

analog gebildet sind. Diese Summen lassen sich etwas einfacher darstellen, wenn, wie im Anfang dieser Vorlesung p. 133, alle $3n$ Coordinaten mit einem Buchstaben und angehängten $3n$ Indices bezeichnet werden. Führen wir statt der Coordinaten selbst denselben proportionale Grössen ein und setzen

$$\sqrt{m_i}.x_i = \xi_{3i-2}, \quad \sqrt{m_i}.y_i = \xi_{3i-1}, \quad \sqrt{m_i}.z_i = \xi_{3i},$$

so dass die $3n$ Grössen $\sqrt{m_i}.x_i$, $\sqrt{m_i}.y_i$, $\sqrt{m_i}.z_i$ mit den $3n$ Grössen $\xi_1, \xi_2, \dots \xi_{3n}$ identisch sind, so geht der Ausdruck (φ, ψ) in die Form

$$(\varphi, \psi) = \Sigma \frac{\partial \varphi}{\partial \xi_i} \cdot \frac{\partial \psi}{\partial \xi_i}$$

über, in welcher sich die Summation von $i = 1$ bis $i = 3n$ erstreckt. Determinanten, deren Elemente in der hier vorliegenden Art zusammengesetzt sind, lassen sich als Summen von Quadraten darstellen. (Siehe meine Abhandlung „de formatione et proprietatibus determinantium", *Crelles* Journal Bd. 22, p. 285.) Ist m die Anzahl der Functionen $\varphi, \psi, \varpi, \dots \zeta$ oder, was dasselbe ist, der für das mechanische Problem geltenden Bedingungsgleichungen, und bildet man alle möglichen Determinanten der Form

$$\Sigma \pm \frac{\partial \varphi}{\partial \xi_i} \frac{\partial \psi}{\partial \xi_{i'}} \frac{\partial \varpi}{\partial \xi_{i''}} \cdots \frac{\partial \zeta}{\partial \xi_{i^{(m-1)}}},$$

wo $i, i', i'', \dots i^{(m-1)}$ je m verschiedene Zahlen aus der Reihe $1, 2, \dots 3n$ bedeuten, so ist die Summe der Quadrate dieser Determinanten gleich R. Von diesem zuerst von *Cauchy**) veröffentlichten Satze habe ich in der oben angeführten Abhandlung eine schöne Anwendung auf die Methode der kleinsten Quadrate gemacht. Für den Fall, wo ein Punkt sich auf einer gegebenen Oberfläche bewegt, ist die Gleichung dieser Oberfläche, $\varphi = 0$, die einzige Bedingung; daher reduciren sich die partiellen Determinanten, aus deren Quadraten R zusammengesetzt werden kann, auf $\frac{\partial \varphi}{\partial \xi_1} = \frac{1}{\sqrt{m_1}} \frac{\partial \varphi}{\partial x_1}$, $\frac{\partial \varphi}{\partial \xi_2} = \frac{1}{\sqrt{m_1}} \frac{\partial \varphi}{\partial y_1}$ und $\frac{\partial \varphi}{\partial \xi_3} = \frac{1}{\sqrt{m_1}} \frac{\partial \varphi}{\partial z_1}$, so dass

$$R = \frac{1}{m_1} \left\{ \left(\frac{\partial \varphi}{\partial x_1} \right)^2 + \left(\frac{\partial \varphi}{\partial y_1} \right)^2 + \left(\frac{\partial \varphi}{\partial z_1} \right)^2 \right\}$$

wird. Der Fall $m = 3n$, der freilich in der Mechanik nicht vorkommt (da die Anzahl m der Bedingungsgleichungen höchstens gleich $3n - 1$ sein kann), ist der einfachste in Beziehung auf den Determinantensatz; denn alsdann reducirt sich die Determinante R auf ein einziges Quadrat.

*) Journal de l'école polytechnique, cah. 17.

Durch die Gleichung

$$M = R = \Sigma \pm a b' c'' \ldots$$

haben wir für ein durch irgend welche Bedingungen gebundenes System und für die erste *Lagrange*sche Form der Differentialgleichungen den Multiplicator des Systems, mithin unter der Voraussetzung, dass alle Integrale bis auf eines bekannt seien, auch den letzten Multiplicator gefunden.

Achtzehnte Vorlesung.

Der Multiplicator für die Bewegungsgleichungen unfreier Systeme in der *Hamilton*schen Form.

Wir wollen jetzt den Multiplicator der Differentialgleichung eines unfreien Systems für die *Hamilton*sche Form der Differentialgleichungen aufsuchen. Es sei T die halbe lebendige Kraft, n die Anzahl der materiellen Punkte, m die Anzahl der Bedingungsgleichungen; da neben i auch k als reihendes Element gebraucht werden soll, so möge die Zahl $3n-m$ von jetzt an nicht mehr mit k, sondern mit μ bezeichnet werden. Wir dachten uns in der achten Vorlesung p. 62 die $3n$ Coordinaten als Functionen von $3n-m$ neuen Variablen $q_1, q_2, \ldots q_{3n-m}$ so dargestellt, dass die Bedingungsgleichungen durch Substitution der auf diese Weise ausgedrückten Coordinaten identisch befriedigt werden, und erhielten dann T als homogene Function zweiter Ordnung der Grössen q_i', deren Coefficienten die Grössen q_i enthalten können. Wir führten ferner die Grössen $p_i = \frac{\partial T}{\partial q_i'}$ an Stelle der q_i' ein und erhielten so in der neunten Vorlesung p. 71 zwischen den $2(3n-m)$ Variablen q_i und p_i die Differentialgleichungen der Bewegung in der auch für den Fall, wo keine Kräftefunction existirt, geltenden Gestalt

$$\frac{dq_i}{dt} = \frac{\partial T}{\partial p_i}, \quad \frac{dp_i}{dt} = -\frac{\partial T}{\partial q_i} + Q_i,$$

wo

$$Q_i = \sum_{k=1}^{k=n} \left(X_k \frac{\partial x_k}{\partial q_i} + Y_k \frac{\partial y_k}{\partial q_i} + Z_k \frac{\partial z_k}{\partial q_i} \right).$$

Diese Differentialgleichungen kann man auch folgendermassen schreiben:

$$dt : dq_1 : dq_2 : \ldots : dq_\mu : dp_1 : \ldots : dp_\mu$$
$$= 1 : \frac{\partial T}{\partial p_1} : \frac{\partial T}{\partial p_2} : \ldots : \frac{\partial T}{\partial p_\mu} : -\frac{\partial T}{\partial q_1} + Q_1 : \ldots : -\frac{\partial T}{\partial q_\mu} + Q_\mu .$$

Wendet man auf dieses System die Theorie des Multiplicators an, so ergiebt sich

$$0=\frac{d\lg M}{dt}+\Sigma\frac{\partial\frac{\partial T}{\partial p_i}}{\partial q_i}+\Sigma\frac{\partial\left(-\frac{\partial T}{\partial q_i}+Q_i\right)}{\partial p_i}.$$

Da nun X_i, Y_i, Z_i für die Probleme, welche wir betrachten, nur von den Coordinaten x_i, y_i, z_i und nicht von ihren Differentialquotienten abhängig sind, so enthalten auch die Functionen Q_i nur die Variablen q_i und nicht ihre Differentialquotienten und daher auch keine der Variablen p_i; also ist

$$\frac{\partial Q_i}{\partial p_i}=0,$$

daher

$$-\frac{d\lg M}{dt}=\Sigma\frac{\partial^2 T}{\partial p_i\partial q_i}-\Sigma\frac{\partial^2 T}{\partial q_i\partial p_i}=0,$$

$$M=\text{Const.}$$

Man kann also M gleich 1 setzen, so dass der Multiplicator hier denselben Werth hat, wie bei dem ganz freien System. Um den letzten Multiplicator für diesen Fall anzugeben, muss zunächst aus dem auf die $2\mu^{\text{te}}$ Ordnung steigenden System von Differentialgleichungen

$$\frac{dq_i}{dt}=\frac{\partial T}{\partial p_i},\quad \frac{dp_i}{dt}=-\frac{\partial T}{\partial q_i}+Q_i,$$

wo i die Werthe 1 bis μ durchläuft, t eliminirt werden, welches, wie wir voraussetzen nicht explicite in den Grössen Q_i vorkommt. Kennt man von dem dadurch erhaltenen reducirten Systems $(2\mu-1)^{\text{ter}}$ Ordnung $2\mu-2$ Integralgleichungen

$$\varpi_1=0,\quad \varpi_2=0,\quad \ldots\quad \varpi_{2\mu-2}=0$$

mit ebensoviel Constanten α_1, α_2, ... $\alpha_{2\mu-2}$, so kann man vermöge derselben alle 2μ Variablen q und p durch zwei derselben, etwa q_1 und q_2 ausdrücken; alsdann ist nur noch die Differentialgleichung

$$\frac{\partial T}{\partial p_1}dq_2-\frac{\partial T}{\partial p_2}dq_1=0$$

zu integriren, deren Multiplicator

$$\frac{\Sigma\pm\frac{\partial\varpi_1}{\partial\alpha_1}\frac{\partial\varpi_2}{\partial\alpha_2}\cdots\frac{\partial\varpi_{2\mu-2}}{\partial\alpha_{2\mu-2}}}{\Sigma\pm\frac{\partial\varpi_1}{\partial q_3}\frac{\partial\varpi_2}{\partial q_4}\cdots\frac{\partial\varpi_{\mu-2}}{\partial q_\mu}\frac{\partial\varpi_{\mu-1}}{\partial p_1}\cdots\frac{\partial\varpi_{2\mu-2}}{\partial p_\mu}}$$

ist.

Wenn die Kräfte X_i, Y_i, Z_i die partiellen Differentialquotienten einer Function U sind, welche ausserdem noch t explicite enthalten kann, wenn also

$$X_i = \frac{\partial U}{\partial x_i}, \quad Y_i = \frac{\partial U}{\partial y_i}, \quad Z_i = \frac{\partial U}{\partial z_i},$$

so wird $Q_i = \frac{\partial U}{\partial q_i}$, und die Differentialgleichungen der Bewegung gehen, (siehe p. 71) wenn man

$$T - U = H$$

setzt in die einfache Form

$$\frac{dq_i}{dt} = \frac{\partial H}{\partial p_i}, \quad \frac{dp_i}{dt} = -\frac{\partial H}{\partial q_i}$$

über. An diese *Hamilton*sche Form der Differentialgleichungen werden die ferneren Untersuchungen, welche den Kern dieser Vorlesungen bilden, anknüpfen; das Bisherige ist als Einleitung dazu anzusehen.

Neunzehnte Vorlesung.

Die *Hamilton*sche partielle Differentialgleichung und ihre Ausdehnung auf die isoperimetrischen Probleme.

Die *Hamilton*sche Form der Differentialgleichungen der Bewegung wurde in der achten und neunten Vorlesung aus dem Princip hergeleitet, dass, wenn die Anfangs- und Endwerthe der Coordinaten gegeben sind, die Variation des Integrals $\int (T+U)dt$ verschwinden muss. Man kann dies Princip allgemeiner so aussprechen, dass es auch gilt, wenn nicht die Anfangs- und Endwerthe selbst, sondern andere für die Grenzen stattfindende Bedingungen gegeben sind. In diesem Fall ist nämlich nicht die ganze Variation des Integrals $\int (T+U)dt$ gleich Null zu setzen, sondern nur der unter dem Integralzeichen stehende Theil derselben; die Variation lässt sich alsdann ohne Integralzeichen ausdrücken, oder was dasselbe ist, die Variation von $T+U$ wird ein vollständiger Differentialquotient. Um dies klar zu machen, müssen wir auf die in der achten Vorlesung gegebene Herleitung zurückkommen.

Es sei T die halbe lebendige Kraft und U die Kräftefunction, welche ausser den Coordinaten auch t explicite enthalten kann; man denke sich die $3n$ Coordinaten als Functionen von $3n - m = \mu$ neuen Variablen q_1, q_2, ... q_μ

so dargestellt, dass die m Bedingungsgleichungen durch diese Ausdrücke identisch erfüllt werden; ferner sei

$$T+U=\varphi,$$

dann hat man, da φ Function der Grössen $q_1, \ldots q_\mu$ und $q'_1, \ldots q'_\mu$ ist,

$$\delta\varphi=\Sigma\frac{\partial\varphi}{\partial q_i}\delta q_i+\Sigma\frac{\partial\varphi}{\partial q'_i}\delta q'_i,$$

$$\delta\int\varphi dt=\int\delta\varphi dt=\int\left\{\Sigma\frac{\partial\varphi}{\partial q_i}\delta q_i\right\}dt+\int\left\{\Sigma\frac{\partial\varphi}{\partial q'_i}\delta q'_i\right\}dt.$$

Es ist aber

$$\int\frac{\partial\varphi}{\partial q'_i}\delta q'_i dt=\int\frac{\partial\varphi}{\partial q'_i}\frac{d\delta q_i}{dt}dt=\frac{\partial\varphi}{\partial q'_i}\delta q_i-\int\frac{d\frac{\partial\varphi}{\partial q'_i}}{dt}\delta q_i dt,$$

also wird, wenn man zwischen der unteren Grenze τ und der oberen t integrirt und die der unteren Grenze τ entsprechenden Werthe durch einen oben angehängten Index 0 bezeichnet,

$$\int\frac{\partial\varphi}{\partial q'_i}\delta q'_i dt=\frac{\partial\varphi}{\partial q'_i}\delta q_i-\frac{\partial\varphi^0}{\partial q'_i}\delta q_i^0-\int\frac{d\frac{\partial\varphi}{\partial q'_i}}{dt}\delta q_i dt.$$

Durch Einsetzung hiervon ergiebt sich

$$\delta\int\varphi dt=\Sigma\frac{\partial\varphi}{\partial q'_i}\delta q_i-\Sigma\frac{\partial\varphi^0}{\partial q'_i}\delta q_i^0+\int\Sigma\left(\frac{\partial\varphi}{\partial q_i}-\frac{d\frac{\partial\varphi}{\partial q'_i}}{dt}\right)\delta q_i dt.$$

Nun ist, da q'_i in U nicht vorkommt,

$$\frac{\partial\varphi}{\partial q'_i}=\frac{\partial T}{\partial q'_i}=p_i, \tag{1.}$$

ferner verschwinden zufolge der Differentialgleichungen der Bewegung in der p. 63, Gleichung (8.) gegebenen, zweiten *Lagrange*schen Form die sämmtlichen auf der rechten Seite unter dem Integralzeichen stehenden Ausdrücke

$$\frac{\partial\varphi}{\partial q_i}-\frac{d\frac{\partial\varphi}{\partial q'_i}}{dt}=\frac{\partial(T+U)}{\partial q_i}-\frac{d\frac{\partial T}{\partial q'_i}}{dt};$$

daher bleibt für die gesuchte Variation allein der vom Integralzeichen freie Theil derselben übrig, und man hat

$$\delta\int\varphi dt=\Sigma\frac{\partial\varphi}{\partial q'_i}\delta q_i-\Sigma\frac{\partial\varphi^0}{\partial q'_i}\delta q_i^0=\Sigma p_i\delta q_i-\Sigma p_i^0\delta q_i^0.$$

Nach der früheren Annahme waren die Anfangs- und Endwerthe der q gegeben, also $\delta q_i=0$ und $\delta q_i^0=0$, und es verschwand demnach die rechte

Seite der letzten Gleichung; dies ist nach der gegenwärtigen allgemeineren Voraussetzung nicht der Fall. Um den Sinn, in welchem die Variationen genommen sind, richtig zu verstehen, muss man sich erinnern, dass der unter dem Integralzeichen stehende Theil der gesuchten Variation nur vermöge der Differentialgleichungen der Bewegung, welche als erfüllt angesehen werden, verschwindet. Die Grössen q_i und q'_i, sowie die Grössen p_i müssen daher als gegebene Functionen von t und 2μ Constanten betrachtet werden, und die Variationen δq_i sind lediglich die Veränderungen der q_i, welche aus Veränderungen der Werthe der 2μ willkürlichen Constanten herrühren. Die Werthe dieser Variationen δq_i, welche der unteren Grenze τ des Integrals entsprechen, sind die Grössen δq_i^0. Indem wir das Integral, dessen Variation betrachtet wird, mit V bezeichnen, also

$$V = \int \varphi dt = \int (T+U) dt \tag{2.}$$

setzen, lässt sich die obige Formel so schreiben:

$$\left\{\begin{aligned} \delta V = & \; p_1\delta q_1 + p_2\delta q_2 + \cdots + p_i\delta q_i + \cdots + p_\mu \delta q_\mu \\ & -p_1^0\delta q_1^0 - p_2^0\delta q_2^0 - \cdots - p_i^0\delta q_i^0 - \cdots - p_\mu^0\delta q_\mu^0, \end{aligned}\right. \tag{3.}$$

ein Ausdruck, dem noch das Glied $\frac{\partial V}{\partial t}\delta t$ hinzuzufügen ist, wenn man t nicht als unabhängige Variable ansieht.

Diese Darstellung der Variation von V ist sehr wichtig. Nach Integration der Differentialgleichungen der Bewegung kann man nämlich sämmtliche Variablen und daher auch φ als Function von t und den 2μ Integrations-Constanten darstellen und erhält aus dieser Darstellung von φ durch Quadratur V ebenfalls als Function von t und jenen 2μ Constanten. Die Wahl der Grössen, welche das System dieser Constanten in den Integralgleichungen bilden, steht in unserem Belieben. Wählen wir dazu die 2μ Anfangswerthe q_i^0, p_i^0, so bilden die $2\mu+1$ Variablen t, q_i, p_i und die 2μ Constanten q_i^0, p_i^0 zusammen ein System von $4\mu+1$ Grössen, welche vermöge der Integralgleichungen durch 2μ Relationen an einander gebunden sind, und von welchen daher irgend 2μ als Functionen der übrigen $2\mu+1$ anzusehen sind. Denken wir uns z. B. die Werthe der 2μ Grössen p_i, p_i^0 durch die $2\mu+1$ Grössen t, q_i, q_i^0 ausgedrückt und diese Werthe der p_i^0 in V eingesetzt, welches uns bereits als Function der $2\mu+1$ Grössen t, q_i^0, p_i^0 bekannt ist, so ergiebt sich hierdurch $V = \int \varphi dt$ als Function der $2\mu+1$ Grössen t, q_1, q_2, ... q_μ, q_1^0, q_2^0, ... q_μ^0. Indem man

man diese Darstellung von V variirt, dabei aber t unvariirt lässt, wird

$$\delta V = \frac{\partial V}{\partial q_1}\delta q_1 + \frac{\partial V}{\partial q_2}\delta q_2 + \cdots + \frac{\partial V}{\partial q_\mu}\delta q_\mu$$
$$+ \frac{\partial V}{\partial q_1^0}\delta q_1^0 + \frac{\partial V}{\partial q_2^0}\delta q_2^0 + \cdots + \frac{\partial V}{\partial q_\mu^0}\delta q_\mu^0.$$

Vergleicht man dies mit der Darstellung (3.) von δV, so erhält man

(4.) $$\frac{\partial V}{\partial q_i} = p_i, \quad \frac{\partial V}{\partial q_i^0} = -p_i^0.$$

Andererseits ist nach der in (2.) gegebenen Definition von V

$$\varphi = \frac{dV}{dt}.$$

Aber t ist in V erstens explicite enthalten und ausserdem implicite vermöge der Grössen $q_1, q_2, \ldots q_\mu$; daher hat man

$$\varphi = \frac{dV}{dt} = \frac{\partial V}{\partial t} + \Sigma \frac{\partial V}{\partial q_i}\frac{dq_i}{dt},$$

oder mit Hülfe von (4.)

$$0 = \frac{\partial V}{\partial t} + \Sigma p_i q_i' - \varphi,$$

eine Gleichung, die unter Einführung der Function

(5.) $$\psi = \Sigma p_i q_i' - \varphi$$

in die folgende

(6.) $$\frac{\partial V}{\partial t} + \psi = 0$$

übergeht. Die Gleichung (6.) ist, wenn man ψ in der gehörigen Form darstellt, eine partielle Differentialgleichung für V. In der That, die Grössen q_i' und die oben durch die Gleichungen

(1.) $$p_i = \frac{\partial \varphi}{\partial q_i'}$$

eingeführten Grössen p_i bilden, wie wir wissen, zwei Systeme von Grössen, welche sich mit Hülfe der Grössen q_i und t durch einander ersetzen lassen, sodass jeder gegebene Ausdruck der $3\mu+1$ Variablen t, q_i, q_i', p_i sich zugleich als Function der $2\mu+1$ Variablen t, q_i, q_i' und als Function der $2\mu+1$ Variablen t, q_i, p_i darstellen lässt. Ein solcher Ausdruck ist

(5.) $$\psi = \Sigma p_i q_i' - \varphi.$$

Indem wir ψ als Function der Grössen t, q_i, p_i darstellen und für die Grössen p_i nach der ersten der Gleichungen (4.) die partiellen Differentialquotienten $\frac{\partial V}{\partial q_i}$ setzen, wird ψ schliesslich durch die Grössen t, q_1, q_2, ... q_μ, $\frac{\partial V}{\partial q_1}$, $\frac{\partial V}{\partial q_2}$, ... $\frac{\partial V}{\partial q_\mu}$ ausgedrückt, und die Gleichung (6.) nimmt die Gestalt an:

$$\frac{\partial V}{\partial t}+\psi\left(t, q_1, q_2, \dots q_\mu, \frac{\partial V}{\partial q_1}, \frac{\partial V}{\partial q_2}, \dots \frac{\partial V}{\partial q_\mu}\right)=0.$$

Dies ist die *Hamilton*sche partielle Differentialgleichung, welcher $V=\int\varphi dt$ genügt, wenn man es als Function von t, q_1, q_2, ... q_μ und q_1^0, q_2^0, ... q_μ^0 ansicht. Die Integration der Differentialgleichungen der Bewegung giebt also für diese partielle Differentialgleichung eine Lösung, welche μ willkürliche Constanten q_1^0, q_2^0, ... q_μ^0 enthält.

Alles Bisherige gilt nicht bloss für die mechanischen Probleme, sondern auch, wenn φ, anstatt gleich $T+U$ zu sein, eine beliebige Function von t, q_1, q_2, ... q_μ, q_1', q_2', ... q_μ' bezeichnet. In den mechanischen Problemen aber bekommt ψ, wie die Entwicklungen der neunten Vorlesung bereits gezeigt haben, eine einfache Bedeutung. Denn wenn man in

$$\psi=\Sigma p_i q_i'-\varphi$$

für φ den Werth

$$\varphi=T+U$$

einsetzt, wo U nur von den Grössen q_i abhängt und T eine homogene Function zweiten Grades der Grössen q_i' ist, so wird

$$p_i=\frac{\partial T}{\partial q_i'},$$

$$\Sigma p_i q_i'=\Sigma q_i'\frac{\partial T}{\partial q_i'}=2T,$$

$$\psi=T-U=H,$$

und die partielle Differentialgleichung geht in

$$\frac{\partial V}{\partial t}+H=0$$

über.

Das Resultat der bisherigen Betrachtungen lässt sich zunächst für die mechanischen Probleme folgendermassen aussprechen:

Wenn

$$H = T - U, \quad p_i = \frac{\partial T}{\partial q'_i}$$

ist, und H durch die Grössen p_i *und* q_i *ausgedrückt wird, so sind*

$$\frac{dq_i}{dt} = \frac{\partial H}{\partial p_i}, \quad \frac{dp_i}{dt} = -\frac{\partial H}{\partial q_i}$$

die Differentialgleichungen der Bewegung. Man betrachte die Bewegung in dem Intervall τ *bis* t *und führe als willkürliche Constanten in die Integralgleichungen die Anfangswerthe* $q_1^0, q_2^0, \ldots q_\mu^0$ *und* $p_1^0, p_2^0, \ldots p_\mu^0$ *ein. Ferner setze man in H*

$$p_i = \frac{\partial V}{\partial q_i},$$

so ist

$$\frac{\partial V}{\partial t} + H = 0$$

eine partielle Differentialgleichung erster Ordnung, welche V als Function der Variablen $t, q_1, q_2, \ldots q_\mu$ *definirt. Nun bilde man das Integral*

$$\int_\tau^t (T+U)\,dt,$$

wo $T+U$ *vermöge der Integralgleichungen eine blosse Function von t und den* 2μ *Constanten* $q_1^0, q_2^0, \ldots q_\mu^0, p_1^0, p_2^0, \ldots p_\mu^0$ *ist, und drücke das Resultat der Quadratur durch* $t, q_1, q_2, \ldots q_\mu$ *und* $q_1^0, q_2^0, \ldots q_\mu^0$ *aus; dann ist der so dargestellte Werth des Integrals*

$$V = \int_\tau^t (T+U)\,dt$$

eine Lösung der partiellen Differentialgleichung

$$\frac{\partial V}{\partial t} + H = 0.$$

Tritt an die Stelle von $T+U$ eine beliebige Function φ der Grössen q_i, q'_i und t, so müssen zugleich an die Stelle der Differentialgleichungen der Bewegung diejenigen gesetzt werden, welche den unter dem Integralzeichen stehenden Theil der Variation $\delta\int\varphi\,dt$ verschwinden lassen. Um die Analogie vollständig zu machen, muss man diese Differentialgleichungen auf dieselbe Form bringen, welche die Differentialgleichungen der Bewegung durch *Hamilton* erhalten haben, und zwar indem man auch hier die Differentialquotienten q'_i durch die Grössen $p_i = \frac{\partial \varphi}{\partial q'_i}$ ersetzt, die Function $\psi = \Sigma p_i q'_i - \varphi$ einführt und dann ähnlich wie in der neunten Vorlesung verfährt. Bildet man von der Function ψ die Variation

$$\delta\psi = \Sigma q'_i \delta p_i + \Sigma p_i \delta q'_i - \delta\varphi$$

und substituirt hierin für $\delta\varphi$ seinen Werth

$$\delta\varphi = \Sigma \frac{\partial \varphi}{\partial q_i} \delta q_i + \Sigma p_i \delta q'_i + \frac{\partial \varphi}{\partial t} \delta t,$$

der, wenn man die Wahl der unabhängigen Variable unentschieden lässt, auch ein δt proportionales Glied enthält, so ergiebt sich

$$\delta\psi = \Sigma q'_i \delta p_i - \Sigma \frac{\partial \varphi}{\partial q_i} \delta q_i - \frac{\partial \varphi}{\partial t} \delta t.$$

Vergleicht man diesen Ausdruck von $\delta\psi$ mit demjenigen, welchen man erhält, wenn ψ als Function der Grössen q_i, p_i und t dargestellt wird, also mit dem Ausdruck

$$\delta\psi = \Sigma\left(\frac{\partial \psi}{\partial p_i}\right)\delta p_i + \Sigma\left(\frac{\partial \psi}{\partial q_i}\right)\delta q_i + \left(\frac{\partial \psi}{\partial t}\right)\delta t,$$

in welchem die unter der letzteren Annahme gebildeten partiellen Differentialquotienten zur Unterscheidung in Klammern eingeschlossen sind, so folgt aus der Vergleichung

$$q'_i = \left(\frac{\partial \psi}{\partial p_i}\right), \quad \frac{\partial \varphi}{\partial q_i} = -\left(\frac{\partial \psi}{\partial q_i}\right), \quad \frac{\partial \varphi}{\partial t} = -\left(\frac{\partial \psi}{\partial t}\right).$$

Durch die zweite dieser drei Gleichungen verwandeln sich die Differentialgleichungen

$$\frac{d \frac{\partial \varphi}{\partial q'_i}}{dt} = \frac{\partial \varphi}{\partial q_i},$$

die erfüllt sein müssen, damit der unter dem Integralzeichen stehende Theil der Variation $\delta \int \varphi dt$ verschwinde, in

$$\frac{dp_i}{dt} = -\left(\frac{\partial \psi}{\partial q_i}\right),$$

während die erste der drei Gleichungen mit

$$\frac{dq_i}{dt} = \left(\frac{\partial \psi}{\partial p_i}\right)$$

identisch ist. Die Differentialgleichungen aller isoperimetrischen Probleme, in denen sich nur erste Differentialquotienten unter dem gegebenen Integrale befinden, nehmen also die Form

$$\frac{dq_i}{dt} = \left(\frac{\partial\psi}{\partial p_i}\right), \quad \frac{dp_i}{dt} = -\left(\frac{\partial\psi}{\partial q_i}\right)$$

an, und die Integration derselben liefert stets eine Lösung der partiellen Differentialgleichung erster Ordnung

$$\frac{\partial V}{\partial t} + \psi = 0.$$

Unter Fortlassung der jetzt nicht mehr zur Unterscheidung nöthigen Klammern um die Differentialquotienten $\left(\frac{\partial\psi}{\partial p_i}\right)$, $\left(\frac{\partial\psi}{\partial q_i}\right)$ kann das für den allgemeinen Fall gewonnene Resultat so ausgesprochen werden:

Es sei φ irgend eine gegebene Function von t, q_1, q_2, ... q_μ und q'_1, q'_2, ... q'_μ, man führe für die Differentialquotienten q'_i neue Variable

$$p_i = \frac{\partial\varphi}{\partial q'_i}$$

ein, setze

$$\psi = \Sigma p_i q'_i - \varphi$$

und drücke die Function ψ durch die Variablen p_i, q_i und t aus: dann sind die Gleichungen

$$\frac{dq_i}{dt} = \frac{\partial\psi}{\partial p_i}, \quad \frac{dp_i}{dt} = -\frac{\partial\psi}{\partial q_i}$$

die Differentialgleichungen, welche erfüllt sein müssen, damit der unter dem Integralzeichen stehende Theil der Variation $\delta\int\varphi dt$ verschwinde. Man bezeichne ferner die Werthe der 2μ Variablen für die untere Integralgrenze τ mit q_1^0, q_2^0, ... q_μ^0, p_1^0, p_2^0, ... p_μ^0 und führe diese Grössen statt der willkürlichen Constanten in die Integralgleichungen des Systems ein. Endlich setze man

$$p_i = \frac{\partial V}{\partial q_i}$$

dann ist

$$\frac{\partial V}{\partial t} + \psi = 0$$

eine partielle Differentialgleichung erster Ordnung, welche V als Function der Variablen t, q_1, q_2, ... q_μ definirt. Bildet man nun das Integral

$$\int_\tau^t \varphi dt,$$

wo φ vermöge der Integralgleichungen eine blosse Function von t und den 2μ Constanten $q_1^0, q_2^0, \dots q_\mu^0, p_1^0, p_2^0, \dots p_\mu^0$ ist, und drückt das Resultat der Quadratur als Function von $t, q_1, q_2, \dots q_\mu$ und $q_1^0, q_2^0, \dots q_\mu^0$ aus: so ist der so dargestellte Werth des Integrals

$$V = \int_\tau^t \varphi dt$$

eine Lösung der partiellen Differentialgleichung

$$\frac{\partial V}{\partial t} + \psi = 0.$$

Der in Gleichung (5.) enthaltene Zusammenhang der Functionen φ und ψ stellt eine Art von Reciprocität zwischen denselben her. Setzt man nämlich

$$\psi = \Sigma q_i' \frac{\partial \varphi}{\partial q_i'} - \varphi = \Sigma p_i q_i' - \varphi,$$

wo

$$p_i = \frac{\partial \varphi}{\partial q_i'}$$

ist, und φ als Function der q_i, q_i' und t angesehen wird, so ist gleichzeitig

$$q_i' = \frac{\partial \psi}{\partial p_i},$$

vorausgesetzt dass ψ als Function der q_i, p_i und t angesehen wird; daher hat man auch

$$(7.) \qquad \varphi = \Sigma p_i \frac{\partial \psi}{\partial p_i} - \psi,$$

in welcher Gleichung an Stelle der p_i die Grössen q_i' vermittelst der Gleichungen

$$q_i' = \frac{\partial \psi}{\partial p_i}$$

einzuführen sind. Man kann also durch Gleichung (7.) zu *jeder* gegebenen Function ψ von t und von den Grössen q_i und p_i eine zugeordnete Function φ von t und von den Grössen q_i und q_i' finden; demnach stellt die Gleichung $\frac{\partial V}{\partial t} + \psi = 0$ die allgemeinste partielle Differentialgleichung erster Ordnung dar, welche V als Function von $t, q_1, q_2, \dots q_\mu$ definirt, V selbst nicht enthält und nach $\frac{\partial V}{\partial t}$ aufgelöst ist. Es liegt hierin ein merkwürdiger Zusammenhang zweier weit aus einander liegenden Probleme, der isoperimetrischen der betrachteten Art und der Integration der partiellen Differentialgleichungen erster Ordnung. Dieser Zusammenhang lässt sich auf die übrigen isoperimetrischen Probleme, in welchen sich höhere als die ersten Differentialquotienten unter dem Integrale befinden, ausdehnen.

Die gefundene Lösung der partiellen Differentialgleichung $\frac{\partial V}{\partial t} + \psi = 0$ enthält, wie wir gesehen haben, die μ willkürlichen Constanten $q_1^0, q_2^0, \ldots q_\mu^0$, und da in ψ die Grösse V selbst nicht vorkommt, so kann man zu dieser Lösung V noch eine willkürliche Constante addiren und hat dann eine Lösung mit $\mu+1$ willkürlichen Constanten. Die Lösung V ist daher das, was man eine vollständige Lösung einer partiellen Differentialgleichung erster Ordnung nennt; denn eine solche muss so viele von einander unabhängige Constanten enthalten, als von einander unabhängige Variable in der Differentialgleichung vorkommen.

Sowie nun die Integration der betrachteten isoperimetrischen oder Bewegungsgleichungen diese vollständige Lösung der partiellen Differentialgleichung $\frac{\partial V}{\partial t} + \psi = 0$ liefert, so kann man umgekehrt aus der als bekannt vorausgesetzten vollständigen Lösung die Integralgleichungen der betrachteten isoperimetrischen oder mechanischen Differentialgleichungen bilden, und zwar sind dieselben in den bereits oben (Seite 146) gegebenen Gleichungen

$$(4.) \qquad \frac{\partial V}{\partial q_i} = p_i, \quad \frac{\partial V}{\partial q_i^0} = -p_i^0$$

enthalten, welche auch im Fall der in Rede stehenden isoperimetrischen Probleme gelten. Wir haben also die Integralgleichungen unter derselben Form dargestellt, wie früher die Differentialgleichungen, nämlich vermittelst der partiellen Differentialquotienten *einer* Function V. Dies ist die Erfindung *Hamiltons*, welcher die Function V mit dem Namen *the principal function* belegt. Das zweite in (4.) enthaltene System von Gleichungen $\frac{\partial V}{\partial q_i^0} = -p_i^0$ giebt die wahren Integralgleichungen, das erste System $\frac{\partial V}{\partial q_i} = p_i$ giebt die Grössen p_i oder q_i' in t und q_i mit μ Constanten q_i^0; dies ist das System der ersten Integralgleichungen, aber es ist von grosser Wichtigkeit, dass auch diese durch die partiellen Differentialquotienten von V dargestellt werden können. Wie wir später zeigen werden, brauchen die μ in V enthaltenen Constanten nicht die Anfangswerthe q_i^0 zu sein, sondern wenn man nur überhaupt eine vollständige Lösung V der partiellen Differentialgleichung $\frac{\partial V}{\partial t} + \psi = 0$ mit irgend welchen Constanten kennt, so lassen sich immer die Integralgleichungen durch die partiellen

Differentialquotienten dieser Lösung nach den in ihr enthaltenen Constanten darstellen.

Hamilton, der seine Erfindung in zwei Abhandlungen in den philosophical Transactions*) dargestellt hat, definirt V nicht bloss durch die eine partielle Differentialgleichung $\frac{\partial V}{\partial t}+\psi=0$, sondern er stellt zugleich noch eine zweite partielle Differentialgleichung auf, welcher V ebenfalls genügen soll. Diese kann man aber fortlassen, weil sie sich aus der schon aufgestellten herleiten lässt und weil ihre Hinzufügung nur der Untersuchung ihre Einfachheit nimmt. Denn die Frage der Bestimmung einer Function durch zwei simultane partielle Differentialgleichungen kann bei den jetzigen Mitteln der Analysis im Allgemeinen nicht beantwortet werden.

Um diese zweite partielle Differentialgleichung aus der schon gefundenen $\frac{\partial V}{\partial t}+\psi=0$ herzuleiten, brauchen wir folgenden leicht zu beweisenden Satz:

Es sei ein System von n gewöhnlichen Differentialgleichungen zwischen den $n+1$ Variablen $t, x_1, x_2, \ldots x_n$ vorgelegt, die dem Anfangswerthe τ von t entsprechenden Werthe der übrigen Variablen seien $x_1^0, x_2^0, \ldots x_n^0$, und man habe dem System der vorgelegten Differentialgleichungen durch das System der Integralgleichungen

$$(A.)\qquad \begin{cases} x_1=f_1(t,\tau,x_1^0,x_2^0,\ldots x_n^0),\\ x_2=f_2(t,\tau,x_1^0,x_2^0,\ldots x_n^0),\\ \vdots\\ x_n=f_n(t,\tau,x_1^0,x_2^0,\ldots x_n^0) \end{cases}$$

genügt. Dann erhält man durch Vertauschung der Variablen $t, x_1, x_2, \ldots x_n$ mit ihren Anfangswerthen $\tau, x_1^0, x_2^0, \ldots x_n^0$ ein gleichbedeutendes System von Integralgleichungen, so dass man das lästige Geschäft der Elimination ganz ersparen und die Integralgleichungen nach den willkürlichen Constanten aufgelöst ohne weitere Rechnung folgendermassen darstellen kann:

$$(B.)\qquad \begin{cases} x_1^0=f_1(\tau,t,x_1,x_2,\ldots x_n),\\ x_2^0=f_2(\tau,t,x_1,x_2,\ldots x_n),\\ \vdots\\ x_n^0=f_n(\tau,t,x_1,x_2,\ldots x_n). \end{cases}$$

Der Beweis dieses Satzes ist folgender: Genügt dem gegebenen System von

*) 1834. P. II., und 1835. P. I.

Differentialgleichungen das System der Integralgleichungen

$$(C.)\quad \begin{cases} x_1 = F_1(t, \alpha_1, \alpha_2, \dots \alpha_n), \\ x_2 = F_2(t, \alpha_1, \alpha_2, \dots \alpha_n), \\ \vdots \\ x_n = F_n(t, \alpha_1, \alpha_2, \dots \alpha_n), \end{cases}$$

so folgt hieraus für die Anfangswerthe dasselbe System von Gleichungen, nämlich

$$(D.)\quad \begin{cases} x_1^0 = F_1(\tau, \alpha_1, \alpha_2, \dots \alpha_n), \\ x_2^0 = F_2(\tau, \alpha_1, \alpha_2, \dots \alpha_n), \\ \vdots \\ x_n^0 = F_n(\tau, \alpha_1, \alpha_2, \dots \alpha_n). \end{cases}$$

Das System (*A.*) muss aus (*C.*) und (*D.*) durch Elimination von $\alpha_1, \alpha_2, \dots \alpha_n$ hervorgehen. Aber die Systeme (*C.*) und (*D.*) gehen in einander über, wenn man t mit τ und zugleich x_1 mit x_1^0, x_2 mit x_2^0, … x_n mit x_n^0 vertauscht; folglich muss man in (*A.*) eben diese Vertauschung vornehmen können, und das aus derselben sich ergebende System (*B.*) muss mit (*A.*) gleichbedeutend sein.

Aus diesem Satze lässt sich eine bemerkenswerthe Folgerung ziehen. Die Gleichungen (*B.*) sind Integrale, d. h. solche Integralgleichungen, die, wenn man sie differentiirt und die Differentialgleichungen zu Hülfe nimmt, ein identisch verschwindendes Resultat geben. Jede der Gleichungen (*A.*) hingegen enthält n Constanten, von denen keine überflüssig (supervacanea) ist*). Daher erhält man, wenn man eine derselben, z. B. $x_1 = f_1(t, \tau, x_1^0, x_2^0, \dots x_n^0)$, differentiirt, die Differentialgleichungen zu Hülfe nimmt und diese Operation fortsetzt, nach und nach alle Integralgleichungen. Einen solchen Nutzen kann man im Allgemeinen aus der Kenntniss eines Integrals, Const. $= F(t, \tau, x_1, x_2, \dots x_n)$, wo τ einen besonderen Werth von t bedeutet, nicht ziehen. Ereignet sich aber der Fall, dass die Constante gerade der dem Werthe τ von t entsprechende Werth der einen Variable, x_1 z. B., ist, so kann man aus dem einen Integral mit nur einer Constante alle Integralgleichungen herleiten. Dieser Fall tritt ein, sobald sich für $t = \tau$ die Function $F(t, \tau, x_1, x_2, \dots x_n)$ auf x_1 reducirt; alsdann kann man nach obigem Satz die Variablen mit ihren Anfangswerthen vertauschen und erhält daher aus dem einen Integral

$$\text{Const.} = F(t, \tau, x_1, x_2, \dots x_n)$$

---

*) Siehe die Abhandlung „dilucidationes de aequatt. diff. vulg. systematis“, *Crelles* Journal, Bd. 23.

die Integralgleichung

$$x_1 = F(\tau, t, x_1^0, x_2^0, \ldots x_n^0),$$

aus welcher sich durch successive Differentiation alle übrigen herleiten lassen.

Wir wollen nun sehen, was bei der Vertauschung der Variablen mit ihren Anfangswerthen aus V wird. Die betrachteten isoperimetrischen oder dynamischen Differentialgleichungen seien durch das System

$$\begin{array}{ll} q_1 = \chi_1(t, \alpha_1, \alpha_2, \ldots \alpha_{2\mu}), & p_1 = \varpi_1(t, \alpha_1, \alpha_2, \ldots \alpha_{2\mu}), \\ q_2 = \chi_2(t, \alpha_1, \alpha_2, \ldots \alpha_{2\mu}), & p_2 = \varpi_2(t, \alpha_1, \alpha_2, \ldots \alpha_{2\mu}), \\ \vdots & \vdots \\ q_\mu = \chi_\mu(t, \alpha_1, \alpha_2, \ldots \alpha_{2\mu}), & p_\mu = \varpi_\mu(t, \alpha_1, \alpha_2, \ldots \alpha_{2\mu}) \end{array}$$

integrirt. Man hat dann zugleich, indem man für t den Anfangswerth τ setzt,

$$\begin{array}{ll} q_1^0 = \chi_1(\tau, \alpha_1, \alpha_2, \ldots \alpha_{2\mu}), & p_1^0 = \varpi_1(\tau, \alpha_1, \alpha_2, \ldots \alpha_{2\mu}), \\ q_2^0 = \chi_2(\tau, \alpha_1, \alpha_2, \ldots \alpha_{2\mu}), & p_2^0 = \varpi_2(\tau, \alpha_1, \alpha_2, \ldots \alpha_{2\mu}), \\ \vdots & \vdots \\ q_\mu^0 = \chi_\mu(\tau, \alpha_1, \alpha_2, \ldots \alpha_{2\mu}), & p_\mu^0 = \varpi_\mu(\tau, \alpha_1, \alpha_2, \ldots \alpha_{2\mu}). \end{array}$$

In dem Integral

$$V = \int_\tau^t \varphi\, dt$$

ist φ eine Function von t, q_1, q_2, ... q_μ, p_1, p_2, ... p_μ, also, nach Einsetzung der Werthe von q_1, ... q_μ, p_1, ... p_μ aus den Integralgleichungen, eine blosse Function von t, α_1, α_2, ... $\alpha_{2\mu}$. Man kann demnach

$$\int \varphi\, dt = \Phi(t, \alpha_1, \alpha_2, \ldots \alpha_{2\mu})$$

setzen und erhält

$$V = \int_\tau^t \varphi\, dt = \Phi(t, \alpha_1, \ldots \alpha_{2\mu}) - \Phi(\tau, \alpha_1, \ldots \alpha_{2\mu}).$$

Die auf diese Weise bestimmte Grösse V wird eine vollständige Lösung der partiellen Differentialgleichung $\frac{\partial V}{\partial t} + \psi = 0$, wenn vermöge der obigen 2μ Gleichungen für q_1, q_2, ... q_μ, q_1^0, q_2^0, ... q_μ^0 die Constanten α_1, α_2, ... $\alpha_{2\mu}$ eliminirt worden sind. Aber von diesen 2μ Gleichungen geht die eine Hälfte in die andere über, wenn man t mit τ und die Grössen q_i mit den Grössen q_i^0 vertauscht. Daher muss jede der Grössen α_1, α_2, ... $\alpha_{2\mu}$ als Function von t, q_1, q_2, ... q_μ, τ, q_1^0, q_2^0, ... q_μ^0 ausgedrückt von der Beschaffenheit sein, dass sie ungeändert bleibt, wenn t mit τ, q_1 mit q_1^0, q_2 mit q_2^0, ... q_μ mit q_μ^0 vertauscht wird. Berücksichtigt man dies, so erhellt, dass durch diese Vertauschung

$$V = \Phi(t, \alpha_1, \alpha_2, \dots \alpha_{2\mu}) - \Phi(\tau, \alpha_1, \alpha_2, \dots \alpha_{2\mu})$$

in

$$\Phi(\tau, \alpha_1, \alpha_2, \dots \alpha_{2\mu}) - \Phi(t, \alpha_1, \alpha_2, \dots \alpha_{2\mu})$$

d. h. in $-V$ übergeht.

Bei allem Bisherigen haben wir keine besondere Hypothese über die Differentialgleichungen gemacht. Jetzt müssen wir, um den von *Hamilton* betrachteten Fall zu erhalten, annehmen, dass in φ die Variable t nicht explicite vorkommt. Dies findet in der Mechanik statt, wenn die Zeit t nicht in der Kräftefunction U und demzufolge auch nicht in $\psi = H = T - U$ enthalten ist. Dann tritt in die Differentialgleichungen der Bewegung

$$dt : dq_1 : dq_2 : \dots : dq_\mu : dp_1 : \dots : dp_\mu = 1 : \frac{\partial \psi}{\partial p_1} : \frac{\partial \psi}{\partial p_2} : \dots : \frac{\partial \psi}{\partial p_\mu} : -\frac{\partial \psi}{\partial q_1} : \dots : -\frac{\partial \psi}{\partial q_\mu}$$

nur das Differential der Grösse t ein; durch Fortlassung von dt und 1 eliminirt man die Zeit ganz, drückt nach Integration des übrig bleibenden Systems alle Variablen durch eine, z. B. q_1, aus und bestimmt diese letztere als Function der Zeit, indem man die aus der Differentialformel

$$dt = \frac{dq_1}{\dfrac{\partial \psi}{\partial p_1}}$$

durch Quadratur hervorgehende Gleichung

$$t - \tau = \int_{q_1^0}^{q_1} \frac{dq_1}{\dfrac{\partial \psi}{\partial p_1}}$$

nach q_1 auflöst. So erhält man q_1 als Function von $t - \tau$, und da die übrigen Variablen bereits als Functionen von q_1 ausgedrückt sind, so hängen sämmtliche Variablen nur von der Differenz $t - \tau$ ab. Dies gilt auch von der Function V, welche ebenfalls die beiden Grössen t und τ nur in der Verbindung $\theta = t - \tau$ enthält, und man hat daher

$$\frac{\partial V}{\partial t} = -\frac{\partial V}{\partial \tau} = \frac{\partial V}{\partial \theta}.$$

Werden nun die Grössen t, q_1, q_2, ... q_μ mit ihren Anfangswerthen τ, q_1^0, q_2^0, ... q_μ^0 vertauscht, so geht V in $-V$, θ in $-\theta$ über, und $\dfrac{\partial V}{\partial \theta}$ bleibt unverändert. Bezeichnet ferner ψ_0 den Werth, in welchen ψ übergeht, wenn die Grössen q_i und $p_i = \dfrac{\partial V}{\partial q_i}$ mit den Grössen q_i^0 und $p_i^0 = -\dfrac{\partial V}{\partial q_i^0}$ vertauscht werden, so geht die Gleichung

$$0 = \frac{\partial V}{\partial t} + \psi = \frac{\partial V}{\partial \theta} + \psi$$

in

$$0 = \frac{\partial V}{\partial \theta} + \psi_0 = -\frac{\partial V}{\partial \tau} + \psi_0$$

über. Dies ist die zweite *Hamilton*sche partielle Differentialgleichung, von der wir also nachgewiesen haben, dass sie aus der zuerst aufgestellten durch Vertauschung der Variablen mit ihren Anfangswerthen abgeleitet werden kann.

Zwanzigste Vorlesung.

Nachweis, dass die aus einer vollständigen Lösung der *Hamilton*schen partiellen Differentialgleichung abgeleiteten Integralgleichungen dem Systeme gewöhnlicher Differentialgleichungen wirklich genügen. Die *Hamilton*sche Gleichung für den Fall der freien Bewegung.

Wir wollen jetzt den umgekehrten Weg einschlagen und nachweisen, wie man, von der betrachteten partiellen Differentialgleichung ausgehend, zu den dynamischen oder isoperimetrischen Differentialgleichungen gelangen kann.

Es sei

$$\text{(1.)} \qquad \frac{\partial V}{\partial t} + \psi = 0$$

eine beliebige partielle Differentialgleichung erster Ordnung, welche V selbst nicht enthält, so dass ψ irgend eine Function der Grössen $t, q_1, q_2, \dots q_\mu, p_1, p_2, \dots p_\mu$ ist, wo $p_i = \frac{\partial V}{\partial q_i}$; man kenne eine vollständige Lösung V der partiellen Differentialgleichung (1.), d. h. eine Lösung, welche ausser der mit V durch Addition verbundenen noch μ willkürliche Constanten $\alpha_1, \alpha_2, \dots \alpha_\mu$ enthält. Setzt man nun

$$\frac{\partial V}{\partial \alpha_1} = \beta_1, \quad \frac{\partial V}{\partial \alpha_2} = \beta_2, \quad \dots \quad \frac{\partial V}{\partial \alpha_\mu} = \beta_\mu,$$

wo $\beta_1, \beta_2, \dots \beta_\mu$ neue willkürliche Constanten bedeuten, so sind diese Gleichungen, verbunden mit den Gleichungen

$$\frac{\partial V}{\partial q_1} = p_1, \quad \frac{\partial V}{\partial q_2} = p_2, \quad \dots \quad \frac{\partial V}{\partial q_\mu} = p_\mu,$$

die Integralgleichungen des Systems von Differentialgleichungen

$$\frac{dq_i}{dt}=\frac{\partial\psi}{\partial p_i},\quad \frac{dp_i}{dt}=-\frac{\partial\psi}{\partial q_i} \tag{3.}$$

wo i die Werthe 1, 2, ... μ *annimmt.*

Bei dem Beweise dieses Satzes haben wir zu berücksichtigen, dass, wenn die als bekannt vorausgesetzte vollständige Lösung für V in die partielle Differentialgleichung (1.) eingesetzt wird, die linke Seite derselben eine identisch verschwindende Function der Grössen t, q_1, q_2, ... q_μ, α_1, α_2, ... α_μ werden muss, und dass demnach ihr nach einer dieser Grössen genommener partieller Differentialquotient ebenfalls identisch verschwindet.

Um die erste Hälfte der Differentialgleichungen (3.) aus den Gleichungen (2.) herzuleiten, verfahren wir folgendermassen. Indem wir die Gleichungen (2.) nach t vollständig differentiiren, erhalten wir das System von Gleichungen

$$\left\{\begin{aligned} 0&=\frac{\partial^2 V}{\partial\alpha_1\partial t}+\frac{\partial^2 V}{\partial\alpha_1\partial q_1}\frac{dq_1}{dt}+\frac{\partial^2 V}{\partial\alpha_1\partial q_2}\frac{dq_2}{dt}+\cdots+\frac{\partial^2 V}{\partial\alpha_1\partial q_\mu}\frac{dq_\mu}{dt},\\ 0&=\frac{\partial^2 V}{\partial\alpha_2\partial t}+\frac{\partial^2 V}{\partial\alpha_2\partial q_1}\frac{dq_1}{dt}+\frac{\partial^2 V}{\partial\alpha_2\partial q_2}\frac{dq_2}{dt}+\cdots+\frac{\partial^2 V}{\partial\alpha_2\partial q_\mu}\frac{dq_\mu}{dt},\\ &\cdots\cdots\cdots\cdots\cdots\cdots\\ 0&=\frac{\partial^2 V}{\partial\alpha_\mu\partial t}+\frac{\partial^2 V}{\partial\alpha_\mu\partial q_1}\frac{dq_1}{dt}+\frac{\partial^2 V}{\partial\alpha_\mu\partial q_2}\frac{dq_2}{dt}+\cdots+\frac{\partial^2 V}{\partial\alpha_\mu\partial q_\mu}\frac{dq_\mu}{dt}. \end{aligned}\right. \tag{4.}$$

Es würde nun darauf ankommen, diese in Beziehung auf $\frac{dq_1}{dt}$, $\frac{dq_2}{dt}$, ... $\frac{dq_\mu}{dt}$ linearen Gleichungen aufzulösen und zu zeigen, dass die aus der Auflösung hervorgehenden Werthe mit den Grössen $\frac{\partial\psi}{\partial p_1}$, $\frac{\partial\psi}{\partial p_2}$, ... $\frac{\partial\psi}{\partial p_\mu}$ identisch sind. Aber diese Identität wird sich auch ohne Auflösung der Gleichungen ergeben, wenn man nachweist dass die Grössen $\frac{dq_i}{dt}$ und die Grössen $\frac{\partial\psi}{\partial p_i}$ demselben System linearer Gleichungen genügen. Zu diesem Nachweis müssen wir die partielle Differentialgleichung $\frac{\partial V}{\partial t}+\psi=0$ nach den Constanten α_1, α_2, ... α_μ partiell differentiiren und hierbei bedenken, dass von den Grössen t, q_i und $p_i=\frac{\partial V}{\partial q_i}$, deren Function ψ ist, nur die letzteren, also p_i, die Constanten α_1, α_2, ... α_μ enthalten. Die Differentiation nach α_i ergiebt

$$0=\frac{\partial^2 V}{\partial t\partial\alpha_i}+\frac{\partial\psi}{\partial p_1}\frac{\partial p_1}{\partial\alpha_i}+\frac{\partial\psi}{\partial p_2}\frac{\partial p_2}{\partial\alpha_i}+\cdots+\frac{\partial\psi}{\partial p_\mu}\frac{\partial p_\mu}{\partial\alpha_i},$$

und da $p_1 = \frac{\partial V}{\partial q_1}$, $p_2 = \frac{\partial V}{\partial q_2}$, ... $p_\mu = \frac{\partial V}{\partial q_\mu}$, also $\frac{\partial p_k}{\partial \alpha_i} = \frac{\partial^2 V}{\partial \alpha_i \partial q_k}$, so erhält man aus dieser Gleichung für $i = 1, 2, \ldots \mu$ ein System von linearen Gleichungen, welches sich von dem System (4.) nur dadurch unterscheidet, dass die Grössen $\frac{\partial \psi}{\partial p_i}$ an die Stelle der $\frac{dq_i}{dt}$ getreten sind. Hieraus schliessen wir $\frac{dq_i}{dt} = \frac{\partial \psi}{\partial p_i}$ (siehe die Bemerkung auf der folgenden Seite).

Zur Ableitung der zweiten Hälfte der Differentialgleichungen (3.), also der Gleichungen $\frac{dp_i}{dt} = -\frac{\partial \psi}{dq_i}$, nehmen wir die zweite Hälfte der Integralgleichungen zu Hülfe, d. h. die Gleichungen

$$\frac{\partial V}{\partial q_i} = p_i,$$

welche das System der ersten Integralgleichungen bilden, indem sie Relationen zwischen den Grössen q_i und q_i' mit μ willkürlichen Constanten darstellen. Die Gleichung $p_i = \frac{\partial V}{\partial q_i}$ giebt, nach t vollständig differentiirt,

$$\frac{dp_i}{dt} = \frac{\partial^2 V}{\partial q_i \partial t} + \frac{\partial^2 V}{\partial q_i \partial q_1} \frac{dq_1}{dt} + \frac{\partial^2 V}{\partial q_i \partial q_2} \frac{dq_2}{dt} + \cdots + \frac{\partial^2 V}{\partial q_i \partial q_\mu} \frac{dq_\mu}{dt}.$$

Schreiben wir für $\frac{\partial^2 V}{\partial q_i \partial q_1}$, $\frac{\partial^2 V}{\partial q_i \partial q_2}$, ... $\frac{\partial^2 V}{\partial q_i \partial q_\mu}$ respective $\frac{\partial p_1}{\partial q_i}$, $\frac{\partial p_2}{\partial q_i}$, ... $\frac{\partial p_\mu}{\partial q_i}$ und benutzen die schon gefundenen Gleichungen $\frac{dq_1}{dt} = \frac{\partial \psi}{\partial p_1}$, $\frac{dq_2}{dt} = \frac{\partial \psi}{\partial p_2}$, ... $\frac{dq_\mu}{dt} = \frac{\partial \psi}{\partial p_\mu}$, so ergiebt sich

$$(5.) \quad \frac{dp_i}{dt} = \frac{\partial^2 V}{\partial q_i \partial t} + \frac{\partial p_1}{\partial q_i} \frac{\partial \psi}{\partial p_1} + \frac{\partial p_2}{\partial q_i} \frac{\partial \psi}{\partial p_2} + \cdots + \frac{\partial p_\mu}{\partial q_i} \frac{\partial \psi}{\partial p_\mu}.$$

Indem wir andererseits die Gleichung $\frac{\partial V}{\partial t} + \psi = 0$ partiell nach q_i differentiiren, finden wir:

$$0 = \frac{\partial^2 V}{\partial q_i \partial t} + \frac{\partial \psi}{\partial p_1} \frac{\partial p_1}{\partial q_i} + \frac{\partial \psi}{\partial p_2} \frac{\partial p_2}{\partial q_i} + \cdots + \frac{\partial \psi}{\partial p_\mu} \frac{\partial p_\mu}{\partial q_i} + \frac{\partial \psi}{\partial q_i},$$

und diese Gleichung von (5.) abgezogen führt zu dem Ergebniss

$$\frac{dp_i}{dt} = -\frac{\partial \psi}{\partial q_i}.$$

Hiermit ist auch die zweite Hälfte der Differentialgleichungen (3.) hergeleitet, also der oben aufgestellte Satz vollständig bewiesen. Es ist wichtig, dass nach dem erhaltenen Ergebniss die in V enthaltenen μ Constanten willkürlich gewählt werden können und nicht die Anfangswerthe $q_1^0, q_2^0, \ldots q_\mu^0$ zu sein brauchen; denn zur Einführung der Anfangswerthe hat man Gleichungen aufzulösen oder Eliminationen zu bewerkstelligen, in den meisten Fällen also lästige Operationen auszuführen, die jetzt vermieden werden können.

Ein Punkt des vorstehenden Beweises verdient eine nähere Erörterung. Indem wir sahen, dass die für die Grössen $\frac{dq_i}{dt}$ aufgestellten Gleichungen (4.) auch für die Grössen $\frac{\partial \psi}{\partial p_i}$ gelten, schlossen wir hieraus, dass die Grössen $\frac{dq_i}{dt}$ und $\frac{\partial \psi}{\partial p_i}$ einander gleich sind. Zu diesem Schlusse sind wir aber nur dann berechtigt, wenn die Grössen $\frac{dq_i}{dt}$ durch das System linearer Gleichungen (4.) endliche und vollständig bestimmte Werthe erhalten. Dies findet nun bei einem System linearer Gleichungen immer statt, sobald die Gleichungen sich nicht widersprechen, oder sobald nicht eine oder mehrere eine Folge der übrigen sind. Im ersten dieser Fälle werden die Werthe der Variablen unendlich, im zweiten Falle unbestimmt: beide unterscheiden sich nur durch die Werthe der ganz constanten Terme, denn gesetzt, die letzte Gleichung eines Systems folge aus den übrigen, so müssen diese mit gehörigen Coefficienten multiplicirt und addirt die letzte geben. Aendert man nun in der letzten Gleichung den ganz constanten Term um eine beliebige Grösse, so folgt sie nicht mehr aus den übrigen, sondern widerspricht ihnen. Beide Fälle kommen also darin überein, dass, wenn man die ganz constanten Terme auf die linke Seite schafft, die rechte Seite der einen Gleichung, etwa der letzten, sich als die Summe der rechten Seiten der mit gehörigen Factoren multiplicirten übrigen Gleichungen darstellen lassen muss. Indem man für die in der letzten Horizontalreihe stehenden Coefficienten die hieraus hervorgehende Darstellung vermöge der übrigen einsetzt, zerfällt die Determinante R der in Rede stehenden Gleichungen in eine Summe von Determinanten, deren jede zwei zusammenfallende Horizontalreihen besitzt, also verschwindet. Es wird daher auch $R = 0$, und der Ausnahmefall, in welchem der obige Beweis ungültig wird, tritt also (insofern die Coefficienten der linearen Gleichungen endlich bleiben, was wir immer annehmen) nur dann ein, wenn die Determinante der linearen Gleichungen verschwindet. Die Coefficienten der linearen Gleichungen (4.) sind

$$\begin{array}{llll}\frac{\partial^2 V}{\partial\alpha_1\partial q_1}, & \frac{\partial^2 V}{\partial\alpha_1\partial q_2}, & \dots & \frac{\partial^2 V}{\partial\alpha_1\partial q_\mu}, \\ \frac{\partial^2 V}{\partial\alpha_2\partial q_1}, & \frac{\partial^2 V}{\partial\alpha_2\partial q_2}, & \dots & \frac{\partial^2 V}{\partial\alpha_2\partial q_\mu}, \\ \vdots & & & \\ \frac{\partial^2 V}{\partial\alpha_\mu\partial q_1}, & \frac{\partial^2 V}{\partial\alpha_\mu\partial q_2}, & \dots & \frac{\partial^2 V}{\partial\alpha_\mu\partial q_\mu};\end{array}$$

folglich kann man ihre Determinante auf die nachstehende doppelte Weise,

$$R = \Sigma\pm\frac{\partial\frac{\partial V}{\partial\alpha_1}}{\partial q_1}\frac{\partial\frac{\partial V}{\partial\alpha_2}}{\partial q_2}\cdots\frac{\partial\frac{\partial V}{\partial\alpha_\mu}}{\partial q_\mu} = \Sigma\pm\frac{\partial\frac{\partial V}{\partial q_1}}{\partial\alpha_1}\frac{\partial\frac{\partial V}{\partial q_2}}{\partial\alpha_2}\cdots\frac{\partial\frac{\partial V}{\partial q_\mu}}{\partial\alpha_\mu},$$

als Functionaldeterminante darstellen. Aus dieser doppelten Darstellung von R folgt beiläufig ein allgemeiner Satz über Functionen von 2μ Variablen $q_1, q_2, \dots q_\mu$, $\alpha_1, \alpha_2, \dots \alpha_\mu$. Wäre nun $R = 0$, so wären nach No. 5 der dreizehnten Vorlesung (p. 102) die Grössen $\frac{\partial V}{\partial\alpha_1}, \frac{\partial V}{\partial\alpha_2}, \dots \frac{\partial V}{\partial\alpha_\mu}$, als Functionen von $q_1, q_2, \dots q_\mu$ betrachtet, nicht unabhängig von einander, d. h. es müsste zwischen $\frac{\partial V}{\partial\alpha_1}, \frac{\partial V}{\partial\alpha_2}, \dots \frac{\partial V}{\partial\alpha_\mu}, \alpha_1, \alpha_2, \dots \alpha_\mu, t$ eine Gleichung existiren, welche $q_1, q_2, \dots q_\mu$ nicht enthielte. Aus der zweiten Darstellung von R folgt, dass dann zugleich zwischen $\frac{\partial V}{\partial q_1}, \frac{\partial V}{\partial q_2}, \dots \frac{\partial V}{\partial q_\mu}, q_1, q_2, \dots q_\mu, t$ eine Gleichung existiren müsste, welche $\alpha_1, \alpha_2, \dots \alpha_\mu$ nicht enthielte. Man hätte also eine Gleichung der Form

$$0 = F\left(t, q_1, q_2, \dots q_\mu, \frac{\partial V}{\partial q_1}, \frac{\partial V}{\partial q_2}, \dots \frac{\partial V}{\partial q_\mu}\right),$$

d. h. eine partielle Differentialgleichung erster Ordnung, welcher die vorausgesetzte Lösung V genügen müsste, und welche $\frac{\partial V}{\partial t}$ nicht enthält. Dies ist aber unmöglich, wenn V wirklich eine *vollständige* Lösung von $\frac{\partial V}{\partial t}+\psi = 0$ sein soll. Damit nämlich

$$V = f(t, q_1, q_2, \dots q_\mu, \alpha_1, \alpha_2, \dots \alpha_\mu)+C$$

dem Begriff einer *vollständigen* Lösung genüge, ist es nothwendig, dass man zur Elimination der $\mu+1$ Constanten $\alpha_1, \alpha_2, \dots \alpha_\mu, C$ alle $\mu+1$ Differentialquotienten

$$(6.)\quad \frac{\partial V}{\partial t} = \frac{\partial f}{\partial t},\quad \frac{\partial V}{\partial q_1} = \frac{\partial f}{\partial q_1},\quad \frac{\partial V}{\partial q_2} = \frac{\partial f}{\partial q_2},\quad \dots\quad \frac{\partial V}{\partial q_\mu} = \frac{\partial f}{\partial q_\mu}$$

brauche. Kann man, auch ohne die Gleichung $\frac{\partial V}{\partial t} = \frac{\partial f}{\partial t}$ anzuwenden, alle $\mu+1$ Constanten eliminiren, so dass man auf eine Gleichung der Form

$$F\left(t,\, q_1,\, q_2,\, \dots\, q_\mu,\, \frac{\partial V}{\partial q_1},\, \frac{\partial V}{\partial q_2},\, \dots\, \frac{\partial V}{\partial q_\mu}\right) = 0$$

kommt, und nehmen wir an, bei der Elimination der Constanten könne man von den Gleichungen (6.) nicht mehr als die eine $\frac{\partial V}{\partial t} = \frac{\partial f}{\partial t}$ missen, während jede der übrigen Gleichungen $\frac{\partial V}{\partial q_i} = \frac{\partial f}{\partial q_i}$ dabei erfordert werde, so muss es möglich sein, *einer* der Constanten $\alpha_1, \alpha_2, \dots \alpha_\mu$ einen besonderen Werth beizulegen, ohne dass eine der Gleichungen $\frac{\partial V}{\partial q_i} = \frac{\partial f}{\partial q_i}$ zur Elimination der Constanten erforderlich zu sein aufhört. Denn zwischen μ Gleichungen kann man im Allgemeinen nur $\mu-1$ Grössen eliminiren. Die Constante, der man den besonderen Werth beilegte, ist daher überflüssig (supervacanea), und die Function f ist so anzusehen, als enthielte sie nur $\mu-1$ Constanten. Daher ist $V = f + C$ nicht eine *vollständige* Lösung der partiellen Differentialgleichung $\frac{\partial V}{\partial t} + \psi = 0$, sondern nur der Gleichung $F = 0$, was unserer Voraussetzung widerspricht. Die Determinante R kann also nie Null werden, mithin ist der Schluss, den wir bei dem Beweise der Gleichungen (3.) machten, gültig.

Wir wollen zum Schluss dieser Vorlesung die partielle Differentialgleichung $\frac{\partial V}{\partial t} + \psi = 0$ für die freie Bewegung von n materiellen Punkten wirklich aufstellen. In diesem Fall ist $\psi = T - U$, für die Grössen q sind die $3n$ Coordinaten x_i, y_i, z_i zu setzen, und da $T = \frac{1}{2}\Sigma m_i(x_i'^2 + y_i'^2 + z_i'^2)$ ist, so folgt aus den Gleichungen $p_i = \frac{\partial T}{\partial q_i'}$, dass an die Stelle der Grössen p hier die Grössen $m_i x_i'$, $m_i y_i'$, $m_i z_i'$ treten. Da gleichzeitig $p = \frac{\partial V}{\partial q}$ zu setzen ist, so hat man die Gleichungen

$$m_i x_i' = \frac{\partial V}{\partial x_i},\quad m_i y_i' = \frac{\partial V}{\partial y_i},\quad m_i z_i' = \frac{\partial V}{\partial z_i}$$

oder

$$x_i' = \frac{1}{m_i}\frac{\partial V}{\partial x_i},\quad y_i' = \frac{1}{m_i}\frac{\partial V}{\partial y_i},\quad z_i' = \frac{1}{m_i}\frac{\partial V}{\partial z_i}.$$

Die Substitution dieser Werthe in T giebt

$$T = \tfrac{1}{2}\Sigma\frac{1}{m_i}\left(\left(\frac{\partial V}{\partial x_i}\right)^2+\left(\frac{\partial V}{\partial y_i}\right)^2+\left(\frac{\partial V}{\partial z_i}\right)^2\right),$$

und da U eine blosse Function der Zeit und der Grössen q d. h. der Coordinaten x_i, y_i, und z_i ist, so hat man

$$(7.)\qquad \frac{\partial V}{\partial t}+\tfrac{1}{2}\Sigma\frac{1}{m_i}\left(\left(\frac{\partial V}{\partial x_i}\right)^2+\left(\frac{\partial V}{\partial y_i}\right)^2+\left(\frac{\partial V}{\partial z_i}\right)^2\right) = U.$$

Dies ist die partielle Differentialgleichung erster Ordnung, von deren Lösung die Integration der Differentialgleichungen der Bewegung in dem Fall abhängt, wo die Bewegung ganz frei ist, und wo eine Kräftefunction U existirt, welche ausser den Coordinaten auch die Zeit t explicite enthalten darf. Hat man eine vollständige Lösung der Gleichung (7.) d. h. einen Werth von V, der ausser der zu V hinzuzufügenden Constante $3n$ Constanten $\alpha_1, \alpha_2, \ldots \alpha_{3n}$ enthält, so sind die für $i = 1, 2, \ldots 3n$ geltenden Gleichungen

$$\frac{\partial V}{\partial \alpha_i} = \beta_i$$

die Integralgleichungen der für $i = 1, 2, \ldots n$ geltenden Differentialgleichungen der Bewegung

$$m_i\frac{d^2x_i}{dt^2} = \frac{\partial U}{\partial x_i},\quad m_i\frac{d^2y_i}{dt^2} = \frac{\partial U}{\partial y_i},\quad m_i\frac{d^2z_i}{dt^2} = \frac{\partial U}{\partial z_i},$$

deren erste Integralgleichungen in dem System

$$\frac{\partial V}{\partial x_i} = m_i\frac{dx_i}{dt},\quad \frac{\partial V}{\partial y_i} = m_i\frac{dy_i}{dt},\quad \frac{\partial V}{\partial z_i} = m_i\frac{dz_i}{dt}$$

enthalten sind.

Einundzwanzigste Vorlesung.

Untersuchung des Falles, wo t nicht explicite vorkommt.

Eine besondere Betrachtung erfordert der schon oben hervorgehobene Fall, in welchem t in ψ nicht vorkommt. In diesem Fall kann die partielle Differentialgleichung $\frac{\partial V}{\partial t}+\psi = 0$ auf eine andere, welche eine Variable weniger enthält, zurückgeführt werden. Dies beruht auf einer sehr merkwürdigen Transformation der partiellen Differentialgleichungen, durch welche die eine der unabhängigen Variablen und der nach derselben genommene partielle Differentialquotient ihre Rollen vertauschen.

Es werde z als Function der n Variablen $x_1, x_2, \dots x_n$ angesehen, so dass, wenn $p_1, p_2, \dots p_n$ die nach $x_1, x_2, \dots x_n$ genommenen partiellen Differentialquotienten von z bedeuten,

(1.) $$dz = p_1 dx_1 + p_2 dx_2 + \dots + p_n dx_n$$

ist. Indem man das Glied $p_1 dx_1$ auf die linke Seite schafft und überdies $x_1 dp_1$ auf beiden Seiten abzieht, verwandelt sich die Gleichung (1.) in

$$d(z - p_1 x_1) = -x_1 dp_1 + p_2 dx_2 + \dots + p_n dx_n,$$

also, wenn wir

(2.) $$z - p_1 x_1 = y$$

setzen, in

$$dy = -x_1 dp_1 + p_2 dx_2 + \dots + p_n dx_n.$$

Daher hat man, wenn $y = z - p_1 x_1$ als Function von $p_1, x_2, x_3, \dots x_n$ angesehen wird,

$$\frac{\partial y}{\partial p_1} = -x_1, \quad \frac{\partial y}{\partial x_2} = p_2, \quad \frac{\partial y}{\partial x_3} = p_3, \quad \dots \quad \frac{\partial y}{\partial x_n} = p_n.$$

Genügt nun z der partiellen Differentialgleichung erster Ordnung

(3.) $$0 = F(x_1, x_2, \dots x_n, p_1, p_2, \dots p_n) = F\left(x_1, x_2, \dots x_n, \frac{\partial z}{\partial x_1}, \frac{\partial z}{\partial x_2}, \dots \frac{\partial z}{\partial x_n}\right),$$

und führt man anstatt z die neue Variable $y = z - p_1 x_1$, anstatt x_1 die neue Variable $-\frac{\partial y}{\partial p_1}$ ein, so verwandelt sich die partielle Differentialgleichung (3.) in

(4.) $$0 = F\left(-\frac{\partial y}{\partial p_1}, x_2, x_3, \dots x_n, p_1, \frac{\partial y}{\partial x_2}, \frac{\partial y}{\partial x_3}, \dots \frac{\partial y}{\partial x_n}\right).$$

Diese Transformation, welche sich im dritten Bande von *Eulers* Integralrechnung findet, ist besonders dann von Wichtigkeit, wenn x_1 in (3.) nicht vorkommt; denn alsdann kommt gleichzeitig $\frac{\partial y}{\partial p_1}$ in (4.) nicht vor, und es kann daher p_1 bei der Integration als Constante angesehen werden. Wenden wir dies auf die Gleichung

(5.) $$\frac{\partial V}{\partial t} + \psi\left(q_1, q_2, \dots q_\mu, \frac{\partial V}{\partial q_1}, \frac{\partial V}{\partial q_2}, \dots \frac{\partial V}{\partial q_\mu}\right) = 0$$

an. Da in ψ kein t vorkommt, so tritt in den oben gegebenen Formeln t an die Stelle von x_1. Für t ist jetzt eine neue unabhängige Variable

$$\alpha = \frac{\partial V}{\partial t},$$

für V eine neue abhängige Variable

$$W = V - t\frac{\partial V}{\partial t} = V - t\alpha$$

einzuführen, so dass

$$t = -\frac{\partial W}{\partial \alpha}$$

wird, und

$$\frac{\partial V}{\partial q_1} = \frac{\partial W}{\partial q_1}, \quad \frac{\partial V}{\partial q_2} = \frac{\partial W}{\partial q_2}, \quad \dots \quad \frac{\partial V}{\partial q_\mu} = \frac{\partial W}{\partial q_\mu}.$$

Wir können die Formeln für diese Transformation auch beweisen, ohne die Differentialgleichung

$$dV = p_1 dq_1 + p_2 dq_2 + \dots + p_\mu dq_\mu + \frac{\partial V}{\partial t} dt$$

zu benutzen. In der That, V ist eine Function von t, q_1, q_2, ... q_μ und von den willkürlichen Constanten α_1, α_2, ... Setzen wir nun

$$W = V - t\frac{\partial V}{\partial t}$$

und führen in W für t eine neue Variable α vermittelst der Gleichung

$$\frac{\partial V}{\partial t} = \alpha$$

ein, so wird t eine Function von α und von den ausser t in V vorkommenden Grössen, und

$$W = V - t\alpha$$

wird eine Function von α, q_1, q_2, ... q_μ und von den Constanten α_1, α_2, ... Unter Berücksichtigung der verschiedenen Bedeutung der Differentiationen für die Functionen V und W hat man daher

$$\frac{\partial W}{\partial \alpha} = \frac{\partial V}{\partial t}\frac{\partial t}{\partial \alpha} - \alpha\frac{\partial t}{\partial \alpha} - t = -t,$$

$$\frac{\partial W}{\partial q_i} = \frac{\partial V}{\partial q_i} + \frac{\partial V}{\partial t}\frac{\partial t}{\partial q_i} - \alpha\frac{\partial t}{\partial q_i} = \frac{\partial V}{\partial q_i},$$

$$\frac{\partial W}{\partial \alpha_i} = \frac{\partial V}{\partial \alpha_i} + \frac{\partial V}{\partial t}\frac{\partial t}{\partial \alpha_i} - \alpha\frac{\partial t}{\partial \alpha_i} = \frac{\partial V}{\partial \alpha_i}.$$

Wenn also nach unserer Annahme in der Function ψ der Gleichung (5.) die Zeit t nicht explicite vorkommt, so führt man durch die Gleichungen

$$\frac{\partial V}{\partial t} = \alpha, \quad V - t\frac{\partial V}{\partial t} = W$$

für t und V die neuen Variablen α und W ein und transformirt hierdurch (5.) in

$$(6.)\qquad \alpha+\psi\left(q_1, q_2, \ldots q_\mu, \frac{\partial W}{\partial q_1}, \frac{\partial W}{\partial q_2}, \ldots \frac{\partial W}{\partial q_\mu}\right)=0.$$

Nach Integration dieser Gleichung findet man V aus der Gleichung $V-t\frac{\partial V}{\partial t}=W$, welche, nachdem $\frac{\partial V}{\partial t}=\alpha$, $t=-\frac{\partial W}{\partial \alpha}$ darin substituirt worden ist, in

$$V=W-\alpha\frac{\partial W}{\partial \alpha}$$

übergeht. In V muss überdies statt α wiederum t eingeführt werden und zwar vermittelst der Gleichung

$$\frac{\partial W}{\partial \alpha}=-t,$$

welche nach α aufzulösen ist.

Es scheint auf den ersten Anblick, als wenn auf diesem Wege aus einer vollständigen Lösung W der Gleichung (6.) noch keine vollständige Lösung V der Gleichung (5.) folgte. Da in W die Anzahl der Constanten μ beträgt, so müssen in der abgeleiteten Lösung V daher ebenfalls μ Constanten vorkommen. Soll V aber eine vollständige Lösung sein, so muss sie $\mu+1$ Constanten enthalten. Diese fehlende Constante kann man indessen leicht hineinbringen. Da nämlich t selbst in Gleichung (5.) nicht vorkommt, sondern nur $\frac{\partial V}{\partial t}$, so wird eine Lösung V der Gleichung (5.) nicht aufhören eine solche zu sein, wenn man t um eine willkürliche Constante vermehrt oder vermindert, also $t-\tau$ an Stelle von t setzt. Dadurch verwandelt sich die zwischen V und W bestehende Transformationsformel $W=V-t\frac{\partial V}{\partial t}$ in

$$W=V-(t-\tau)\frac{\partial V}{\partial t}=V-\alpha(t-\tau),$$

und t wird nicht mehr durch die Gleichung $\frac{\partial W}{\partial \alpha}=-t$, sondern durch die Gleichung

$$\frac{\partial W}{\partial \alpha}=\tau-t$$

eingeführt. Alsdann enthält V die genügende Anzahl $\mu+1$ von Constanten, nämlich die $\mu-1$ Constanten $\alpha_1, \alpha_2, \ldots \alpha_{\mu-1}$, welche ausser der additiv zu W hinzuzufügenden in W vorkommen, die additive Constante selbst und die mit t verbundene Constante τ. Die Integralgleichungen der isoperimetrischen Differentialgleichungen sind daher

$$\frac{\partial V}{\partial \alpha_1} = \beta_1, \quad \frac{\partial V}{\partial \alpha_2} = \beta_2, \quad \ldots \quad \frac{\partial V}{\partial \alpha_{\mu-1}} = \beta_{\mu-1} \quad \text{und} \quad \frac{\partial V}{\partial \tau} = \text{Const.}$$

Da τ nur in der Verbindung $t-\tau$ vorkommt, so ist

$$\frac{\partial V}{\partial \tau} = -\frac{\partial V}{\partial t};$$

also kann die letzte der μ Integralgleichungen durch

$$\frac{\partial V}{\partial t} = \text{Const.}$$

ersetzt werden. Hieraus geht hervor, dass die Gleichung $\frac{\partial V}{\partial t} = \alpha$, mittelst deren wir α für t einführten, ein Integral ist, und dass α als Constante betrachtet werden muss.

Wie wir gesehen haben, sind die beiden Gleichungen $\frac{\partial V}{\partial t} = \alpha$ und $\frac{\partial W}{\partial \alpha} = \tau - t$ gleichbedeutend, überdies sind die partiellen Differentialquotienten $\frac{\partial V}{\partial \alpha_i}$ und $\frac{\partial W}{\partial \alpha_i}$, wo i eine der Zahlen 1 bis $\mu-1$ darstellt, einander gleich; also kann man die Integralgleichungen auch, ohne V zu Hülfe zu nehmen, unmittelbar durch W darstellen und erhält dieselben unter der Form

$$(7.) \qquad \frac{\partial W}{\partial \alpha_1} = \beta_1, \quad \frac{\partial W}{\partial \alpha_2} = \beta_2, \quad \ldots \quad \frac{\partial W}{\partial \alpha_{\mu-1}} = \beta_{\mu-1}, \quad \frac{\partial W}{\partial \alpha} = \tau - t.$$

Ebenso kann man das System der ersten Integralgleichungen

$$\frac{\partial V}{\partial q_1} = p_1, \quad \frac{\partial V}{\partial q_2} = p_2, \quad \ldots \quad \frac{\partial V}{\partial q_\mu} = p_\mu$$

durch W darstellen und erhält, da $\frac{\partial V}{\partial q_i} = \frac{\partial W}{\partial q_i}$ ist, dasselbe unter der Form

$$(8.) \qquad \frac{\partial W}{\partial q_1} = p_1, \quad \frac{\partial W}{\partial q_2} = p_2, \quad \ldots \quad \frac{\partial W}{\partial q_\mu} = p_\mu.$$

Im Fall der Mechanik ist $\psi = T - U$, und man hat daher den Satz:

Wenn die Kräftefunction U die Zeit t nicht explicite enthält, so dass der Satz der lebendigen Kraft gilt, so drücke man die halbe lebendige Kraft T durch die Grössen q_i und $p_i = \frac{\partial T}{\partial q'_i}$ aus. Hierauf setze man in der Gleichung der lebendigen Kraft,

$$0 = \alpha + \psi = \alpha + T - U,$$

$\frac{\partial W}{\partial q_i}$ *an Stelle von p_i, so dass diese Gleichung in eine partielle Differential-*

gleichung für W übergeht. Kennt man eine vollständige Lösung derselben, welche ausser der mit W additiv verbundenen Constanten die $\mu-1$ Constanten $\alpha_1, \alpha_2, \dots \alpha_{\mu-1}$ enthält, so sind

$$\frac{\partial W}{\partial \alpha_1} = \beta_1, \quad \frac{\partial W}{\partial \alpha_2} = \beta_2, \quad \dots \quad \frac{\partial W}{\partial \alpha_{\mu-1}} = \beta_{\mu-1}, \quad \frac{\partial W}{\partial \alpha} = \tau - t$$

die Integralgleichungen der Differentialgleichungen der Bewegung, zu welchen man noch die Gleichungen

$$\frac{\partial W}{\partial q_1} = p_1, \quad \frac{\partial W}{\partial q_2} = p_2, \quad \dots \quad \frac{\partial W}{\partial q_{\mu-1}} = p_{\mu-1}, \quad \frac{\partial W}{\partial q_\mu} = p_\mu$$

als das System der ersten Integralgleichungen hinzufügen kann.

Die 2μ in den Integralgleichungen enthaltenen Constanten sind

$$\alpha_1, \alpha_2, \dots \alpha_{\mu-1}, \alpha,$$
$$\beta_1, \beta_2, \dots \beta_{\mu-1}, \tau.$$

Im Fall eines ganz freien Systems ist $\mu = 3n$, zugleich treten an die Stelle der Grössen p_i die Grössen

$$m_i x_i', \quad m_i y_i', \quad m_i z_i',$$

es wird

$$T = \tfrac{1}{2} \Sigma \frac{1}{m_i} \{(m_i x_i')^2 + (m_i y_i')^2 + (m_i z_i')^2\}$$

und die partielle Differentialgleichung nimmt die Form an:

$$\tfrac{1}{2} \Sigma \frac{1}{m_i} \left\{ \left(\frac{\partial W}{\partial x_i}\right)^2 + \left(\frac{\partial W}{\partial y_i}\right)^2 + \left(\frac{\partial W}{\partial z_i}\right)^2 \right\} = U - \alpha.$$

Zweiundzwanzigste Vorlesung.

Lagranges Methode der Integration der partiellen Differentialgleichungen erster Ordnung mit zwei unabhängigen Veränderlichen. Anwendung auf die mechanischen Probleme, welche nur von zwei Bestimmungsstücken abhängen. Die freie Bewegung eines Punkts in der Ebene und die kürzeste Linie auf einer Oberfläche.

Nachdem wir die mechanischen Probleme auf die Integration einer nicht linearen partiellen Differentialgleichung erster Ordnung zurückgeführt haben, müssen wir uns mit der Integration derselben, d. h. mit der Aufsuchung einer vollständigen Lösung, beschäftigen.

Im dritten Theil von *Eulers* Integralrechnung kommen sehr schöne Untersuchungen über die Integration der partiellen Differentialgleichungen vor.

Er behandelt zwar immer nur besondere Fälle, indessen ist er so glücklich in der Auffindung derselben, dass sich meistentheils durch die später gefundene allgemeine Methode seinen Resultaten wenig oder nichts hinzusetzen lässt. *Eulers* Arbeiten haben überhaupt das grosse Verdienst, dass überall die Fälle möglichst vollständig angeführt sind, in welchen sich durch die angegebenen Methoden und Mittel Probleme vollständig auflösen lassen. Seine Beispiele geben daher immer den ganzen Inhalt seiner Methoden nach dem damaligen Stande der Wissenschaft, und es ist in der Regel eine Bereicherung derselben, wenn man den *Euler*schen Beispielen ein neues hinzusetzen kann, da ihm selten ein durch seine Mittel lösbares entgangen ist.

Lagrange hat seine allgemeine Integrationsmethode der partiellen Differentialgleichungen erster Ordnung, welche ein durchaus neuer Gedanke in der Integralrechnung ist, zuerst in einer Abhandlung gegeben, welche zu den Schriften der Berliner Akademie vom Jahre 1772 gehört. In dieser Abhandlung ist die Zurückführung der nicht linearen partiellen Differentialgleichungen erster Ordnung auf lineare enthalten; es werden die Begriffe der vollständigen und allgemeinen Lösungen aufgestellt, die letzteren aus den ersteren hergeleitet und die Methoden zur Auffindung der vollständigen Lösungen angegeben. Alles beschränkt sich aber nur auf den Fall von drei Variablen, von welchen zwei von einander unabhängig sind. *Lagranges* Methode ist folgende:

Es sei die partielle Differentialgleichung erster Ordnung

$$\Psi(x,\ y,\ z,\ p,\ q) = 0$$

vorgelegt, wo x, y die unabhängigen Variablen sind, z die abhängige, und

$$p = \frac{\partial z}{\partial x},\quad q = \frac{\partial z}{\partial y},$$

sodass zwischen den Differentialen der drei Variablen die Relation

$$dz = pdx + qdy$$

besteht. Die vorgelegte Differentialgleichung gebe, nach q aufgelöst,

$$q = \chi(x,\ y,\ z,\ p),$$

dann hat man

$$dz = pdx + \chi(x,\ y,\ z,\ p)dy.$$

Um eine vollständige Lösung z zu finden, d. h. eine Lösung, welche zwei willkürliche Constanten enthält, ist es offenbar nur nöthig, einen Werth, $p = \varpi(x, y, z, a)$ zu finden, welcher, in den Ausdruck $pdx + \chi dy$ substituirt, denselben zu einem vollständigen Differential macht, worauf z aus der Gleichung

$dz = pdx + \chi dy$ zu bestimmen übrig bleibt. Das Letztere erfordert die Integration einer gewöhnlichen Differentialgleichung erster Ordnung, durch welche in z ausser a eine zweite Constante b eintritt. Es kommt also darauf an, p als Function ϖ von x, y, z und einer willkürlichen Constante a so zu bestimmen, dass der Ausdruck $pdx + \chi(x, y, z, p) dy$ ein vollständiges Differential wird. Hierzu ist erforderlich, dass p nach y differentiirt denselben Werth gebe wie χ nach x differentiirt, d. h. es muss die Gleichung

$$\frac{\partial p}{\partial y} + \frac{\partial p}{\partial z}\frac{\partial z}{\partial y} = \frac{\partial \chi}{\partial x} + \frac{\partial \chi}{\partial z}\frac{\partial z}{\partial x} + \frac{\partial \chi}{\partial p}\left(\frac{\partial p}{\partial x} + \frac{\partial p}{\partial z}\frac{\partial z}{\partial x}\right)$$

oder

$$\frac{\partial \chi}{\partial x} + \frac{\partial \chi}{\partial z}p = -\frac{\partial \chi}{\partial p}\frac{\partial p}{\partial x} + \frac{\partial p}{\partial y} + \left(\chi - \frac{\partial \chi}{\partial p}p\right)\frac{\partial p}{\partial z}$$

erfüllt werden. Dies ist, da χ eine bekannte Function von x, y, z, p ist, eine *lineare* partielle Differentialgleichung für p, welche drei unabhängige Variable x, y, z enthält, und das vorliegende Problem ist also darauf zurückgeführt, von dieser linearen partiellen Differentialgleichung für p *eine* Lösung $p = \varpi(x, y, z, a)$ mit einer willkürlichen Constante a zu finden. Der Umstand, dass man nur *eine* solche Lösung zu kennen braucht, wird von *Lagrange* umständlich hervorgehoben.

Betrachten wir jetzt allein den Fall, wo z selbst in Ψ und daher auch in χ nicht enthalten ist, wo also die vorgelegte partielle Differentialgleichung die einfachere Form

$$(1.) \qquad \Psi(x, y, p, q) = 0$$

hat. In diesem Fall kann man auch p als Function von x, y, a ohne z so bestimmen, dass $pdx + \chi dy$ ein vollständiges Differential wird. Da jetzt sowohl $\frac{\partial \chi}{\partial z}$ als $\frac{\partial p}{\partial z}$ verschwinden, so reducirt sich die lineare partielle Differentialgleichung für p auf

$$\frac{\partial \chi}{\partial p}\frac{\partial p}{\partial x} - \frac{\partial p}{\partial y} + \frac{\partial \chi}{\partial x} = 0.$$

Statt aber anzunehmen, die gegebene partielle Differentialgleichung (1.) wäre nach q aufgelöst, wollen wir dieselbe vielmehr in ihrer ursprünglichen Gestalt in die Rechnung einführen. Denken wir uns ferner die Gleichung $p = \varpi(x, y, a)$ nicht nach p, sondern nach a aufgelöst, also auf die Form $f(x, y, p) = a$ gebracht, so haben wir uns der Formeln

$$\frac{\partial \chi}{\partial x}=\frac{\partial q}{\partial x}=-\frac{\frac{\partial \psi}{\partial x}}{\frac{\partial \psi}{\partial q}}, \quad \frac{\partial \chi}{\partial p}=\frac{\partial q}{\partial p}=-\frac{\frac{\partial \psi}{\partial p}}{\frac{\partial \psi}{\partial q}},$$

$$\frac{\partial p}{\partial x}=-\frac{\frac{\partial f}{\partial x}}{\frac{\partial f}{\partial p}}, \quad \frac{\partial p}{\partial y}=-\frac{\frac{\partial f}{\partial y}}{\frac{\partial f}{\partial p}}$$

zu bedienen, und indem wir diese Werthe in die obige lineare partielle Differentialgleichung für p einsetzen, geht dieselbe in die folgende lineare partielle Differentialgleichung für f über:

$$(2.) \qquad \frac{\partial \psi}{\partial p}\frac{\partial f}{\partial x}+\frac{\partial \psi}{\partial q}\frac{\partial f}{\partial y}-\frac{\partial \psi}{\partial x}\frac{\partial f}{\partial p}=0.$$

Kennt man von derselben eine Lösung f ohne Constante, so bedarf es im vorliegenden Fall zur Bestimmung der vollständigen Lösung z von (1.) keiner weiteren Integration einer Differentialgleichung. Denn wenn man jene Lösung f einer willkürlichen Constanten a gleich setzt und aus der Gleichung

$$f(x, y, p) = a$$

in Verbindung mit der vorgelegten Differentialgleichung

$$\psi(x, y, p, q) = 0$$

p und q als Functionen von x und y bestimmt, so sind dieselben von der Beschaffenheit, dass $pdx+qdy$ ein vollständiges Differential wird, da die dafür erforderliche Bedingung (2.) erfüllt ist, und man erhält daher z aus der Formel

$$z=\int(pdx+qdy)$$

durch blosse Quadratur, so dass die zweite in der vollständigen Lösung z enthaltene willkürliche Constante additiv mit z verbunden ist, was sich voraussehen liess, da in Gleichung (1.) z selbst fehlt.

Es kommt also nur darauf an, *eine* Lösung der linearen partiellen Differentialgleichung (2.) zu finden, in welcher die partiellen Differentialquotienten $\frac{\partial \psi}{\partial p}, \frac{\partial \psi}{\partial q}, \frac{\partial \psi}{\partial x}$ vermöge der Gleichung (1.) als Functionen von x, y und p ohne q dargestellt vorausgesetzt sind. Aber bekanntlich ist diese lineare partielle Differentialgleichung (2.) nichts anderes*), als die Definitionsgleichung derjenigen

*) Siehe zehnte Vorlesung p. 75.

Functionen f von x, y, p, welche einer Constanten a gleich gesetzt ein Integral des Systems gewöhnlicher Differentialgleichungen

$$(3.)\qquad dx:dy:dp = \frac{\partial\Psi}{\partial p}:\frac{\partial\Psi}{\partial q}:-\frac{\partial\Psi}{\partial x}$$

geben. Die ganze Untersuchung ist also darauf zurückgeführt, *ein* Integral des Systems gewöhnlicher Differentialgleichungen (3.) zu finden.

Wir können dieses Systems noch dadurch vervollständigen, dass wir vermittelst der Gleichung $\Psi = 0$ die Grösse aufsuchen, welcher dq proportional ist. Die Gleichung $\Psi = 0$ differentiirt giebt

$$\frac{\partial\Psi}{\partial x}dx+\frac{\partial\Psi}{\partial y}dy+\frac{\partial\Psi}{\partial p}dp+\frac{\partial\Psi}{\partial q}dq = 0.$$

Aber nach den Differentialgleichungen (3.) hat man die Proportion

$$dx:dp = \frac{\partial\Psi}{\partial p}:-\frac{\partial\Psi}{\partial x},$$

so dass $\frac{\partial\Psi}{\partial x}dx+\frac{\partial\Psi}{\partial p}dp$ für sich verschwindet; es muss daher auch $\frac{\partial\Psi}{\partial y}dy+\frac{\partial\Psi}{\partial q}dq$ für sich verschwinden, und man erhält

$$dy:dq = \frac{\partial\Psi}{\partial q}:-\frac{\partial\Psi}{\partial y}.$$

Das System (3) lautet daher vollständig:

$$(4.)\qquad dx:dy:dp:dq = \frac{\partial\Psi}{\partial p}:\frac{\partial\Psi}{\partial q}:-\frac{\partial\Psi}{\partial x}:-\frac{\partial\Psi}{\partial y},$$

ein in Beziehung auf x und p einerseits, und y und q andererseits symmetrisches Resultat, woraus die Richtigkeit der Rechnung hervorgeht. Dieses System tritt an die Stelle von (3.), wenn wir die Integrationsmethode dahin verallgemeinern, dass wir in die Function f auch q eintreten lassen. Wir können nämlich die Gleichung $f(x, y, p) = a$ als das Resultat der Elimination von q zwischen einer Gleichung

$$(5.)\qquad F(x, y, p, q) = a$$

und $\Psi(x, y, p, q) = 0$ ansehen, so dass, wenn, wie oben, χ den aus der Auflösung der Gleichung $\Psi = 0$ hervorgehenden Werth von q bezeichnet, identisch

$$F(x, y, p, \chi) = f(x, y, p)$$

wird. Daher muss $F(x, y, p, \chi)$ der linearen partiellen Differentialgleichung (2.) genügen, was für F zu der Differentialgleichung

$$\frac{\partial\Psi}{\partial p}\frac{\partial F}{\partial x}+\frac{\partial\Psi}{\partial q}\frac{\partial F}{\partial y}-\frac{\partial\Psi}{\partial x}\frac{\partial F}{\partial p}+\frac{\partial F}{\partial\chi}\left(\frac{\partial\Psi}{\partial p}\frac{\partial\chi}{\partial x}+\frac{\partial\Psi}{\partial q}\frac{\partial\chi}{\partial y}-\frac{\partial\Psi}{\partial x}\frac{\partial\chi}{\partial p}\right) = 0$$

führt. Aber da χ die Gleichung $\Psi(x, y, p, \chi) = 0$ identisch befriedigt, so hat man

$$\frac{\partial \chi}{\partial x} = -\frac{\frac{\partial \Psi}{\partial x}}{\frac{\partial \Psi}{\partial \chi}}, \quad \frac{\partial \chi}{\partial y} = -\frac{\frac{\partial \Psi}{\partial y}}{\frac{\partial \Psi}{\partial \chi}}, \quad \frac{\partial \chi}{\partial p} = -\frac{\frac{\partial \Psi}{\partial p}}{\frac{\partial \Psi}{\partial \chi}}.$$

Hierdurch reducirt sich der auf der linken Seite der obigen Gleichung in $\frac{\partial F}{\partial \chi}$ multiplicirte Ausdruck auf $-\frac{\partial \Psi}{\partial y}$, und man erhält

$$(6.)\qquad \frac{\partial \Psi}{\partial p}\frac{\partial F}{\partial x} + \frac{\partial \Psi}{\partial q}\frac{\partial F}{\partial y} - \frac{\partial \Psi}{\partial x}\frac{\partial F}{\partial p} - \frac{\partial \Psi}{\partial y}\frac{\partial F}{\partial q} = 0,$$

woraus hervorgeht, dass $F = a$ in der That ein Integral des Systems von Differentialgleichungen (4.) ist. Da $f(x, y, p) = a$ das Resultat der Elimination von q zwischen $F(x, y, p, q) = a$ und $\Psi(x, y, p, q) = 0$ ist, so folgen aus den Gleichungen $F(x, y, p, q) = a$ und $\Psi(x, y, p, q) = 0$ dieselben Werthe von p und q, wie aus $f(x, y, p) = a$ und $\Psi(x, y, p, q) = 0$. Berücksichtigt man überdies, dass $\Psi = 0$ ein Integral der Differentialgleichungen (4.) ist und zwar ein allgemeines, wenn in der Function Ψ eine additiv mit derselben verbundene Constante enthalten ist, sonst aber ein particulares, so kann man das gewonnene Ergebniss in den folgenden Satz zusammenfassen:

Ist die partielle Differentialgleichung

$$(1.)\qquad \Psi(x, y, p, q) = 0$$

gegeben, wo $p = \frac{\partial z}{\partial x}$, $q = \frac{\partial z}{\partial y}$, *so bilde man das System gewöhnlicher Differentialgleichungen*

$$(4.)\qquad dx : dy : dp : dq = \frac{\partial \Psi}{\partial p} : \frac{\partial \Psi}{\partial q} : -\frac{\partial \Psi}{\partial x} : -\frac{\partial \Psi}{\partial y}.$$

Kennt man von demselben ausser dem a priori gegebenen Integral $\Psi = 0$ *noch ein zweites,*

$$(5.)\qquad F(x, y, p, q) = a,$$

so bestimme man aus (1.) *und* (5.) p *und* q *als Function von* x *und* y: *dann erhält man* z *durch die Formel*

$$z = \int (p\,dx + q\,dy)$$

vermittelst einer blossen Quadratur.

Die Gleichungen (4.) sind von derselben Form, wie die Differentialgleichungen der Bewegung, nur sind an die Stelle der Grössen q_1, q_2, p_1, p_2,

$\psi+\alpha$, W hier die Grössen x, y, p, q, Ψ, z getreten. Folglich erhalten wir eine neue Integralgleichung von (4.), wenn wir z nach einer darin enthaltenen willkürlichen Constante differentiiren und das Resultat einer anderen willkürlichen Constante gleichsetzen. Eine solche in z enthaltene Constante ist α, wir haben somit in der Gleichung

$$\frac{\partial z}{\partial \alpha} = \int\left(\frac{\partial p}{\partial \alpha}dx + \frac{\partial q}{\partial \alpha}dy\right) = b$$

das dritte Integral des Systems (4.). Dass wir zu demselben durch blosse Quadratur gelangt sind, ist ein bedeutender Nutzen, den wir aus der Zurückführung des Systems gewöhnlicher Differentialgleichungen (4.) auf die partielle Differentialgleichung (1.) gezogen haben. Fügen wir, um die Analogie der Differentialgleichungen der Bewegung vollständig durchzuführen, zu der Proportion (4.) auf der linken Seite dt, auf der rechten 1 hinzu, so wird, wie wir in der vorigen Vorlesung gesehen haben, t durch die Gleichung

$$\frac{\partial z}{\partial \alpha} = \int\left(\frac{\partial p}{\partial \alpha}dx + \frac{\partial q}{\partial \alpha}dy\right) = \tau - t$$

bestimmt, wo α die in $\Psi = \psi + \alpha$ enthaltene Constante ist.

Nachdem *Hamilton* die Zurückführung der dynamischen Differentialgleichungen auf eine partielle Differentialgleichung erster Ordnung gefunden hatte, brauchte man also auf dieselbe nur die seit 65 Jahren bekannten Methoden anzuwenden, um für alle Probleme der Mechanik, welche nur zwei zu bestimmenden Grössen, q_1 und q_2, enthalten, ein wichtiges Resultat zu gewinnen.

Gilt für die betrachteten mechanischen Probleme der Satz der lebendigen Kraft, so hat in der Gleichung $0 = \Psi = \alpha + \psi$ die Function ψ den Werth

$$\psi = T - U;$$

die Gleichung

$$T = U - \alpha,$$

welche den Satz der lebendigen Kraft ausdrückt, und in welcher U eine Function von q_1, q_2 allein, T eine Function von q_1, q_2, p_1, p_2 ist, geht nach Einsetzung der Werthe $p_1 = \frac{\partial W}{\partial q_1}$, $p_2 = \frac{\partial W}{\partial q_2}$ in die partielle Differentialgleichung für W über, und die Differentialgleichungen der Bewegung heissen

$$dt : dq_1 : dq_2 : dp_1 : dp_2 = 1 : \frac{\partial \psi}{\partial p_1} : \frac{\partial \psi}{\partial p_2} : -\frac{\partial \psi}{\partial q_1} : -\frac{\partial \psi}{\partial q_2}.$$

Das zur Bestimmung der vollständigen Lösung W nothwendige zweite von t

freie Integral dieser Differentialgleichungen sei

$$F(q_1, q_2, p_1, p_2) = a,$$

alsdann hat man

$$W = \int (p_1 dq_1 + p_2 dq_2),$$

das dritte von t freie Integral der Differentialgleichungen der Bewegung ist

$$\frac{\partial W}{\partial a} = b,$$

und t wird durch die Gleichung

$$\frac{\partial W}{\partial \alpha} = \tau - t$$

eingeführt. Dies Resultat kann man unabhängig von der Theorie der partiellen Differentialgleichungen so aussprechen:

Wenn man für ein Problem der Mechanik, welches nur zwei zu bestimmenden Grössen, q_1 und q_2, enthält, und in welchem der Satz der lebendigen Kraft $T = U - \alpha$ gilt, ausserdem noch ein Integral $F(q_1, q_2, p_1, p_2) = a$ kennt, wo $p_1 = \frac{\partial T}{\partial q_1'}$, $p_2 = \frac{\partial T}{\partial q_2'}$, so bestimme man aus den Gleichungen $\psi = T - U = -\alpha$ und $F = a$ die Grössen p_1 und p_2 als Functionen von q_1, q_2, a und α; dann sind die beiden übrigen Integrale durch die Gleichungen

$$\int \left(\frac{\partial p_1}{\partial a} dq_1 + \frac{\partial p_2}{\partial a} dq_2 \right) = b,$$

$$\int \left(\frac{\partial p_1}{\partial \alpha} dq_1 + \frac{\partial p_2}{\partial \alpha} dq_2 \right) = \tau - t$$

gegeben, sodass in diesen vier Integralen die vollständige Integration der Differentialgleichungen der Bewegung, d. h des Systems

$$dt : dq_1 : dq_2 : dp_1 : dp_2 = 1 : \frac{\partial \psi}{\partial p_1} : \frac{\partial \psi}{\partial p_2} : -\frac{\partial \psi}{\partial q_1} : -\frac{\partial \psi}{\partial q_2}$$

enthalten ist.

Dies sind ganz neue Formeln; sie gelten z. B. für die Bewegung eines Punkts in der Ebene oder auf einer krummen Oberfläche, wenn der Satz der lebendigen Kraft gilt.

Für die freie Bewegung in der Ebene hat man, wenn die Masse des Punkts der Einheit gleich gesetzt wird,

$$\frac{d^2 x}{dt^2} = \frac{\partial U}{\partial x}, \quad \frac{d^2 y}{dt^2} = \frac{\partial U}{\partial y},$$

$$T = \tfrac{1}{2}(x'^2 + y'^2),$$

und der Satz der lebendigen Kraft ist in dem Integral

$$\tfrac{1}{2}(x'^2+y'^2) = U-\alpha$$

enthalten. Kennt man ein zweites Integral, d. h. eine zweite Gleichung, nach welcher eine Function von x, y, x', y' einer willkürlichen Constanten a gleich wird, und bestimmt man aus beiden x' und y' als Functionen von x, y, a, α, so ist die Gleichung der Trajectorie

$$\int\left(\frac{\partial x'}{\partial a}\,dx+\frac{\partial y'}{\partial a}\,dy\right) = b,$$

und die Zeit wird durch die Gleichung

$$\int\left(\frac{\partial x'}{\partial \alpha}\,dx+\frac{\partial y'}{\partial \alpha}\,dy\right) = \tau-t$$

ausgedrückt.

Diese Formeln habe ich als die einfachste Frucht der Zurückführung mechanischer Probleme auf partielle Differentialgleichungen bereits im Jahre 1836 der Pariser Akademie mitgetheilt. Bei dem Interesse, welches dieselben in Anspruch nehmen, und da sie sich auf den elementarsten Fall der Mechanik beziehen, verdienen sie in den Lehrbüchern derselben eine Stelle zu finden. In den Unterricht an der polytechnischen Schule sind sie bereits übergegangen. *Poisson* hat in *Liouville*s Journal*) einen Beweis oder vielmehr eine Verification derselben gegeben.

Ein zweiter in den obigen Formeln enthaltener Fall ist der, wo sich ein Punkt, nur von einem anfänglichen Stoss getrieben, auf einer gegebenen Oberfläche bewegt. Ein solcher Punkt beschreibt die kürzeste Linie, deren Bestimmung von einer Differentialgleichung zweiter Ordnung abhängt. Nach den früheren Betrachtungen ergiebt sich, dass, wenn man von dieser Differentialgleichung ein Integral kennt, man hieraus die zwischen den Coordinaten allein stattfindende Gleichung der Trajectorie durch blosse Quadratur ableiten kann. Da in diesem Falle die Kräftefunction U verschwindet, so wird die partielle Differentialgleichung

$$T+\alpha = 0.$$

Sind x, y, z die Coordinaten des sich bewegenden Punkts, so wird

$$2T = \left(\frac{ds}{dt}\right)^2 = \frac{dx^2+dy^2+dz^2}{dt^2}.$$

*) Bd. 2, p. 335.

Man sehe x, y als die oben mit q_1, q_2 bezeichneten Bestimmungsstücke an, dann hat man den aus der Gleichung der Oberfläche hervorgehenden Werth

$$dz = pdx+qdy$$

einzusetzen und erhält

$$2T = \frac{dx^2+dy^2+(pdx+qdy)^2}{dt^2}$$

oder

$$2T = x'^2+y'^2+(px'+qy')^2.$$

Sind ξ, η die oben mit p_1 p_2 bezeichneten Grössen, so wird

$$\xi = \frac{\partial T}{\partial x'} = x'+p(px'+qy'),$$

$$\eta = \frac{\partial T}{\partial y'} = y'+q(px'+qy'),$$

$$p\xi+q\eta = (1+p^2+q^2)(px'+qy').$$

Indem man

$$N = 1+p^2+q^2$$

setzt, findet man durch Auflösung nach x', y'

$$x' = \xi-\frac{p}{N}(p\xi+q\eta),$$

$$y' = \eta-\frac{q}{N}(p\xi+q\eta),$$

und da man auf T, als homogene Function zweiter Ordnung in x' und y', die Formel

$$2T = \frac{\partial T}{\partial x'}x'+\frac{\partial T}{\partial y'}y' = \xi x'+\eta y'$$

anwenden kann, so ergiebt sich

$$2T = \xi^2+\eta^2-\frac{(p\xi+q\eta)^2}{1+p^2+q^2} = \frac{(1+q^2)\xi^2+(1+p^2)\eta^2-2pq\xi\eta}{1+p^2+q^2}.$$

Die partielle Differentialgleichung in W wird daher:

$$0 = (1+q^2)\left(\frac{\partial W}{\partial x}\right)^2+(1+p^2)\left(\frac{\partial W}{\partial y}\right)^2-2pq\frac{\partial W}{\partial x}\frac{\partial W}{\partial y}+2\alpha(1+p^2+q^2).$$

Diese Gleichung lässt sich durch Einführung zweier neuen Variablen an Stelle von x und y in mannigfacher Weise transformiren. Ein Beispiel dafür wird in der Folge die Substitution liefern, mit deren Hülfe wir die kürzeste Linie auf dem dreiaxigen Ellipsoid bestimmen.

Die angeführten Fälle gehören zugleich zu den Anwendungen des Princips des letzten Multiplicators, welches die letzte Integration bei mechanischen

Problemen mit beliebig grosser Anzahl von Bestimmungsstücken leistet. Wir sind so durch ganz verschiedene Betrachtungen zu demselben Resultat gelangt.

Dreiundzwanzigste Vorlesung.

Reduction der partiellen Differentialgleichung für diejenigen Probleme, in welchen das Princip der Erhaltung des Schwerpunkts gilt.

Wir wollen jetzt untersuchen, welcher Nutzen für die partielle Differentialgleichung aus dem Principe der Erhaltung des Schwerpunkts zu ziehen ist.

Sobald sich die Variablen so wählen lassen, dass eine derselben in der partiellen Differentialgleichung $T=U-\alpha$ nicht selbst vorkommt, sondern nur der nach dieser Variablen genommene Differentialquotient von W, so können wir durch dieselbe Art der Transformation, durch welche W aus V hergeleitet wurde, die in Rede stehende Variable aus der Differentialgleichung fortschaffen und so die Anzahl der in ihr vorkommenden Variablen vermindern.

Betrachten wir den Fall eines freien Systems von n materiellen Punkten, wo $T=\frac{1}{2}\Sigma m_i(x_i'^2+y_i'^2+z_i'^2)$, so haben wir (siehe einundzwanzigste Vorlesung p. 168) die partielle Differentialgleichung

$$(1.)\qquad \tfrac{1}{2}\Sigma\frac{1}{m_i}\left(\left[\frac{\partial W}{\partial x_i}\right]^2+\left[\frac{\partial W}{\partial y_i}\right]^2+\left[\frac{\partial W}{\partial z_i}\right]^2\right)=U-\alpha.$$

Gilt das Princip der Erhaltung des Schwerpunkts, so hängt U nur von den Differenzen der Coordinaten ab, also lässt sich, wenn man

$$\xi_1=x_1-x_n,\quad \xi_2=x_2-x_n,\quad \ldots\quad \xi_{n-1}=x_{n-1}-x_n$$

setzt, U, als Function der x-Coordinaten betrachtet, bloss durch die Grössen ξ darstellen. Bezeichnet man die partiellen Differentialquotienten von W mit eckigen Klammern, wenn man W als Function von $x_1, x_2, \ldots x_n$, und ohne dieselben, wenn man W als Function von $\xi_1, \xi_2 \ldots \xi_{n-1}, x_n$ ansieht, so erhält man

$$\left[\frac{\partial W}{\partial x_1}\right]=\frac{\partial W}{\partial \xi_1},\quad \left[\frac{\partial W}{\partial x_2}\right]=\frac{\partial W}{\partial \xi_2},\quad \ldots\quad \left[\frac{\partial W}{\partial x_{n-1}}\right]=\frac{\partial W}{\partial \xi_{n-1}},$$
$$\left[\frac{\partial W}{\partial x_n}\right]=-\left(\frac{\partial W}{\partial \xi_1}+\frac{\partial W}{\partial \xi_2}+\cdots+\frac{\partial W}{\partial \xi_{n-1}}\right)+\frac{\partial W}{\partial x_n},$$

und mit Benutzung dieser Formeln ergiebt sich für die in Gleichung (1.) vorkommende Summe $\Sigma\frac{1}{m_i}\left[\frac{\partial W}{\partial x_i}\right]^2$ die neue Darstellung

$$(2.)\qquad \Sigma\frac{1}{m_i}\left[\frac{\partial W}{\partial x_i}\right]^2=\Sigma\frac{1}{m_s}\left(\frac{\partial W}{\partial \xi_s}\right)^2+\frac{1}{m_n}\left(\frac{\partial W}{\partial x_n}-\Sigma\frac{\partial W}{\partial \xi_s}\right)^2,$$

wo die auf das reihende Element i sich beziehende Summe von 1 bis n, die auf das reihende Element s sich beziehenden von 1 bis $n-1$ auszudehnen sind. Nach Einführung dieser Darstellung in die partielle Differentialgleichung (1.) sind die ursprünglichen Variablen $x_1, x_2, \ldots x_{n-1}, x_n$ vollständig durch ξ_1, $\xi_2, \ldots \xi_{n-1}, x_n$ ersetzt, und die Variable x_n kommt nicht mehr selbst vor, sondern nur die nach derselben genommene Ableitung von W. Daher ist für x_n die neue Variable α' vermittelst der Gleichung

$$\frac{\partial W}{\partial x_n}=\alpha'$$

einzuführen und für W die neue als Function von $\xi_1, \xi_2, \ldots \xi_{n-1}$ und α anzusehende Variable

$$W_1=W+(\alpha_0-x_n)\frac{\partial W}{\partial x_n},$$

wo α_0 eine willkürliche Constante bedeutet. Mit Benutzung der Gleichungen

$$\frac{\partial W_1}{\partial \xi_1}=\frac{\partial W}{\partial \xi_1},\quad \frac{\partial W_1}{\partial \xi_2}=\frac{\partial W}{\partial \xi_2},\quad \ldots\quad \frac{\partial W_1}{\partial \xi_{n-1}}=\frac{\partial W}{\partial \xi_{n-1}}$$

geht der Ausdruck (2.) jetzt in

$$(3.)\qquad \Sigma\frac{1}{m_i}\left[\frac{\partial W}{\partial x_i}\right]^2=\Sigma\frac{1}{m_s}\left(\frac{\partial W_1}{\partial \xi_s}\right)^2+\frac{1}{m_n}\left(\alpha'-\Sigma\frac{\partial W_1}{\partial \xi_s}\right)^2$$

über, und indem man die rechte Seite von (3.) in (1.) substituirt und berücksichtigt, dass bei der Differentiation nach y_i oder z_i die Ableitungen von W und W_1 einander gleich sind, verwandelt sich (1.) in eine partielle Differentialgleichung für W_1, in welcher die Variable α' nur selbst vorkommt, aber nicht der Differentialquotient $\frac{\partial W_1}{\partial \alpha'}$. Um von den Variablen α' und W_1 wiederum rückwärts den Uebergang zu x_n und W zu machen, bedient man sich der Gleichungen

$$\frac{\partial W_1}{\partial \alpha'}=\alpha_0-x_n,\qquad W=W_1-\alpha'\frac{\partial W_1}{\partial \alpha'}.$$

Man kann den Ausdruck (3.) noch mehr vereinfachen, wenn man die in Beziehung auf die partiellen Differentialquotienten der abhängigen Variable linearen Glieder durch eine neue Transformation herausschafft, die der Reduction der Gleichung eines Kegelschnitts auf seinen Mittelpunkt analog ist. Setzt man nämlich

$$W_1=W_2+\Sigma g_s\xi_s,$$

wo $g_1, g_2, \ldots g_{n-1}$ noch zu bestimmende Constanten bedeuten, so dass

$$\frac{\partial W_1}{\partial \xi_s} = \frac{\partial W_2}{\partial \xi_s} + g_s$$

wird, so geht der Ausdruck (3.) in

$$(4.)\qquad \Sigma \frac{1}{m_i}\left[\frac{\partial W}{\partial x_i}\right]^2 = \Sigma \frac{1}{m_s}\left\{\frac{\partial W_2}{\partial \xi_s} + g_s\right\}^2 + \frac{1}{m_n}\left\{\alpha' - \Sigma g_s - \Sigma \frac{\partial W_2}{\partial \xi_s}\right\}^2$$

über. Sei s' einer der Indices s. Sucht man auf der rechten Seite von (4.) das in die erste Potenz von $\frac{\partial W_2}{\partial \xi_{s'}}$ multiplicirte Glied auf und setzt seinen Coefficienten gleich Null, so erhält man

$$(5.)\qquad \frac{g_{s'}}{m_{s'}} - \frac{\alpha' - \Sigma g_s}{m_n} = 0.$$

Diese Gleichung muss für die $n-1$ Werthe von s' gelten. Multiplicirt man dieselbe mit $m_{s'}$ und summirt von $s' = 1$ bis $s' = n-1$, so ergiebt sich zunächst der Werth von Σg_s, nämlich

$$\left(1 + \frac{\Sigma m_s}{m_n}\right)\Sigma g_s = \frac{\alpha' \Sigma m_s}{m_n},$$

oder wenn man wie in der dritten Vorlesung die Bezeichnung

$$M = m_1 + m_2 + \cdots + m_n = \Sigma m_s + m_n$$

einführt,

$$\Sigma g_s = \alpha'\left(1 - \frac{m_n}{M}\right),$$

$$\alpha' - \Sigma g_s = \frac{\alpha'}{M} m_n.$$

Indem man diesen Werth in (5.) einsetzt, findet man für $g_{s'}$ den einfachen Werth

$$g_{s'} = \frac{\alpha'}{M} m_{s'},$$

so dass die Transformationsformel von W_1 in W_2 folgendermassen bestimmt ist:

$$(6.)\qquad W_1 = W_2 + \frac{\alpha'}{M}\Sigma m_s \xi_s.$$

Durch Substitution der Werthe von g_s in (4.) wird der von den Grössen $\frac{\partial W_2}{\partial \xi_s}$ unabhängige Theil jenes Ausdrucks

$$\Sigma \frac{1}{m_s} g_s^2 + \frac{1}{m_n}\{\alpha' - \Sigma g_s\}^2 = \frac{\alpha'^2}{M},$$

und man erhält

$$(7.)\qquad \Sigma \frac{1}{m_i}\left[\frac{\partial W}{\partial x_i}\right]^2 = \Sigma \frac{1}{m_s}\left(\frac{\partial W_2}{\partial \xi_s}\right)^2 + \frac{1}{m_n}\left(\Sigma \frac{\partial W_2}{\partial \xi_s}\right)^2 + \frac{\alpha'^2}{M}.$$

Wenn man diesen Ausdruck in die Gleichung (1.) einsetzt und berücksichtigt, dass W_1 von W_2 um Grössen unterschieden ist, die von den Variablen y_i und

z_i nicht abhängen, dass also bei der Differentiation nach y_i oder z_i nicht nur die Ableitungen von W und W_1, sondern auch die von W_1 und W_2 einander gleich sind, so geht die Gleichung (1.) in eine partielle Differentialgleichung für die abhängige Variable W_2 über. Diese Differentialgleichung enthält nicht mehr $3n$ unabhängige Variable x_i, y_i, z_i, sondern nur noch $3n-1$; denn die n Variablen x sind durch die $n-1$ Variablen ξ ersetzt, und die neu eingeführte Grösse α' ist als Constante zu betrachten, da der nach derselben genommene Differentialquotient von W_2 nicht vorkommt. Nachdem man die partielle Differentialgleichung für W_2 integrirt und vermöge Gleichung (6.) W_1 aus W_2 bestimmt hat, geschieht, wie schon oben bemerkt, die Einführung von x_n vermöge der Gleichung $\frac{\partial W_1}{\partial \alpha'} = \alpha_0 - x_n$, welche nach Ersetzung von W_1 durch W_2 in

$$\alpha_0 - x_n = \frac{\partial W_2}{\partial \alpha'} + \frac{1}{M} \Sigma m_s \xi_s$$

übergeht. Diese Gleichung ist zugleich ein Integral der Differentialgleichungen der Bewegung, welche sich auf die partielle Differentialgleichung (1.) zurückführen lassen, und zwar dasjenige, welches nach Aufstellung der zwischen den $3n-1$ Variablen ξ_s, y_i und z_i bestehenden Integrale hinzuzufügen ist, ganz ähnlich, wie die Gleichung $\tau - t = \frac{\partial W}{\partial \alpha} = \frac{\partial W_2}{\partial \alpha}$, durch welche hierauf t eingeführt wird, zugleich das letzte Integral bildet.

Setzt man die beiden Transformationen

$$W = W_1 - \alpha' \frac{\partial W_1}{\partial \alpha'} = W_1 - \alpha'(\alpha_0 - x_n),$$

$$W_1 = W_2 + \frac{\alpha'}{M} \Sigma m_s \xi_s$$

zu einer zusammen, so ergiebt sich die Formel

$$W_2 = W - \frac{\alpha'}{M} \sum_{i=1}^{i=n} m_i x_i + \alpha' \alpha_0,$$

in welcher man indessen, da W selbst in Gleichung (1.) nicht vorkommt, wegen der mit W verbundenen willkürlichen Constante das Glied $\alpha' \alpha_0$ weglassen kann.

So wie durch diese Transformation die n Variablen x_i der partiellen Differentialgleichung (1.) auf die $n-1$ Variablen $\xi_s = x_s - x_n$ zurückgeführt worden sind, so kann man durch zwei neue Transformationen derselben Art die $2n$ Variablen y_i und z_i auf die $2(n-1)$ Variablen $\eta_s = y_s - y_n$ und $\zeta_s = z_s - z_n$ zurückführen, und wenn man schliesslich alle Transformationen zu einer zusammensetzt, so erhält man folgenden Satz:

Im Fall eines freien Systems von n materiellen Punkten, für welches sich die Differentialgleichungen der Bewegung auf die partielle Differentialgleichung

$$(1.)\qquad \tfrac{1}{2}\Sigma\frac{1}{m_i}\left\{\left[\frac{\partial W}{\partial x_i}\right]^2+\left[\frac{\partial W}{\partial y_i}\right]^2+\left[\frac{\partial W}{\partial z_i}\right]^2\right\}=U-\alpha$$

zurückführen lassen, setze man

$$\xi_1=x_1-x_n,\quad \xi_2=x_2-x_n,\quad \dots\quad \xi_{n-1}=x_{n-1}-x_n,$$
$$\eta_1=y_1-y_n,\quad \eta_2=y_2-y_n,\quad \dots\quad \eta_{n-1}=y_{n-1}-y_n,$$
$$\zeta_1=z_1-z_n,\quad \zeta_2=z_2-z_n,\quad \dots\quad \zeta_{n-1}=z_{n-1}-z_n$$

und führe für W eine neue abhängige Variable

$$\Omega=W-\frac{\alpha'}{M}\Sigma m_i x_i-\frac{\beta'}{M}\Sigma m_i y_i-\frac{\gamma'}{M}\Sigma m_i z_i$$

ein; dann verwandelt sich die partielle Differentialgleichung (1.) *in*

$$(8.)\qquad \tfrac{1}{2}\Sigma\frac{1}{m_s}\left\{\left(\frac{\partial\Omega}{\partial\xi_s}\right)^2+\left(\frac{\partial\Omega}{\partial\eta_s}\right)^2+\left(\frac{\partial\Omega}{\partial\zeta_s}\right)^2\right\}+\frac{1}{2m_n}\left\{\left(\Sigma\frac{\partial\Omega}{\partial\xi_s}\right)^2+\left(\Sigma\frac{\partial\Omega}{\partial\eta_s}\right)^2+\left(\Sigma\frac{\partial\Omega}{\partial\zeta_s}\right)^2\right\}=U-\beta,$$

wo

$$\beta=\alpha+\frac{\alpha'^2+\beta'^2+\gamma'^2}{2M}.$$

Nach Integration dieser partiellen Differentialgleichung für Ω werden die Variablen x_n, y_n, z_n durch die Gleichungen

$$\alpha_0-x_n=\frac{\partial\Omega}{\partial\alpha'}+\frac{1}{M}\Sigma m_s\xi_s,\quad \beta_0-y_n=\frac{\partial\Omega}{\partial\beta'}+\frac{1}{M}\Sigma m_s\eta_s,\quad \gamma_0-z_n=\frac{\partial\Omega}{\partial\gamma'}+\frac{1}{M}\Sigma m_s\zeta_s$$

eingeführt, und schliesslich wird die Variable t durch die Gleichung

$$\tau-t=\frac{\partial\Omega}{\partial\alpha}$$

bestimmt. Da sich aber die vier Constanten α', β', γ' und α zu der einen Constante β vereinigt haben, so hat man

$$\frac{\partial\Omega}{\partial\alpha'}=\frac{\alpha'}{M}\frac{\partial\Omega}{\partial\beta},\quad \frac{\partial\Omega}{\partial\beta'}=\frac{\beta'}{M}\frac{\partial\Omega}{\partial\beta},\quad \frac{\partial\Omega}{\partial\gamma'}=\frac{\gamma'}{M}\frac{\partial\Omega}{\partial\beta},\quad \frac{\partial\Omega}{\partial\alpha}=\frac{\partial\Omega}{\partial\beta},$$

und hierdurch gehen die obigen vier Gleichungen in die folgenden über:

$$\frac{\partial\Omega}{\partial\beta}=\tau-t,$$
$$\alpha_0-x_n=\frac{\alpha'}{M}(\tau-t)+\frac{1}{M}\Sigma m_s\xi_s,$$
$$\beta_0-y_n=\frac{\beta'}{M}(\tau-t)+\frac{1}{M}\Sigma m_s\eta_s,$$
$$\gamma_0-z_n=\frac{\gamma'}{M}(\tau-t)+\frac{1}{M}\Sigma m_s\zeta_s.$$

Die letzteren drei Formeln stimmen mit den in der dritten Vorlesung (p. 17

unter (3.)) für die geradlinige Bewegung des Schwerpunkts gegebenen überein, wenn man sie auf die Form

$$\alpha_0+\frac{\alpha'}{M}(t-\tau)=x_n+\frac{1}{M}\Sigma m_s\xi_s=\frac{1}{M}\Sigma m_i x_i,$$

$$\beta_0+\frac{\beta'}{M}(t-\tau)=y_n+\frac{1}{M}\Sigma m_s\eta_s=\frac{1}{M}\Sigma m_i y_i,$$

$$\gamma_0+\frac{\gamma'}{M}(t-\tau)=z_n+\frac{1}{M}\Sigma m_s\zeta_s=\frac{1}{M}\Sigma m_i z_i$$

bringt, da die Grössen auf der rechten Seite nichts anderes sind, als die Coordinaten des Schwerpunkts.

Vierundzwanzigste Vorlesung.

Bewegung eines Planeten um die Sonne. Lösung in Polarcoordinaten.

Den ferneren allgemeinen Betrachtungen möge die Behandlung einiger Beispiele nach der *Hamilton*schen Methode vorangehen. Das erste Beispiel soll die Bewegung eines Planeten um die Sonne bilden.

Im Fall eines freien Systems von n materiellen Punkten ist die partielle Differentialgleichung, auf die sich die Differentialgleichungen der Bewegung zurückführen lassen, (siehe p. 168) folgende:

$$T=\tfrac{1}{2}\Sigma\frac{1}{m_i}\left\{\left(\frac{\partial W}{\partial x_i}\right)^2+\left(\frac{\partial W}{\partial y_i}\right)^2+\left(\frac{\partial W}{\partial z_i}\right)^2\right\}=U-\alpha.$$

Für die Bewegung eines Planeten, dessen heliocentrische Coordinaten x, y, z seien, reducirt sich die Summe auf einen Term; setzen wir ferner die Masse des Planeten gleich 1 und bezeichnen die Anziehungskraft der Sonne in der Einheit der Entfernung durch k^2, so ist die Kräftefunction $U=\frac{k^2}{r}$, wo $r^2=x^2+y^2+z^2$, und man hat

$$(1.)\qquad T=\tfrac{1}{2}\left\{\left(\frac{\partial W}{\partial x}\right)^2+\left(\frac{\partial W}{\partial y}\right)^2+\left(\frac{\partial W}{\partial z}\right)^2\right\}=\frac{k^2}{r}-\alpha.$$

Da auf der rechten Seite dieser Gleichung der Radius Vector vorkommt, so ist es zweckmässig, statt der rechtwinkligen Coordinaten x, y, z Polarcoordinaten durch die Formeln

$$x=r\cos\varphi,\quad y=r\sin\varphi\cos\psi,\quad z=r\sin\varphi\sin\psi$$

einzuführen. Alsdann wird die halbe lebendige Kraft

$$T=\tfrac{1}{2}(x'^2+y'^2+z'^2)=\tfrac{1}{2}(r'^2+r^2\varphi'^2+r^2\sin^2\varphi\,\psi'^2),$$

also

$$\frac{\partial T}{\partial r'} = r', \quad \frac{\partial T}{\partial \varphi'} = r^2\varphi', \quad \frac{\partial T}{\partial \psi'} = r^2\sin^2\varphi\,\psi'.$$

Diese Grössen sind die früheren Grössen p, also gleich $\frac{\partial W}{\partial r}$, $\frac{\partial W}{\partial \varphi}$, $\frac{\partial W}{\partial \psi}$ zu setzen; man hat also

$$r' = \frac{\partial W}{\partial r}, \quad \varphi' = \frac{1}{r^2}\frac{\partial W}{\partial \varphi}, \quad \psi' = \frac{1}{r^2\sin^2\varphi}\frac{\partial W}{\partial \psi},$$

und hierdurch wird

$$T = \tfrac{1}{2}\left\{\left(\frac{\partial W}{\partial r}\right)^2 + \frac{1}{r^2}\left(\frac{\partial W}{\partial \varphi}\right)^2 + \frac{1}{r^2\sin^2\varphi}\left(\frac{\partial W}{\partial \psi}\right)^2\right\}.$$

Die partielle Differentialgleichung (1.) verwandelt sich demnach für Polarcoordinaten in folgende:

$$(2.) \qquad \tfrac{1}{2}\left\{\left(\frac{\partial W}{\partial r}\right)^2 + \frac{1}{r^2}\left(\frac{\partial W}{\partial \varphi}\right)^2 + \frac{1}{r^2\sin^2\varphi}\left(\frac{\partial W}{\partial \psi}\right)^2\right\} = \frac{k^2}{r} - \alpha.$$

Diese Gleichung wollen wir dadurch integriren, dass wir sie in mehrere zerspalten, deren jede nur eine unabhängige Variable enthält. Wenn wir das erste Glied der linken Seite allein der rechten gleich setzen, so giebt dies

$$\tfrac{1}{2}\left(\frac{\partial W}{\partial r}\right)^2 = \frac{k^2}{r} - \alpha,$$

eine Differentialgleichung, welche nur die eine unabhängige Variable r enthält, und es bleibt alsdann die Gleichung

$$\left(\frac{\partial W}{\partial \varphi}\right)^2 + \frac{1}{\sin^2\varphi}\left(\frac{\partial W}{\partial \psi}\right)^2 = 0$$

übrig, welche r nicht mehr enthält. Diese Zerspaltung kann man noch etwas allgemeiner machen, indem man auf der rechten Seite der Gleichung (2.) das Glied $\frac{\beta}{r^2}$ additiv und subtractiv hinzufügt und dann die Gleichung (2.) in die beiden

$$\tfrac{1}{2}\left(\frac{\partial W}{\partial r}\right)^2 = \frac{k^2}{r} - \alpha - \frac{\beta}{r^2} \quad \text{und} \quad \tfrac{1}{2}\left\{\left(\frac{\partial W}{\partial \varphi}\right)^2 + \frac{1}{\sin^2\varphi}\left(\frac{\partial W}{\partial \psi}\right)^2\right\} = \beta$$

zerlegt. Das Integral der ersten Gleichung ist

$$W = \int\sqrt{\frac{2k^2}{r} - 2\alpha - \frac{2\beta}{r^2}}\cdot dr + F(\varphi, \psi),$$

und indem man diesen Werth in die zweite einsetzt, erhält man für $F(\varphi, \psi)$ die Differentialgleichung

$$\tfrac{1}{2}\left\{\left(\frac{\partial F}{\partial \varphi}\right)^2 + \frac{1}{\sin^2\varphi}\left(\frac{\partial F}{\partial \psi}\right)^2\right\} = \beta.$$

Diese partielle Differentialgleichung lässt sich aber wiederum in zwei zertheilen, von denen jede nur eine unabhängige Variable enthält. Man füge nämlich auf der rechten Seite wieder $\frac{\gamma}{\sin^2\varphi}$ additiv und subtractiv hinzu und zerlege die Gleichung in

$$\tfrac{1}{2}\left(\frac{\partial F}{\partial \varphi}\right)^2 = \beta - \frac{\gamma}{\sin^2\varphi} \quad \text{und} \quad \tfrac{1}{2}\left(\frac{\partial F}{\partial \psi}\right)^2 = \gamma.$$

Das Integral der ersten Gleichung ist

$$F(\varphi, \psi) = \int\sqrt{2\beta - \frac{2\gamma}{\sin^2\varphi}}\cdot d\varphi + f(\psi),$$

und zufolge der zweiten muss $f(\psi)$ der Gleichung

$$\tfrac{1}{2}\left(\frac{\partial f}{\partial \psi}\right)^2 = \gamma$$

genügen, d. h. es ist

$$f(\psi) = \sqrt{2\gamma}\,.\,\psi,$$

also

$$F(\varphi, \psi) = \int\sqrt{2\beta - \frac{2\gamma}{\sin^2\varphi}}\cdot d\varphi + \sqrt{2\gamma}\,.\,\psi$$

und schliesslich

$$(3.)\qquad W = \int\sqrt{\frac{2k^2}{r} - 2\alpha - \frac{2\beta}{r^2}}\,dr + \int\sqrt{2\beta - \frac{2\gamma}{\sin^2\varphi}}\,d\varphi + \sqrt{2\gamma}\,.\,\psi.$$

Dies ist eine vollständige Lösung der Differentialgleichung (2.), denn sie enthält die nöthige Anzahl willkürlicher Constanten. Man erhält also die Integralgleichungen der Bewegung unter der Form

$$\frac{\partial W}{\partial \alpha} = \alpha' - t, \quad \frac{\partial W}{\partial \beta} = \beta', \quad \frac{\partial W}{\partial \gamma} = \gamma',$$

wo α' die früher mit τ bezeichnete Constante ist. Die Ausführung der Differentiationen giebt:

$$(4.)\qquad \begin{cases} t - \alpha' = \displaystyle\int \frac{dr}{\sqrt{\frac{2k^2}{r} - 2\alpha - \frac{2\beta}{r^2}}}, \\[2ex] \beta' = -\displaystyle\int \frac{dr}{r^2\sqrt{\frac{2k^2}{r} - 2\alpha - \frac{2\beta}{r^2}}} + \int \frac{d\varphi}{\sqrt{2\beta - \frac{2\gamma}{\sin^2\varphi}}}, \\[2ex] \gamma' = -\displaystyle\int \frac{d\varphi}{\sin^2\varphi\sqrt{2\beta - \frac{2\gamma}{\sin^2\varphi}}} + \frac{1}{\sqrt{2\gamma}}\,\psi. \end{cases}$$

Es ist zu bemerken, dass sich die Methode, durch welche wir die Gleichung (2.) integrirt haben, auf eine beliebige Zahl von Variablen ausdehnen lässt. Dies beruht auf Folgendem. Man setze, wenn man n Variable $x_1, x_2, \ldots x_n$ hat,

$$\begin{aligned}
x_1 &= r\cos\varphi_1,\\
x_2 &= r\sin\varphi_1\cos\varphi_2,\\
x_3 &= r\sin\varphi_1\sin\varphi_2\cos\varphi_3,\\
&\vdots\\
x_{n-1} &= r\sin\varphi_1\sin\varphi_2\sin\varphi_3\ldots\sin\varphi_{n-2}\cos\varphi_{n-1},\\
x_n &= r\sin\varphi_1\sin\varphi_2\sin\varphi_3\ldots\sin\varphi_{n-2}\sin\varphi_{n-1},
\end{aligned}$$

dann ist

$$\begin{aligned}
&dx_1^2+dx_2^2+\cdots+dx_n^2\\
&= dr^2+r^2d\varphi_1^2+r^2\sin^2\varphi_1\,d\varphi_2^2+r^2\sin^2\varphi_1\sin^2\varphi_2\,d\varphi_3^2+\cdots+r^2\sin^2\varphi_1\sin^2\varphi_2\ldots\sin^2\varphi_{n-2}\,d\varphi_{n-1}^2.
\end{aligned}$$

Die obige Methode lässt sich daher ohne Weiteres anwenden, sobald die rechte Seite der partiellen Differentialgleichung sich auf die Form

$$f(r)+\frac{1}{r^2}f_1(\varphi_1)+\frac{1}{r^2\sin^2\varphi_1}f_2(\varphi_2)+\cdots+\frac{1}{r^2\sin^2\varphi_1\sin^2\varphi_2\ldots\sin^2\varphi_{n-2}}f_{n-1}(\varphi_{n-1})$$

bringen lässt.

Die willkürlichen Constanten β, γ, wie sie in den obigen Integralgleichungen (4.) vorkommen, haben sehr merkwürdige Eigenschaften, welche ihre Einführung in das Störungs-Problem sehr wichtig machen. Es ist daher interessant die geometrische Bedeutung dieser Constanten zu untersuchen. Dieselbe ergiebt sich folgendermassen.

Setzt man den Ausdruck, der in den nach r genommenen Integralen unter dem Wurzelzeichen steht, gleich Null, so erhält man eine Gleichung zweiten Grades in r, deren Wurzeln den grössten und kleinsten Werth darstellen, welchen der Radius Vector annehmen kann. Die Wurzeln der Gleichung

$$\alpha r^2-k^2r+\beta = 0$$

sind also $a(1+e)$ und $a(1-e)$, wo a die halbe grosse Axe, e die Excentricität der Planetenbahn ist. Dies giebt die Gleichungen

$$(5.)\quad\begin{cases}
\dfrac{k^2}{\alpha} = 2a, \quad \dfrac{\beta}{\alpha} = a^2(1-e^2),\\
\text{also}\\
\alpha = \dfrac{k^2}{2a}, \quad \beta = \dfrac{k^2}{2}a(1-e^2) = \dfrac{k^2}{2}\cdot\dfrac{p}{2},
\end{cases}$$

wo p der Parameter ist.

Setzt man den Ausdruck unter dem Quadratwurzelzeichen in den nach φ genommenen Integralen gleich Null, so erhält man den grössten oder kleinsten

Werth von $\sin\varphi$, nämlich $\sqrt{\frac{\gamma}{\beta}}$. Nun ist $\cos\varphi = \frac{x}{r}$, wo x die Entfernung des Planeten von der Ekliptik (Ebene der y, z) bezeichnet, folglich kann $\cos\varphi$ bis zu Null abnehmen; es giebt also kein Minimum, sondern nur ein Maximum von $\cos\varphi$, und dies findet statt, wenn $\varphi = 90^0 - J$ ist, wo J die Neigung der Planetenbahn gegen die Ekliptik bedeutet. Diesem Werth entspricht daher der Minimumswerth $\sqrt{\frac{\gamma}{\beta}}$ von $\sin\varphi$, d. h. es wird

(6.) $$\sqrt{\frac{\gamma}{\beta}} = \sin(90^0 - J) = \cos J,$$

(7.) $$\sqrt{\gamma} = \cos J\sqrt{\beta} = \frac{k}{2}\cos J\sqrt{p}.$$

Um die geometrische Bedeutung der Constanten α', β', γ' zu bestimmen, muss man erst die Grenzen der in (4.) vorkommenden Integrale näher festsetzen. Man kann nämlich für die untere Grenze eines dieser Integrale entweder einen gegebenen Zahlenwerth nehmen, oder einen solchen Werth, welcher die in dem Integral enthaltene Quadratwurzel verschwinden macht. Unter der letzteren Annahme, die wir im Folgenden machen werden, hängen die Grenzen von den willkürlichen Constanten α, β, γ ab, und da die Integralgleichungen (4.) aus der Gleichung (3.) durch Differentiation nach diesen Constanten hervorgehen, so könnte man meinen, dass zu den Gleichungen (4.) neue Terme, die von den Grenzen herrühren, hinzukommen müssen. Aber die hinzukommenden Terme sind nach den bekannten Regeln der Differentiation in die Werthe multiplicirt, welche die in Gleichung (3.) unter den Integralzeichen stehenden Functionen für die unteren Integralgrenzen annehmen, und da diese Werthe verschwinden, so bleiben die Gleichungen (4.) ungeändert.

Unter diesen Voraussetzungen lassen wir das nach r genommene und in der ersten Gleichung (4.) vorkommende Integral von dem Werth $a(1-e)$, welchen r im Perihel annimmt, als der unteren Integralgrenze anfangen. Fällt alsdann die obere Grenze in den nämlichen Werth von r, so giebt die erste Gleichung (4.) $t - \alpha' = 0$, d. h.

(8.) $\alpha' =$ Werth der Zeit für den Durchgang durchs Perihel.

Um die Bedeutung von β' zu finden, bestimme man zunächst den Werth des nach φ genommenen in der zweiten Gleichung (4.) vorkommenden Integrals

$$\Phi = \int\frac{d\varphi}{\sqrt{2\beta - \frac{2\gamma}{\sin^2\varphi}}} = \int\frac{\sin\varphi\, d\varphi}{\sqrt{2\beta - 2\gamma - 2\beta\cos^2\varphi}},$$

als dessen untere Grenze wir $\varphi = 90^0 - J$ zu nehmen haben. Durch die Substitution

$$\cos\varphi = \sqrt{\frac{\beta-\gamma}{\beta}}\cdot\cos\eta,$$

$$\sin\varphi d\varphi = \sqrt{\frac{\beta-\gamma}{\beta}}\sin\eta d\eta$$

geht dasselbe in

$$\Phi = \sqrt{\frac{\beta-\gamma}{\beta}}\int\frac{\sin\eta d\eta}{\sqrt{2(\beta-\gamma)(1-\cos^2\eta)}},$$

d. h. in

$$\Phi = \frac{1}{\sqrt{2\beta}}\int d\eta$$

über. Für die untere Grenze $\varphi = 90^0 - J$ wird nach Gleichung (6.) $\sin\varphi = \cos J = \sqrt{\frac{\gamma}{\beta}}$, also $\cos\varphi = \sqrt{\frac{\beta-\gamma}{\beta}}$, daher $\cos\eta = 1$, $\sin\eta = 0$. Demnach ist das nach η genommene Integral von der unteren Grenze $\eta = 0$ an zunehmen, und es wird

$$\Phi = \frac{1}{\sqrt{2\beta}}\eta,$$

so dass die zweite Gleichung (4.) in

$$\beta' = -\int\frac{dr}{r^2\sqrt{\frac{2k^2}{r}-2\alpha-\frac{2\beta}{r^2}}}+\frac{1}{\sqrt{2\beta}}\eta$$

übergeht. Aus der zwischen φ und η stattfindenden Relation kann man die geometrische Bedeutung von η erkennen, denn φ ist die Hypotenuse eines rechtwinkligen sphärischen Dreiecks, dessen Katheten η und $90^0 - J$ sind. Nun sei EE die Ekliptik, P ihr Pol, BB die Ebene der Planetenbahn, O der aufsteigende Knoten; man ziehe durch P senkrecht gegen BB den grössten Kreis PQ, welcher EE in R trifft, dann ist $QR = J$, also $PQ = 90^0 - J$. Trifft ferner der Radius Vector, welcher vom Mittelpunkt der Kugel, der Sonne, nach dem Planeten gezogen ist, die Oberfläche der Kugel in p, so ist $pP = \varphi$, und hieraus folgt $\cos\varphi = \sin J.\cos(pQ)$, d. h.

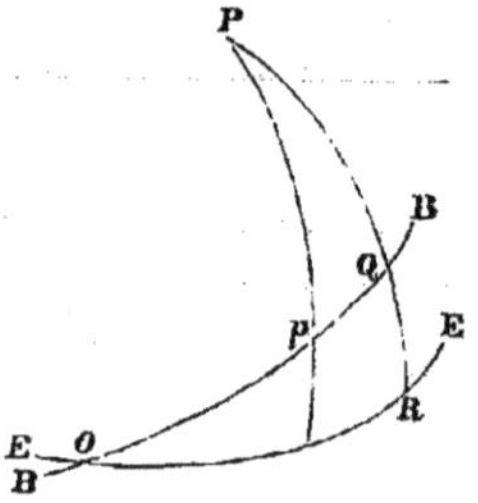

$$\eta = pQ = 90^0 - Op.$$

Op ist die Entfernung des Planeten vom aufsteigenden Knoten O, welche wir mit ζ bezeichnen wollen. Demnach ist

$$\eta = 90^\circ - \zeta,$$

$$\beta' = -\int \frac{dr}{r^2\sqrt{\frac{2k^2}{r} - 2\alpha - \frac{2\beta}{r^2}}} + \frac{1}{\sqrt{2\beta}}(90^\circ - \zeta).$$

Um β' zu bestimmen, braucht man jetzt nur den Zeitpunkt zu nehmen, in welchem der Planet durch das Perihel hindurchgeht; dann wird das nach r genommene Integral gleich Null, und man erhält

(9.) $\beta' = \frac{1}{\sqrt{2\beta}}$(90°—Entfernung des Perihels vom aufsteigenden Knoten).

Endlich ergiebt sich γ' aus der dritten Gleichung (4.). Für $\varphi = 90^\circ - J$, d. h. wenn der Radius Vector des Planeten die Kugel in Q trifft, wird das nach φ genommene Integral gleich Null, und man erhält

$$\gamma' = \frac{1}{\sqrt{2\gamma}}\psi',$$

wo ψ' den dem Punkt Q entsprechenden Werth des Winkels ψ bedeutet. Da nun $\operatorname{tg}\psi = \frac{z}{y}$ ist, so bezeichnet ψ' den Winkel, welchen die Axe der y mit der Ebene PQR bildet, d. h. es ist, wenn die Axe der y durch den Widderpunkt V geht, $\psi' = VR = VO + OR =$ der Länge des aufsteigenden Knotens $+90^\circ$. Man hat also

(10.) $\gamma' = \frac{1}{\sqrt{2\gamma}}$(90°+Länge des aufsteigenden Knotens).

Somit sind alle in den Gleichungen (4.) vorkommenden Constanten bestimmt.

Bei der Integration der partiellen Differentialgleichung (2.) hätten wir auch den Umstand benutzen können, dass in (2.) nicht ψ selbst vorkommt, sondern nur $\frac{\partial W}{\partial \psi}$. Die in Folge dessen anzuwendende Transformation

$$W = W_1 + \varepsilon\psi, \quad \frac{\partial W}{\partial \psi} = \varepsilon$$

würde uns zu der nur zwei unabhängige Variable enthaltenden partiellen Differentialgleichung

$$\tfrac{1}{2}\left\{\left(\frac{\partial W_1}{\partial r}\right)^2 + \frac{1}{r^2}\left(\frac{\partial W_1}{\partial \varphi}\right)^2\right\} = \frac{k^2}{r} - \alpha - \frac{\varepsilon^2}{2r^2\sin^2\varphi}$$

geführt haben. Indessen würde die Integration derselben ein Verfahren erfordern, welches von dem oben angewandten nicht wesentlich verschieden ist.

Fünfundzwanzigste Vorlesung.

Lösung desselben Problems durch Einführung der Abstände des Planeten von zwei festen Punkten.

Zwischen zwei Radien Vectoren der Planetenbahn und der ihre Endpunkte verbindenden Sehne giebt es sehr merkwürdige Relationen, zu welchen man, wenn man von den gewöhnlichen Differentialgleichungen der elliptischen Bewegung ausgeht, nur durch complicirte Rechnungen gelangt. Wir werden diese Relationen ohne Schwierigkeit aus der partiellen Differentialgleichung herleiten und haben dabei nur die Hypothese zu machen, dass sich W durch den heliocentrischen Radius Vetor r und die Entfernung ϱ des Planeten von einem anderen Punkt M ausdrücken lasse, eine Hypothese, deren Richtigkeit zwar nicht ohne Weiteres a priori einleuchtet*), die aber in der Rechnung ihre Bestätigung finden wird.

Die Coordinaten des Punkts M seien a, b, c, so dass

$$\varrho^2 = (x-a)^2+(y-b)^2+(z-c)^2$$

ist. Unter der gemachten Hypothese, dass sich W durch r und ϱ ausdrücken lasse, hat man

$$\frac{\partial W}{\partial x} = \frac{\partial W}{\partial r}\frac{\partial r}{\partial x}+\frac{\partial W}{\partial \varrho}\frac{\partial \varrho}{\partial x} = \frac{\partial W}{\partial r}\frac{x}{r}+\frac{\partial W}{\partial \varrho}\frac{x-a}{\varrho},$$
$$\frac{\partial W}{\partial y} = \frac{\partial W}{\partial r}\frac{\partial r}{\partial y}+\frac{\partial W}{\partial \varrho}\frac{\partial \varrho}{\partial y} = \frac{\partial W}{\partial r}\frac{y}{r}+\frac{\partial W}{\partial \varrho}\frac{y-b}{\varrho},$$
$$\frac{\partial W}{\partial z} = \frac{\partial W}{\partial r}\frac{\partial r}{\partial z}+\frac{\partial W}{\partial \varrho}\frac{\partial \varrho}{\partial z} = \frac{\partial W}{\partial r}\frac{z}{r}+\frac{\partial W}{\partial \varrho}\frac{z-c}{\varrho}.$$

Diese Ausdrücke sind in die partielle Differentialgleichung

$$(1.)\qquad \left(\frac{\partial W}{\partial x}\right)^2+\left(\frac{\partial W}{\partial y}\right)^2+\left(\frac{\partial W}{\partial z}\right)^2 = \frac{2k^2}{r}-2\alpha$$

einzusetzen, dann verwandelt sich deren linke Seite in

$$\left(\frac{\partial W}{\partial r}\right)^2+\left(\frac{\partial W}{\partial \varrho}\right)^2+\{2x(x-a)+2y(y-b)+2z(z-c)\}\frac{1}{r\varrho}\frac{\partial W}{\partial r}\frac{\partial W}{\partial \varrho}.$$

Der in Klammern stehende Ausdruck ist gleich $r^2+\varrho^2-r_0^2$, wo

$$r_0^2 = a^2+b^2+c^2,$$

also geht (1.) in

---

*) Zum Beweise bedarf es der aus den Flächensätzen hervorgehenden Folgerung, dass die Bewegung des Planeten in einer Ebene geschieht, und der bekannten Thatsache, dass für einen innerhalb der Ebene variablen Punkt die beiden Entfernungen von zwei festen Punkten als Bestimmungsstücke angesehen werden können.

$$\left(\frac{\partial W}{\partial r}\right)^2+\left(\frac{\partial W}{\partial \varrho}\right)^2+\frac{r^2+\varrho^2-r_0^2}{r\varrho}\frac{\partial W}{\partial r}\frac{\partial W}{\partial \varrho}=\frac{2k^2}{r}-2\alpha$$

über. Das Product der beiden partiellen Differentialquotienten kann man wegschaffen, wenn man anstatt r und ϱ ihre Summe und Differenz

$$\sigma=r+\varrho,\quad \sigma'=r-\varrho$$

einführt, so dass

$$\frac{\partial W}{\partial r}=\frac{\partial W}{\partial \sigma}+\frac{\partial W}{\partial \sigma'},\quad \frac{\partial W}{\partial \varrho}=\frac{\partial W}{\partial \sigma}-\frac{\partial W}{\partial \sigma'}$$

wird. Alsdann ergiebt sich

$$2\left(\frac{\partial W}{\partial \sigma}\right)^2+2\left(\frac{\partial W}{\partial \sigma'}\right)^2+\frac{r^2+\varrho^2-r_0^2}{r\varrho}\left\{\left(\frac{\partial W}{\partial \sigma}\right)^2-\left(\frac{\partial W}{\partial \sigma'}\right)^2\right\}=\frac{2k^2}{r}-2\alpha$$

und nach Multiplication mit $r\varrho$

$$\{(r+\varrho)^2-r_0^2\}\left(\frac{\partial W}{\partial \sigma}\right)^2-\{(r-\varrho)^2-r_0^2\}\left(\frac{\partial W}{\partial \sigma'}\right)^2=2\varrho(k^2-\alpha r),$$

oder, nachdem für r, ϱ ihre Werthe

$$r=\tfrac{1}{2}(\sigma+\sigma'),\quad \varrho=\tfrac{1}{2}(\sigma-\sigma')$$

substituirt sind, schliesslich

$$(2.)\qquad (\sigma^2-r_0^2)\left(\frac{\partial W}{\partial \sigma}\right)^2-(\sigma'^2-r_0^2)\left(\frac{\partial W}{\partial \sigma'}\right)^2=k^2(\sigma-\sigma')-\tfrac{1}{2}\alpha(\sigma^2-\sigma'^2).$$

Diese partielle Differentialgleichung lässt sich nach dem bereits in der vorigen Vorlesung angewandten Verfahren durch Zerspaltung in zwei gewöhnliche Differentialgleichungen integriren, von denen die eine nur σ und $\frac{\partial W}{\partial \sigma}$, die andere nur σ' und $\frac{\partial W}{\partial \sigma'}$ enthält. Indem man sich auf der rechten Seite eine willkürliche Constante β zugleich additiv und subtractiv hinzugefügt denkt, gelangt man zu den beiden Differentialgleichungen

$$(\sigma^2-r_0^2)\left(\frac{\partial W}{\partial \sigma}\right)^2=-\tfrac{1}{2}\alpha\sigma^2+k^2\sigma+\beta,\quad (\sigma'^2-r_0^2)\left(\frac{\partial W}{\partial \sigma'}\right)^2=-\tfrac{1}{2}\alpha\sigma'^2+k^2\sigma'+\beta,$$

und hieraus folgt für W der Werth

$$W=\pm\int d\sigma\sqrt{\frac{-\frac{1}{2}\alpha\sigma^2+k^2\sigma+\beta}{\sigma^2-r_0^2}}\pm\int d\sigma'\sqrt{\frac{-\frac{1}{2}\alpha\sigma'^2+k^2\sigma'+\beta}{\sigma'^2-r_0^2}}.$$

Die Vorzeichen der beiden Wurzelgrössen oder, was dasselbe ist, der Integrale sind willkürlich und unabhängig von einander. Man darf also für W ebensowohl die Summe als die Differenz beider Integrale setzen, gelangt unter beiden Annahmen zu richtigen Integralgleichungen und kann nur die grössere oder geringere Einfachheit der sich ergebenden Formeln als Grund für die Wahl des einen oder anderen Ausdrucks gelten lassen. Entscheiden wir uns für die Differenz und setzen zur Abkürzung

$$F(s) = \frac{-\tfrac{1}{2}\alpha s^2 + k^2 s + \beta}{s^2 - r_0^2}, \tag{3.}$$

so haben wir als Lösung der Gleichung (2.) den Ausdruck

$$W = \int d\sigma \sqrt{F(\sigma)} - \int d\sigma' \sqrt{F(\sigma')}, \tag{4.}$$

dem wir auch die Form

$$W = \int_{\sigma'}^{\sigma} ds \sqrt{F(s)} \tag{4*.}$$

geben können. Hieraus folgt z. B. für die Einführung der Zeit in die elliptische Bewegung des Planeten die Formel

$$t - \alpha' = -\frac{\partial W}{\partial \alpha} = \tfrac{1}{4}\int \frac{\sigma^2 d\sigma}{\sqrt{(\sigma^2 - r_0^2)(-\tfrac{1}{2}\alpha\sigma^2 + k^2\sigma + \beta)}} - \tfrac{1}{4}\int \frac{\sigma'^2 d\sigma'}{\sqrt{(\sigma'^2 - r_0^2)(-\tfrac{1}{2}\alpha\sigma'^2 + k^2\sigma' + \beta)}},$$

deren rechte Seite im Allgemeinen aus elliptischen Integralen besteht. Da sich aber die Zeit in den Coordinaten, wie bekannt ist, durch Kreisbögen ausdrücken lässt, so ergeben sich hieraus Folgerungen für die elliptischen Integrale, welche auf das Fundamentaltheorem der Addition führen.

Der Ausdruck (4.) ist eine vollständige Lösung der partiellen Differentialgleichung (2.), denn man kann ausser der darin enthaltenen willkürlichen Constante β noch eine zweite C additiv zu demselben hinzufügen. Aber der Ausdruck (4.) ist auch eine vollständige Lösung der partiellen Differentialgleichung (1.); denn in Beziehung auf diese sind nicht allein β und C, sondern auch die Grössen a, b, c willkürliche Constanten, da sie in (1.) nicht vorkommen, während sie in den Ausdruck (4.) eingehen. Als Lösung von (1.) enthält daher (4.) mehr als die nöthige Anzahl von Constanten, d. h. es sind überflüssige Constanten in demselben. Will man dergleichen vollständige Lösungen einer partiellen Differentialgleichung, in welchen überflüssige Constanten enthalten sind, zur Integration des damit zusammenhängenden Systems gewöhnlicher Differentialgleichungen anwenden, so darf man zwar noch immer die nach sämmtlichen Constanten genommenen Differentialquotienten neuen willkürlichen Constanten gleich setzen, aber diese neuen Constanten sind nicht mehr unabhängig von einander. Andererseits steht es frei, über die überflüssigen willkürlichen Constanten nach Gutdünken zu verfügen, und diese Verfügung kann im vorliegenden Fall dergestalt getroffen werden, dass das elliptische Integral $\int ds \sqrt{F(s)}$, welches den Ausdruck (4*.) von W bildet, sich in ein circulares verwandelt. Dieselbe Verwandlung findet alsdann auch für die hieraus hergeleiteten elliptischen Integrale statt, welche in den partiellen Ableitungen von W nach den in $F(s)$ enthaltenen Constanten vorkommen.

Diese Specialisirung des Integrals $\int ds\sqrt{F(s)}$ kann auf zwei Arten geschehen. Die erste besteht darin, dass der Zähler $-\frac{1}{2}\alpha s^2+k^2s+\beta$ von $F(s)$ zu einem vollständigen Quadrat gemacht wird, die zweite darin, dass diesem Zähler ein gemeinschaftlicher Theiler $s-r_0$ mit dem Nenner $s^2-r_0^2$ von $F(s)$ gegeben wird.

Wir wählen die zweite Art und zwar aus folgendem Grunde. Leitet man aus (4*), ohne eine Specialisirung der Constanten vorgenommen zu haben, die Integralgleichungen her, und unter diesen die Gleichung $\alpha' = \frac{\partial W}{\partial \alpha}$, welche, da α in σ, σ' und r_0 enthalten ist, die Form

$$(5.)\qquad \alpha' = \sqrt{F(\sigma)}\cdot\frac{\partial\sigma}{\partial\alpha}-\sqrt{F(\sigma')}\cdot\frac{\partial\sigma'}{\partial\alpha}+\alpha\int d\sigma\frac{\sqrt{F(\sigma)}}{\sigma^2-r_0^2}-\alpha\int d\sigma'\frac{\sqrt{F(\sigma')}}{\sigma'^2-r_0^2}$$

annimmt, so darf man die hierin vorkommenden elliptischen Integrale nicht von $x=a$, $y=b$, $z=c$ anfangen lassen, weil alsdann $\varrho=0$, $\sigma=\sigma'=r_0$ wäre, und die Integrale wegen der in ihnen enthaltenen $(-\frac{3}{2})^{\text{ten}}$ Potenz von $\sigma^2-r_0^2$, $\sigma'^2-r_0^2$ unendlich würden. Dies Unendlichwerden der Integrale in (5.) wird durch die oben erwähnte erste Art der Specialisirung nicht verhindert, wohl aber durch die zweite. Da es aber gerade nothwendig ist, in den Formeln, die abgeleitet werden sollen, $\varrho=0$ zu setzen, so entscheiden wir uns für die zweite Art.

Wenn wir also annehmen, dass der Zähler von $F(s)$ für $s=r_0$ verschwindet, so erhalten wir demnach zwischen β und r_0 die Relation

$$(6.)\qquad \beta = \tfrac{1}{2}\alpha r_0^2-k^2r_0.$$

Dadurch wird

$$F(s) = \frac{-\frac{1}{2}\alpha(s^2-r_0^2)+k^2(s-r_0)}{s^2-r_0^2} = \frac{k^2}{s+r_0}-\tfrac{1}{2}\alpha,$$

also

$$(7.)\qquad W = \int_{\sigma'}^{\sigma} ds\sqrt{\frac{k^2}{s+r_0}-\tfrac{1}{2}\alpha}.$$

Dies ist der Werth von W, aus dessen Differentiation sich die merkwürdigen Formeln für die elliptische Bewegung ergeben, die von *Euler* und *Lambert* entdeckt, von *Olbers* und *Gauss* bei der Bestimmung der Elemente der Bahn benutzt worden sind.

Das System der ersten Integralgleichungen wird durch die Formeln

$$\frac{dx}{dt}=\frac{\partial W}{\partial x},\quad \frac{dy}{dt}=\frac{\partial W}{\partial y},\quad \frac{dz}{dt}=\frac{\partial W}{\partial z}$$

gebildet. Wir haben bereits oben $\frac{\partial W}{\partial x}$, $\frac{\partial W}{\partial y}$, $\frac{\partial W}{\partial z}$ durch $\frac{\partial W}{\partial r}$ und $\frac{\partial W}{\partial \varrho}$ und die letzteren Grössen durch $\frac{\partial W}{\partial \sigma}$ und $\frac{\partial W}{\partial \sigma'}$ ausgedrückt. Indem wir diese Relationen in einander substituiren und für $\frac{\partial W}{\partial \sigma}$, $\frac{\partial W}{\partial \sigma'}$ ihre aus (7.) sich ergebenden Werthe $\sqrt{\frac{k^2}{\sigma+r_0}-\frac{1}{2}\alpha}$, $-\sqrt{\frac{k^2}{\sigma'+r_0}-\frac{1}{2}\alpha}$ setzen, erhalten wir die Gleichungen

$$(8.)\quad \begin{cases} \frac{dx}{dt}=\left(\frac{x}{r}+\frac{x-a}{\varrho}\right)\sqrt{\frac{k^2}{\sigma+r_0}-\frac{1}{2}\alpha}-\left(\frac{x}{r}-\frac{x-a}{\varrho}\right)\sqrt{\frac{k^2}{\sigma'+r_0}-\frac{1}{2}\alpha}, \\ \frac{dy}{dt}=\left(\frac{y}{r}+\frac{y-b}{\varrho}\right)\sqrt{\frac{k^2}{\sigma+r_0}-\frac{1}{2}\alpha}-\left(\frac{y}{r}-\frac{y-b}{\varrho}\right)\sqrt{\frac{k^2}{\sigma'+r_0}-\frac{1}{2}\alpha}, \\ \frac{dz}{dt}=\left(\frac{z}{r}+\frac{z-c}{\varrho}\right)\sqrt{\frac{k^2}{\sigma+r_0}-\frac{1}{2}\alpha}-\left(\frac{z}{r}-\frac{z-c}{\varrho}\right)\sqrt{\frac{k^2}{\sigma'+r_0}-\frac{1}{2}\alpha}, \end{cases}$$

deren Richtigkeit man prüfen kann, indem man sie quadrirt und addirt, und hierdurch, wie es sein muss, den Satz der lebendigen Kraft ableitet.

Das System der eigentlichen zwischen den Coordinaten stattfindenden Integralgleichungen wird gebildet durch die Formeln

$$a'=\frac{\partial W}{\partial a},\quad b'=\frac{\partial W}{\partial b},\quad c'=\frac{\partial W}{\partial c},$$

wo a', b', c' neue willkürliche Constanten bedeuten. Aus Gleichung (7.) ergiebt sich

$$\frac{\partial W}{\partial a}=-\frac{1}{2}k^2\frac{a}{r_0}\int_{\sigma'}^{\sigma}\frac{ds}{(s+r_0)^2\sqrt{\frac{k^2}{s+r_0}-\frac{1}{2}\alpha}}+\frac{\partial\sigma}{\partial a}\sqrt{\frac{k^2}{\sigma+r_0}-\frac{1}{2}\alpha}-\frac{\partial\sigma'}{\partial a}\sqrt{\frac{k^2}{\sigma'+r_0}-\frac{1}{2}\alpha},$$

oder indem man für $\frac{\partial\sigma}{\partial a}$, $\frac{\partial\sigma'}{\partial a}$ ihre Werthe $-\frac{x-a}{\varrho}$, $+\frac{x-a}{\varrho}$ setzt und berücksichtigt, dass

$$-\frac{1}{2}k^2\int\frac{ds}{(s+r_0)^2\sqrt{\frac{k^2}{s+r_0}-\frac{1}{2}\alpha}}=\sqrt{\frac{k^2}{s+r_0}-\frac{1}{2}\alpha}$$

ist,

$$\frac{\partial W}{\partial a}=\left(\frac{a}{r_0}-\frac{x-a}{\varrho}\right)\sqrt{\frac{k^2}{\sigma+r_0}-\frac{1}{2}\alpha}-\left(\frac{a}{r_0}+\frac{x-a}{\varrho}\right)\sqrt{\frac{k^2}{\sigma'+r_0}-\frac{1}{2}\alpha}.$$

Mit Benutzung dieses Werthes und der entsprechenden Werthe von $\frac{\partial W}{\partial b}$, $\frac{\partial W}{\partial c}$ erhält man die gesuchten Integralgleichungen in folgender Gestalt:

$$(9.)\quad \begin{cases} a' = \left(\dfrac{a}{r_0} - \dfrac{x-a}{\varrho}\right)\sqrt{\dfrac{k^2}{\sigma+r_0} - \tfrac{1}{2}\alpha} - \left(\dfrac{a}{r_0} + \dfrac{x-a}{\varrho}\right)\sqrt{\dfrac{k^2}{\sigma'+r_0} - \tfrac{1}{2}\alpha}, \\[2ex] b' = \left(\dfrac{b}{r_0} - \dfrac{y-b}{\varrho}\right)\sqrt{\dfrac{k^2}{\sigma+r_0} - \tfrac{1}{2}\alpha} - \left(\dfrac{b}{r_0} + \dfrac{y-b}{\varrho}\right)\sqrt{\dfrac{k^2}{\sigma'+r_0} - \tfrac{1}{2}\alpha}, \\[2ex] c' = \left(\dfrac{c}{r_0} - \dfrac{z-c}{\varrho}\right)\sqrt{\dfrac{k^2}{\sigma+r_0} - \tfrac{1}{2}\alpha} - \left(\dfrac{c}{r_0} + \dfrac{z-c}{\varrho}\right)\sqrt{\dfrac{k^2}{\sigma'+r_0} - \tfrac{1}{2}\alpha}. \end{cases}$$

Die Bestimmung der Constanten a', b', c' geschieht, indem man $\varrho = 0$ setzt, was ein für ϱ statthafter Werth ist, da in Folge der in Gleichung (6.) enthaltenen Specialisirung der Constanten der Punkt (a, b, c) ein Punkt der Planetenbahn wird*).

) Um diese Behauptung zu erweisen, ist es nothwendig, auf den noch nicht specialisirten Werth (4.) von W zurückzukommen. Derselbe ist eine vollständige Lösung der partiellen Differentialgleichung (2.), und auf diese letztere wird das Problem der Planetenbewegung, unter Hinzufügung der Gleichung der Planetenbahn-Ebene, zurückgeführt, wenn man eine Lösung in den Variablen σ, σ' sucht und a, b, c nicht als willkürliche, sondern als gegebene Constanten ansieht. Hieraus folgt, dass, wenn man aus (4.) die neue Gleichung $\beta' = \dfrac{\partial W}{\partial \beta}$ herleitet, wo β' eine willkürliche Constante bezeichnet, diese mit der Gleichung der Planetenbahn-Ebene zusammen die Bahn bestimmt. Die Ausführung der Differentiation nach β giebt, wenn zur Abkürzung

$$f(s) = (s^2 - r_0^2)(-\tfrac{1}{2}\alpha s^2 + k^2 s + \beta)$$

gesetzt wird,

$$2\beta' = 2\frac{\partial W}{\partial \beta} = \int_{\sigma'}^{\sigma} \frac{ds}{\sqrt{f(s)}}.$$

Dies ist in transcendenter Gestalt das Integral der Differentialgleichung

$$0 = \frac{d\sigma}{\sqrt{f(\sigma)}} - \frac{d\sigma'}{\sqrt{f(\sigma')}},$$

deren Integralgleichung in algebraischer Gestalt zufolge des *Euler*schen Additionstheorems der elliptischen Integrale, und zwar nach der von *Lagrange* gegebenen Form desselben, (Miscellanea Taurinensia IV, p. 110) die folgende ist:

$$(\text{I.})\quad \frac{\sqrt{f(\sigma)} + \sqrt{f(\sigma')}}{\sigma - \sigma'} = \sqrt{G^2 + k^2(\sigma+\sigma') - \tfrac{1}{2}\alpha(\sigma+\sigma')^2},$$

wo G^2 die Integrationsconstante bedeutet.

Um nun die Bedingung dafür zu erhalten, dass der Punkt (a, b, c) in der Planetenbahn liegt, d. h. dass $\varrho = 0$ gesetzt werden kann, woraus dann $x = a$, $y = b$, $z = c$, $r = r_0$, $\sigma = \sigma' = r_0$ folgt, untersuchen wir zunächst den Fall, wo ϱ unendlich klein ist.

Es sei θ der Winkel, welchen der Radius Vector r_0, von der Sonne aus nach dem Punkt (a, b, c) hin gerichtet, mit der Tangente der Planetenbahn im Punkt (a, b, c), von diesem Punkt aus nach dem unendlich nahen Punkt (x, y, z) hin gerichtet, bildet, dann hat man für unendlich kleine Werthe von ϱ

$$r - r_0 = \varrho \cos\theta$$

und demzufolge

$$(\text{II.})\quad \begin{cases} \sigma - r_0 = r - r_0 + \varrho = (1 + \cos\theta)\varrho \\ \sigma' - r_0 = r - r_0 - \varrho = -(1 - \cos\theta)\varrho. \end{cases}$$

Hieraus ergiebt sich, dass für unendlich kleine Werthe von ϱ die beiden Grössen $\sqrt{f(\sigma)}$ und $\sqrt{f(\sigma')}$ proportional $\sqrt{\varrho}$ werden, dass also auf der linken Seite von Gleichung (I.) der Zähler $\sqrt{f(\sigma)} + \sqrt{f(\sigma')}$ proportional $\sqrt{\varrho}$, der Nenner $\sigma - \sigma'$ proportional ϱ, der ganze Bruch also unendlich wird, während die rechte Seite einen

Indem wir also den beweglichen Punkt (x, y, z) mit dem festen (a, b, c) zusammenfallen lassen, erscheinen die Brüche $\frac{x-a}{\varrho}$, $\frac{y-b}{\varrho}$, $\frac{z-c}{\varrho}$ unter der Form $\frac{0}{0}$. Ihre wahren Werthe sind $\cos\xi$, $\cos\eta$, $\cos\zeta$, wenn wir mit ξ, η, ζ die Winkel bezeichnen, welche die Tangente der Planetenbahn in (a, b, c) mit den Axen der x, y, z bildet. Da überdies $\sigma = \sigma' = r_0$ wird, so ergeben sich aus den Gleichungen (9.) die Bestimmungen

$$(10.)\quad a' = -2\cos\xi\sqrt{\frac{k^2}{2r_0}-\tfrac{1}{2}\alpha},\quad b' = -2\cos\eta\sqrt{\frac{k^2}{2r_0}-\tfrac{1}{2}\alpha},\quad c' = -2\cos\zeta\sqrt{\frac{k^2}{2r_0}-\tfrac{1}{2}\alpha}.$$

Dieselben Werthe mit entgegengesetzten Zeichen ergeben sich aus den Gleichungen (8.) für die Grössen $\frac{dx}{dt}$, $\frac{dy}{dt}$, $\frac{dz}{dt}$, wenn man $\varrho = 0$ setzt, und es sind demnach $-a'$, $-b'$, $-c'$ die Componenten der Geschwindigkeit des Planeten im Punkte (a, b, c)*).

---

endlichen Werth behält. Der Werth $\varrho = 0$ ist also nur dann zulässig, wenn die Function

$$f(s) = (s^2 - r_0^2)(-\tfrac{1}{2}\alpha s^2 + k^2 s + \beta)$$

den Factor $s - r_0$, welcher für $s = \sigma$ und $s = \sigma'$ und für unendlich kleine Werthe von ϱ proportional ϱ wird, noch ein zweites Mal besitzt, d. h. wenn die zwischen β und r_0 oben aufgestellte Relation

$$(6.)\quad \beta = \tfrac{1}{2}\alpha r_0^2 - k^2 r_0$$

besteht.

*) Wenn man die Gleichungen (9.) quadrirt und addirt, so erhält man zwischen a', b', c' die Relation

$$a'^2 + b'^2 + c'^2 = 2\left(\frac{k^2}{r_0} - \alpha\right),$$

welche nichts anderes ist, als der Satz der lebendigen Kraft für den Punkt (a, b, c). Diese zwischen den Constanten a', b', c' bestehende Abhängigkeit bestätigt dasjenige, was über das Verhalten der Lösungen mit überflüssigen Constanten oben im Text bemerkt worden ist, und zeigt, dass die drei Gleichungen (9.) nur für zwei gelten. Diese zwei, auf welche sie sich reduciren lassen, kann man folgendermassen erhalten. Eliminirt man zwischen den Gleichungen (9.) die beiden in denselben enthaltenen Wurzelzeichen, so ergiebt sich

$$(\text{III.})\quad (bc' - b'c)x + (ca' - c'a)y + (ab' - a'b)z = 0$$

als die Gleichung der Ebene der Planetenbahn, welche durch die Werthe $x = a$, $y = b$, $z = c$ befriedigt wird. Multiplicirt man ferner die Gleichungen (9.) der Reihe nach mit a, b, c und addirt die Resultate, so erhält man

$$(\text{IV.})\quad \begin{cases} -(aa' + bb' + cc')(\sigma - \sigma') \\ = (\sigma + r_0)(\sigma' - r_0)\sqrt{\frac{k^2}{\sigma + r_0} - \tfrac{1}{2}\alpha} + (\sigma - r_0)(\sigma' + r_0)\sqrt{\frac{k^2}{\sigma' + r_0} - \tfrac{1}{2}\alpha} \end{cases}$$

als Gleichung der Bahncurve in der Ebene der Bahn. Die Identität dieses Ergebnisses mit dem in Gleichung (I.) der vorhergehenden Anmerkung für den vorliegenden Fall enthaltenen lässt sich leicht verificiren. Indem man die frühere Definition des Winkels θ beibehält, hat man

$$aa' + bb' + cc' = -2r_0\cos\theta\sqrt{\frac{k^2}{2r_0} - \tfrac{1}{2}\alpha},$$

woraus unter Berücksichtigung der Gleichungen (II.) hervorgeht, dass die Gleichung (IV.) für unendlich kleine

Es bleibt jetzt nur noch übrig die Zeit einzuführen, was durch die Formel $\alpha' - t = \frac{\partial W}{\partial \alpha}$ oder

$$(11.)\qquad t - \alpha' = \tfrac{1}{2}\int_{\sigma'}^{\sigma} \frac{ds}{\sqrt{\frac{k^2}{s+r_0} - \frac{1}{2}\alpha}}$$

geschieht. Dies Integral führt auf Kreisbogen; indem man dieselben auf die gehörige Form bringt, erhält man die von *Gauss* in der theoria motus gegebenen Formeln*). Der Annahme $\alpha = 0$ entspricht die parabolische Bewegung, sie ergiebt die zur Bestimmung der Elemente einer Kometenbahn dienenden Formeln.

Während die Gleichungen (7.) bis (11.) für zwei vom Brennpunkt ausgehende Radien Vectoren r, r_0 und die sie verbindende Sehne ϱ bei der in einem Kegelschnitt stattfindenden Bewegung eines Planeten gelten, ergeben sich allgemeinere Formeln für diese Bewegung, wenn die Specialisirung (6.) nicht vorgenommen wird, der Punkt (a, b, c) also nicht in der Planetenbahn liegt. Alsdann gilt für W die Gleichung (4.); in ihr sowie in den daraus abgeleiteten Integralgleichungen kommt die Differenz zweier elliptischen Integrale vor, die von derselben Form sind und sich nur durch ihre Argumente σ und σ' unterscheiden. Nach dem Additionstheorem der elliptischen Integrale lässt sich diese Differenz in *ein* Integral mit einem neuen Argument σ'', vermehrt um eine algebraische und eine circulare oder logarithmische Function von σ und σ', transformiren. Da nun die Integralgleichungen, wie wir wissen, keine elliptischen Integrale enthalten, so muss das neue Argument σ'', welches algebraisch von σ und σ' abhängt, einer Constante gleich werden. Die Gleichung $\sigma'' = \text{Const}$ ist also eine der Integralgleichungen**) und zwar die Gleichung der Bahncurve, während der alsdann übrig bleibende algebraische und logarithmische Theil den Rest der Integralgleichungen liefert.

Die aus (4.) folgenden allgemeinen Formeln haben auch noch die merkwürdige Eigenschaft, dass sie, abgesehen von einer zu erwähnenden Modification, noch gelten, wenn nach dem Punkt (a, b, c) eine zweite Attractionskraft wirkt.

Werthe von ϱ ein identisches Resultat liefert, vorausgesetzt, dass die Wurzelgrössen $\sqrt{\frac{k^2}{\sigma+r_0} - \frac{1}{2}\alpha}$, $\sqrt{\frac{k^2}{\sigma'+r_0} - \frac{1}{2}\alpha}$ sich alsdann beide dem mit demselben Zeichen genommenen Werthe $\sqrt{\frac{k^2}{2r_0} - \frac{1}{2}\alpha}$ nähern.

*) Vgl. *Crelles* Journal Bd. 17, p. 122.

**) Vgl. hierüber die Anmerkung auf p. 195.

Alsdann sind aber a, b, c nicht mehr willkürliche, sondern gegebene Constanten, wir haben ausser α nur die eine Constante β und eine willkürliche Verfügung über dieselbe steht uns nicht mehr frei. Die Modification, welcher gegenwärtig die partielle Differentialgleichung (2.) unterliegt, deren rechte Seite

$$k^2(\sigma-\sigma')-\tfrac{1}{2}\alpha(\sigma^2-\sigma'^2)=2r\varrho\left(\frac{k^2}{r}-\alpha\right)$$

ist, besteht darin, dass zur Kräftefunction $U=\frac{k^2}{r}$ ein zweites von der Attraction nach dem Punkte (a, b, c) herrührendes Glied $\frac{k'^2}{\varrho}$ hinzukommt, dass also die rechte Seite sich in

$$2r\varrho\left(\frac{k^2}{r}+\frac{k'^2}{\varrho}-\alpha\right)=k^2(\sigma-\sigma')+k'^2(\sigma+\sigma')-\tfrac{1}{2}\alpha(\sigma^2-\sigma'^2)$$

verwandelt. Demnach geht die partielle Differentialgleichung (2.) in die folgende über:

$$(\sigma^2-r_0^2)\left(\frac{\partial W}{\partial \sigma}\right)^2-(\sigma'^2-r_0^2)\left(\frac{\partial W}{\partial \sigma'}\right)^2=(k^2+k'^2)\sigma-\tfrac{1}{2}\alpha\sigma^2-\{(k^2-k'^2)\sigma'-\tfrac{1}{2}\alpha\sigma'^2\}.$$

Da man diese Gleichung in die beiden gewöhnlichen Differentialgleichungen

$$(\sigma^2-r_0^2)\left(\frac{\partial W}{\partial \sigma}\right)^2=\beta+(k^2+k'^2)\sigma-\tfrac{1}{2}\alpha\sigma^2,\quad (\sigma'^2-r_0^2)\left(\frac{\partial W}{\partial \sigma'}\right)^2=\beta+(k^2-k'^2)\sigma'-\tfrac{1}{2}\alpha\sigma'^2$$

zerlegen kann, so erhält man für W die Lösung

$$W=\int d\sigma\sqrt{\frac{\beta+(k^2+k'^2)\sigma-\frac{1}{2}\alpha\sigma^2}{\sigma^2-r_0^2}}\pm\int d\sigma'\sqrt{\frac{\beta+(k^2-k'^2)\sigma'-\frac{1}{2}\alpha\sigma'^2}{\sigma'^2-r_0^2}},$$

in welcher sich die beiden elliptischen Integrale nicht mehr durch das Argument allein, sondern auch durch die Form unterscheiden. Für das Problem der Attraction nach zwei festen Centren im Raume ist die hierin enthaltene Anzahl von Constanten nicht genügend. Für das Problem in der Ebene hingegen (und hierauf lässt sich das Problem im Raume zurückführen) ist der obige Werth von W eine vollständige Lösung; $\frac{\partial W}{\partial \beta}=\beta'$ giebt die Bahn des Punkts, $\frac{\partial W}{\partial \alpha}=\alpha'-t$ die Zeit.

Sechsundzwanzigste Vorlesung.

Elliptische Coordinaten.

Die Hauptschwierigkeit bei der Integration gegebener Differentialgleichungen scheint in der Einführung der richtigen Variablen zu bestehen, zu deren Auffindung es keine allgemeine Regel giebt. Man muss daher das umgekehrte Verfahren einschlagen und nach erlangter Kenntniss einer merkwürdigen Substitution die Probleme aufsuchen, bei welchen dieselbe mit Glück zu brauchen ist. Ich habe eine solche Substitution der Berliner Academie in einer auch im *Crelle*schen Journal*) abgedruckten Note mitgetheilt und eine Reihe von Problemen besonders aus der Mechanik angeführt, für welche sie anzuwenden ist. Diese Anwendbarkeit beruht vornehmlich darauf, dass der Ausdruck $\left(\frac{\partial V}{\partial x}\right)^2+\left(\frac{\partial V}{\partial y}\right)^2+\left(\frac{\partial V}{\partial z}\right)^2$ auch in den neuen Coordinaten eine einfache Gestalt annimmt. Indem wir uns vorbehalten, jene Probleme, zu welchen die bereits in der vorigen Vorlesung beiläufig behandelte Attraction nach zwei festen Centren ebenfalls gehört, der Reihe nach durchzugehen, beginnen wir damit, die erwähnte merkwürdige Substitution selbst aufzustellen, und zwar der Allgemeinheit wegen sogleich für eine beliebige Anzahl von Variablen.

Es sei die Gleichung

$$(1.)\qquad \frac{x_1^2}{a_1+\lambda}+\frac{x_2^2}{a_2+\lambda}+\cdots+\frac{x_n^2}{a_n+\lambda}=1$$

vorgelegt. Die Grössen $a_1, a_2, \ldots a_n$ seien nach ihrer Grösse geordnet, so dass

$$a_1 < a_2 < a_3 < \cdots < a_n,$$

wo das Zeichen $<$ so zu verstehen ist, dass die Differenzen a_2-a_1, $a_3-a_2, \ldots$ positive Zahlen sein sollen. Die Zähler sind sämmtlich positiv, was dadurch angedeutet ist, dass für dieselben Quadrate gesetzt worden sind. Multiplicirt man die Gleichung (1.) mit dem Product $(a_1+\lambda)(a_2+\lambda)\ldots(a_n+\lambda)$, so erhält man eine Gleichung n^{ten} Grades in λ, deren Wurzeln wir mit $\lambda_1, \lambda_2, \ldots \lambda_n$ bezeichnen wollen. Es ist leicht zu beweisen, dass diese n Wurzeln sämmtlich reell sind. In der That, lassen wir λ von $-\infty$ bis $+\infty$ alle Werthe durchlaufen und untersuchen wir, welche Werthe die linke Seite der Gleichung (1.), die wir mit L bezeichnen wollen, dabei annimmt. Für $\lambda=-\infty$ wird $L=0$; mit wachsendem λ wird L negativ und durchläuft alle negativen Werthe, bis es für $\lambda=-a_n$ unendlich wird. Da nämlich a_n die grösste der Zahlen a_1, $a_2, \ldots a_n$ ist, so erreicht λ zuerst den Werth $-a_n$, d. h. $a_n+\lambda$ ist der erste Nenner, welcher verschwindet. Ehe λ den Werth $-a_n$ erreicht hat, ist $a_n+\lambda$ negativ, und indem sich $a_n+\lambda$ der Null nähert, wird $\frac{x_n^2}{a_n+\lambda}=-\infty$. Wächst

*) Bd. XIX, p. 309.

λ weiter, so wird $a_n+\lambda$ positiv, $\frac{x_n^2}{a_n+\lambda}$ macht daher einen Sprung von $-\infty$ nach $+\infty$, und da die übrigen Brüche endlich und zwar negativ sind, so gilt, was von $\frac{x_n^2}{a_n+\lambda}$ gezeigt worden ist, auch von L. Wächst nun λ weiter und kommt in die Nähe von $-a_{n-1}$, so wird $L=-\infty$, hat also von $\lambda=-a_n$ bis $\lambda=-a_{n-1}$ alle reellen Werthe durchlaufen; daher muss in diesem Intervall wenigstens eine Wurzel der Gleichung liegen und zwar nur eine, weil L von $\lambda=-a_n$ bis $\lambda=-a_{n-1}$ continuirlich abnimmt. Bei $\lambda=-a_{n-1}$ macht L wieder den Sprung von $-\infty$ nach $+\infty$, und dasselbe gilt nun für das weitere Fortschreiten, so dass in jedem der Intervalle $-a_n$ bis $-a_{n-1}$, $-a_{n-1}$ bis $-a_{n-2}, \ldots -a_3$ bis $-a_2$, $-a_2$ bis $-a_1$ eine und nur eine Wurzel der Gleichung liegt. Hat nun λ den Werth $-a_1$ soeben überschritten, so ist $L=+\infty$, und indem λ von da an weiter wächst bis nach $+\infty$, nimmt L bis 0 hin ab; in diesem Intervall $-a_1$ bis $+\infty$ muss also ebenfalls eine Wurzel liegen. So haben wir nachgewiesen, dass die Gleichung (1.) n reelle Wurzeln $\lambda_1, \lambda_2, \ldots \lambda_n$ hat. Wir wollen dieselben der Grösse nach geordnet annehmen, so dass λ_1 zwischen $+\infty$ und $-a_1$, λ_2 zwischen $-a_1$ und $-a_2$, u. s. w. endlich λ_n zwischen $-a_{n-1}$ und $-a_n$ liegt. Man hat also

$$\lambda_1 > \lambda_2 > \lambda_3 > \cdots > \lambda_{n-1} > \lambda_n.$$

Wenn man diese Werthe für λ in die Gleichung (1.) einsetzt, so ergiebt sich daher folgendes System identischer Gleichungen:

$$(S.)\quad \begin{cases} \dfrac{x_1^2}{a_1+\lambda_1}+\dfrac{x_2^2}{a_2+\lambda_1}+\cdots+\dfrac{x_{n-1}^2}{a_{n-1}+\lambda_1}+\dfrac{x_n^2}{a_n+\lambda_1}=1, \\ \dfrac{x_1^2}{a_1+\lambda_2}+\dfrac{x_2^2}{a_2+\lambda_2}+\cdots+\dfrac{x_{n-1}^2}{a_{n-1}+\lambda_2}+\dfrac{x_n^2}{a_n+\lambda_2}=1, \\ \vdots \qquad\qquad\qquad\qquad \vdots \\ \dfrac{x_1^2}{a_1+\lambda_n}+\dfrac{x_2^2}{a_2+\lambda_n}+\cdots+\dfrac{x_{n-1}^2}{a_{n-1}+\lambda_n}+\dfrac{x_n^2}{a_n+\lambda_n}=1. \end{cases}$$

Sehen wir die Grössen a als constant, die Grössen x und λ dagegen als variabel an, so ist deren gegenseitige Abhängigkeit also von der Art, dass, während die Grössen $\lambda_1, \lambda_2, \ldots \lambda_n$ aus den Grössen $x_1^2, x_2^2, \ldots x_n^2$ durch Auflösung der Gleichung n^{ten} Grades (1.) gefunden werden, umgekehrt die Grössen $x_1^2, x_2^2 \ldots x_n^2$ durch ein System linearer Gleichungen als Functionen von $\lambda_1, \lambda_2 \ldots \lambda_n$ zu bestimmen sind. Es kommt jetzt auf die Auflösung des Systems (S.) an, wozu wir von den verschiedenen anwendbaren Mitteln das der successiven Elimination wählen. Zuerst eliminiren wir vermittelst der ersten Gleichung x_n^2 aus den übrigen. Um es z. B. aus der zweiten zu eliminiren, müssen wir die erste mit $a_n+\lambda_1$ multiplicirte Gleichung von der zweiten mit $a_n+\lambda_2$ multiplicirten abziehen und erhalten

$$x_1^2\left\{\frac{a_n+\lambda_2}{a_1+\lambda_2}-\frac{a_n+\lambda_1}{a_1+\lambda_1}\right\}+\cdots+x_{n-1}^2\left\{\frac{a_n+\lambda_2}{a_{n-1}+\lambda_2}-\frac{a_n+\lambda_1}{a_{n-1}+\lambda_1}\right\}=\lambda_2-\lambda_1.$$

Mit Benutzung der Identität

$$\frac{a_n+\lambda_2}{a_1+\lambda_2}-\frac{a_n+\lambda_1}{a_1+\lambda_1}=\frac{(a_1-a_n)(\lambda_2-\lambda_1)}{(a_1+\lambda_2)(a_1+\lambda_1)}$$

und nach Fortlassung des allen Gliedern gemeinschaftlichen Factors $\lambda_2-\lambda_1$ geht diese Gleichung in

$$\frac{a_1-a_n}{(a_1+\lambda_1)(a_1+\lambda_2)}x_1^2+\frac{a_2-a_n}{(a_2+\lambda_1)(a_2+\lambda_2)}x_2^2+\cdots+\frac{a_{n-1}-a_n}{(a_{n-1}+\lambda_1)(a_{n-1}+\lambda_2)}x_{n-1}^2=1$$

über. Macht man dieselbe Elimination zwischen der ersten und dritten, der ersten und vierten, ... endlich der ersten und n^{ten} Gleichung des Systems (S.), so erhält man folgendes System $(n-1)^{\text{ter}}$ Ordnung:

$$(S_1.)\quad\begin{cases}\frac{a_1-a_n}{(a_1+\lambda_1)(a_1+\lambda_2)}x_1^2+\frac{a_2-a_n}{(a_2+\lambda_1)(a_2+\lambda_2)}x_2^2+\cdots+\frac{a_{n-1}-a_n}{(a_{n-1}+\lambda_1)(a_{n-1}+\lambda_2)}x_{n-1}^2=1,\\ \frac{a_1-a_n}{(a_1+\lambda_1)(a_1+\lambda_3)}x_1^2+\frac{a_2-a_n}{(a_2+\lambda_1)(a_2+\lambda_3)}x_2^2+\cdots+\frac{a_{n-1}-a_n}{(a_{n-1}+\lambda_1)(a_{n-1}+\lambda_3)}x_{n-1}^2=1,\\ \vdots\\ \frac{a_1-a_n}{(a_1+\lambda_1)(a_1+\lambda_n)}x_1^2+\frac{a_2-a_n}{(a_2+\lambda_1)(a_2+\lambda_n)}x_2^2+\cdots+\frac{a_{n-1}-a_n}{(a_{n-1}+\lambda_1)(a_{n-1}+\lambda_n)}x_{n-1}^2=1.\end{cases}$$

Von diesem ersten reducirten System $(n-1)^{\text{ter}}$ Ordnung kann man wieder auf dieselbe Weise zu einem zweiten reducirten System $(n-2)^{\text{ter}}$ Ordnung übergehen, wobei man nur zu bemerken braucht, dass, wenn man $\frac{a_1-a_n}{a_1+\lambda_1}x_1^2$, $\frac{a_2-a_n}{a_2+\lambda_1}x_2^2$, ... $\frac{a_{n-1}-a_n}{a_{n-1}+\lambda_1}x_{n-1}^2$, als neue Variable ansieht, das System $(S_1.)$ auf die Form des Systems (S.) zurückkommt. So erhält man das zweite reducirte System:

$$(S_2.)\quad\begin{cases}\frac{(a_1-a_n)(a_1-a_{n-1})}{(a_1+\lambda_1)(a_1+\lambda_2)(a_1+\lambda_3)}x_1^2+\frac{(a_2-a_n)(a_2-a_{n-1})}{(a_2+\lambda_1)(a_2+\lambda_2)(a_2+\lambda_3)}x_2^2+\cdots+\frac{(a_{n-2}-a_n)(a_{n-2}-a_{n-1})}{(a_{n-2}+\lambda_1)(a_{n-2}+\lambda_2)(a_{n-2}+\lambda_3)}x_{n-2}^2=1,\\ \frac{(a_1-a_n)(a_1-a_{n-1})}{(a_1+\lambda_1)(a_1+\lambda_2)(a_1+\lambda_4)}x_1^2+\frac{(a_2-a_n)(a_2-a_{n-1})}{(a_2+\lambda_1)(a_2+\lambda_2)(a_2+\lambda_4)}x_2^2+\cdots+\frac{(a_{n-2}-a_n)(a_{n-2}-a_{n-1})}{(a_{n-2}+\lambda_1)(a_{n-2}+\lambda_2)(a_{n-2}+\lambda_4)}x_{n-2}^2=1,\\ \vdots\\ \frac{(a_1-a_n)(a_1-a_{n-1})}{(a_1+\lambda_1)(a_1+\lambda_2)(a_1+\lambda_n)}x_1^2+\frac{(a_2-a_n)(a_2-a_{n-1})}{(a_2+\lambda_1)(a_2+\lambda_2)(a_2+\lambda_n)}x_2^2+\cdots+\frac{(a_{n-2}-a_n)(a_{n-2}-a_{n-1})}{(a_{n-2}+\lambda_1)(a_{n-2}+\lambda_2)(a_{n-2}+\lambda_n)}x_{n-2}^2=1,\end{cases}$$

und wenn man auf diese Weise fortfährt, kommt man endlich zu dem System

(S_{n-1}), welches nur die eine Variable x_1^2 enthält und nur aus einer Gleichung besteht. Diese Gleichung, deren Form aus dem Fortgang der Rechnung geschlossen wird, ist

$$\frac{(a_1-a_n)(a_1-a_{n-1})\dots(a_1-a_2)}{(a_1+\lambda_1)(a_1+\lambda_2)\dots(a_1+\lambda_{n-1})(a_1+\lambda_n)}x_1^2 = 1,$$

und man erhält also die folgenden aus der Auflösung von $(S.)$ hervorgehenden Werthe:

$$(2.)\quad \begin{cases} x_1^2 = \dfrac{(a_1+\lambda_1)(a_1+\lambda_2)\dots(a_1+\lambda_{n-1})(a_1+\lambda_n)}{(a_1-a_2)(a_1-a_3)\dots(a_1-a_n)}, \\ x_2^2 = \dfrac{(a_2+\lambda_1)(a_2+\lambda_2)\dots(a_2+\lambda_{n-1})(a_2+\lambda_n)}{(a_2-a_1)(a_2-a_3)\dots(a_2-a_n)}, \\ \vdots \\ x_m^2 = \dfrac{(a_m+\lambda_1)(a_m+\lambda_2)\dots\dots\dots\dots(a_m+\lambda_{n-1})(a_m+\lambda_n)}{(a_m-a_1)(a_m-a_2)\dots(a_m-a_{m-1})(a_m-a_{m+1})\dots(a_m-a_n)}, \\ \vdots \\ x_n^2 = \dfrac{(a_n+\lambda_1)(a_n+\lambda_2)\dots(a_n+\lambda_{n-1})(a_n+\lambda_n)}{(a_n-a_1)(a_n-a_2)\dots(a_n-a_{n-1})}. \end{cases}$$

Da diese Ausdrücke Quadraten gleich werden, so müssen sie positiv sein, was sich auch leicht nachweisen lässt. In dem Ausdruck von x_1^2 z. B. ist im Zähler der erste Factor positiv, die übrigen negativ, also hat der Zähler dasselbe Zeichen wie $(-1)^{n-1}$, im Nenner sind alle $n-1$ Factoren negativ, derselbe hat also auch dasselbe Zeichen wie der Zähler, folglich ist der Bruch positiv. Aehnliches gilt von den Werthen der übrigen Grössen x_2^2, x_3^2, ... x_n^2.

Man kann die Ausdrücke (2.) auch prüfen, indem man sie in das System $(S.)$ substituirt und zeigt, dass dasselbe identisch erfüllt wird. Hierbei braucht man den aus der Theorie der Zerlegung in Partialbrüche bekannten Hülfssatz, wonach die Summe

$$\sum_{m=1}^{m=n} \frac{a_m^s}{(a_m-a_1)(a_m-a_2)\dots(a_m-a_{m-1})(a_m-a_{m+1})\dots(a_m-a_n)}$$

für $s = 1, 2, \dots n-2$ verschwindet und für $s = n-1$ der Einheit gleich wird, während sie für jeden höheren Werth $n-1+r$ von s der Summe der Combinationen mit Wiederholungen zu r der Elemente $a_1, a_2, \dots a_n$ gleich ist, ein Satz, dessen Consequenzen ich in meiner Inaugural-Dissertation*) erörtert habe. Die der Grösse λ_1 entsprechende Gleichung des Systems $(S.)$ ist

---

*) Disquisitiones analyticae de fractionibus simplicibus. Berolini 1825. (Ges. Werke, Bd. III., p. 3f.f.)

$$1 = \frac{x_1^2}{a_1+\lambda_i} + \frac{x_2^2}{a_2+\lambda_i} + \cdots + \frac{x_n^2}{a_n+\lambda_i} = \sum_{m=1}^{m=n} \frac{x_m^2}{a_m+\lambda_i}.$$

Damit dieselbe durch die Werthe (2.) der Grössen $x_1^2, x_2^2, \ldots x_n^2$ erfüllt werde, muss die Gleichung

$$(3.)\qquad 1 = \sum_{m=1}^{m=n} \frac{(a_m+\lambda_1)(a_m+\lambda_2)\ldots(a_m+\lambda_{i-1})(a_m+\lambda_{i+1})\ldots(a_m+\lambda_n)}{(a_m-a_1)(a_m-a_2)\ldots(a_m-a_{m-1})(a_m-a_{m+1})\ldots(a_m-a_n)}$$

eine identische sein, was in der That durch den eben erwähnten Satz verificirt wird, da im Zähler a_m^{n-1} die höchste Potenz von a_m ist und diese den Coefficienten 1 hat.

Die durch die Formeln (2.) definirten Grössen $x_1^2, x_2^2, \ldots x_n^2$ genügen noch anderen Gleichungen, die sich durch den angeführten Satz ebenfalls auf der Stelle ergeben. Dividirt man nämlich die Grössen x_m^2 nicht bloss durch $a_m+\lambda_i$, sondern durch das Product der Factoren $a_m+\lambda_i$, $a_m+\lambda_k$, wo λ_i, λ_k zwei verschiedene Wurzeln der Gleichung (1.) bedeuten, so erhält man eine Summe, welche sich von der rechten Seite der Gleichung (3.) nur dadurch unterscheidet, dass der Zähler in Beziehung auf a_m nicht bis auf die $(n-1)^{\text{te}}$, sondern nur bis auf die $(n-2)^{\text{te}}$ Potenz steigt. Daher wird die Summe Null, und man hat die Gleichung

$$(4.)\qquad \frac{x_1^2}{(a_1+\lambda_i)(a_1+\lambda_k)} + \frac{x_2^2}{(a_2+\lambda_i)(a_2+\lambda_k)} + \cdots + \frac{x_n^2}{(a_n+\lambda_i)(a_n+\lambda_k)} = 0.$$

Untersuchen wir, was aus der linken Seite der Gleichung (4.) wird, wenn λ_i, λ_k nicht mehr von einander verschiedene Wurzeln, sondern eine und dieselbe Wurzel der Gleichung (1.) bezeichnen. Es fragt sich also, welchen Werth der Ausdruck

$$(5.)\qquad M_i = \frac{x_1^2}{(a_1+\lambda_i)^2} + \frac{x_2^2}{(a_2+\lambda_i)^2} + \cdots + \frac{x_n^2}{(a_n+\lambda_i)^2}$$

erhält, wenn derselbe durch die λ allein dargestellt wird. Durch Substitution der Werthe (2.) an die Stelle der x^2 ergiebt sich

$$M_i = \sum_{m=1}^{m=n} \frac{(a_m+\lambda_1)(a_m+\lambda_2)\ldots(a_m+\lambda_{i-1})(a_m+\lambda_{i+1})\ldots(a_m+\lambda_n)}{(a_m+\lambda_i)(a_m-a_1)\ldots(a_m-a_{m-1})(a_m-a_{m+1})\ldots(a_m-a_n)}.$$

Der Zähler des unter dem Summenzeichen stehenden Bruches ist eine Function $(n-1)^{\text{ten}}$ Grades von a_m. Setzen wir in demselben für jedes $a_m+\lambda_s$ den Ausdruck $a_m+\lambda_i+\lambda_s-\lambda_i$, entwickeln darauf den Zähler nach Potenzen von $a_m+\lambda_i$, so wird das von $a_m+\lambda_i$ freie Glied

$$(\lambda_1-\lambda_i)(\lambda_2-\lambda_i)\ldots(\lambda_{i-1}-\lambda_i)(\lambda_{i+1}-\lambda_i)\ldots(\lambda_n-\lambda_i).$$

Alle übrigen Glieder der Entwicklung zusammengenommen und durch den Factor $a_m + \lambda_i$ des Nenners dividirt bilden eine Function $(n-2)^{\text{ten}}$ Grades von a_m und fallen daher zufolge des erwähnten Hülfsatzes bei der Summation nach m heraus. Demnach reducirt sich der Ausdruck von M_i auf

$$M_i = \sum_{m=1}^{m=n} \frac{1}{a_m+\lambda_i} \frac{(\lambda_1-\lambda_i)(\lambda_2-\lambda_i)\ldots\ldots(\lambda_{i-1}-\lambda_i)(\lambda_{i+1}-\lambda_i)\ldots\ldots(\lambda_n-\lambda_i)}{(a_m-a_1)(a_m-a_2)\ldots(a_m-a_{m-1})(a_m-a_{m+1})\ldots(a_m-a_n)},$$

und da nach der Theorie der Zerlegung in Partialbrüche bekanntlich

$$\sum_{m=1}^{m=n} \frac{1}{a_m+\lambda_i} \cdot \frac{1}{(a_m-a_1)\ldots(a_m-a_{m-1})(a_m-a_{m+1})\ldots(a_m-a_n)} = \frac{(-1)^{n-1}}{(a_1+\lambda_i)(a_2+\lambda_i)\ldots(a_n+\lambda_i)}$$

ist, so ergiebt sich für M_i schliesslich der Werth

$$M_i = \frac{(\lambda_i-\lambda_1)(\lambda_i-\lambda_2)\ldots(\lambda_i-\lambda_{i-1})(\lambda_i-\lambda_{i+1})\ldots(\lambda_i-\lambda_n)}{(a_1+\lambda_i)(a_2+\lambda_i)\ldots(a_n+\lambda_i)}, \tag{6.}$$

d. h. man hat die Gleichung

$$\begin{cases} \dfrac{x_1^2}{(a_1+\lambda_i)^2} + \dfrac{x_2^2}{(a_2+\lambda_i)^2} + \cdots + \dfrac{x_n^2}{(a_n+\lambda_i)^2} \\ = \dfrac{(\lambda_i-\lambda_1)(\lambda_i-\lambda_2)\ldots(\lambda_i-\lambda_{i-1})(\lambda_i-\lambda_{i+1})\ldots(\lambda_i-\lambda_n)}{(a_1+\lambda_i)(a_2+\lambda_i)\ldots(a_n+\lambda_i)}. \end{cases}$$

Dies Resultat lässt sich auch auf einem anderen etwas einfacheren Wege ableiten. Man setze

$$u = 1 - \left\{ \frac{x_1^2}{a_1+\lambda} + \frac{x_2^2}{a_2+\lambda} + \cdots + \frac{x_n^2}{a_n+\lambda} \right\}, \tag{8.}$$

sodass die Gleichung $u = 0$ mit der Gleichung (1.) identisch ist; dann lässt sich der durch Gleichung (5.) definirte Ausdruck M_i mit Hülfe von u in der Form

$$M_i = \left(\frac{\partial u}{\partial \lambda}\right)_{\lambda=\lambda_i}$$

darstellen, und man wird daher den Ausdruck (6.) von M_i aus u ableiten können, wenn man vorher in der rechten Seite von Gleichung (8.) die Variablen $x_1^2, x_2^2, \ldots x_n^2$ durch die Variablen $\lambda_1, \lambda_2, \ldots \lambda_n$ ersetzt hat. Um diese Transformation zu erlangen multiplicire man u mit dem Product der Nenner $(a_1+\lambda)(a_2+\lambda)\ldots(a_n+\lambda)$, dann erhält man einen ganzen rationalen Ausdruck n^{ter} Ordnung in λ, welcher für die Werthe $\lambda_1, \lambda_2, \ldots \lambda_n$ von λ verschwindet, und in welchem der Coefficient von λ^n die Einheit ist. Also hat man $(a_1+\lambda)(a_2+\lambda)\ldots(a_n+\lambda)u = (\lambda-\lambda_1)(\lambda-\lambda_2)\ldots(\lambda-\lambda_n)$, oder

$$u = \frac{(\lambda-\lambda_1)(\lambda-\lambda_2)\ldots(\lambda-\lambda_n)}{(a_1+\lambda)(a_2+\lambda)\ldots(a_n+\lambda)}, \tag{8*.}$$

eine Gleichung, aus deren Zusammenstellung mit (8.) man, beiläufig bemerkt, schliessen kann, dass sich die Werthe (2.) der Grössen x_1^2, x_2^2, ... x_n^2 als die negativ genommenen Zähler der Partialbrüche $\frac{1}{a_1+\lambda}$, $\frac{1}{a_2+\lambda}$, ... $\frac{1}{a_n+\lambda}$ in der Zerlegung des Bruches (8*.) definiren lassen. Indem wir den Ausdruck (8*.) von u nach λ differentiiren und dann $\lambda=\lambda_i$ setzen, erhalten wir

$$M_i=\left(\frac{\partial u}{\partial \lambda}\right)_{\lambda=\lambda_i}=\frac{(\lambda_i-\lambda_1)(\lambda_i-\lambda_2)\dots(\lambda_i-\lambda_{i-1})(\lambda_i-\lambda_{i+1})\dots(\lambda_i-\lambda_n)}{(a_1+\lambda_i)(a_2+\lambda_i)\dots(a_n+\lambda_i)},$$

übereinstimmend mit (6.).

Die bisher gewonnenen Resultate setzen uns in den Stand, ohne weitere Rechnung zu der obigen Substitution die aus derselben folgenden Differentialformeln hinzuzufügen. Wenn man von dem in den Gleichungen (2.) enthaltenen Werth von x_m^2

$$x_m^2=\frac{(a_m+\lambda_1)(a_m+\lambda_2)\dots\dots\dots(a_m+\lambda_{n-1})(a_m+\lambda_n)}{(a_m-a_1)(a_m-a_2)\dots(a_m-a_{m-1})(a_m-a_{m+1})\dots(a_m-a_n)}$$

den Logarithmus nimmt und dann differentiirt, so erhält man

$$\frac{2dx_m}{x_m}=\frac{d\lambda_1}{a_m+\lambda_1}+\frac{d\lambda_2}{a_m+\lambda_2}+\dots+\frac{d\lambda_n}{a_m+\lambda_n}.$$

Hieraus ergiebt sich für die Summe der Quadrate der Differentiale von x_1, x_2, ... x_n die Formel

$$4(dx_1^2+dx_2^2+\dots+dx_n^2)=\sum_{m=1}^{m=n}\frac{x_m^2}{(a_m+\lambda_1)^2}d\lambda_1^2+\sum_{m=1}^{m=n}\frac{x_m^2}{(a_m+\lambda_2)^2}d\lambda_2^2+\dots+\sum_{m=1}^{m=n}\frac{x_m^2}{(a_m+\lambda_n)^2}d\lambda_n^2$$
$$+2\sum_{m=1}^{m=n}\frac{x_m^2}{(a_m+\lambda_1)(a_m+\lambda_2)}d\lambda_1 d\lambda_2+\dots.$$

Nach Gleichung (4.) verschwindet der Coefficient von $d\lambda_1 d\lambda_2$, und ebenso werden die Coefficienten aller Producte der Differentiale von zwei verschiedenen Grössen λ gleich Null. Die Coefficienten der Quadrate $d\lambda_1^2$, $d\lambda_2^2$, ... $d\lambda_n^2$ dagegen sind nach Gleichung (5.) die Grössen M_1, M_2, ... M_n, also haben wir

$$(9.)\qquad 4(dx_1^2+dx_2^2+\dots+dx_n^2)=M_1 d\lambda_1^2+M_2 d\lambda_2^2+\dots+M_n d\lambda_n^2,$$

wo die Coefficienten M durch Gleichung (6.)

$$(6.)\qquad M_i=\frac{(\lambda_i-\lambda_1)(\lambda_i-\lambda_2)\dots(\lambda_i-\lambda_{i-1})(\lambda_i-\lambda_{i+1})\dots(\lambda_i-\lambda_n)}{(a_1+\lambda_i)(a_2+\lambda_i)\dots(a_n+\lambda_i)}$$

definirt sind. Giebt man dem Begriff der lebendigen Kraft $\frac{1}{2}(x_1'^2+x_2'^2+x_3'^2)$ eines sich frei bewegenden Punktes mit der Masse 1 eine Ausdehnung auf n Dimensionen und setzt

$$T=\tfrac{1}{2}(x_1'^2+x_2'^2+\dots+x_n'^2),$$

so kann man diesen Ausdruck T vermöge Gleichung (9.) auch durch die Variablen λ und deren Differentialquotienten nach t darstellen, und erhält

$$(10.)\qquad 8T = 4(x_1'^2+x_2'^2+\cdots+x_n'^2) = M_1\lambda_1'^2+M_2\lambda_2'^2+\cdots+M_n\lambda_n'^2.$$

Der erwähnten Ausdehnung auf n Dimensionen entspricht die *Hamilton*sche partielle Differentialgleichung, deren linke Seite der Ausdruck

$$\left(\frac{\partial W}{\partial x_1}\right)^2+\left(\frac{\partial W}{\partial x_2}\right)^2+\cdots+\left(\frac{\partial W}{\partial x_n}\right)^2$$

ist. Derselbe geht aus $2T$ hervor, indem man darin

$$\frac{\partial T}{\partial x_1'} = \frac{\partial W}{\partial x_1},\quad \frac{\partial T}{\partial x_2'} = \frac{\partial W}{\partial x_2},\quad \ldots\quad \frac{\partial T}{\partial x_n'} = \frac{\partial W}{\partial x_n}$$

substituirt. Kommt es nun darauf an, den Ausdruck anzugeben, in welchen der obige bei der Transformation der Variablen x in die Variablen λ übergeht, so findet man denselben nach der neunzehnten Vorlesung, indem man auf den transformirten Ausdruck von $2T$ die Gleichungen

$$\frac{\partial T}{\partial \lambda_1'} = \frac{\partial W}{\partial \lambda_1},\quad \frac{\partial T}{\partial \lambda_2'} = \frac{\partial W}{\partial \lambda_2},\quad \ldots\quad \frac{\partial T}{\partial \lambda_n'} = \frac{\partial W}{\partial \lambda_n}$$

anwendet. Im vorliegenden Fall ist nach Gleichung (10.)

$$4\frac{\partial T}{\partial \lambda_i'} = M_i\lambda_i' = 4\frac{\partial W}{\partial \lambda_i},$$

also hat man

$$\lambda_i' = \frac{4}{M_i}\frac{\partial W}{\partial \lambda_i}$$

in

$$2T = \tfrac{1}{4}\{M_1\lambda_1'^2+M_2\lambda_2'^2+\cdots+M_n\lambda_n'^2\}$$

einzusetzen und erhält auf diese Weise

$$(11.)\quad \left(\frac{\partial W}{\partial x_1}\right)^2+\left(\frac{\partial W}{\partial x_2}\right)^2+\cdots+\left(\frac{\partial W}{\partial x_n}\right)^2 = 4\left\{\frac{1}{M_1}\left(\frac{\partial W}{\partial \lambda_1}\right)^2+\frac{1}{M_2}\left(\frac{\partial W}{\partial \lambda_2}\right)^2+\cdots+\frac{1}{M_n}\left(\frac{\partial W}{\partial \lambda_n}\right)^2\right\},$$

wo M_i nach (6.) zu bestimmen ist, oder, was dasselbe ist,

$$(12.)\quad \Sigma\left(\frac{\partial W}{\partial x_i}\right)^2 = 4\Sigma\frac{(a_1+\lambda_i)(a_2+\lambda_i)\ldots(a_n+\lambda_i)}{(\lambda_i-\lambda_1)\ldots(\lambda_i-\lambda_{i-1})(\lambda_i-\lambda_{i+1})\ldots(\lambda_i-\lambda_n)}\left(\frac{\partial W}{\partial \lambda_i}\right)^2.$$

Siebenundzwanzigste Vorlesung.

Geometrische Bedeutung der elliptischen Coordinaten in der Ebene und im Raume. Quadratur der Oberfläche des Ellipsoids. Rectification seiner Krümmungslinien.

Gehen wir nun auf die geometrische Bedeutung näher ein, welche die in der vorigen Vorlesung aufgestellte Substitution für $n=2$ und $n=3$ hat. Für den Fall von zwei Variablen hat man die Gleichung

$$\frac{x_1^2}{a_1+\lambda}+\frac{x_2^2}{a_2+\lambda}=1.$$

Sieht man x_1 und x_2 als rechtwinklige Coordinatan an, so ist diese Gleichung die eines Kegelschnitts und zwar einer Ellipse, wenn λ in den Grenzen $-a_1$ und $+\infty$ liegt, also beide Nenner positiv sind, dagegen einer Hyperbel, wenn λ zwischen $-a_1$ und $-a_2$ liegt, also der erste Nenner negativ, der zweite positiv ist. Aendert sich, indem a_1 und a_2 constant bleiben, die Grösse λ, so stellt die Gleichung ein System confocaler Kegelschnitte dar. Sind x_1 und x_2 gegeben, so giebt es immer zwei Werthe von λ, welche die Gleichung befriedigen, der eine liegt zwischen $-a_1$ und ∞, der andere zwischen $-a_1$ und $-a_2$, d. h. von einem System confocaler Kegelschnitte gehen durch einen gegebenen Punkt immer zwei und zwar eine Ellipse und eine Hyperbel. Die Variablen λ_1 und λ_2 für x_1 und x_2 einführen heisst daher geometrisch, die Punkte in der Ebene durch die Ellipse und Hyperbel bestimmen, welche durch dieselben gehen und zwei gegebene Punkte zu Brennpunkten haben. Setzt man $\lambda_1=$ Const., so erhält man alle Punkte auf einer Ellipse des Systems confocaler Kegelschnitte, setzt man $\lambda_2=$ Const., so giebt dies alle Punkte auf einer Hyperbel. Die beiden Systeme der confocalen Ellipsen und Hyperbeln haben mit dem gewöhnlichen Coordinatensystem das gemein, dass je zwei Curven *eines* Systems sich nicht schneiden, und dass jede Curve des einen Systems alle Curven des anderen Systems rechtwinklig durchschneidet. In der That, schneiden sich eine der Ellipsen und eine der Hyperbeln im Punkte (x_1, x_2), und ist demnach

$$E=\frac{x_1^2}{a_1+\lambda_1}+\frac{x_2^2}{a_2+\lambda_1}=1,\quad H=\frac{x_1^2}{a_1+\lambda_2}+\frac{x_2^2}{a_2+\lambda_2}=1,$$

so bilden die Normalen an Ellipse und Hyperbel im Punkt (x_1, x_2) mit den Axen Winkel, deren Cosinus sich wie $\frac{\partial E}{\partial x_1}:\frac{\partial E}{\partial x_2}$ und wie $\frac{\partial H}{\partial x_1}:\frac{\partial H}{\partial x_2}$ verhalten.

Sollen diese Normalen senkrecht auf einander stehen, so muss die Relation

$$\frac{\partial E}{\partial x_1}\frac{\partial H}{\partial x_1}+\frac{\partial E}{\partial x_2}\frac{\partial H}{\partial x_2}=0$$

oder

$$\frac{x_1^2}{(a_1+\lambda_1)(a_1+\lambda_2)}+\frac{x_2^2}{(a_2+\lambda_1)(a_2+\lambda_2)}=0$$

bestehen, und da dieselbe zufolge Gleichung (4.) der vorigen Vorlesung eine identische Gleichung ist, so ist hiermit die Orthogonalität von Ellipse und Hyperbel bewiesen. Hieraus geht eine Erleichterung bei der Bestimmung des Flächenelements hervor; denn während dasselbe im Allgemeinen gleich $\left(\frac{\partial x_1}{\partial \lambda_1}\frac{\partial x_2}{\partial \lambda_2}-\frac{\partial x_1}{\partial \lambda_2}\frac{\partial x_2}{\partial \lambda_1}\right)d\lambda_1\, d\lambda_2$ ist, braucht man im vorliegenden Fall nur die Bogenelemente von Ellipse und Hyperbel in einander zu multipliciren. Nach Formel (9.) der vorigen Vorlesung ist das Quadrat des Bogenelements einer beliebigen Curve

$$(1.)\qquad 4(dx_1^2+dx_2^2)=\frac{\lambda_1-\lambda_2}{(a_1+\lambda_1)(a_2+\lambda_1)}d\lambda_1^2+\frac{\lambda_2-\lambda_1}{(a_1+\lambda_2)(a_2+\lambda_2)}d\lambda_2^2.$$

Hieraus ergiebt sich das Bogenelement der Ellipse, wenn man λ_1 constant, also $d\lambda_1=0$ setzt, das der Hyperbel, wenn man λ_2 constant, also $d\lambda_2=0$ setzt. Diese Bogenelemente sind daher

$$\tfrac{1}{2}d\lambda_2\sqrt{\frac{\lambda_2-\lambda_1}{(a_1+\lambda_2)(a_2+\lambda_2)}}\quad\text{und}\quad \tfrac{1}{2}d\lambda_1\sqrt{\frac{\lambda_1-\lambda_2}{(a_1+\lambda_1)(a_2+\lambda_1)}},$$

und das Flächenelement ist das Product derselben, d. h.

$$\frac{\tfrac{1}{4}(\lambda_1-\lambda_2)d\lambda_1\, d\lambda_2}{\sqrt{-(a_1+\lambda_1)(a_2+\lambda_1)(a_1+\lambda_2)(a_2+\lambda_2)}}.$$

Ganz analoge Betrachtungen können für drei Variable, d. h. für den Raum angestellt werden. Es seien x_1, x_2, x_3 rechtwinklige Coordinaten; dann stellt die Gleichung

$$\frac{x_1^2}{a_1+\lambda}+\frac{x_2^2}{a_2+\lambda}+\frac{x_3^2}{a_3+\lambda}=1,$$

wenn man λ variiren lässt, ein System confocaler Oberflächen zweiten Grades dar. Die Sätze über confocale Oberflächen zweiten Grades (d. h. solche, in denen die Hauptschnitte die nämlichen Brennpunkte haben) gehören zu den merkwürdigsten der analytischen Geometrie; ich habe einige der wichtigsten im 12ten Bande des *Crelle*schen Journals*) zuerst bekannt gemacht. Wenn

*) Schreiben an *Steiner* p. 137.

Chasles in seinem Aperçu historique*) dieselben, ohne meine Priorität zu erwähnen, als neu bezeichnet, so muss man sich daran erinnern, dass in jenem Werke alle deutsch geschriebenen Abhandlungen des *Crelle*schen Journals unberücksichtigt geblieben sind**).

Die confocalen Oberflächen theilen sich in drei Systeme, in ein System von Ellipsoiden, für welche λ zwischen $-a_1$ und $+\infty$ liegt, in ein System von einschaligen Hyperboloiden, für welche λ zwischen $-a_1$ und $-a_2$ liegt, und in ein System von zweischaligen Hyperboloiden, für welche λ zwischen $-a_2$ und $-a_3$ liegt. Im ersten Fall sind nämlich die Nenner $a_1+\lambda$, $a_2+\lambda$, $a_3+\lambda$ sämmtlich positiv, im zweiten Fall ist $a_1+\lambda$ negativ, während $a_2+\lambda$ und $a_3+\lambda$ positiv sind, im dritten Fall sind $a_1+\lambda$ und $a_2+\lambda$ negativ, $a_3+\lambda$ positiv. Für jeden Punkt (x_1, x_2, x_3) giebt es drei Werthe λ_1, λ_2, λ_3 von λ, welche der obigen Gleichung genügen, und zwar entspricht λ_1 einem Ellipsoid, λ_2 einem einschaligen Hyperboloid und λ_3 einem zweischaligen Hyperboloid. Von einem gegebenen System confocaler Oberflächen zweiten Grades geht also durch einen gegebenen Punkt immer *ein* Ellipsoid, *ein* einschaliges Hyperboloid und *ein* zweischaliges Hyperboloid. Von diesen drei Systemen schneidet jedes die beiden anderen rechtwinklig. *Binet* hat zuerst bewiesen, dass die Schnittcurven zugleich die Krümmungscurven dieser Oberflächen sind. *Charles Dupin* hat in seinen Développements de géometrie gezeigt, dass dieser Satz immer gilt, wenn drei Systeme von Flächen sich gegenseitig orthogonal schneiden. *Lamé* hat in neuerer Zeit von der Theorie der confocalen Oberflächen interessante Anwendungen auf die mathematische Physik gemacht.

Dass die drei durch einen gegebenen Punkt des Raumes hindurchgehenden confocalen Oberflächen sich gegenseitig rechtwinklig schneiden, geht aus der geometrischen Deutung von Gleichung (4.) der vorigen Vorlesung hervor. Es versteht sich von selbst, dass auch die drei Durchschnittscurven je zweier von diesen confocalen Oberflächen senkrecht auf einander stehen. Hieraus folgt, dass je zwei der Bogenelemente dieser Durchschnittscurven in einander multiplicirt das Flächenelement der beide Bogenelemente enthaltenden confocalen Oberfläche liefern, und dass das Product aller drei Bogenelemente der Durchschnittscurven das Raumelement im Coordinatensystem $(\lambda_1, \lambda_2, \lambda_3)$ darstellt.

*) Note XXXI, p. 384.

**) Aperçu historique, p. 215, Anmerkung.

Der Ausdruck für das Quadrat des Bogenelements irgend einer Raumcurve ist nach Formel (9.) der vorigen Vorlesung

$$(2.)\quad \begin{cases} dx_1^2+dx_2^2+dx_3^2 = \\ \frac{1}{4}\left\{\frac{(\lambda_1-\lambda_2)(\lambda_1-\lambda_3)}{(a_1+\lambda_1)(a_2+\lambda_1)(a_3+\lambda_1)}d\lambda_1^2+\frac{(\lambda_2-\lambda_1)(\lambda_2-\lambda_3)}{(a_1+\lambda_2)(a_2+\lambda_2)(a_3+\lambda_2)}d\lambda_2^2+\frac{(\lambda_3-\lambda_1)(\lambda_3-\lambda_2)}{(a_1+\lambda_3)(a_2+\lambda_3)(a_3+\lambda_3)}d\lambda_3^2\right\}. \end{cases}$$

Setzt man in diesem Ausdrucke eine der Grössen λ_1, λ_2, λ_3 constant, so bezieht er sich auf eine Curve, welche auf einer der confocalen Oberflächen, z. B. für ein constantes λ_1 auf einem Ellipsoid, liegt. Setzt man ferner in diesem Ausdruck zwei der Grössen λ_1, λ_2, λ_3 constant, so bezieht er sich auf die oben erwähnten Durchschnittscurven und zwar auf diejenigen, welche auf einem confocalen Ellipsoid liegen, wenn man λ_1 und λ_2 oder λ_1 und λ_3 constant setzt, dagegen auf den Durchschnitt zweier confocalen Hyperboloide, wenn man λ_2 und λ_3 constant setzt. Hiernach erhält man für die Bogenelemente der Durchschnittscurven auf dem Ellipsoid

$$(3.)\quad \tfrac{1}{2}d\lambda_3\sqrt{\frac{(\lambda_3-\lambda_1)(\lambda_3-\lambda_2)}{(a_1+\lambda_3)(a_2+\lambda_3)(a_3+\lambda_3)}} \quad\text{und}\quad \tfrac{1}{2}d\lambda_2\sqrt{\frac{(\lambda_2-\lambda_1)(\lambda_2-\lambda_3)}{(a_1+\lambda_2)(a_2+\lambda_2)(a_3+\lambda_2)}}$$

und für das Flächenelement des Ellipsoids

$$\frac{\lambda_2-\lambda_3}{4}\cdot d\lambda_2 d\lambda_3\sqrt{-\frac{(\lambda_2-\lambda_1)(\lambda_3-\lambda_1)}{(a_1+\lambda_2)(a_2+\lambda_2)(a_3+\lambda_2)(a_1+\lambda_3)(a_2+\lambda_3)(a_3+\lambda_3)}}.$$

Integrirt man dieses Differential und dehnt es auf alle möglichen Werthe von λ_2 und λ_3 aus, d. h. von $\lambda_2=-a_2$ bis $\lambda_2=-a_1$ und von $\lambda_3=-a_3$ bis $\lambda_3=-a_2$, so erhält man einen Octanten der Oberfläche des ganzen Ellipsoids. Dieses Doppelintegral theilt sich aber ganz von selbst in die Summe zweier Producte von einfachen Integralen und giebt für die Oberfläche des Ellipsoids den Ausdruck

$$(4.)\quad \begin{cases} 2\int_{-a_2}^{-a_1} d\lambda_2\,.\,\lambda_2\sqrt{\frac{\lambda_2-\lambda_1}{(a_1+\lambda_2)(a_2+\lambda_2)(a_3+\lambda_2)}}\,.\int_{-a_3}^{-a_2} d\lambda_3\sqrt{-\frac{\lambda_3-\lambda_1}{(a_1+\lambda_3)(a_2+\lambda_3)(a_3+\lambda_3)}} \\ -2\int_{-a_2}^{-a_1} d\lambda_2\sqrt{\frac{\lambda_2-\lambda_1}{(a_1+\lambda_2)(a_2+\lambda_2)(a_3+\lambda_2)}}\,.\int_{-a_3}^{-a_2} d\lambda_3\,.\,\lambda_3\sqrt{-\frac{\lambda_3-\lambda_1}{(a_1+\lambda_3)(a_2+\lambda_3)(a_3+\lambda_3)}}, \end{cases}$$

welcher aus elliptischen Integralen zusammengesetzt ist. Dies ist der Weg, auf welchem *Legendre* die Quadratur der Oberfläche des Ellipsoids gefunden hat*). Seine Arbeit ist besonders deshalb von der grössten Wichtigkeit, weil dabei zum erstenmale die Krümmungslinien als analytisches Instrument zur Transformation der Coordinaten angewendet werden. Nimmt man in obigem

*) Exercices de calcul intégral, I., p. 185 oder Traité des fonctions elliptiques, I., p. 352.

Ausdruck die Integrale in beliebigen engeren Grenzen, so erhält man nicht die Oberfläche des ganzen Ellipsoids, sondern ein Stück derselben, welches zwischen zwei Krümmungslinien der einen Art und zweien der anderen Art eingeschlossen ist.

Um das Raumelement zu erhalten, muss man das Flächenelement des Ellipsoids mit dem Bogenelement der von den beiden Hyperboloiden gebildeten Durchschnittscurve multipliciren. Für dieses Bogenelement ergiebt sich, indem man λ_2 und λ_3 constant setzt, der Ausdruck

$$\tfrac{1}{2} d\lambda_1 \sqrt{\frac{(\lambda_1-\lambda_2)(\lambda_1-\lambda_3)}{(a_1+\lambda_1)(a_2+\lambda_1)(a_3+\lambda_1)}},$$

folglich ist das Raumelement

$$\frac{\tfrac{1}{8}(\lambda_1-\lambda_2)(\lambda_1-\lambda_3)(\lambda_2-\lambda_3)\,d\lambda_1\,d\lambda_2\,d\lambda_3}{\sqrt{-(a_1+\lambda_1)(a_2+\lambda_1)(a_3+\lambda_1)(a_1+\lambda_2)(a_2+\lambda_2)(a_3+\lambda_2)(a_1+\lambda_3)(a_2+\lambda_3)(a_3+\lambda_3)}}.$$

Indem man dies Differential dreifach integrirt und zwar innerhalb solcher Grenzen, welche die möglichen Werthe von λ_1, λ_2, λ_3 nicht überschreiten, bekommt man einen Raum, welcher durch zwei confocale Ellipsoide, zwei confocale einschalige Hyperboloide und zwei confocale zweischalige Hyperboloide begrenzt wird. Das dreifache Integral theilt sich ganz von selbst in 6 Glieder, deren jedes ein Product dreier einfachen Integrale ist.

Die beiden Bogenelemente

$$\tfrac{1}{2} d\lambda_3 \sqrt{\frac{(\lambda_3-\lambda_1)(\lambda_3-\lambda_2)}{(a_1+\lambda_3)(a_2+\lambda_3)(a_3+\lambda_3)}} \quad \text{und} \quad \tfrac{1}{2} d\lambda_2 \sqrt{\frac{(\lambda_2-\lambda_1)(\lambda_2-\lambda_3)}{(a_1+\lambda_2)(a_2+\lambda_2)(a_3+\lambda_2)}},$$

welche wir bei der Quadratur des Ellipsoids mit einander multiplicirten, sind nach dem *Binet*schen Satze die Elemente der Krümmungslinien auf dem Ellipsoid. Die Integration dieser Elemente giebt die Rectification der Krümmungslinien, und wir erhalten für die Bogen derselben die Integrale

$$(5.) \quad \tfrac{1}{2}\int d\lambda_3 \sqrt{\frac{(\lambda_3-\lambda_1)(\lambda_3-\lambda_2)}{(a_1+\lambda_3)(a_2+\lambda_3)(a_3+\lambda_3)}} \quad \text{und} \quad \tfrac{1}{2}\int d\lambda_2 \sqrt{\frac{(\lambda_2-\lambda_1)(\lambda_2-\lambda_3)}{(a_1+\lambda_2)(a_2+\lambda_2)(a_3+\lambda_2)}},$$

welche zu den *Abel*schen Integralen gehören und zwar zu der Gattung, welche auf die elliptischen Integrale zunächst folgt.

Achtundzwanzigste Vorlesung.

Die kürzeste Linie auf dem dreiaxigen Ellipsoid. Das Problem der Kartenprojection.

Die Formeln der beiden letzten Vorlesungen führen auf einem sehr einfachen Wege zu der bereits in der zweiundzwanzigsten Vorlesung (p. 177) erwähnten bisher für unausführbar gehaltenen Bestimmung der kürzesten Linie auf dem dreiaxigen Ellipsoid. Dieselbe wird von einem materiellen Punkt beschrieben, der gezwungen ist, auf der Oberfläche des Ellipsoids zu bleiben, und der, ohne dass eine sollicitirende Kraft auf ihn wirkt, nur von einem anfänglichen Stoss getrieben wird. In diesem Falle verschwindet also die Kräftefunction U.

Bezeichnen x_1, x_2, x_3 die rechtwinkligen auf die Axen des Ellipsoids bezogenen Coordinaten des sich bewegenden Punktes, so wird der für denselben stattfindende Zwang, auf dem Ellipsoid zu bleiben, durch die Bedingungsgleichung

$$\frac{x_1^2}{a_1+\lambda_1}+\frac{x_2^2}{a_2+\lambda_1}+\frac{x_3^2}{a_3+\lambda_1}=1$$

ausgedrückt. Es kommt nun darauf an, x_1, x_2, x_3 als Functionen zweier neuen Variablen so darzustellen, dass diese Werthe, in die Bedingungsgleichung eingesetzt, dieselbe identisch befriedigen. Solche Werthe sind diejenigen, welche wir für x_1^2, x_2^2, x_3^2 in λ_1, λ_2, λ_3 gefunden haben, wenn wir darin λ_1 als constant, λ_2, λ_3 als variabel ansehen. Durch die Grössen λ_2, λ_3, welche die Stelle der früher mit q bezeichneten Variablen vertreten, und durch ihre Differentialquotienten $\lambda_2'=\frac{d\lambda_2}{dt}$, $\lambda_3'=\frac{d\lambda_3}{dt}$ haben wir die lebendige Kraft auszudrücken, alsdann für λ_2' und λ_3' die neuen Variablen $\mu_2=\frac{\partial T}{\partial\lambda_2'}$ und $\mu_3=\frac{\partial T}{\partial\lambda_3'}$ einzuführen, welche den früher mit p bezeichneten Grössen entsprechen, und $\mu_2=\frac{\partial T}{\partial\lambda_2'}=\frac{\partial W}{\partial\lambda_2}$, $\mu_3=\frac{\partial T}{\partial\lambda_3'}=\frac{\partial W}{\partial\lambda_3}$ zu setzen. Auf diese Weise ergiebt sich T ausgedrückt durch λ_2, λ_3, $\frac{\partial W}{\partial\lambda_2}$, $\frac{\partial W}{\partial\lambda_3}$, und die Gleichung $T+\alpha=0$, die man auch in der Form $T=h$ schreiben kann, wenn man $\alpha=-h$ setzt, ist die partielle Differentialgleichung des Problems, durch welche W als Function von λ_2, λ_3 definirt wird. Wenn man in Gleichung (10.) der sechsundzwanzigsten Vorlesung die Zahl der Variablen auf drei beschränkt, so erhält man für die lebendige Kraft $2T$ die Transformationsformel

$$2T = x_1'^2 + x_2'^2 + x_3'^2 = \tfrac{1}{4} M_1 \lambda_1'^2 + \tfrac{1}{4} M_2 \lambda_2'^2 + \tfrac{1}{4} M_3 \lambda_3'^2,$$

wo

$$M_1 = \frac{(\lambda_1-\lambda_2)(\lambda_1-\lambda_3)}{(a_1+\lambda_1)(a_2+\lambda_1)(a_3+\lambda_1)},\quad M_2 = \frac{(\lambda_2-\lambda_1)(\lambda_2-\lambda_3)}{(a_1+\lambda_2)(a_2+\lambda_2)(a_3+\lambda_2)},$$

$$M_3 = \frac{(\lambda_3-\lambda_1)(\lambda_3-\lambda_2)}{(a_1+\lambda_3)(a_2+\lambda_3)(a_3+\lambda_3)}.$$

Aber da die Bewegung auf dem Ellipsoid geschieht, so ist λ_1 constant, $\lambda_1' = 0$ und

$$2T = \tfrac{1}{4} M_2 \lambda_2'^2 + \tfrac{1}{4} M_3 \lambda_3'^2.$$

Hieraus ergiebt sich

$$\frac{\partial T}{\partial \lambda_2'} = \tfrac{1}{4} M_2 \lambda_2' = \frac{\partial W}{\partial \lambda_2},\quad \frac{\partial T}{\partial \lambda_3'} = \tfrac{1}{4} M_3 \lambda_3' = \frac{\partial W}{\partial \lambda_3},$$

$$\lambda_2' = \frac{4}{M_2}\frac{\partial W}{\partial \lambda_2},\quad \lambda_3' = \frac{4}{M_3}\frac{\partial W}{\partial \lambda_3},$$

und man erhält für $2T$ den Ausdruck

$$2T = \frac{4}{M_2}\left(\frac{\partial W}{\partial \lambda_2}\right)^2 + \frac{4}{M_3}\left(\frac{\partial W}{\partial \lambda_3}\right)^2.$$

Die gesuchte partielle Differentialgleichung ist demnach

$$T = 2\frac{(a_1+\lambda_2)(a_2+\lambda_2)(a_3+\lambda_2)}{(\lambda_2-\lambda_1)(\lambda_2-\lambda_3)}\left(\frac{\partial W}{\partial \lambda_2}\right)^2 + 2\frac{(a_1+\lambda_3)(a_2+\lambda_3)(a_3+\lambda_3)}{(\lambda_3-\lambda_1)(\lambda_3-\lambda_2)}\left(\frac{\partial W}{\partial \lambda_3}\right)^2 = h$$

oder

$$(1.)\quad \frac{(a_1+\lambda_2)(a_2+\lambda_2)(a_3+\lambda_2)}{\lambda_2-\lambda_1}\left(\frac{\partial W}{\partial \lambda_2}\right)^2 - \frac{(a_1+\lambda_3)(a_2+\lambda_3)(a_3+\lambda_3)}{\lambda_3-\lambda_1}\left(\frac{\partial W}{\partial \lambda_3}\right)^2 = \tfrac{1}{2} h(\lambda_2-\lambda_3).$$

Diese partielle Differentialgleichung theilt sich wieder ganz von selbst in zwei gewöhnliche Differentialgleichungen, deren jede nur eine der unabhängigen Variablen enthält, wobei man wieder auf der rechten Seite eine willkürliche Constante zugleich additiv und subtractiv hinzufügt. Auf diese Weise erhält man die beiden gewöhnlichen Differentialgleichungen

$$\frac{(a_1+\lambda_2)(a_2+\lambda_2)(a_3+\lambda_2)}{\lambda_2-\lambda_1}\left(\frac{\partial W}{\partial \lambda_2}\right)^2 = \tfrac{1}{2} h(\lambda_2+\beta),$$

$$\frac{(a_1+\lambda_3)(a_2+\lambda_3)(a_3+\lambda_3)}{\lambda_3-\lambda_1}\left(\frac{\partial W}{\partial \lambda_3}\right)^2 = \tfrac{1}{2} h(\lambda_3+\beta).$$

Der Coefficient von $\left(\frac{\partial W}{\partial \lambda_2}\right)^2$ ist positiv, denn von den drei Factoren des Zählers ist nur der erste negativ und $\lambda_2-\lambda_1$ ist ebenfalls negativ, daher muss $\frac{1}{2}h(\lambda_2+\beta)$ positiv sein; der Coefficient von $\left(\frac{\partial W}{\partial \lambda_3}\right)^2$ dagegen ist negativ, denn die beiden ersten Factoren des Zählers sind negativ und der Nenner $\lambda_3-\lambda_1$ ebenfalls, folglich muss $\frac{1}{2}h(\lambda_3+\beta)$ negativ sein. Die Constante h ist aber positiv, weil sie der halben lebendigen Kraft, einer ihrer Natur nach positiven Grösse, gleich ist. Da sonach $\lambda_2+\beta$ positiv, $\lambda_3+\beta$ negativ sein muss, so hat man die Ungleichheiten

$$\beta+\lambda_2>0,\quad \beta+\lambda_3<0,$$
$$-\lambda_2<\beta<-\lambda_3,$$

welche beiden Bedingungen sich sehr wohl mit einander vertragen, da $\lambda_2>\lambda_3$ ist.

Wir erhalten aus den obigen gewöhnlichen Differentialgleichungen folgende vollständige Lösung der partiellen Differentialgleichung (1.):

$$(2.)\quad W=\sqrt{\tfrac{1}{2}h}\left\{\int d\lambda_2\sqrt{\frac{(\lambda_2-\lambda_1)(\lambda_2+\beta)}{(a_1+\lambda_2)(a_2+\lambda_2)(a_3+\lambda_2)}}+\int d\lambda_3\sqrt{\frac{(\lambda_3-\lambda_1)(\lambda_3+\beta)}{(a_1+\lambda_3)(a_2+\lambda_3)(a_3+\lambda_3)}}\right\}.$$

Hieraus ergiebt sich für die kürzeste Linie auf dem dreiaxigen Ellipsoid die Gleichung $\frac{\partial W}{\partial \beta}=$ Const. oder

$$(3.)\quad \int d\lambda_2\sqrt{\frac{\lambda_2-\lambda_1}{(a_1+\lambda_2)(a_2+\lambda_2)(a_3+\lambda_2)(\beta+\lambda_2)}}+\int d\lambda_3\sqrt{\frac{\lambda_3-\lambda_1}{(a_1+\lambda_3)(a_2+\lambda_3)(a_3+\lambda_3)(\beta+\lambda_3)}}=\text{Const.}$$

Die Gleichung für die Zeit ist $\tau-t=\frac{\partial W}{\partial \alpha}=-\frac{\partial W}{\partial h}$, oder da W von h nur durch den Factor $\sqrt{h}$ abhängt und demnach $\frac{\partial W}{\partial h}=\frac{1}{2h}W$ ist,

$$(4.)\quad t-\tau=\frac{1}{2h}W.$$

Bezeichnet s den Bogen der kürzesten Linie, von dem Punkt derselben an gerechnet, in welchem sich zur Zeit τ der bewegliche Punkt befindet, so giebt der Satz der lebendigen Kraft $T=\frac{1}{2}\left(\frac{ds}{dt}\right)^2=h,\ ds=\sqrt{2h}.dt,$

$$s=\sqrt{2h}(t-\tau).$$

Hieraus erhält man durch Vergleichung mit (4.) für den Bogen s die Gleichung $s=\frac{1}{\sqrt{2h}}W$ oder

$$s=\tfrac{1}{2}\left\{\int d\lambda_2\sqrt{\frac{(\lambda_2-\lambda_1)(\lambda_2+\beta)}{(a_1+\lambda_2)(a_2+\lambda_2)(a_3+\lambda_2)}}+\int d\lambda_3\sqrt{\frac{(\lambda_3-\lambda_1)(\lambda_3+\beta)}{(a_1+\lambda_3)(a_2+\lambda_3)(a_3+\lambda_3)}}\right\},$$

wodurch auch die Rectification der kürzesten Linie ausgeführt ist.

So haben wir durch den blossen Hinblick auf die partielle Differentialgleichung ein Problem gelöst, welches bisher für unlösbar galt. Obgleich die angewandte Substitution das wesentlichste Erforderniss zu dieser Lösung ist, so erleichtert doch auch die Methode der Zurückführung auf die partielle Differentialgleichung die Durchführung bedeutend. In der That fand *Minding*, als er die von mir veröffentlichte Substitution anwenden wollte, auf dem üblichen Wege der Integration einer gewöhnlichen Differentialgleichung Schwierigkeiten, die er nach seiner eigenen Angabe nicht überwunden haben würde, wenn ihm nicht das von mir angegebene Resultat schon bekannt gewesen wäre*).

Durch dieselbe Substitution, welche uns schon die Lösung mehrerer schwierigen Probleme gegeben hat, können wir auch das Problem der Kartenprojection für das dreiaxige Ellipsoid erledigen. Unter den verschiedenen Arten eine krumme Oberfläche auf einer Ebene darzustellen, wie dies bei den Karten nöthig ist, zieht man diejenige Art der Projection allen übrigen vor, bei welcher die unendlich kleinen Elemente ähnlich bleiben Mit dieser Projection hat sich im vorigen Jahrhundert *Lambert* vielseitig beschäftigt, wovon man sich in seinen Beiträgen zur Mathematik näher unterrichten kann. Dadurch veranlasst unternahm *Lamberts* damaliger College *Lagrange* eine Untersuchung desselben Gegenstandes und gelangte zur vollständigen Lösung für alle Umdrehungsflächen. Die Kopenhagener Gesellschaft, welche später auf die Lösung dieser Aufgabe für alle krummen Oberflächen einen Preis gesetzt hatte, krönte die von *Gauss* eingesandte Abhandlung. In derselben geschieht der *Lagrange*schen Arbeit, der nur wenig hinzuzusetzen war, keine Erwähnung.

Die leitende Idee bei der Lösung des Problems der Kartenprojection ist folgende. Wenn man einen Punkt auf der Oberfläche mit den unendlich nahen Punkten verbindet und dasselbe mit den entsprechenden Punkten in der Ebene vornimmt, so müssen die entsprechenden Längen proportional sein, damit die unendlich kleinen Elemente ähnlich seien, und umgekehrt, sind die entsprechenden Längen proportional, so sind die unendlich kleinen Elemente ähnlich. Diese Proportionalität ist analytisch auszudrücken.

Die Coordinaten x, y, z eines Punktes der Oberfläche seien als Functionen zweier Grössen p und q gegeben; dann wird das Quadrat des Bogenelements irgend einer Curve auf der Oberfläche durch den Ausdruck

$$ds^2 = dx^2 + dy^2 + dz^2 = A\,dp^2 + 2B\,dp\,dq + C\,dq^2$$

dargestellt. Das Quadrat des entsprechenden Bogenelements in der Ebene ist

$$d\sigma^2 = du^2 + dv^2,$$

*) Vgl. *Crelles* Journal Bd. XX, p. 325.

wo u und v die rechtwinkligen Coordinaten in der Ebene bedeuten. Damit nun die unendlich kleinen Längen einander proportional werden, muss $d\sigma^2 = mds^2$ sein, wo m irgend eine Function von p und q sein kann. Das Correlationssystem zwischen den Grössen u, v und p, q muss also ein solches sein, dass die Gleichung

$$du^2+dv^2 = m(Adp^2+2Bdpdq+Cdq^2)$$

bestehe, wo $\sqrt{m}$ das Aehnlichkeitsverhältniss bedeutet.

Diese Differentialgleichung befriedigt man folgendermassen. Man löse $Adp^2+2Bdpdq+Cdq^2$ in die beiden linearen Factoren

$$\sqrt{A}.dp+\left(\frac{B}{\sqrt{A}}+\sqrt{C-\frac{B^2}{A}}\cdot\sqrt{-1}\right)dq, \quad \sqrt{A}.dp+\left(\frac{B}{\sqrt{A}}-\sqrt{C-\frac{B^2}{A}}\cdot\sqrt{-1}\right)dq$$

auf und denke sich m in die Factoren $a+b\sqrt{-1}$ und $a-b\sqrt{-1}$ zerlegt, dann lässt sich obige Differentialgleichung in die beiden auflösen:

$$du+dv\sqrt{-1} = (a+b\sqrt{-1})\left\{\sqrt{A}.dp+\left(\frac{B}{\sqrt{A}}+\sqrt{C-\frac{B^2}{A}}\cdot\sqrt{-1}\right)dq\right\},$$

$$du-dv\sqrt{-1} = (a-b\sqrt{-1})\left\{\sqrt{A}.dp+\left(\frac{B}{\sqrt{A}}-\sqrt{C-\frac{B^2}{A}}\cdot\sqrt{-1}\right)dq\right\}.$$

Kann man nun a und b so bestimmen, dass die rechten Seiten dieser Gleichungen vollständige Differentiale werden, so erhält man durch Integration u und v als Functionen von p und q. Den integrirenden Factor $a\pm b\sqrt{-1}$ bestimmen heisst nichts Anderes als die Differentialgleichungen

$$0 = \sqrt{A}.dp+\left(\frac{B}{\sqrt{A}}+\sqrt{C-\frac{B^2}{A}}\cdot\sqrt{-1}\right)dq,$$

$$0 = \sqrt{A}.dp+\left(\frac{B}{\sqrt{A}}-\sqrt{C-\frac{B^2}{A}}\cdot\sqrt{-1}\right)dq$$

integriren, und diese Integration ist also die schliesslich zu lösende Aufgabe. Ist $B = 0$, so müssen die Factoren $a+b\sqrt{-1}$ und $a-b\sqrt{-1}$ gefunden werden, welche

$$\sqrt{A}.dp+\sqrt{C}.\sqrt{-1}.dq \quad \text{und} \quad \sqrt{A}.dp-\sqrt{C}.\sqrt{-1}.dq$$

integrabel machen, und alsdann ist $\sqrt{a^2+b^2}$ das Aehnlichkeitsverhältniss.

Ist die Oberfläche ein dreiaxiges Ellipsoid, so erhält man nach Einführung der Grössen λ_1, λ_2, λ_3, von denen λ_1 constant gesetzt wird, in Folge der Gleichung (2.) der siebenundzwanzigsten Vorlesung für das Bogenelement irgend einer Curve auf demselben den Ausdruck

$$ds^2 = Ad\lambda_2^2+Cd\lambda_3^2 = \tfrac{1}{4}\frac{(\lambda_2-\lambda_1)(\lambda_2-\lambda_3)}{(a_1+\lambda_2)(a_2+\lambda_2)(a_3+\lambda_2)}d\lambda_2^2+\tfrac{1}{4}\frac{(\lambda_3-\lambda_1)(\lambda_3-\lambda_2)}{(a_1+\lambda_3)(a_2+\lambda_3)(a_3+\lambda_3)}d\lambda_3^2,$$

und man hat also die Factoren zu finden, welche die Ausdrücke

$$\tfrac{1}{2}\sqrt{\frac{(\lambda_2-\lambda_1)(\lambda_2-\lambda_3)}{(a_1+\lambda_2)(a_2+\lambda_2)(a_3+\lambda_2)}}\cdot d\lambda_2+\tfrac{1}{2}\sqrt{\frac{(\lambda_3-\lambda_1)(\lambda_3-\lambda_2)}{(a_1+\lambda_3)(a_2+\lambda_3)(a_3+\lambda_3)}}\cdot\sqrt{-1}.d\lambda_3,$$
$$\tfrac{1}{2}\sqrt{\frac{(\lambda_2-\lambda_1)(\lambda_2-\lambda_3)}{(a_1+\lambda_2)(a_2+\lambda_2)(a_3+\lambda_2)}}\cdot d\lambda_2-\tfrac{1}{2}\sqrt{\frac{(\lambda_3-\lambda_1)(\lambda_3-\lambda_2)}{(a_1+\lambda_3)(a_2+\lambda_3)(a_3+\lambda_3)}}\cdot\sqrt{-1}.d\lambda_3$$

integrabel machen. Diese Factoren sind $\frac{2}{\sqrt{\lambda_2-\lambda_3}}$ für beide Ausdrücke; daher ist $a=\frac{2}{\sqrt{\lambda_2-\lambda_3}}$, $b=0$, und die Differentialgleichungen, welche die Correlation von u, v und p, q geben, werden

$$du+dv.\sqrt{-1}=\sqrt{\frac{\lambda_2-\lambda_1}{(a_1+\lambda_2)(a_2+\lambda_2)(a_3+\lambda_2)}}\cdot d\lambda_2+\sqrt{\frac{\lambda_1-\lambda_3}{(a_1+\lambda_3)(a_2+\lambda_3)(a_3+\lambda_3)}}\cdot\sqrt{-1}.d\lambda_3,$$
$$du-dv.\sqrt{-1}=\sqrt{\frac{\lambda_2-\lambda_1}{(a_1+\lambda_2)(a_2+\lambda_2)(a_3+\lambda_2)}}\cdot d\lambda_2-\sqrt{\frac{\lambda_1-\lambda_3}{(a_1+\lambda_3)(a_2+\lambda_3)(a_3+\lambda_3)}}\cdot\sqrt{-1}.d\lambda_3.$$

Hieraus folgt:

$$u=\int d\lambda_2\sqrt{\frac{\lambda_2-\lambda_1}{(a_1+\lambda_2)(a_2+\lambda_2)(a_3+\lambda_2)}},\quad v=\int d\lambda_3\sqrt{\frac{\lambda_1-\lambda_3}{(a_1+\lambda_3)(a_2+\lambda_3)(a_3+\lambda_3)}},$$

und das Aehnlichkeitsverhältniss ist

$$\sqrt{m}=\sqrt{a^2+b^2}=\frac{2}{\sqrt{\lambda_2-\lambda_3}},$$

mit der so bestimmten Grösse $\sqrt{m}$ müssen also die Längen auf dem Ellipsoide multiplicirt werden, um die entsprechenden Längen in der Ebene zu geben.

Die Formeln, welche wir für die kürzeste Linie auf dem dreiaxigen Ellipsoid gefunden haben, erleiden eine wesentliche Veränderung für den Fall eines Umdrehungsellipsoids. Es sind dabei zwei Fälle zu unterscheiden, der erste ist der des abgeplatteten Sphäroids, in welchem die beiden grösseren Axen einander gleich sind, wo also $a_2=a_3$, der zweite ist der des verlängerten Sphäroids, in welchem die beiden kleineren Axen einander gleich sind, wo also $a_2=a_1$. Wir wollen von diesen beiden Fällen nur den ersteren behandeln, da der letztere ganz analog durchzuführen ist. Man verfährt hierbei bekanntermassen auf die Weise, dass man zuerst a_2 und a_3 unendlich wenig von einander verschieden annimmt und erst schliesslich zusammenfallen lässt. Es sei also zunächst

$$a_3=a_2+\omega,$$

wo ω eine unendlich kleine Grösse bezeichnet. Nach den allgemeinen Betrachtungen liegt λ_3 zwischen $-a_2$ und $-a_3$, also im vorliegenden Fall zwischen

$-a_3$ und $-(a_2+\omega)$; man kann daher

$$\lambda_3 = -(a_2+\omega\sin^2\varphi)$$

setzen, d. h.

$$a_2+\lambda_3 = -\omega\sin^2\varphi,$$
$$a_3+\lambda_3 = \omega-\omega\sin^2\varphi = \omega\cos^2\varphi,$$
$$d\lambda_3 = -\omega.2\sin\varphi\cos\varphi d\varphi.$$

Hieraus folgt:

$$\frac{d\lambda_3}{\sqrt{-(a_2+\lambda_3)(a_3+\lambda_3)}} = -2d\varphi.$$

Dies haben wir in die Gleichung der kürzesten Linie zu substituiren, d. h. in die Gleichung

$$(3.)\quad \int d\lambda_2\sqrt{\frac{\lambda_2-\lambda_1}{(a_1+\lambda_2)(a_2+\lambda_2)(a_3+\lambda_2)(\beta+\lambda_2)}}+\int d\lambda_3\sqrt{\frac{\lambda_3-\lambda_1}{(a_1+\lambda_3)(a_2+\lambda_3)(a_3+\lambda_3)(\beta+\lambda_3)}} = \text{Const.}$$

Von den im ersten Integral unter dem Wurzelzeichen stehenden Factoren werden $a_2+\lambda_2$ und $a_3+\lambda_2$ einander gleich, das Integral verwandelt sich daher in ein elliptisches. Das zweite aber geht über in

$$-2\sqrt{\frac{a_2+\lambda_1}{(a_1-a_2)(\beta-a_2)}}\int d\varphi = -2\sqrt{\frac{a_2+\lambda_1}{(a_1-a_2)(\beta-a_2)}}.\varphi,$$

und die Gleichung (3.) erhält die Form

$$\int\frac{d\lambda_2}{a_2+\lambda_2}\sqrt{\frac{\lambda_2-\lambda_1}{(a_1+\lambda_2)(\beta+\lambda_2)}}-2\sqrt{\frac{a_2+\lambda_1}{(a_1-a_2)(\beta-a_2)}}.\varphi = \text{Const.}$$

Die Ausdrücke der Coordinaten für die Punkte der Oberfläche des dreiaxigen Ellipsoids waren

$$x_1 = \sqrt{\frac{(a_1+\lambda_1)(a_1+\lambda_2)(a_1+\lambda_3)}{(a_1-a_2)(a_1-a_3)}},$$
$$x_2 = \sqrt{\frac{(a_2+\lambda_1)(a_2+\lambda_2)(a_2+\lambda_3)}{(a_2-a_1)(a_2-a_3)}},$$
$$x_3 = \sqrt{\frac{(a_3+\lambda_1)(a_3+\lambda_2)(a_3+\lambda_3)}{(a_3-a_1)(a_3-a_2)}};$$

diese werden im Falle des abgeplatteten Sphäroids

$$x_1 = \sqrt{\frac{a_1+\lambda_1}{a_1-a_2}}\sqrt{a_1+\lambda_2},$$
$$x_2 = \sqrt{\frac{a_2+\lambda_1}{a_2-a_1}}\sqrt{a_2+\lambda_2}.\sin\varphi,$$
$$x_3 = \sqrt{\frac{a_2+\lambda_1}{a_2-a_1}}\sqrt{a_2+\lambda_2}.\cos\varphi.$$

Da die allgemeinen Formeln für x_2 und x_3 in einander übergehen, wenn a_2

mit a_3 vertauscht wird, so könnte eine oberflächliche Betrachtung glauben machen, es müsste, wenn $a_2 = a_3$ ist, auch $x_2 = x_3$ sein; dies ist aber, wie wir sehen, keineswegs der Fall. Die alsdann geltenden Formeln sind dieselben welche man erhält, wenn man die Coordinaten x_1 und $\sqrt{x_2^2+x_3^2}$ des Meridians des Sphäroids nach der für die Ebene gültigen Substitution durch λ_1 und λ_2 ausdrückt und für die Länge auf dem Sphäroid den Winkel φ einführt.

Auch für die im Vorigen abgehandelte Kartenprojection erhält man bei der Anwendung auf das Sphäroid besondere Formeln. Dieser besondere Fall der Projection führt den Namen der stereographischen; die charakteristische Eigenschaft derselben, dass sich die homologen Curven auf der Oberfläche und in der Ebene unter gleichen Winkeln schneiden, ist nur ein anderer Ausdruck für die Aehnlichkeit der unendlich kleinen Elemente.

Die partielle Differentialgleichung, deren Integration uns die Gleichung der kürzesten Linie auf dem Ellipsoid gab, war von der Form

$$\frac{f(\lambda_2)\left(\frac{\partial W}{\partial \lambda_2}\right)^2 - f(\lambda_3)\left(\frac{\partial W}{\partial \lambda_3}\right)^2}{\lambda_2-\lambda_3} = \text{Const.},$$

wo

$$f(\lambda) = \frac{(a_1+\lambda)(a_2+\lambda)(a_3+\lambda)}{\lambda-\lambda_1}.$$

Auf der rechten Seite dieser Gleichung steht eine Constante, weil wir den sich bewegenden Punkt keiner Kraft unterworfen annehmen, ausser einem anfänglichen Stoss. Man kann sich nun die Frage stellen, von welcher Beschaffenheit Kräfte, die auf den Punkt wirken, sein müssen, damit die daraus hervorgehende Form der obigen Differentialgleichung die nämliche Methode der Integration zulasse, wie wir sie bisher angewendet haben. Die allgemeine Form, unter welche sich die Kräftefunction zu diesem Behufe bringen lassen muss, ist, wie man leicht einsieht,

$$\frac{\chi(\lambda_2)+\psi(\lambda_3)}{\lambda_2-\lambda_3},$$

weil alsdann die Trennung in zwei gewöhnliche Differentialgleichungen gelingt. Aber dieser analytischen Form wird man im Allgemeinen keine mechanische Bedeutung abgewinnen; wir wollen nur einen Fall betrachten, der eine solche zulässt, nämlich den Fall, wo die Kräftefunction die Form $\lambda_2+\lambda_3$ hat, welcher Ausdruck sich auf die Form $\frac{\lambda_2^2-\lambda_3^2}{\lambda_2-\lambda_3}$ bringen lässt, mithin unter die in Rede stehende Kategorie gehört. Dieser Fall entspricht dem mechanischen Problem, wo ein auf der Oberfläche des Ellipsoids sich bewegender Punkt einer Kraft unterworfen ist, die ihn nach dem Mittelpunkt proportional seiner Entfernung von demselben zieht. In der That, in diesem Fall ist die Kraft, die auf den Punkt in der Richtung des vom Mittelpunkt ausgehenden Radius Vector r wirkt, gleich kr, folglich ist die Kräftefunction $\frac{1}{2}kr^2 = \frac{1}{2}k(x_1^2+x_2^2+x_3^2)$. Rufen wir uns die allgemeinen in der sechsundzwanzigsten Vorlesung (Gleichung (2)) gegebenen Ausdrücke von x_1^2, x_2^2, ... x_n^2 durch λ_1, λ_2, ... λ_n ins Gedächtniss zurück, also die Ausdrücke

$$x_m^2 = \frac{(a_m+\lambda_1)(a_m+\lambda_2)\dots\dots\dots\dots\dots(a_m+\lambda_n)}{(a_m-a_1)(a_m-a_2)\dots(a_m-a_{m-1})(a_m-a_{m+1})\dots(a_m-a_n)}$$

$$= \frac{a_m^n+(\lambda_1+\lambda_2+\dots+\lambda_n)a_m^{n-1}+\dots+\lambda_1\lambda_2\dots\lambda_n}{(a_m-a_1)(a_m-a_2)\dots(a_m-a_{m-1})(a_m-a_{m+1})\dots(a_m-a_n)},$$

so folgt nach den bekannten Sätzen über Partialbrüche die merkwürdige Formel

$$x_1^2+x_2^2+\dots+x_n^2 = a_1+a_2+\dots+a_n+\lambda_1+\lambda_2+\dots+\lambda_n.$$

Für $n = 3$ wird

$$x_1^2+x_2^2+x_3^2 = a_1+a_2+a_3+\lambda_1+\lambda_2+\lambda_3.$$

In dem von uns betrachteten Fall ist λ_1 constant, also erhalten wir für die Kräftefunction

$$\tfrac{1}{2}k(x_1^2+x_2^2+x_3^2) = \tfrac{1}{2}k(\lambda_2+\lambda_3)+\text{Const.},$$

so dass sich in diesem Fall die partielle Differentialgleichung mit derselben Leichtigkeit integriren lässt wie früher.

Man kann diese Betrachtung noch ausdehnen und annehmen, dass die hinzukommende Kraft nicht mehr nach dem Mittelpunkt des Ellipsoids gerichtet ist. In dem eben betrachteten Fall war kr die Kraft in der Richtung des Radius Vector, daher die Seitenkräfte in der Richtung der Coordinatenaxen kx_1, kx_2, kx_3. Geben wir jetzt den Coordinaten verschiedene Coefficienten m_1, m_2, m_3, so wird die Integration auch noch möglich sein, wenn wir diese Grössen einer Bedingungsgleichung unterwerfen. In der That, sind die Componenten in der Richtung der Coordinatenaxen m_1x_1, m_2x_2, m_3x_3, so hat die Kräftefunction den Ausdruck

$$\tfrac{1}{2}(m_1x_1^2+m_2x_2^2+m_3x_3^2)$$

$$= \tfrac{1}{2}m_1\frac{(a_1+\lambda_1)(a_1+\lambda_2)(a_1+\lambda_3)}{(a_1-a_2)(a_1-a_3)} + \tfrac{1}{2}m_2\frac{(a_2+\lambda_1)(a_2+\lambda_2)(a_2+\lambda_3)}{(a_2-a_1)(a_2-a_3)}$$

$$+ \tfrac{1}{2}m_3\frac{(a_3+\lambda_1)(a_3+\lambda_2)(a_3+\lambda_3)}{(a_3-a_1)(a_3-a_2)},$$

lässt sich also unter der Gestalt

$$A+B(\lambda_2+\lambda_3)+C\lambda_2\lambda_3$$

darstellen und ist daher von der richtigen Form, wenn C verschwindet, d. h. wenn

$$\frac{m_1(a_1+\lambda_1)}{(a_1-a_2)(a_1-a_3)}+\frac{m_2(a_2+\lambda_1)}{(a_2-a_1)(a_2-a_3)}+\frac{m_3(a_3+\lambda_1)}{(a_3-a_1)(a_3-a_2)}=0.$$

Ist diese Bedingungsgleichung durch die Werthe von m_1, m_2, m_3 erfüllt, so bleibt die frühere Integrationsmethode zulässig.

Neunundzwanzigste Vorlesung.

Anziehung eines Punkts nach zwei festen Centren.

Wir gehen jetzt zu der Bewegung eines von zwei festen Centren angezogenen Punktes über. Beschränken wir uns zunächst auf den Fall, wo die Bewegung in einer Ebene vor sich geht, was immer der Fall ist, wenn die Richtung der Anfangsgeschwindigkeit mit der Verbindungslinie der festen Centren in einer Ebene liegt. Diese Verbindungslinie sei die Axe der x_2, die in der Mitte zwischen den beiden um $2f$ von einander entfernten Centren senkrecht darauf stehende die Axe der x_1. Drücken wir nun x_1 und x_2 durch λ_1 und λ_2 aus und wählen die Constanten a_1 und a_2 der Substitution so, dass die beiden festen Centren in die Brennpunkte des confocalen Systems fallen, so wird die zu integrirende Differentialgleichung

$$(1.)\qquad \frac{(a_1+\lambda_1)(a_2+\lambda_1)}{\lambda_1-\lambda_2}\left(\frac{\partial W}{\partial\lambda_1}\right)^2+\frac{(a_1+\lambda_2)(a_2+\lambda_2)}{\lambda_2-\lambda_1}\left(\frac{\partial W}{\partial\lambda_2}\right)^2=\tfrac{1}{2}U+\tfrac{1}{2}h,$$

wo U ebenfalls durch λ_1 und λ_2 ausgedrückt werden muss.

Die Entfernungen des angezogenen Punktes von den beiden Centren seien r und r_1, dann hat man

$$r^2=(x_2+f)^2+x_1^2,\qquad r_1^2=(x_2-f)^2+x_1^2,$$

oder

$$r^2=x_1^2+x_2^2+f^2+2fx_2,\quad r_1^2=x_1^2+x_2^2+f^2-2fx_2.$$

Nach der Fundamentaleigenschaft der Ellipse ist

$$f^2=(a_2+\lambda_1)-(a_1+\lambda_1)=a_2-a_1,$$

die Substitution

$$(2.)\qquad x_1=\sqrt{\frac{(a_1+\lambda_1)(a_1+\lambda_2)}{a_1-a_2}},\quad x_2=\sqrt{\frac{(a_2+\lambda_1)(a_2+\lambda_2)}{a_2-a_1}}$$

liefert überdies, wie wir wissen, die Gleichung

$$x_1^2+x_2^2=a_1+a_2+\lambda_1+\lambda_2;$$

daher wird

$$\begin{aligned} r^2 = x_1^2+x_2^2+f^2+2fx_2 &= 2a_2+\lambda_1+\lambda_2+2\sqrt{(a_2+\lambda_1)(a_2+\lambda_2)} \\ &= \{\sqrt{a_2+\lambda_1}+\sqrt{a_2+\lambda_2}\}^2, \\ r_1^2 = x_1^2+x_2^2+f^2-2fx_2 &= 2a_2+\lambda_1+\lambda_2-2\sqrt{(a_2+\lambda_1)(a_2+\lambda_2)} \\ &= \{\sqrt{a_2+\lambda_1}-\sqrt{a_2+\lambda_2}\}^2, \end{aligned}$$

also

$$r = \sqrt{a_2+\lambda_1}+\sqrt{a_2+\lambda_2}, \quad r_1 = \sqrt{a_2+\lambda_1}-\sqrt{a_2+\lambda_2}.$$

Wenn man diese Ausdrücke in die Kräftefunction

$$U = \frac{m}{r}+\frac{m_1}{r_1} = \frac{mr_1+m_1 r}{rr_1}$$

substituirt, so ergiebt sich

$$U = \frac{(m+m_1)\sqrt{a_2+\lambda_1}-(m-m_1)\sqrt{a_2+\lambda_2}}{\lambda_1-\lambda_2}.$$

Setzt man diesen Werth von U in die partielle Differentialgleichung (1.) und multiplicirt mit $\lambda_1-\lambda_2$, so erhält man:

$$(3.)\quad \begin{cases} (a_1+\lambda_1)(a_2+\lambda_1)\left(\frac{\partial W}{\partial\lambda_1}\right)^2-(a_1+\lambda_2)(a_2+\lambda_2)\left(\frac{\partial W}{\partial\lambda_2}\right)^2 \\ = \frac{1}{2}h\lambda_1+\frac{1}{2}(m+m_1)\sqrt{a_2+\lambda_1}-\{\frac{1}{2}h\lambda_2+\frac{1}{2}(m-m_1)\sqrt{a_2+\lambda_2}\}, \end{cases}$$

und da man diese Gleichung durch Einführung einer willkürlichen Constante β in die beiden gewöhnlichen Differentialgleichungen

$$\left(\frac{\partial W}{\partial\lambda_1}\right)^2 = \frac{\frac{1}{2}h\lambda_1+\frac{1}{2}(m+m_1)\sqrt{a_2+\lambda_1}+\beta}{(a_1+\lambda_1)(a_2+\lambda_1)}, \quad \left(\frac{\partial W}{\partial\lambda_2}\right)^2 = \frac{\frac{1}{2}h\lambda_2+\frac{1}{2}(m-m_1)\sqrt{a_2+\lambda_2}+\beta}{(a_1+\lambda_2)(a_2+\lambda_2)}$$

auflösen kann, so wird

$$(4.)\quad W = \int d\lambda_1\sqrt{\frac{\frac{1}{2}h\lambda_1+\frac{1}{2}(m+m_1)\sqrt{a_2+\lambda_1}+\beta}{(a_1+\lambda_1)(a_2+\lambda_1)}}+\int d\lambda_2\sqrt{\frac{\frac{1}{2}h\lambda_2+\frac{1}{2}(m-m_1)\sqrt{a_2+\lambda_2}+\beta}{(a_1+\lambda_2)(a_2+\lambda_2)}}.$$

Will man hier die Irrationalität unter dem Quadratwurzelzeichen fortschaffen, so setze man

$$\sqrt{a_2+\lambda_1} = p, \quad \sqrt{a_2+\lambda_2} = q,$$

und erhält

$$W = \int dp\sqrt{\frac{2(hp^2+(m+m_1)p+2\beta-ha_2)}{p^2-f^2}}+\int dq\sqrt{\frac{2(hq^2+(m-m_1)q+2\beta-ha_2)}{q^2-f^2}}.$$

Aus (4.) ergeben sich die Integralgleichungen unter der Form:

$$\beta' = \frac{\partial W}{\partial\beta}, \quad t-\tau = \frac{\partial W}{\partial h}.$$

Lagrange hat sich in dem ersten Bande der Turiner Memoiren bemüht, Kräfte zu finden, welche man den Attractionen nach den beiden festen Centren hinzufügen kann, ohne dass die *Euler*sche Lösung dieses Problems aufhört, die Integration zu leisten. Obgleich diese Untersuchung zu keinem wesentlichen Resultat geführt hat, so ist sie dennoch von dem grössten Interesse, und zwar nicht bloss für den damaligen Stand der Wissenschaft, sondern noch gegenwärtig. Die Kraft, welche man nach *Lagrange* hinzufügen kann, ist eine nach dem in der Mitte zwischen den beiden festen Centren liegenden Punkt gerichtete und der Entfernung proportionale Attraction. Dies stimmt mit dem, was wir rücksichtlich der kürzesten Linie auf dem Ellipsoid fanden, vollkommen überein. Denn durch diese Kraft kommt in der Kräftefunction der Term $\frac{1}{2}k(x_1^2+x_2^2) = \frac{1}{2}k(\lambda_1+\lambda_2+a_1+a_2)$ hinzu, also auf der rechten Seite der partiellen Differentialgleichung, d. h. in $\frac{1}{2}U(\lambda_1-\lambda_2)$, der Ausdruck $\psi(\lambda_1)-\psi(\lambda_2)$, wenn man $\psi(\lambda) = \frac{1}{4}k\{\lambda^2+(a_1+a_2)\lambda\}$ setzt. Zugleich sind dann $\psi(\lambda_1)$ und $\psi(\lambda_2)$ respective die Glieder, um welche in den nach λ_1 und λ_2 genommenen Integralen des Ausdrucks (4.) von W die Zähler unter den Quadratwurzelzeichen zu vermehren sind.

Wir haben durch die obigen Formeln das Problem der Attraction eines Punktes nach zwei festen Centren, wenn die Bewegung in einer Ebene vor sich geht, vollständig gelöst; es bleibt jetzt noch übrig den allgemeineren Fall hierauf zu reduciren. Dies geschieht durch das Princip der Flächen.

Um die Aufgabe in ihrer grössten Allgemeinheit zu behandeln, wollen wir annehmen, ein Punkt werde nicht durch zwei, sondern durch eine beliebige Anzahl von festen Centren, die in einer Geraden liegen, angezogen. Alsdann, und selbst wenn noch überdies eine constante Kraft parallel derselben Geraden hinzukommt, gilt in Beziehung auf die Ebene, welche auf dieser Geraden senkrecht steht, das Princip der Flächen. Ist nun die Anfangsgeschwindigkeit des sich bewegenden Punktes mit der Geraden in einer Ebene, so findet die ganze Bewegung in dieser Ebene statt, und man hat nicht nöthig den Satz der Flächen anzuwenden. Liegt dagegen die Anfangsgeschwindigkeit mit jener Geraden nicht in einer Ebene, so beschreibt der Punkt eine Curve doppelter Krümmung. Hierbei ist es nun von grossem Vortheil, die Bewegung in zwei zu zerlegen; denkt man sich nämlich durch den Punkt und die Gerade, welche die Centra enthält, eine Ebene gelegt, so kann man sich vorstellen, dass dieselbe um die Gerade rotire, und ausserdem der Punkt sich in der rotirenden

Ebene bewege. Diese Zerlegung, welche unter allen Umständen möglich ist, würde im Allgemeinen keine Vereinfachung bewirken; aber in dem betrachteten Fall wird es durch das Princip der Flächen möglich, die Bewegung des Punktes in der Ebene ganz von der Rotationsbewegung zu trennen, so dass man zuerst die Bewegung des Punkts in der Ebene sucht und, nachdem diese gefunden ist, den Rotationswinkel dieser Ebene (von einer bestimmten Lage derselben an gerechnet) durch eine blosse Quadratur erhält. Wie wir sehen werden, sind die Differentialgleichungen der Bewegung des Punktes in der rotirenden Ebene von den Differentialgleichungen, die man erhält, wenn die Bewegung überhaupt in einer Ebene bleibt, nur dadurch verschieden, dass ein Term hinzukommt, welcher proportional $\frac{1}{r^3}$ ist, wo r die Entfernung des Punktes von der die Centra enthaltenden Geraden bedeutet. Diese Gerade, welche die festen Centra enthält, sei die Axe der x; stellen wir ferner die Differentialgleichungen der Bewegung des Punktes, ohne die Ausdrücke für die Kräfte wirklich hinzuschreiben, in der gebräuchlichen Weise durch die Formeln

$$\frac{d^2x}{dt^2} = X, \quad \frac{d^2y}{dt^2} = Y, \quad \frac{d^2z}{dt^2} = Z$$

dar, so findet die Bedingungsgleichung

$$yZ - zY = 0$$

statt. Diese Gleichung, welche aussagt, dass die Kräfte Y, Z sich verhalten, wie die Coordinaten y, z, d. h. dass die Richtung ihrer Componente durch die Axe der x geht, ist mit dem Princip der Flächen gleichbedeutend; denn setzt man $\frac{d^2y}{dt^2}$ und $\frac{d^2z}{dt^2}$ für Y und Z, so erhält man

$$y\frac{d^2z}{dt^2} - z\frac{d^2y}{dt^2} = 0$$

und hieraus durch Integration

$$y\frac{dz}{dt} - z\frac{dy}{dt} = a.$$

Um nun die Bewegung des Punktes in der durch die x-Axe gehenden Ebene von der Rotationsbewegung dieser Ebene zu trennen, müssen wir

$$y = r\cos\varphi, \quad z = r\sin\varphi$$

setzen, so dass x, r die Coordinaten des Punktes in der rotirenden Ebene sind und φ der Rotationswinkel, von der Ebene der x, y an gerechnet. Dann hat man

$$r = \sqrt{y^2+z^2},$$

$$\frac{dr}{dt} = \frac{y\frac{dy}{dt}+z\frac{dz}{dt}}{\sqrt{y^2+z^2}},$$

$$\frac{d^2r}{dt^2} = \frac{y\frac{d^2y}{dt^2}+z\frac{d^2z}{dt^2}}{\sqrt{y^2+z^2}} + \frac{\left(\frac{dy}{dt}\right)^2+\left(\frac{dz}{dt}\right)^2}{\sqrt{y^2+z^2}} - \frac{\left(y\frac{dy}{dt}+z\frac{dz}{dt}\right)^2}{(y^2+z^2)^{\frac{3}{2}}}.$$

Die beiden letzten Glieder geben, zu einem einzigen vereinigt,

$$\frac{(y^2+z^2)\left\{\left(\frac{dy}{dt}\right)^2+\left(\frac{dz}{dt}\right)^2\right\}-\left(y\frac{dy}{dt}+z\frac{dz}{dt}\right)^2}{(y^2+z^2)^{\frac{3}{2}}},$$

oder, da nach einer bekannten Formel

$$(y^2+z^2)\left\{\left(\frac{dy}{dt}\right)^2+\left(\frac{dz}{dt}\right)^2\right\} = \left(y\frac{dy}{dt}+z\frac{dz}{dt}\right)^2+\left(y\frac{dz}{dt}-z\frac{dy}{dt}\right)^2$$

ist,

$$\frac{\left(y\frac{dz}{dt}-z\frac{dy}{dt}\right)^2}{(y^2+z^2)^{\frac{3}{2}}},$$

oder schliesslich, mit Benutzung des Flächensatzes,

$$\frac{\alpha^2}{r^3}.$$

Man hat also die Gleichung

$$\frac{d^2r}{dt^2} = \frac{y\frac{d^2y}{dt^2}+z\frac{d^2z}{dt^2}}{\sqrt{y^2+z^2}} + \frac{\alpha^2}{r^3} = \frac{yY+zZ}{r} + \frac{\alpha^2}{r^3}.$$

Nun sei R die Kraft, welche auf den Punkt in der gegen die Axe der x senkrechten Richtung wirkt, also die Resultante der Kräfte Y und Z, dann hat man

$$Y = \frac{y}{r}R, \quad Z = \frac{z}{r}R,$$

$$yY+zZ = \frac{y^2+z^2}{r}R = rR,$$

und daher

$$\frac{d^2r}{dt^2} = R+\frac{\alpha^2}{r^3}.$$

Wir haben also die beiden Gleichungen der Bewegung des Punktes in der rotirenden Ebene in der Gestalt

$$(5.)\qquad \frac{d^2x}{dt^2} = X, \quad \frac{d^2r}{dt^2} = R + \frac{\alpha^2}{r^3}.$$

Da nun in dem Fall, welchen wir betrachten, die Kräfte von dem Rotationswinkel φ ganz unabhängig sind, so hängen X und R nur von x und r ab. Man kann daher diese beiden Gleichungen selbständig integriren und erhält, wenn man durch die Integralgleichungen x und r als Functionen von t bestimmt hat, den Rotationswinkel φ aus dem Flächensatz. Derselbe verwandelt sich durch Einführung von r und φ in

$$(6.)\qquad r^2\frac{d\varphi}{dt} = \alpha,$$

so dass φ durch die Formel

$$\varphi = \alpha\int\frac{dt}{r^2}$$

bestimmt wird. Demnach haben wir das ursprüngliche System von Differentialgleichungen sechster Ordnung in x, y, z, t auf ein System vierter Ordnung in x, r, t zurückgeführt, und da hierin t nicht explicite vorkommt, so kann man es auf die dritte Ordnung reduciren, indem man es auf die Form bringt:

$$(7.)\qquad dx:dr:dx':dr' = x':r':X:\left(R+\frac{\alpha^2}{r^3}\right).$$

Kennt man zwei Integrale dieses Systems, so erhält man das dritte durch das Princip des letzten Multiplicators und hierauf die Zeit durch eine Quadratur. Sind z. B. alle Variablen x, x' und r' durch r ausgedrückt, so ist

$$t = \int\frac{dr}{r'},$$

eine Gleichung, mit deren Hülfe man auch φ, ehe r durch t ausgedrückt ist, als ein nach r genommenes Integral

$$\varphi = \alpha\int\frac{dr}{r^2 r'}$$

darstellen kann.

Es kommt also jetzt nur noch darauf an, von dem System dritter Ordnung (7.) zwei Integrale zu kennen, um das Problem vollständig zu lösen. Aber das eine dieser Integrale giebt der Satz der lebendigen Kraft, welcher bekanntlich bei Attractionen nach festen Centren und bei gegenseitigen Anziehungen immer gilt. In der That, setzt man in der Gleichung

$$\tfrac{1}{2}\left\{\left(\frac{dx}{dt}\right)^2+\left(\frac{dy}{dt}\right)^2+\left(\frac{dz}{dt}\right)^2\right\} = \int(X\,dx+Y\,dy+Z\,dz)$$

im vorliegenden Falle

$$Y = \frac{y}{r}R, \quad Z = \frac{z}{r}R,$$

$$Ydy + Zdz = R\frac{ydy+zdz}{r} = Rdr,$$

ferner

$$\left(\frac{dy}{dt}\right)^2 + \left(\frac{dz}{dt}\right)^2 = \left(\frac{dr}{dt}\right)^2 + r^2\left(\frac{d\varphi}{dt}\right)^2,$$

oder da nach dem Princip der Flächen $\frac{d\varphi}{dt} = \frac{\alpha}{r^2}$ wird,

$$\left(\frac{dy}{dt}\right)^2 + \left(\frac{dz}{dt}\right)^2 = \left(\frac{dr}{dt}\right)^2 + \frac{\alpha^2}{r^2},$$

so ergiebt sich

$$\tfrac{1}{2}\left\{\left(\frac{dx}{dt}\right)^2 + \left(\frac{dr}{dt}\right)^2\right\} = \int (Xdx + Rdr) - \tfrac{1}{2}\frac{\alpha^2}{r^2},$$

welches eine Integralgleichung des Systems (7.) ist. Es kommt jetzt nur noch darauf an, ein einziges Integral zu finden; das Problem der Anziehung eines Punkts durch eine beliebige Anzahl fester Centren, die in einer Geraden liegen, und auf den noch überdies eine constante Kraft parallel jener Geraden wirken kann, ist demnach darauf zurückgeführt, eine einzige Integralgleichung eines Systems zweiter Ordnung zu finden.

Sind nur zwei feste Centren vorhanden, so findet man diese Integralgleichung nach der am Anfang dieser Vorlesung auseinandergesetzten Methode. Die Coordinaten x und r sind dieselben, welche oben mit x_2 und x_1 bezeichnet wurden; aber die Kräftefunction ist nicht mehr die nämliche. Wenn die ganze Bewegung in einer Ebene stattfindet, ist ihr Werth $\int(Xdx + Rdr)$, jetzt dagegen kommt das Glied $-\frac{1}{2}\frac{\alpha^2}{r^2}$ oder nach der früheren Bezeichnung

$$-\tfrac{1}{2}\frac{\alpha^2}{x_1^2}$$

hinzu. Damit nach Hinzufügung dieses Gliedes zur Kräftefunction die partielle Differentialgleichung (1.) noch durch die nämliche Methode integrirt werden könne, muss sich dasselbe auf die Form $\frac{1}{\lambda_1 - \lambda_2}(\chi(\lambda_1) + \psi(\lambda_2))$ bringen lassen, und dies ist wirklich der Fall; denn es ist nach (2.)

$$x_1^2 = \frac{(a_1+\lambda_1)(a_1+\lambda_2)}{a_1 - a_2},$$

also durch Zerlegung in Partialbrüche

$$-\tfrac{1}{2}\frac{\alpha^2}{x_1^2} = \tfrac{1}{2}\alpha^2\frac{a_2-a_1}{(a_1+\lambda_1)(a_1+\lambda_2)} = -\tfrac{1}{2}\alpha^2\frac{a_2-a_1}{\lambda_1-\lambda_2}\left\{\frac{1}{a_1+\lambda_1}-\frac{1}{a_1+\lambda_2}\right\}.$$

Zur rechten Seite der Gleichung (3.) oder, was dasselbe ist, zu $\frac{1}{2}U(\lambda_1-\lambda_2)$ kommt also der Ausdruck

$$-\tfrac{1}{2}\alpha^2(a_2-a_1)\left\{\frac{1}{a_1+\lambda_1}-\frac{1}{a_1+\lambda_2}\right\} = -\tfrac{1}{4}\alpha^2 f^2\cdot\frac{1}{a_1+\lambda_1}+\tfrac{1}{4}\alpha^2 f^2\cdot\frac{1}{a_1+\lambda_2}$$

hinzu, und wir erhalten demnach gegenwärtig die partielle Differentialgleichung

$$(a_1+\lambda_1)(a_2+\lambda_1)\left(\frac{\partial W}{\partial\lambda_1}\right)^2-(a_1+\lambda_2)(a_2+\lambda_2)\left(\frac{\partial W}{\partial\lambda_2}\right)^2$$

$$= \tfrac{1}{2}h\lambda_1+\tfrac{1}{2}(m+m_1)\sqrt{a_2+\lambda_1}-\tfrac{1}{4}\alpha^2f^2\cdot\frac{1}{a_1+\lambda_1}-\left\{\tfrac{1}{2}h\lambda_2+\tfrac{1}{2}(m-m_1)\sqrt{a_2+\lambda_2}-\tfrac{1}{4}\alpha^2f^2\cdot\frac{1}{a_1+\lambda_2}\right\}.$$

Aus derselben ergiebt sich:

$$(8.)\quad \begin{cases} W = \displaystyle\int d\lambda_1\sqrt{\frac{\tfrac{1}{2}h\lambda_1+\tfrac{1}{2}(m+m_1)\sqrt{a_2+\lambda_1}-\tfrac{1}{4}\alpha^2f^2\cdot\frac{1}{a_1+\lambda_1}+\beta}{(a_1+\lambda_1)(a_2+\lambda_1)}} \\ \quad +\displaystyle\int d\lambda_2\sqrt{\frac{\tfrac{1}{2}h\lambda_2+\tfrac{1}{2}(m-m_1)\sqrt{a_2+\lambda_2}-\tfrac{1}{4}\alpha^2f^2\cdot\frac{1}{a_1+\lambda_2}+\beta}{(a_1+\lambda_2)(a_2+\lambda_2)}}, \end{cases}$$

und hieraus durch Differentiation nach der Constante β die zu suchende zweite Integralgleichung des Systems (7.):

$$(9.)\qquad \beta' = \frac{\partial W}{\partial\beta}.$$

Dies ist die Gleichung der Curve, welche der sich bewegende Punkt in der rotirenden Ebene beschreibt. Es ist jetzt noch die Bestimmung des Rotationswinkels φ auszuführen, bei welcher indessen eine Schwierigkeit übrig bleibt. Drückt man nämlich das Differential von φ, welches nach Gleichung (6.) und in der gegenwärtigen Bezeichnung durch die Formel

$$d\varphi = \alpha\frac{dt}{x_1^2}$$

gegeben ist, in den Grössen λ_1 und λ_2 aus, so erhält man zunächst kein vollständiges Differential. Denn das Differential von t ergiebt sich, wenn man in die zur Bestimmung der Zeit dienende Gleichung

$$t-\tau = \frac{\partial W}{\partial h}$$

für W seinen Werth (8.) einsetzt, unter der Form

$$dt = F_1(\lambda_1)d\lambda_1+F_2(\lambda_2)d\lambda_2,$$

und dieser mit

$$\frac{\alpha}{x_1^2} = \frac{\alpha(a_1 - a_2)}{(a_1+\lambda_1)(a_1+\lambda_2)}$$

multiplicirte Ausdruck giebt nicht unmittelbar ein vollständiges Differential, sondern kann erst in ein solches mit Hülfe der zwischen den Variablen λ_1 und λ_2 stattfindenden Gleichung (9.) verwandelt werden.

Diese Schwierigkeit kann man vermeiden, wenn man das Problem der Anziehung nach zwei festen Centren auch für den Raum, ohne auf particulare Betrachtungen einzugehen, ganz und gar auf eine partielle Differentialgleichung zurückführt. Die allgemeine partielle Differentialgleichung für eine freie Bewegung, bei welcher der Satz der lebendigen Kraft gilt, ist

$$\left(\frac{\partial W}{\partial x}\right)^2 + \left(\frac{\partial W}{\partial y}\right)^2 + \left(\frac{\partial W}{\partial z}\right)^2 = 2U+2h.$$

Indem wir für y und z Polarcoordinaten einführen und

$$y = r\cos\varphi, \quad z = r\sin\varphi$$

setzen, erhalten wir

$$\left(\frac{\partial W}{\partial x}\right)^2 + \left(\frac{\partial W}{\partial r}\right)^2 + \frac{1}{r^2}\left(\frac{\partial W}{\partial \varphi}\right)^2 = 2U+2h.$$

Da in U die Variable φ nicht vorkommt, so kann man nach der allgemeinen, schon oft gebrauchten Methode

$$W = W_1 + \alpha\varphi$$

setzen, wo W_1 eine blosse Function von x und r ohne φ ist. Hierdurch wird

$$\frac{\partial W}{\partial x} = \frac{\partial W_1}{\partial x}, \quad \frac{\partial W}{\partial r} = \frac{\partial W_1}{\partial r}, \quad \frac{\partial W}{\partial \varphi} = \alpha,$$

und die partielle Differentialgleichung in W verwandelt sich in

$$(10.) \qquad \left(\frac{\partial W_1}{\partial x}\right)^2 + \left(\frac{\partial W_1}{\partial r}\right)^2 = 2U - \frac{\alpha^2}{r^2} + 2h.$$

Diese Differentialgleichung stimmt genau mit derjenigen überein, welche wir oben durch die Reduction der Bewegung im Raum auf die Bewegung in der rotirenden Ebene erhalten haben; denn auch jene Betrachtung zeigte, dass von U das Glied $\frac{\alpha^2}{2r^2}$ abzuziehen sei, so dass die jetzt eingeführte Constante α mit der früher so bezeichneten genau übereinstimmt. Der oben erhaltene Ausdruck (8.) von W genügt daher der Differentialgleichung (10.) für W_1, und man findet aus demselben W durch die Gleichung

$$W = W_1 + \alpha\varphi.$$

Hieraus gehen sodann die beiden Integralgleichungen hervor:

$$\beta' = \frac{\partial W}{\partial \beta} = \frac{\partial W_1}{\partial \beta}, \quad \alpha' = \frac{\partial W}{\partial \alpha} = \frac{\partial W_1}{\partial \alpha} + \varphi,$$

von denen die erste dieselbe ist, welche wir schon oben fanden, während die zweite den Werth von φ durch die Gleichung $\alpha' - \varphi = \frac{\partial W_1}{\partial \alpha}$ liefert. Hierin ist an die Stelle von W_1 der Ausdruck (8.) von W zu setzen. Die beiden Integralgleichungen, durch deren Zusammenbestehen die Curve doppelter Krümmung definirt wird, in welcher der Punkt sich bewegt, sind also

$$\beta' = \frac{\partial W}{\partial \beta} \quad \text{und} \quad \alpha' - \varphi = \frac{\partial W}{\partial \alpha},$$

wo

$$W = \int d\lambda_1 \sqrt{\frac{\frac{1}{2}h\lambda_1 + \frac{1}{2}(m+m_1)\sqrt{a_2+\lambda_1} - \frac{1}{4}\alpha^2 f^2 \frac{1}{a_1+\lambda_1} + \beta}{(a_1+\lambda_1)(a_2+\lambda_1)}}$$

$$+ \int d\lambda_2 \sqrt{\frac{\frac{1}{2}h\lambda_2 + \frac{1}{2}(m-m_1)\sqrt{a_2+\lambda_2} - \frac{1}{4}\alpha^2 f^2 \frac{1}{a_1+\lambda_2} + \beta}{(a_1+\lambda_2)(a_2+\lambda_2)}},$$

und die Zeit wird durch die Gleichung

$$t - \tau = \frac{\partial W}{\partial h}.$$

ausgedrückt. Nach Vollziehung der Differentiationen erhält man die fertigen Formeln

$$\beta' = \int \frac{\frac{1}{2}d\lambda_1}{\sqrt{a_2+\lambda_1}\sqrt{[\frac{1}{2}h\lambda_1 + \frac{1}{2}(m+m_1)\sqrt{a_2+\lambda_1} + \beta](a_1+\lambda_1) - \frac{1}{4}\alpha^2 f^2}}$$

$$+ \int \frac{\frac{1}{2}d\lambda_2}{\sqrt{a_2+\lambda_2}\sqrt{[\frac{1}{2}h\lambda_2 + \frac{1}{2}(m-m_1)\sqrt{a_2+\lambda_2} + \beta](a_1+\lambda_2) - \frac{1}{4}\alpha^2 f^2}}$$

$$\varphi - \alpha' = \int \frac{\frac{1}{4}\alpha f^2 d\lambda_1}{(a_1+\lambda_1)\sqrt{a_2+\lambda_1}\sqrt{[\frac{1}{2}h\lambda_1 + \frac{1}{2}(m+m_1)\sqrt{a_2+\lambda_1} + \beta](a_1+\lambda_1) - \frac{1}{4}\alpha^2 f^2}}$$

$$+ \int \frac{\frac{1}{4}\alpha f^2 d\lambda_2}{(a_1+\lambda_2)\sqrt{a_2+\lambda_2}\sqrt{[\frac{1}{2}h\lambda_2 + \frac{1}{2}(m-m_1)\sqrt{a_2+\lambda_2} + \beta](a_1+\lambda_2) - \frac{1}{4}\alpha^2 f^2}},$$

$$t - \tau = \int \frac{\frac{1}{4}\lambda_1 d\lambda_1}{\sqrt{a_2+\lambda_1}\sqrt{[\frac{1}{2}h\lambda_1 + \frac{1}{2}(m+m_1)\sqrt{a_2+\lambda_1} + \beta](a_1+\lambda_1) - \frac{1}{4}\alpha^2 f^2}}$$

$$+ \int \frac{\frac{1}{4}\lambda_2 d\lambda_2}{\sqrt{a_2+\lambda_2}\sqrt{[\frac{1}{2}h\lambda_2 + \frac{1}{2}(m-m_1)\sqrt{a_2+\lambda_2} + \beta](a_1+\lambda_2) - \frac{1}{4}\alpha^2 f^2}}.$$

Auch hier kann man, wie oben, die Irrationalität unter den Quadratwurzelzeichen dadurch beseitigen, dass man an Stelle von λ_1, λ_2 die Grössen

$$\sqrt{a_2+\lambda_1} = p, \quad \sqrt{a_2+\lambda_2} = q$$

als Variable einführt.

Dreissigste Vorlesung.

Das *Abel*sche Theorem.

Um die Wichtigkeit der in der sechsundzwanzigsten Vorlesung vorgetragenen Substitution, die uns nun schon die Lösung einer Reihe von mechanischen Problemen gegeben hat, schliesslich an einem besonders merkwürdigen Beispiel zu zeigen, wollen wir sie auf das *Abel*sche Theorem anwenden. Dieses Theorem bezieht sich nämlich auf ein gewisses System gewöhnlicher Differentialgleichungen und giebt zwei verschiedene Systeme von Integralgleichungen desselben, von denen das eine durch transcendente Functionen, das andere rein algebraisch ausgedrückt ist. Diese in ihrer Form so verschiedenen Systeme von Integralgleichungen sind nichtsdestoweniger völlig identisch.

Nach unserer Methode wird das System der gewöhnlichen Differentialgleichungen auf eine partielle Differentialgleichung erster Ordnung zurückgeführt; von dieser wird eine vollständige Lösung gesucht, und die nach den willkürlichen Constanten genommenen Differentialquotienten derselben, neuen Constanten gleich gesetzt, liefern das System der Integralgleichungen. Die Lösung der partiellen Differentialgleichung kann aber sehr von einander abweichende Formen annehmen; durch Aufsuchung dieser verschiedenen Formen erhält man der Gestalt nach verschiedene Systeme der Integralgleichungen, welche aber in ihrer Bedeutung mit einander übereinstimmen müssen. Dies ist der Weg, auf welchem wir das *Abel*sche Theorem beweisen werden. Wir gehen von der partiellen Differentialgleichung

$$(1.) \qquad \left(\frac{\partial V}{\partial x_1}\right)^2 + \left(\frac{\partial V}{\partial x_2}\right)^2 + \cdots + \left(\frac{\partial V}{\partial x_n}\right)^2 = 2h$$

aus, welche für $n = 3$ dem einfachsten der mechanischen Probleme, der geradlinigen gleichförmigen Bewegung eines Punkts im Raume, entspricht. Dieselbe ersetzt die gewöhnlichen Differentialgleichungen

$$\frac{d^2x_1}{dt^2} = 0, \quad \frac{d^2x_2}{dt^2} = 0, \quad \ldots \quad \frac{d^2x_n}{dt^2} = 0.$$

Unter Benutzung der in der sechsundzwanzigsten Vorlesung aufgestellten Substitution ergiebt sich das *Abel*sche Theorem, und zwar in einer viel expliciteren Form, als der von *Abel* gegebenen.

Da in der Gleichung (1.) die Variablen $x_1, x_2, \dots x_n$ selbst nicht vorkommen, so erhält man eine vollständige Lösung V, indem man

$$V = \alpha_1 x_1 + \alpha_2 x_2 + \dots + \alpha_n x_n \tag{2.}$$

setzt. Denn alsdann haben die Constanten $\alpha_1, \alpha_2, \dots \alpha_n$ nur der Bedingung

$$\alpha_1^2 + \alpha_2^2 + \dots + \alpha_{n-1}^2 + \alpha_n^2 = 2h$$

zu genügen, sodass

$$\alpha_n = \sqrt{2h - \alpha_1^2 - \alpha_2^2 - \dots - \alpha_{n-1}^2},$$

und V enthält daher, abgesehen von der Constante, die man noch addiren kann, $n-1$ Constanten, ist also eine vollständige Lösung. Als Integralgleichungen erhält man

$$\frac{\partial V}{\partial \alpha_1} = \alpha'_1, \quad \frac{\partial V}{\partial \alpha_2} = \alpha'_2, \quad \dots \quad \frac{\partial V}{\partial \alpha_{n-1}} = \alpha'_{n-1}, \quad \frac{\partial V}{\partial h} = t - \tau,$$

oder

$$\begin{aligned}
x_1 &- \frac{\alpha_1}{\alpha_n} x_n = \alpha'_1, \\
x_2 &- \frac{\alpha_2}{\alpha_n} x_n = \alpha'_2, \\
&\vdots \\
x_{n-1} &- \frac{\alpha_{n-1}}{\alpha_n} x_n = \alpha'_{n-1}, \\
&\frac{1}{\alpha_n} x_n = t - \tau,
\end{aligned}$$

oder endlich, wenn man die letzte Gleichung in die anderen einsetzt,

$$\left\{\begin{aligned}
x_1 &= \alpha_1(t-\tau) + \alpha'_1, \\
x_2 &= \alpha_2(t-\tau) + \alpha'_2, \\
&\vdots \\
x_{n-1} &= \alpha_{n-1}(t-\tau) + \alpha'_{n-1}, \\
x_n &= \alpha_n(t-\tau),
\end{aligned}\right. \tag{3.}$$

welches für $n = 3$ in der That die Gleichungen der geradlinigen Bewegung sind.

Führen wir nun in die Gleichung (1.) an die Stelle der Variablen x die Variablen λ ein, so erhalten wir nach Formel (12.) der sechsundzwanzigsten Vorlesung:

$$\sum_{i=1}^{i=n} \frac{(a_1+\lambda_i)(a_2+\lambda_i) \dots \dots \dots \dots (a_n+\lambda_i)}{(\lambda_i-\lambda_1)(\lambda_i-\lambda_2)\dots(\lambda_i-\lambda_{i-1})(\lambda_i-\lambda_{i+1})\dots(\lambda_i-\lambda_n)} \left(\frac{\partial V}{\partial \lambda_i}\right)^2 = \tfrac{1}{2} h, \tag{4.}$$

Man erkennt hier nicht unmittelbar, auf welche Weise in dieser Gleichung die

Variablen von einander getrennt werden können. Aber es ist nur nöthig, sich an den in der sechsundzwanzigsten Vorlesung (p. 202) gegebenen Hülfssatz aus der Theorie der Partialbrüche zu erinnern, die aus demselben folgende Formel

$$(5.)\qquad \tfrac{1}{2}h = \sum_{i=1}^{i=n} \frac{c+c_1\lambda_i+c_2\lambda_i^2+\cdots\cdots\cdots+c_{n-2}\lambda_i^{n-2}+\frac{1}{2}h\lambda_i^{n-1}}{(\lambda_i-\lambda_1)(\lambda_i-\lambda_2)\ldots(\lambda_i-\lambda_{i-1})(\lambda_i-\lambda_{i+1})\ldots(\lambda_i-\lambda_n)},$$

in welcher $c, c_1, \ldots c_{n-2}$ willkürliche Constanten sind, aufzustellen und diesen Ausdruck für $\frac{1}{2}h$ in (4.) zu substituiren. Befriedigt man die hieraus hervorgehende Gleichung

$$(6.)\qquad \begin{cases} \displaystyle\sum_{i=1}^{i=n} \frac{(a_1+\lambda_i)(a_2+\lambda_i)\cdots\cdots\cdots\cdots(a_n+\lambda_i)}{(\lambda_i-\lambda_1)(\lambda_i-\lambda_2)\ldots(\lambda_i-\lambda_{i-1})(\lambda_i-\lambda_{i+1})\ldots(\lambda_i-\lambda_n)}\left(\frac{\partial V}{\partial\lambda_i}\right)^2 \\ \displaystyle = \sum_{i=1}^{i=n} \frac{c+c_1\lambda_i+c_2\lambda_i^2+\cdots\cdots\cdots+c_{n-2}\lambda_i^{n-2}+\frac{1}{2}h\lambda_i^{n-1}}{(\lambda_i-\lambda_1)(\lambda_i-\lambda_2)\ldots(\lambda_i-\lambda_{i-1})(\lambda_i-\lambda_{i+1})\ldots(\lambda_i-\lambda_n)}, \end{cases}$$

indem man die entsprechenden Glieder beider Seiten einander gleich setzt und auf diese Weise die partielle Differentialgleichung (6.) in die n gewöhnlichen Differentialgleichungen

$$(a_1+\lambda_i)(a_2+\lambda_i)\ldots(a_n+\lambda_i)\left(\frac{\partial V}{\partial\lambda_i}\right)^2 = c+c_1\lambda_i+c_2\lambda_i^2+\cdots+c_{n-2}\lambda_i^{n-2}+\tfrac{1}{2}h\lambda_i^{n-1}$$

für $i=1, 2, \ldots n$ zerlegt, so ergiebt sich für V die vollständige Lösung

$$(7.)\qquad V = \sum_{i=1}^{i=n}\int d\lambda_i \sqrt{\frac{c+c_1\lambda_i+c_2\lambda_i^2+\cdots+c_{n-2}\lambda_i^{n-2}+\frac{1}{2}h\lambda_i^{n-1}}{(a_1+\lambda_i)(a_2+\lambda_i)\cdots\cdots\cdots(a_n+\lambda_i)}},$$

und hieraus folgen die Integralgleichungen

$$\frac{\partial V}{\partial c} = c', \quad \frac{\partial V}{\partial c_1} = c'_1, \quad \ldots \quad \frac{\partial V}{\partial c_{n-2}} = c'_{n-2}, \quad \frac{\partial V}{\partial h} = t-\tau,$$

welche unter Einführung der Bezeichnung

$$f(\lambda) = (c+c_1\lambda+c_2\lambda^2+\cdots+c_{n-2}\lambda^{n-2}+\tfrac{1}{2}h\lambda^{n-1})(a_1+\lambda)(a_2+\lambda)\ldots(a_n+\lambda)$$

die Gestalt annehmen:

$$(8.)\qquad \begin{cases} 2c' = \displaystyle\sum\int\frac{d\lambda_i}{\sqrt{f(\lambda_i)}}, \\ 2c'_1 = \displaystyle\sum\int\frac{\lambda_i d\lambda_i}{\sqrt{f(\lambda_i)}}, \\ \vdots \qquad \vdots \\ 2c'_{n-2} = \displaystyle\sum\int\frac{\lambda_i^{n-2} d\lambda_i}{\sqrt{f(\lambda_i)}}, \\ 4(t-\tau) = \displaystyle\sum\int\frac{\lambda_i^{n-1} d\lambda_i}{\sqrt{f(\lambda_i)}}. \end{cases}$$

Dies sind die transcendenten Integralgleichungen des Systems gewöhnlicher Differentialgleichungen

$$(9.)\quad \Sigma\frac{d\lambda_i}{\sqrt{f(\lambda_i)}}=0,\quad \Sigma\frac{\lambda_i d\lambda_i}{\sqrt{f(\lambda_i)}}=0,\quad \ldots\quad \Sigma\frac{\lambda_i^{n-2}d\lambda_i}{\sqrt{f(\lambda_i)}}=0,\quad \Sigma\frac{\lambda_i^{n-1}d\lambda_i}{\sqrt{f(\lambda_i)}}=4dt,$$

während in (3.) die algebraischen Integralgleichungen des nämlichen Systems enthalten sind.

In dieser algebraischen Integration der Differentialgleichungen (9.) besteht das *Abel*sche Theorem, und zwar tritt dasselbe hier in einer Form auf, welche vor der ursprünglich von *Abel* gegebenen den Vortheil bietet, die sonst mit grossen Schwierigkeiten verknüpften Untersuchungen über die Realität der Variablen und über die Grenzen, innerhalb deren man sie zu nehmen hat, wesentlich zu erleichtern. Der obige Beweis des *Abel*schen Theorems hat daher etwas wesentlich Neues gegeben, und wenn auch *Richelot* später aus dem *Abel*schen Theorem selbst dieselben Folgerungen hat herleiten können*), so ist doch immer der hier angegebene Weg derjenige, welcher zuerst und naturgemäss darauf geführt hat.

Da die Constanten $c, c_1, \ldots c_{n-2}$ ganz willkürlich sind, so muss man sie so bestimmen, dass die unter den Wurzelzeichen stehenden Ausdrücke $f(\lambda_i)$ positiv, mithin alle Integrale reell werden.

Aus dem Bisherigen ergiebt sich das *Abel*sche Theorem noch nicht ganz vollständig; denn die Function $f(\lambda)$ ist von der $(2n-1)^{\text{ten}}$, also von ungerader Ordnung, und es ist daher nöthig, den anderen Fall, wo $f(\lambda)$ von der $2n^{\text{ten}}$ Ordnung ist, und der hier als der allgemeinere erscheint, besonders zu betrachten. Man erhält denselben dadurch, dass man auf der rechten Seite der partiellen Differentialgleichung (1.) zu der Constante $2h$ noch andere Glieder addirt. Die angewendete Integrationsmethode bleibt zulässig, wenn man zu h die Quadratsumme $x_1^2+x_2^2+\cdots+x_n^2$ in eine Constante k multiplicirt hinzufügt. In den Variablen λ nimmt dieser Ausdruck die Form an:

$$k(x_1^2+x_2^2+\cdots+x_n^2)=k(a_1+a_2+\cdots+a_n+\lambda_1+\lambda_2+\cdots+\lambda_n),$$

und indem wir für h eine neue Constante

$$h'=h+k(a_1+a_2+\cdots+a_n)$$

einführen, haben wir auf der rechten Seite von (4.) an die Stelle von $\frac{1}{2}h$ gegenwärtig den Ausdruck

$$\tfrac{1}{2}h'+\tfrac{1}{2}k(\lambda_1+\lambda_2+\cdots+\lambda_n)$$

*) *Crelles* Journal Bd. XXIII, p. 354.

zu setzen. Transformiren wir denselben mit Benutzung des oben erwähnten Hülfssatzes in einer der Gleichung (5.) analogen Weise, so finden wir, dass auf den rechten Seiten der Gleichungen (5.) und (6.) sich weiter nichts ändert, als dass unter dem Summenzeichen im Zähler das Glied

$$\tfrac{1}{2}k\lambda_i^n$$

hinzu kommt und h sich in h' verwandelt. In den transcendenten Integralgleichungen (8.) des *Abel*schen Theorems tritt demnach an die Stelle der früheren Function $(2n-1)^{\text{ter}}$ Ordnung $f(\lambda)$ gegenwärtig die Function $2n^{\text{ter}}$ Ordnung

$$(10.)\quad f(\lambda) = \{c+c_1\lambda+c_2\lambda^2+\cdots+c_{n-2}\lambda^{n-2}+\tfrac{1}{2}h'\lambda^{n-1}+\tfrac{1}{2}k\lambda^n\}(a_1+\lambda)(a_2+\lambda)\ldots(a_n+\lambda).$$

Die algebraischen Integralgleichungen werden in diesem Fall etwas complicirter. Die partielle Differentialgleichung in $x_1, x_2, \ldots x_n$ ausgedrückt lautet

$$(11.)\quad \left(\frac{\partial V}{\partial x_1}\right)^2+\left(\frac{\partial V}{\partial x_2}\right)^2+\cdots+\left(\frac{\partial V}{\partial x_n}\right)^2 = 2h+2k(x_1^2+x_2^2+\cdots+x_n^2)$$

und lässt sich daher in folgende zerlegen:

$$\left(\frac{\partial V}{\partial x_1}\right)^2 = 2kx_1^2+\beta_1,\quad \left(\frac{\partial V}{\partial x_2}\right)^2 = 2kx_2^2+\beta_2,\quad \ldots \quad \left(\frac{\partial V}{\partial x_n}\right)^2 = 2kx_n^2+\beta_n,$$

wo

$$\beta_1+\beta_2+\cdots+\beta_n = 2h.$$

Hieraus findet sich:

$$V = \int\sqrt{2kx_1^2+\beta_1}\,dx_1+\int\sqrt{2kx_2^2+\beta_2}\,dx_2+\cdots+\int\sqrt{2kx_n^2+\beta_n}\,dx_n.$$

Denkt man sich nun mit Hülfe der obigen Relation β_n durch h und die übrigen β ausgedrückt und bezeichnet die unter dieser Hypothese gebildeten Differentialquotienten von V mit Klammern, so gehören zu den der partiellen Differentialgleichung (11.) entsprechenden gewöhnlichen Differentialgleichungen die Integrale

$$\left(\frac{\partial V}{\partial \beta_1}\right) = \beta_1',\quad \left(\frac{\partial V}{\partial \beta_2}\right) = \beta_2',\quad \ldots \quad \left(\frac{\partial V}{\partial \beta_{n-1}}\right) = \beta_{n-1}',\quad \left(\frac{\partial V}{\partial h}\right) = t-\tau.$$

Bezeichnet man dagegen ohne Klammern die Differentialquotienten von V, bei deren Bildung auf die zwischen den Grössen $\beta_1, \beta_2, \ldots \beta_n$ bestehende Relation keine Rücksicht genommen wird, so ist

$$\left(\frac{\partial V}{\partial \beta_1}\right) = \frac{\partial V}{\partial \beta_1}-\frac{\partial V}{\partial \beta_n},\quad \left(\frac{\partial V}{\partial \beta_2}\right) = \frac{\partial V}{\partial \beta_2}-\frac{\partial V}{\partial \beta_n},\quad \ldots \quad \left(\frac{\partial V}{\partial h}\right) = 2\,\frac{\partial V}{\partial \beta_n}.$$

Man kann daher den Integralgleichungen durch Einführung der Bezeichnung $\tau_1, \tau_2, \ldots \tau_n$ für die Constanten $2\beta_1'-\tau$, $2\beta_2'-\tau$, $\ldots$ $-\tau$ die symmetrische Gestalt geben:

$$2\frac{\partial V}{\partial \beta_1} = \int \frac{dx_1}{\sqrt{2kx_1^2+\beta_1}} = t+\tau_1,$$

$$2\frac{\partial V}{\partial \beta_2} = \int \frac{dx_2}{\sqrt{2kx_2^2+\beta_2}} = t+\tau_2,$$

$$\dots\dots\dots\dots$$

$$2\frac{\partial V}{\partial \beta_n} = \int \frac{dx_n}{\sqrt{2kx_n^2+\beta_n}} = t+\tau_n.$$

Diese Gleichungen drücken allerdings nicht unmittelbar einen algebraischen Zusammenhang zwischen den Variablen x aus. Aber derselbe tritt sofort hervor, wenn man die Werthe der sämmtlich auf Kreisbogen, oder sämmtlich auf Logarithmen führenden Integrale bestimmt und bemerkt, dass die hieraus sich ergebenden Werthe der Variablen x entweder alle durch Sinus und Cosinus, oder alle durch Exponentialgrössen dargestellt werden, deren Argument das Product von t in eine und dieselbe Constante bildet. Man erhält daher algebraische Relationen, wenn man t zwischen den obigen Gleichungen eliminirt. Den Werthen der Variablen x kann man die Form geben:

$$x_1 = \sqrt{-\frac{\beta_1}{2k}} \cdot \sin[\sqrt{-2k}(t+\tau_1)],$$

$$x_2 = \sqrt{-\frac{\beta_2}{2k}} \cdot \sin[\sqrt{-2k}(t+\tau_2)],$$

$$\dots\dots\dots\dots$$

$$x_n = \sqrt{-\frac{\beta_n}{2k}} \cdot \sin[\sqrt{-2k}(t+\tau_n)].$$

Die aus der Elimination von t zwischen diesen Gleichungen hervorgehenden Relationen lassen sich so darstellen, dass eine einzige vom zweiten Grade, alle übrigen linear in Beziehung auf $x_1, x_2, \dots x_n$ werden.

Das System gewöhnlicher Differentialgleichungen, welches der partiellen Differentialgleichung (11.) entspricht, ist

$$(12.)\qquad \frac{d^2x_1}{dt^2} = 2kx_1, \quad \frac{d^2x_2}{dt^2} = 2kx_2, \quad \dots \quad \frac{d^2x_n}{dt^2} = 2kx_n.$$

Man sieht also aus dem Bisherigen, dass, wenn man von den Differentialgleichungen (9.) in $\lambda_1, \lambda_2, \dots \lambda_n$ unter der Voraussetzung, dass $f(\lambda)$ die ganze Function $2n^{\text{ter}}$ Ordnung (10.) von λ sei, ausgeht und die Substitution der Variablen $x_1, x_2, \dots x_n$ für $\lambda_1, \lambda_2, \dots \lambda_n$ vornimmt, man auf diese einfachen Differentialgleichungen (12.) in $x_1, x_2, \dots x_n$ kommen muss. Diesen Gang der Untersuchung habe ich in meiner Abhandlung über das *Abel*sche Theorem im 24sten Bande des *Crelle*schen Journals genommen, ohne jedoch die hier aufgedeckte Quelle anzugehen.

Auf eine ähnliche Art hat *Lagrange* im ersten Bande der Turiner Memoiren in der Abhandlung über die Attraction nach zwei festen Centren das Fundamentaltheorem der elliptischen Transcendenten bewiesen, welches ein specieller Fall ($n = 2$) dieser Untersuchung ist.

Einunddreissigste Vorlesung.

Allgemeine Untersuchungen über die partiellen Differentialgleichungen erster Ordnung. Die verschiedenen Formen der Integrabilitätsbedingungen.

Wir werden uns jetzt mit allgemeinen Untersuchungen über die partiellen Differentialgleichungen erster Ordnung beschäftigen und hierbei annehmen, dass die gesuchte Function selbst in der Differentialgleichung nicht vorkommt. Diese Annahme ist keine wesentliche Beschränkung, da sich der allgemeine Fall immer auf diesen zurückführen lässt. In der That, wenn die vorgelegte Differentialgleichung die gesuchte Function V enthält, also die Form

$$0 = \Phi\left(V, \frac{\partial V}{\partial q_1}, \frac{\partial V}{\partial q_2}, \ldots \frac{\partial V}{\partial q_n}, q_1, q_2, \ldots q_n\right)$$

hat, so führe man eine neue unabhängige Variable q und eine neue abhängige W durch die Gleichung

$$W = qV$$

ein; dann wird

$$\frac{\partial W}{\partial q} = V, \quad \frac{\partial W}{\partial q_1} = q\frac{\partial V}{\partial q_1}, \quad \ldots \quad \frac{\partial W}{\partial q_n} = q\frac{\partial V}{\partial q_n},$$

also

$$V = \frac{\partial W}{\partial q}, \quad \frac{\partial V}{\partial q_1} = \frac{1}{q}\frac{\partial W}{\partial q_1}, \quad \ldots \quad \frac{\partial V}{\partial q_n} = \frac{1}{q}\frac{\partial W}{\partial q_n}.$$

Daher geht die vorgelegte Differentialgleichung in die folgende über:

$$0 = \Phi\left(\frac{\partial W}{\partial q}, \frac{1}{q}\frac{\partial W}{\partial q_1}, \ldots \frac{1}{q}\frac{\partial W}{\partial q_n}, q_1, q_2, \ldots q_n\right),$$

welche zwar eine unabhängige Variable mehr enthält, nämlich q, in welcher aber W nicht selbst auftritt, sondern nur seine Differentialquotienten nach q, $q_1, q_2, \ldots q_n$. Wir können uns also, ohne der Allgemeinheit zu schaden, auf den Fall beschränken, wo

$$\varphi\left(\frac{\partial V}{\partial q_1}, \frac{\partial V}{\partial q_2}, \dots \frac{\partial V}{\partial q_n}, q_1, q_2, \dots q_n\right) = 0$$

die gegebene Differentialgleichung ist und V selbst in der Gleichung nicht vorkommt. Setzen wir zur Abkürzung

$$\frac{\partial V}{\partial q_i} = p_i,$$

so haben wir demnach die Gleichung

$$(1.) \qquad \varphi(p_1, p_2, \dots p_n, q_1, q_2, \dots q_n) = 0.$$

Wenn wir zur Bestimmung von V dieselbe Methode anwenden wollen, die wir nach *Lagrange* für den Fall von $n = 2$ in der zweiundzwanzigsten Vorlesung durchgeführt haben, so müssen wir die Grössen $p_1, p_2, \dots p_n$ als Functionen von $q_1, q_2, \dots q_n$ so zu bestimmen suchen, dass

$$(2.) \qquad p_1 dq_1 + p_2 dq_2 + \dots + p_n dq_n$$

ein vollständiges Differential wird. Aber wir stossen hierbei auf eine eigenthümliche Schwierigkeit. Da nämlich die Gleichung (1.) schon eine Relation zwischen den Grössen p und q ist, so brauchen wir noch $n-1$ andere Relationen, um sämmtliche Grössen $p_1, p_2, \dots p_n$ durch $q_1, q_2, \dots q_n$ ausdrücken zu können. Wir haben also über $n-1$ Functionen der Variablen $q_1, q_2, \dots q_n$ zu verfügen und müssen diese so bestimmen, dass der Ausdruck (2.) ein vollständiges Differential wird. Um dieser Forderung zu genügen, müssen die sämmtlichen $\frac{n(n-1)}{2}$ Bedingungsgleichungen der Form

$$\frac{\partial p_i}{\partial q_k} = \frac{\partial p_k}{\partial q_i}$$

oder, was unter Einführung der abgekürzten Bezeichnung

$$(i, k) = \frac{\partial p_i}{\partial q_k} - \frac{\partial p_k}{\partial q_i}$$

damit übereinkommt, die $\frac{n(n-1)}{2}$ Bedingungsgleichungen

$$(i, k) = 0$$

erfüllt sein, während man nur über $n-1$ Functionen zu verfügen hat. Für $n = 2$ sind zwar diese beiden Anzahlen einander gleich, nämlich gleich 1, in allen anderen Fällen aber übertrifft die erste Anzahl die zweite.

Diese Schwierigkeit hat bisher die Analysten davon abgehalten, die *Lagrange*sche Methode auf eine grössere Anzahl von Veränderlichen auszudehnen.

Wir werden uns durch dieselbe nicht abschrecken lassen, sondern, da wir a priori wissen, dass sich die Aufgabe, obgleich sie mehr als bestimmt zu sein scheint, dennoch lösen lässt, vielmehr untersuchen, wie es zugeht, dass man durch $n-1$ Functionen die $\frac{n(n-1)}{2}$ Bedingungsgleichungen erfüllen kann.

Es ist von vorn herein ein Umstand zu bemerken, der bei dieser Untersuchung zu Statten kommen muss, weil durch ihn die $\frac{n(n-1)}{2}$ Bedingungsgleichungen in Verbindung mit einander gebracht werden. Sind nämlich i, i', i'' drei beliebige Indices, so hat man die Identität

$$\frac{\partial(i', i'')}{\partial q_i} + \frac{\partial(i'', i)}{\partial q_{i'}} + \frac{\partial(i, i')}{\partial q_{i''}} = 0.$$

Hieraus folgt zwar noch nicht, dass, wenn $(i'', i) = 0$ und $(i, i') = 0$ ist, auch (i', i'') verschwindet, wohl aber dass dieser letztere Ausdruck alsdann unabhängig von q_i ist, so dass, wenn er für irgend einen Werth von q_i verschwindet, er überhaupt gleich Null ist.

Um die vorliegende Frage erschöpfend zu behandeln, müssen wir zunächst die Bedingungsgleichungen transformiren. In der bisherigen Form dieser Gleichungen, $\frac{\partial p_i}{\partial q_k} = \frac{\partial p_k}{\partial q_i}$, werden die Grössen p nur als Functionen der Grössen q angesehen, d. h. man setzt voraus, dass die n Relationen zwischen den Grössen p und q, von welchen die eine durch die Gleichung (1.) gegeben ist, während man über die übrigen $n-1$ zu verfügen hat, nach den n Grössen $p_1, p_2, \ldots p_n$ aufgelöst sind. Dies ist eine für die in Rede stehende Untersuchung zu explicite Form. Wir wollen eine andere Hypothese über die Darstellung der Grössen $p_1, p_2, \ldots p_n$ machen und annehmen, man habe

p_n	dargestellt als Function von	$q_1, q_2, \ldots q_n$,
p_{n-1}	- - - -	$p_n, q_1, q_2, \ldots q_n$,
p_{n-2}	- - - -	$p_{n-1}, p_n, q_1, q_2, \ldots q_n$,
$\vdots$		$\vdots$
p_i	- - - -	$p_{i+1}, \ldots p_{n-1}, p_n, q_1, q_2, \ldots q_n$,
$\vdots$		$\vdots$
p_1	- - - -	$p_2, p_3, \ldots\ldots p_{n-1}, p_n, q_1, q_2, \ldots q_n$.

Wir werden die unter dieser Hypothese genommenen Differentialquotienten von p_i nach $p_{i+1}, p_{i+2}, \ldots p_n, q_1, q_2, \ldots q_n$ ohne Klammern schreiben, während wir die nach der ursprünglichen Hypothese gebildeten Differentialquotienten, nach welcher sämmtliche p nur Functionen von $q_1, q_2, \ldots q_n$ sind, in Klammern einschliessen. Diese Veränderung der Darstellungsweise erfordert, dass wir die in den $\frac{n(n-1)}{2}$ Bedingungsgleichungen vorkommenden und jetzt einzuklammernden Differentialquotienten in andere umsetzen, was nun ausgeführt werden soll.

Die $\frac{n(n-1)}{2}$ Bedingungsgleichungen können wir in folgender Weise anordnen:

$$(3.)\quad \begin{cases} \left(\frac{\partial p_1}{\partial q_2}\right)=\left(\frac{\partial p_2}{\partial q_1}\right),\ \left(\frac{\partial p_1}{\partial q_3}\right)=\left(\frac{\partial p_3}{\partial q_1}\right),\ \ldots \left(\frac{\partial p_1}{\partial q_{m+1}}\right)=\left(\frac{\partial p_{m+1}}{\partial q_1}\right),\ \ldots \left(\frac{\partial p_1}{\partial q_n}\right)=\left(\frac{\partial p_n}{\partial q_1}\right),\\ \qquad \left(\frac{\partial p_2}{\partial q_3}\right)=\left(\frac{\partial p_3}{\partial q_2}\right),\ \ldots \left(\frac{\partial p_2}{\partial q_{m+1}}\right)=\left(\frac{\partial p_{m+1}}{\partial q_2}\right),\ \ldots \left(\frac{\partial p_2}{\partial q_n}\right)=\left(\frac{\partial p_n}{\partial q_2}\right),\\ \qquad \cdots\cdots\cdots\cdots\cdots\cdots\\ \qquad \cdots\cdots\cdots\cdots\cdots\cdots\\ \qquad \left(\frac{\partial p_m}{\partial q_{m+1}}\right)=\left(\frac{\partial p_{m+1}}{\partial q_m}\right),\ \ldots \left(\frac{\partial p_m}{\partial q_n}\right)=\left(\frac{\partial p_n}{\partial q_m}\right),\\ \qquad \cdots\cdots\cdots\cdots\\ \qquad \cdots\cdots\cdots\cdots\\ \qquad \left(\frac{\partial p_{n-1}}{\partial q_n}\right)=\left(\frac{\partial p_n}{\partial q_{n-1}}\right). \end{cases}$$

Irgend eine dieser Gleichungen, etwa $\left(\frac{\partial p_i}{\partial q_k}\right)=\left(\frac{\partial p_k}{\partial q_i}\right)$, wurde oben, nachdem das Glied rechts auf die linke Seite gebracht worden, durch $(i, k)=0$ bezeichnet, so dass wir z. B. die Gleichungen der m^{ten} Reihe,

$$\left(\frac{\partial p_m}{\partial q_{m+1}}\right)=\left(\frac{\partial p_{m+1}}{\partial q_m}\right),\quad \left(\frac{\partial p_m}{\partial q_{m+2}}\right)=\left(\frac{\partial p_{m+2}}{\partial q_m}\right),\quad \ldots\quad \left(\frac{\partial p_m}{\partial q_n}\right)=\left(\frac{\partial p_n}{\partial q_m}\right),$$

abgekürzt durch

$$(m, m+1)=0,\quad (m, m+2)=0,\quad \ldots\quad (m, n)=0$$

darstellen. Ist nun i irgend einer der Indices $m+1, m+2, \ldots n$, so hat man

$$\left(\frac{\partial p_m}{\partial q_i}\right)=\frac{\partial p_m}{\partial p_{m+1}}\left(\frac{\partial p_{m+1}}{\partial q_i}\right)+\frac{\partial p_m}{\partial p_{m+2}}\left(\frac{\partial p_{m+2}}{\partial q_i}\right)+\cdots+\frac{\partial p_m}{\partial p_n}\left(\frac{\partial p_n}{\partial q_i}\right)+\frac{\partial p_m}{\partial q_i},$$

oder wenn wir $\left(\frac{\partial p_{m+1}}{\partial q_i}\right), \left(\frac{\partial p_{m+2}}{\partial q_i}\right), \ldots \left(\frac{\partial p_n}{\partial q_i}\right)$ mit Hülfe der Bedingungsgleichungen (3.) durch die Differentialquotienten von p_i ersetzen,

$$\left(\frac{\partial p_m}{\partial q_i}\right)=\frac{\partial p_m}{\partial p_{m+1}}\left(\frac{\partial p_i}{\partial q_{m+1}}\right)+\frac{\partial p_m}{\partial p_{m+2}}\left(\frac{\partial p_i}{\partial q_{m+2}}\right)+\cdots+\frac{\partial p_m}{\partial p_n}\left(\frac{\partial p_i}{\partial q_n}\right)+\frac{\partial p_m}{\partial q_i}.$$

Die Bedingungsgleichungen der m^{ten} Reihe werden daher, wenn wir sie in umgekehrter Ordnung von $(m, n) = 0$ anfangend schreiben:

$$(4.)\quad \left\{\begin{array}{l}
\frac{\partial p_m}{\partial p_{m+1}}\left(\frac{\partial p_n}{\partial q_{m+1}}\right)+\frac{\partial p_m}{\partial p_{m+2}}\left(\frac{\partial p_n}{\partial q_{m+2}}\right)+\cdots+\frac{\partial p_m}{\partial p_n}\left(\frac{\partial p_n}{\partial q_n}\right)+\frac{\partial p_m}{\partial q_n}=\left(\frac{\partial p_n}{\partial q_m}\right),\\
\frac{\partial p_m}{\partial p_{m+1}}\left(\frac{\partial p_{n-1}}{\partial q_{m+1}}\right)+\frac{\partial p_m}{\partial p_{m+2}}\left(\frac{\partial p_{n-1}}{\partial q_{m+2}}\right)+\cdots+\frac{\partial p_m}{\partial p_n}\left(\frac{\partial p_{n-1}}{\partial q_n}\right)+\frac{\partial p_m}{\partial q_{n-1}}=\left(\frac{\partial p_{n-1}}{\partial q_m}\right),\\
\cdots\cdots\cdots\cdots\cdots\cdots\cdots\cdots\\
\frac{\partial p_m}{\partial p_{m+1}}\left(\frac{\partial p_i}{\partial q_{m+1}}\right)+\frac{\partial p_m}{\partial p_{m+2}}\left(\frac{\partial p_i}{\partial q_{m+2}}\right)+\cdots+\frac{\partial p_m}{\partial p_n}\left(\frac{\partial p_i}{\partial q_n}\right)+\frac{\partial p_m}{\partial q_i}=\left(\frac{\partial p_i}{\partial q_m}\right),\\
\cdots\cdots\cdots\cdots\cdots\cdots\cdots\cdots\\
\frac{\partial p_m}{\partial p_{m+1}}\left(\frac{\partial p_{m+1}}{\partial q_{m+1}}\right)+\frac{\partial p_m}{\partial p_{m+2}}\left(\frac{\partial p_{m+1}}{\partial q_{m+2}}\right)+\cdots+\frac{\partial p_m}{\partial p_n}\left(\frac{\partial p_{m+1}}{\partial q_n}\right)+\frac{\partial p_m}{\partial q_{m+1}}=\left(\frac{\partial p_{m+1}}{\partial q_m}\right),
\end{array}\right.$$

ein System von Gleichungen, welche wir, nachdem die rechts stehenden Glieder auf die linke Seite geschafft worden sind, durch die abgekürzte Bezeichnung

$$((m, n)) = 0, \quad ((m, n-1)) = 0, \quad \ldots \quad ((m, i)) = 0, \quad \ldots \quad ((m, m+1)) = 0$$

darstellen. Diese Gleichungen (4.) sind nicht mehr mit denen der m^{ten} Reihe des Systems (3.) identisch, weil wir bei ihrer Bildung die Gleichungen der folgenden Reihen dieses Systems zu Hülfe genommen haben; die Gleichungen beider Systeme stehen vielmehr in der durch die Relation

$$((m, i)) = (m, i) - \frac{\partial p_m}{\partial p_{m+1}}(m+1, i) - \cdots - \frac{\partial p_m}{\partial p_{i-1}}(i-1, i) + \frac{\partial p_m}{\partial p_{i+1}}(i, i+1) + \cdots + \frac{\partial p_m}{\partial p_n}(i, n)$$

ausgedrückten Verbindung. Wendet man aber auf *alle* Horizontalreihen des Systems (3.) dieselbe Transformation an, vermittelst welcher aus der m^{ten} Horizontalreihe die Gleichungen (4.) hergeleitet worden sind, *so ist das transformirte System mit dem ursprünglichen System* (3.) *gleichbedeutend*. Um dies einzusehen, schreibe man das transformirte System in umgekehrter, also in folgender Ordnung:

$$\begin{array}{l}
((n-1, n)) = 0,\\
((n-2, n)) = 0, \quad ((n-2, n-1)) = 0,\\
((n-3, n)) = 0, \quad ((n-3, n-1)) = 0, \quad ((n-3, n-2)) = 0,\\
\cdots\cdots\cdots\cdots
\end{array}$$

dann ist

$$((n-1,n)) \quad = (n-1,n),$$

$$((n-2,n)) \quad = (n-2,n) - \frac{\partial p_{n-2}}{\partial p_{n-1}}(n-1,n),$$

$$((n-3,n)) \quad = (n-3,n) - \frac{\partial p_{n-3}}{\partial p_{n-2}}(n-2,n) - \frac{\partial p_{n-3}}{\partial p_{n-1}}(n-1,n),$$

. . . .

$$((n-2,n-1)) = (n-2,n-1) + \frac{\partial p_{n-2}}{\partial p_n}(n-1,n),$$

$$((n-3,n-1)) = (n-3,n-1) - \frac{\partial p_{n-3}}{\partial p_{n-2}}(n-2,n-1) + \frac{\partial p_{n-3}}{\partial p_n}(n-1,n),$$

. . . .

$$((n-3,n-2)) = (n-3,n-2) + \frac{\partial p_{n-3}}{\partial p_{n-1}}(n-2,n-1) + \frac{\partial p_{n-3}}{\partial p_n}(n-2,n),$$

. . . .

Hieraus sieht man, dass aus den neuen Gleichungen auch die ursprünglichen folgen, dass also beide Systeme gleichbedeutend sind.

Um nun aus dem System der Gleichungen (4.) die eingeklammerten Differentialquotienten ganz wegzuschaffen, bilde man aus demselben das neue System

$$((m,n)) = 0,$$

$$((m,n-1)) - \frac{\partial p_{n-1}}{\partial p_n}((m,n)) = 0,$$

. . . .

$$((m,i)) - \frac{\partial p_i}{\partial p_{i+1}}((m,i+1)) - \cdots - \frac{\partial p_i}{\partial p_n}((m,n)) = 0,$$

. . . .

$$((m,m+1)) - \frac{\partial p_{m+1}}{\partial p_{m+2}}((m,m+2)) - \cdots\cdots\cdots - \frac{\partial p_{m+1}}{\partial p_n}((m,n)) = 0;$$

dann fallen aus diesem neuen System vermöge der Gleichungen

$$\left(\frac{\partial p_n}{\partial q_k}\right) = \frac{\partial p_n}{\partial q_k},$$

$$\left(\frac{\partial p_{n-1}}{\partial q_k}\right) = \frac{\partial p_{n-1}}{\partial p_n}\left(\frac{\partial p_n}{\partial q_k}\right) + \frac{\partial p_{n-1}}{\partial q_k},$$

. . . .

$$\left(\frac{\partial p_i}{\partial q_k}\right) = \frac{\partial p_i}{\partial p_{i+1}}\left(\frac{\partial p_{i+1}}{\partial q_k}\right) + \cdots + \frac{\partial p_i}{\partial p_n}\left(\frac{\partial p_n}{\partial q_k}\right) + \frac{\partial p_i}{\partial q_k},$$

. . . .

die eingeklammerten Differentialquotienten ganz heraus, und man erhält:

$$
(5.)\quad\left\{\begin{array}{l}
\frac{\partial p_m}{\partial p_{m+1}}\frac{\partial p_n}{\partial q_{m+1}}+\frac{\partial p_m}{\partial p_{m+2}}\frac{\partial p_n}{\partial q_{m+2}}+\cdots+\frac{\partial p_m}{\partial p_n}\frac{\partial p_n}{\partial q_n}+\frac{\partial p_m}{\partial q_n}=\frac{\partial p_n}{\partial q_m},\\
\frac{\partial p_m}{\partial p_{m+1}}\frac{\partial p_{n-1}}{\partial q_{m+1}}+\frac{\partial p_m}{\partial p_{m+2}}\frac{\partial p_{n-1}}{\partial q_{m+2}}+\cdots+\frac{\partial p_m}{\partial p_n}\frac{\partial p_{n-1}}{\partial q_n}+\frac{\partial p_m}{\partial q_{n-1}}-\frac{\partial p_{n-1}}{\partial p_n}\frac{\partial p_m}{\partial q_n}=\frac{\partial p_{n-1}}{\partial q_m},\\
\vdots\\
\frac{\partial p_m}{\partial p_{m+1}}\frac{\partial p_i}{\partial q_{m+1}}+\frac{\partial p_m}{\partial p_{m+2}}\frac{\partial p_i}{\partial q_{m+2}}+\cdots+\frac{\partial p_m}{\partial p_n}\frac{\partial p_i}{\partial q_n}+\frac{\partial p_m}{\partial q_i}-\frac{\partial p_i}{\partial p_{i+1}}\frac{\partial p_m}{\partial q_{i+1}}-\frac{\partial p_i}{\partial p_{i+2}}\frac{\partial p_m}{\partial q_{i+2}}-\cdots\\
\qquad\qquad-\frac{\partial p_i}{\partial p_n}\frac{\partial p_m}{\partial q_n}=\frac{\partial p_i}{\partial q_m},\\
\vdots\\
\frac{\partial p_m}{\partial p_{m+1}}\frac{\partial p_{m+1}}{\partial q_{m+1}}+\frac{\partial p_m}{\partial p_{m+2}}\frac{\partial p_{m+1}}{\partial q_{m+2}}+\cdots+\frac{\partial p_m}{\partial p_n}\frac{\partial p_{m+1}}{\partial q_n}+\frac{\partial p_m}{\partial q_{m+1}}-\frac{\partial p_{m+1}}{\partial p_{m+2}}\frac{\partial p_m}{\partial q_{m+2}}-\frac{\partial p_{m+1}}{\partial p_{m+3}}\frac{\partial p_m}{\partial q_{m+3}}-\cdots\\
\qquad\qquad-\frac{\partial p_{m+1}}{\partial p_n}\frac{\partial p_m}{\partial q_n}=\frac{\partial p_{m+1}}{\partial q_m}.
\end{array}\right.
$$

Dieses System ist mit dem System (4.) gleichbedeutend, so dass sowohl die Gleichungen (4.) aus den Gleichungen (5.) hergeleitet werden können, als auch diese aus jenen, wie aus der Bildung der Gleichungen (5.) von selbst hervorgeht.

Sämmtliche Gleichungen des Systems (5.) sind in folgendem allgemeinen Schema enthalten:

$$
\frac{\partial p_m}{\partial p_{m+1}}\frac{\partial p_i}{\partial q_{m+1}}+\frac{\partial p_m}{\partial p_{m+2}}\frac{\partial p_i}{\partial q_{m+2}}+\cdots+\frac{\partial p_m}{\partial p_n}\frac{\partial p_i}{\partial q_n}+\frac{\partial p_m}{\partial q_i}-\frac{\partial p_i}{\partial p_{i+1}}\frac{\partial p_m}{\partial q_{i+1}}-\frac{\partial p_i}{\partial p_{i+2}}\frac{\partial p_m}{\partial q_{i+2}}-\cdots
$$

$$
\cdots-\frac{\partial p_i}{\partial p_n}\frac{\partial p_m}{\partial q_n}=\frac{\partial p_i}{\partial q_m}
$$

oder

$$
\sum_{k=m+1}^{k=n}\frac{\partial p_m}{\partial p_k}\frac{\partial p_i}{\partial q_k}-\sum_{k=i+1}^{k=n}\frac{\partial p_i}{\partial p_k}\frac{\partial p_m}{\partial q_k}+\frac{\partial p_m}{\partial q_i}-\frac{\partial p_i}{\partial q_m}=0.
$$

Diese Gleichung ist mit Ausnahme der beiden letzten Glieder ganz symmetrisch; denn wenn sich die zweite Summe nur auf die Werthe $i+1$ bis n erstreckt, während die erste auch noch die Werthe $m+1$ bis i umfasst, so rührt dies nur daher, dass unserer Hypothese nach in p_i die Variablen $p_{i+1}, p_{i+2}, \ldots p_n$ vorkommen, die Variablen $p_1, p_2, \ldots p_{i-1}$ aber nicht, so dass die Grössen $\frac{\partial p_i}{\partial p_k}$ nur dann von Null verschieden sind, wenn $k>i$ ist.

Wir können aber die Aufgabe der Transformation der Bedingungsgleichungen noch allgemeiner fassen. Irgend eine derselben ist

$$(i, i') = 0 \quad \text{oder} \quad \left(\frac{\partial p_i}{\partial q_{i'}}\right) - \left(\frac{\partial p_{i'}}{\partial q_i}\right) = 0,$$

wo p_i und $p_{i'}$ nur von den Grössen $q_1, q_2, \ldots q_n$ abhängen. Nehmen wir nun an, p_i enthalte ausser den Grössen $q_1, q_2, \ldots q_n$ auch noch $p_\varkappa, p_\lambda, \ldots$, ebenso $p_{i'}$ ausser den Grössen $q_1, q_2, \ldots q_n$ auch noch $p_{\varkappa'}, p_{\lambda'}, \ldots$, und schreiben wir unter *dieser* Hypothese die Differentialquotienten ohne Klammern, so ist

$$\left(\frac{\partial p_i}{\partial q_{i'}}\right) = \frac{\partial p_i}{\partial q_{i'}} + \frac{\partial p_i}{\partial p_\varkappa}\left(\frac{\partial p_\varkappa}{\partial q_{i'}}\right) + \frac{\partial p_i}{\partial p_\lambda}\left(\frac{\partial p_\lambda}{\partial q_{i'}}\right) + \cdots,$$
$$\left(\frac{\partial p_{i'}}{\partial q_i}\right) = \frac{\partial p_{i'}}{\partial q_i} + \frac{\partial p_{i'}}{\partial p_{\varkappa'}}\left(\frac{\partial p_{\varkappa'}}{\partial q_i}\right) + \frac{\partial p_{i'}}{\partial p_{\lambda'}}\left(\frac{\partial p_{\lambda'}}{\partial q_i}\right) + \cdots,$$

oder wenn wir die Differentialquotienten $\left(\frac{\partial p_\varkappa}{\partial q_{i'}}\right), \left(\frac{\partial p_\lambda}{\partial q_{i'}}\right), \ldots \left(\frac{\partial p_{\varkappa'}}{\partial q_i}\right), \left(\frac{\partial p_{\lambda'}}{\partial q_i}\right), \ldots$ durch die Differentialquotienten von $p_{i'}$ und von p_i ersetzen, denen sie nach den Bedingungsgleichungen (3.) gleich sind,

$$\left(\frac{\partial p_i}{\partial q_{i'}}\right) = \frac{\partial p_i}{\partial q_{i'}} + \frac{\partial p_i}{\partial p_\varkappa}\left(\frac{\partial p_{i'}}{\partial q_\varkappa}\right) + \frac{\partial p_i}{\partial p_\lambda}\left(\frac{\partial p_{i'}}{\partial q_\lambda}\right) + \cdots = \frac{\partial p_i}{\partial q_{i'}} + \sum_\varkappa \frac{\partial p_i}{\partial p_\varkappa}\left(\frac{\partial p_{i'}}{\partial q_\varkappa}\right),$$
$$\left(\frac{\partial p_{i'}}{\partial q_i}\right) = \frac{\partial p_{i'}}{\partial q_i} + \frac{\partial p_{i'}}{\partial p_{\varkappa'}}\left(\frac{\partial p_i}{\partial q_{\varkappa'}}\right) + \frac{\partial p_{i'}}{\partial p_{\lambda'}}\left(\frac{\partial p_i}{\partial q_{\lambda'}}\right) + \cdots = \frac{\partial p_{i'}}{\partial q_i} + \sum_{\varkappa'} \frac{\partial p_{i'}}{\partial p_{\varkappa'}}\left(\frac{\partial p_i}{\partial q_{\varkappa'}}\right),$$

wo sich die Summation nach $\varkappa$ auf die Werthe $\varkappa, \lambda, \ldots$ bezieht, und die Summation nach $\varkappa'$ auf die Werthe $\varkappa', \lambda', \ldots$. Durch Einführung dieser Ausdrücke geht die Bedingungsgleichung $(i, i') = 0$ über in

$$\text{(6.)} \qquad \frac{\partial p_i}{\partial q_{i'}} - \frac{\partial p_{i'}}{\partial q_i} + \sum_\varkappa \frac{\partial p_i}{\partial p_\varkappa}\left(\frac{\partial p_{i'}}{\partial q_\varkappa}\right) - \sum_{\varkappa'} \frac{\partial p_{i'}}{\partial p_{\varkappa'}}\left(\frac{\partial p_i}{\partial q_{\varkappa'}}\right) = 0.$$

Man kann allgemein beweisen, dass die Differenz der beiden Summen, welche eingeklammerte Differentialquotienten enthalten, ihren Werth nicht ändert, wenn man die Klammern fortlässt. In der That, es ist

$$\left(\frac{\partial p_{i'}}{\partial q_\varkappa}\right) = \frac{\partial p_{i'}}{\partial q_\varkappa} + \sum_{\varkappa'} \frac{\partial p_{i'}}{\partial p_{\varkappa'}}\left(\frac{\partial p_{\varkappa'}}{\partial q_\varkappa}\right), \quad \left(\frac{\partial p_i}{\partial q_{\varkappa'}}\right) = \frac{\partial p_i}{\partial q_{\varkappa'}} + \sum_\varkappa \frac{\partial p_i}{\partial p_\varkappa}\left(\frac{\partial p_\varkappa}{\partial q_{\varkappa'}}\right),$$

daher

$$\sum_\varkappa \frac{\partial p_i}{\partial p_\varkappa}\left(\frac{\partial p_{i'}}{\partial q_\varkappa}\right) - \sum_{\varkappa'} \frac{\partial p_{i'}}{\partial p_{\varkappa'}}\left(\frac{\partial p_i}{\partial q_{\varkappa'}}\right)$$
$$= \sum_\varkappa \frac{\partial p_i}{\partial p_\varkappa}\frac{\partial p_{i'}}{\partial q_\varkappa} - \sum_{\varkappa'} \frac{\partial p_{i'}}{\partial p_{\varkappa'}}\frac{\partial p_i}{\partial q_{\varkappa'}} + \sum_\varkappa\sum_{\varkappa'} \frac{\partial p_i}{\partial p_\varkappa}\frac{\partial p_{i'}}{\partial p_{\varkappa'}}\left(\frac{\partial p_{\varkappa'}}{\partial q_\varkappa}\right) - \sum_{\varkappa'}\sum_\varkappa \frac{\partial p_{i'}}{\partial p_{\varkappa'}}\frac{\partial p_i}{\partial p_\varkappa}\left(\frac{\partial p_\varkappa}{\partial q_{\varkappa'}}\right);$$

da sich aber die beiden Doppelsummen in Folge der Bedingungsgleichungen $\left(\frac{\partial p_{\varkappa'}}{\partial q_\varkappa}\right) = \left(\frac{\partial p_\varkappa}{\partial q_{\varkappa'}}\right)$ gegenseitig aufheben, so ist

$$\sum_\varkappa \frac{\partial p_i}{\partial p_\varkappa}\left(\frac{\partial p_{i'}}{\partial q_\varkappa}\right) - \sum_{\varkappa'} \frac{\partial p_{i'}}{\partial p_{\varkappa'}}\left(\frac{\partial p_i}{\partial q_{\varkappa'}}\right) = \sum_\varkappa \frac{\partial p_i}{\partial p_\varkappa}\frac{\partial p_{i'}}{\partial q_\varkappa} - \sum_{\varkappa'} \frac{\partial p_{i'}}{\partial p_{\varkappa'}}\frac{\partial p_i}{\partial q_{\varkappa'}},$$

und (6.) verwandelt sich in

$$(7.)\qquad \frac{\partial p_i}{\partial q_{i'}} - \frac{\partial p_{i'}}{\partial q_i} + \sum_\varkappa \frac{\partial p_i}{\partial p_\varkappa}\frac{\partial p_{i'}}{\partial q_\varkappa} - \sum_{\varkappa'} \frac{\partial p_{i'}}{\partial p_{\varkappa'}}\frac{\partial p_i}{\partial q_{\varkappa'}} = 0,$$

eine Gleichung, welche sich von der früheren nur durch das Fehlen der Klammern unterscheidet.

Obgleich wir (7.) aus $(i, i') = 0$ hergeleitet haben, so sind doch beide Gleichungen nicht gleichbedeutend; denn wir haben bei der Transformation von den übrigen Bedingungsgleichungen noch folgende benutzt:

$$\left(\frac{\partial p_\varkappa}{\partial q_{i'}}\right) = \left(\frac{\partial p_{i'}}{\partial q_\varkappa}\right),\quad \left(\frac{\partial p_{\varkappa'}}{\partial q_i}\right) = \left(\frac{\partial p_i}{\partial q_{\varkappa'}}\right),\quad \left(\frac{\partial p_{\varkappa'}}{\partial q_\varkappa}\right) = \left(\frac{\partial p_\varkappa}{\partial q_{\varkappa'}}\right),$$

und zwar für alle Werthe von $\varkappa$ und $\varkappa'$.

Wenden wir die Formel (7.) auf den Fall an, wo die Grössen p_1 und p_2 als Functionen von $p_3, p_4, \dots p_n, q_1, q_2, \dots q_n$ ausgedrückt sind. Hier ist $i = 1$, $i' = 2$ zu setzen, und $\varkappa$ sowohl als $\varkappa'$ erhalten alle Werthe von 3 bis n. Wir haben daher

$$(8.)\qquad 0 = \frac{\partial p_1}{\partial q_2} - \frac{\partial p_2}{\partial q_1} + \left\{\begin{array}{l} \frac{\partial p_1}{\partial p_3}\frac{\partial p_2}{\partial q_3} + \frac{\partial p_1}{\partial p_4}\frac{\partial p_2}{\partial q_4} + \dots + \frac{\partial p_1}{\partial p_n}\frac{\partial p_2}{\partial q_n} \\ - \frac{\partial p_2}{\partial p_3}\frac{\partial p_1}{\partial q_3} - \frac{\partial p_2}{\partial q_4}\frac{\partial p_1}{\partial q_4} - \dots - \frac{\partial p_2}{\partial p_n}\frac{\partial p_1}{\partial q_n}. \end{array}\right.$$

In dieser Gleichung sind nur die beiden ersten Terme unsymmetrisch, und dies liegt an dem Vorzug, den wir den Grössen p_1, p_2 geben, indem wir voraussetzen, dass sie explicite durch die übrigen ausgedrückt sind. Die Unsymmetrie verschwindet, wenn wir statt dessen annehmen, dass zwei Gleichungen bestehen, welche alle Grössen $p_1, p_2, \dots p_n$ und $q_1, q_2, \dots q_n$ enthalten, und dass man sie sowohl nach p_1 und p_2, als nach zwei beliebigen anderen Grössen p_i und $p_{i'}$ auflösen kann. Diese beiden Gleichungen seien

$$\varphi = a,\quad \psi = b,$$

wo φ und ψ Functionen von $p_1, p_2, \dots p_n, q_1, q_2, \dots q_n$ und a, b Constanten bedeuten. Alsdann wird eine vollständige Symmetrie dadurch hergestellt, dass die in der Gleichung (8.) vorkommenden partiellen Differentialquotienten der

Grössen p_1, p_2 durch die partiellen Differentialquotienten von φ und ψ ersetzt werden. Da Gleichung (8.) die Form

$$(8^*.)\qquad 0=\frac{\partial p_1}{\partial q_2}-\frac{\partial p_2}{\partial q_1}+\sum_{k=3}^{k=n}\left(\frac{\partial p_1}{\partial p_k}\frac{\partial p_2}{\partial q_k}-\frac{\partial p_2}{\partial q_k}\frac{\partial p_1}{\partial q_k}\right)$$

hat, so ist es für die beabsichtigte Transformation erforderlich, die Grössen $\frac{\partial p_1}{\partial q_2}-\frac{\partial p_2}{\partial q_1}$ und $\frac{\partial p_1}{\partial p_k}\frac{\partial p_2}{\partial q_k}-\frac{\partial p_2}{\partial p_k}\frac{\partial p_1}{\partial q_k}$ durch die partiellen Differentialquotienten von φ und ψ auszudrücken. Wir müssen hierbei die Grössen p_1 und p_2 vermöge der Gleichungen $\varphi=a$ und $\psi=b$ als Functionen aller übrigen $p_3, p_4, \ldots p_n, q_1, \ldots q_n$, diese aber als von einander unabhängig betrachten. Durch Differentiation der Gleichungen $\varphi=a$ und $\psi=b$ nach q_1 und q_2 erhalten wir

$$\frac{\partial\varphi}{\partial p_1}\frac{\partial p_1}{\partial q_1}+\frac{\partial\varphi}{\partial p_2}\frac{\partial p_2}{\partial q_1}+\frac{\partial\varphi}{\partial q_1}=0,\qquad \frac{\partial\varphi}{\partial p_1}\frac{\partial p_1}{\partial q_2}+\frac{\partial\varphi}{\partial p_2}\frac{\partial p_2}{\partial q_2}+\frac{\partial\varphi}{\partial q_2}=0,$$
$$\frac{\partial\psi}{\partial p_1}\frac{\partial p_1}{\partial q_1}+\frac{\partial\psi}{\partial p_2}\frac{\partial p_2}{\partial q_1}+\frac{\partial\psi}{\partial q_1}=0,\qquad \frac{\partial\psi}{\partial p_1}\frac{\partial p_1}{\partial q_2}+\frac{\partial\psi}{\partial p_2}\frac{\partial p_2}{\partial q_2}+\frac{\partial\psi}{\partial q_2}=0.$$

Hieraus ergeben sich unter Einführung der Bezeichnung

$$N=\frac{\partial\varphi}{\partial p_1}\frac{\partial\psi}{\partial p_2}-\frac{\partial\varphi}{\partial p_2}\frac{\partial\psi}{\partial p_1}$$

die Werthe

$$-N\frac{\partial p_2}{\partial q_1}=\frac{\partial\varphi}{\partial p_1}\frac{\partial\psi}{\partial q_1}-\frac{\partial\psi}{\partial p_1}\frac{\partial\varphi}{\partial q_1},\qquad N\frac{\partial p_1}{\partial q_2}=\frac{\partial\varphi}{\partial p_2}\frac{\partial\psi}{\partial q_2}-\frac{\partial\psi}{\partial p_2}\frac{\partial\varphi}{\partial q_2},$$
$$(9.)\qquad N\left\{\frac{\partial p_1}{\partial q_2}-\frac{\partial p_2}{\partial q_1}\right\}=\frac{\partial\varphi}{\partial p_1}\frac{\partial\psi}{\partial q_1}+\frac{\partial\varphi}{\partial p_2}\frac{\partial\psi}{\partial q_2}-\frac{\partial\psi}{\partial p_1}\frac{\partial\varphi}{\partial q_1}-\frac{\partial\psi}{\partial p_2}\frac{\partial\varphi}{\partial q_2}.$$

Durch Differentiation der Gleichungen $\psi=a$ und $\psi=b$ nach p_k und q_k erhalten wir

$$(10.)\qquad \begin{cases}\frac{\partial\varphi}{\partial p_1}\frac{\partial p_1}{\partial p_k}+\frac{\partial\varphi}{\partial p_2}\frac{\partial p_2}{\partial p_k}+\frac{\partial\varphi}{\partial p_k}=0, & \frac{\partial\varphi}{\partial p_1}\frac{\partial p_1}{\partial q_k}+\frac{\partial\varphi}{\partial p_2}\frac{\partial p_2}{\partial q_k}+\frac{\partial\varphi}{\partial q_k}=0,\\ \frac{\partial\psi}{\partial p_1}\frac{\partial p_1}{\partial p_k}+\frac{\partial\psi}{\partial p_2}\frac{\partial p_2}{\partial p_k}+\frac{\partial\psi}{\partial p_k}=0, & \frac{\partial\psi}{\partial p_1}\frac{\partial p_1}{\partial q_k}+\frac{\partial\psi}{\partial p_2}\frac{\partial p_2}{\partial q_k}+\frac{\partial\psi}{\partial q_k}=0.\end{cases}$$

Hieraus ergeben sich, unter Beibehaltung der obigen Bedeutung von N, für die nach p_k und q_k genommenen Differentialquotienten von p_1 und p_2 durch Auflösung der unter einander stehenden linearen Gleichungen die Werthe

$$N\frac{\partial p_1}{\partial p_k}=\frac{\partial\varphi}{\partial p_2}\frac{\partial\psi}{\partial p_k}-\frac{\partial\psi}{\partial p_2}\frac{\partial\varphi}{\partial p_k},\qquad N\frac{\partial p_1}{\partial q_k}=\frac{\partial\varphi}{\partial p_2}\frac{\partial\psi}{\partial q_k}-\frac{\partial\psi}{\partial p_2}\frac{\partial\varphi}{\partial q_k},$$
$$-N\frac{\partial p_2}{\partial p_k}=\frac{\partial\varphi}{\partial p_1}\frac{\partial\psi}{\partial p_k}-\frac{\partial\psi}{\partial p_1}\frac{\partial\varphi}{\partial p_k},\qquad -N\frac{\partial p_2}{\partial q_k}=\frac{\partial\varphi}{\partial p_1}\frac{\partial\psi}{\partial q_k}-\frac{\partial\psi}{\partial p_1}\frac{\partial\varphi}{\partial q_k};$$

und wenn wir jetzt den Ausdruck $\frac{\partial p_1}{\partial p_k}\frac{\partial p_2}{\partial q_k}-\frac{\partial p_2}{\partial p_k}\frac{\partial p_1}{\partial q_k}$ bilden, so erhalten wir eine Gleichung, deren linke Seite durch das Quadrat von N theilbar ist, während die rechte Seite N einmal als Factor enthält. Nach Fortlassung des beiden Seiten gemeinschaftlichen Theilers N ergiebt sich die Formel

$$(11.)\qquad N\left\{\frac{\partial p_1}{\partial p_k}\frac{\partial p_2}{\partial q_k}-\frac{\partial p_2}{\partial p_k}\frac{\partial p_1}{\partial q_k}\right\}=\frac{\partial \varphi}{\partial p_k}\frac{\partial \psi}{\partial q_k}-\frac{\partial \psi}{\partial p_k}\frac{\partial \varphi}{\partial q_k},$$

bei deren Herleitung man auch die Hebung des gemeinsamen Theilers N vermeiden kann, wenn man z. B. die beiden in der ersten Horizontalreihe stehenden Gleichungen (10.) nach $\frac{\partial \varphi}{\partial p_1}$ und $\frac{\partial \varphi}{\partial p_2}$ auflöst und in dem für $\frac{\partial \varphi}{\partial p_1}$ erhaltenen Ausdruck an die Stelle von $\frac{\partial p_2}{\partial p_k}$ und $\frac{\partial p_2}{\partial q_k}$ ihre oben erhaltenen Werthe setzt. Durch die Formeln (9.) und (11.) verwandelt sich die Gleichung (8*.) in

$$0=\frac{\partial \varphi}{\partial p_1}\frac{\partial \psi}{\partial q_1}+\frac{\partial \varphi}{\partial p_2}\frac{\partial \psi}{\partial q_2}-\frac{\partial \psi}{\partial p_1}\frac{\partial \varphi}{\partial q_1}-\frac{\partial \psi}{\partial p_2}\frac{\partial \varphi}{\partial q_2}+\sum_{k=3}^{k=n}\left\{\frac{\partial \varphi}{\partial p_k}\frac{\partial \psi}{\partial q_k}-\frac{\partial \psi}{\partial q_k}\frac{\partial \varphi}{\partial q_k}\right\}.$$

Wir haben daher, wenn wir alle Glieder vereinigen, eine von 1 bis n sich erstreckende Summe

$$(12.)\qquad 0=\sum_{k=1}^{k=n}\left\{\frac{\partial \varphi}{\partial p_k}\frac{\partial \psi}{\partial q_k}-\frac{\partial \psi}{\partial p_k}\frac{\partial \varphi}{\partial q_k}\right\}$$

und somit den Satz:

Sind $\varphi=a$ und $\psi=b$ zwei beliebige von den n Gleichungen, welche $p_1, p_2, \dots p_n$ als Functionen von $q_1, q_2, \dots q_n$ so bestimmen, dass

$$p_1dq_1+p_2dq_2+\dots+p_ndq_n$$

ein vollständiges Differential ist, so müssen sie der Bedingung genügen,

$$(12.)\qquad 0=\left\{\begin{array}{l}\frac{\partial \varphi}{\partial p_1}\frac{\partial \psi}{\partial q_1}+\frac{\partial \varphi}{\partial p_2}\frac{\partial \psi}{\partial q_2}+\dots+\frac{\partial \varphi}{\partial p_n}\frac{\partial \psi}{\partial q_n}\\ -\frac{\partial \psi}{\partial p_1}\frac{\partial \varphi}{\partial q_1}-\frac{\partial \psi}{\partial p_2}\frac{\partial \varphi}{\partial q_2}-\dots-\frac{\partial \psi}{\partial p_n}\frac{\partial \varphi}{\partial q_n},\end{array}\right.$$

und zwar ist diese Gleichung eine identische, da in ihr die willkürlichen Constanten a und b nicht vorkommen.

Die Gleichung (12.) enthält das in (7.) gegebene Resultat als besonderen Fall. Denn nimmt man an, dass die Functionen φ, ψ von der Form

$$\varphi=p_i-f(p_\varkappa, p_\lambda, \dots, q_1, q_2, \dots q_n),$$
$$\psi=p_{i'}-F(p_{\varkappa'}, p_{\lambda'}, \dots, q_1, q_2, \dots q_n)$$

sind, so geht Gleichung (12.) in Gleichung (7.) über.

Zweiunddreissigste Vorlesung.

Directer Beweis für die allgemeinste Form der Integrabilitätsbedingungen. Einführung der Functionen H, welche, willkürlichen Constanten gleich gesetzt, die p als Functionen der q bestimmen.

Wir wollen das Theorem, zu welchem wir am Ende der vorigen Vorlesung gelangt sind, *direct* beweisen.

Denken wir uns die n Gleichungen, welche $p_1 dq_1 + p_2 dq_2 + \cdots + p_n dq_n$ zu einem vollständigen Differential machen, und zu welchen die Gleichungen $\varphi = a$, $\psi = b$ gehören, nach $p_1, p_2, \ldots p_n$ aufgelöst, und diese Werthe in die Gleichungen $\varphi = a$ und $\psi = b$ substituirt, so werden dieselben identisch erfüllt. Demnach erhält man aus der partiellen Differentiation von $\varphi = a$ und $\psi = b$ nach irgend einer der Grössen q wiederum eine identische Gleichung, wenn hierbei die Grössen p als Functionen der Grössen q angesehen werden. So ergiebt sich aus der Differentiation von $\varphi = a$ nach q_i

$$\frac{\partial\varphi}{\partial p_1}\left(\frac{\partial p_1}{\partial q_i}\right) + \frac{\partial\varphi}{\partial p_2}\left(\frac{\partial p_2}{\partial q_i}\right) + \cdots + \frac{\partial\varphi}{\partial p_n}\left(\frac{\partial p_n}{\partial q_i}\right) + \frac{\partial\varphi}{\partial q_i} = 0$$

oder

$$\sum_{k=1}^{k=n} \frac{\partial\varphi}{\partial p_k}\left(\frac{\partial p_k}{\partial q_i}\right) + \frac{\partial\varphi}{\partial q_i} = 0.$$

Ebenso ergiebt sich aus der Differentiation von $\psi = b$ nach q_k

$$\sum_{i=1}^{i=n} \frac{\partial\psi}{\partial p_i}\left(\frac{\partial p_i}{\partial q_k}\right) + \frac{\partial\psi}{\partial q_k} = 0.$$

Multiplicirt man die erste dieser Gleichungen mit $\frac{\partial\psi}{\partial p_i}$ und summirt nach i von 1 bis n, multiplicirt man die zweite mit $\frac{\partial\varphi}{\partial p_k}$ und summirt nach k von 1 bis n, so erhält man die beiden Resultate:

$$\sum_{i=1}^{i=n}\sum_{k=1}^{k=n} \frac{\partial\psi}{\partial p_i}\frac{\partial\varphi}{\partial p_k}\left(\frac{\partial p_k}{\partial q_i}\right) + \sum_{i=1}^{i=n} \frac{\partial\psi}{\partial p_i}\frac{\partial\varphi}{\partial q_i} = 0,$$

$$\sum_{k=1}^{k=n}\sum_{i=1}^{i=n} \frac{\partial\varphi}{\partial p_k}\frac{\partial\psi}{\partial p_i}\left(\frac{\partial p_i}{\partial q_k}\right) + \sum_{k=1}^{k=n} \frac{\partial\varphi}{\partial p_k}\frac{\partial\psi}{\partial q_k} = 0.$$

Wenn man diese Gleichungen von einander abzieht, so fallen die Doppelsummen heraus, denn da die Grössen p aus den n Gleichungen bestimmt sind, welche $p_1 dq_1 + p_2 dq_2 + \cdots + p_n dq_n$ zu einem vollständigen Differential machen, so ist $\left(\frac{\partial p_i}{\partial q_k}\right) = \left(\frac{\partial p_k}{\partial q_i}\right)$; es bleibt also übrig

$$\sum_{k=1}^{k=n} \frac{\partial\varphi}{\partial p_k}\frac{\partial\psi}{\partial q_k} - \sum_{i=1}^{i=n} \frac{\partial\psi}{\partial p_i}\frac{\partial\varphi}{\partial q_i} = 0,$$

oder

$$(1.)\qquad \sum_{k=1}^{k=n} \left\{ \frac{\partial\varphi}{\partial p_k}\frac{\partial\psi}{\partial q_k} - \frac{\partial\psi}{\partial p_k}\frac{\partial\varphi}{\partial q_k} \right\} = 0,$$

ein Resultat, welches mit Gleichung (12.) der vorigen Vorlesung übereinstimmt. Man sieht aus diesem Beweise, dass zur Herleitung der Gleichung (1.) die sämmtlichen Bedingungsgleichungen

$$\left(\frac{\partial p_i}{\partial q_k}\right) = \left(\frac{\partial p_k}{\partial q_i}\right)$$

nöthig sind, denn nur vermöge dieser Gleichheit heben sich die Doppelsummen, die sich auf alle Werthe von i und k erstrecken.

Die Gleichung (1.) setzt, wie schon früher bemerkt wurde, nichts weiter voraus, als dass die Gleichungen $\varphi = a$ und $\psi = b$ irgend zwei von solchen n Gleichungen seien, welche $p_1 dq_1 + p_2 dq_2 + \cdots + p_n dq_n$ zu einem vollständigen Differential machen. In dieser Allgemeinheit genommen können a und b sowohl willkürliche Constanten sein, als auch bestimmte Zahlenwerthe, z. B. Null. Auch über die Natur der Functionen φ und ψ brauchen wir nichts fest zu setzen. Diese Functionen können selbst willkürliche Constanten in sich enthalten, können aber auch von solchen frei sein.

Nach diesen verschiedenen Umständen wird es sich richten, ob die Gleichung (1.) eine identische ist, oder nicht. Sind a und b nicht willkürliche Constanten, so braucht sie keine identische zu sein, sondern kann durch die Gleichungen $\varphi = a$ und $\psi = b$ selbst erfüllt werden. Dies ist aber der Fall, der am seltensten stattfindet; viel häufiger tritt, wenn die Gleichung (1.) nicht identisch erfüllt wird, der Fall ein, wo dieselbe eine dritte von den n Gleichungen ist, welche $p_1 dq_1 + p_2 dq_2 + \cdots + p_n dq_n$ zu einem vollständigen Differential machen; alsdann lässt sich aus Gleichung (1.) und einer der Gleichungen $\varphi = a$, $\psi = b$ durch blosses Differentiiren eine vierte Gleichung herleiten. Diese wiederum ist entweder eine identische, oder eine Folge der uns bisher bekannten drei, oder endlich eine vierte Gleichung des Systems der n Gleichungen, u. s. w. So wird es vorkommen können, dass man aus $\varphi = a$ und $\psi = b$ durch blosses Differentiiren n verschiedene Gleichungen herleitet, welche das System der n Gleichungen erschöpfen; aber mehr als n von einander unabhängige Gleichungen ($\varphi = a$ und $\psi = b$ mitgerechnet) kann man nie erhalten, da alle durch die nämlichen n Werthe von $p_1, p_2, \ldots p_n$, welche $p_1dq_1+p_2dq_2+\cdots+p_ndq$ zu einem vollständigen Differential machen, befriedigt werden müssen. Wir sehen also, dass, wenn wir über den Character der Gleichungen $\varphi=a$, $\psi=b$ nichts festsetzen, sich auch nichts Bestimmtes über die Natur der Gleichung (1.) aussagen lässt.

Diese nähere Bestimmung ergiebt sich, wenn wir zu der Forderung, dass $\varphi=a$, $\psi=b$ zu dem System der n Gleichungen gehören sollen, welche $p_1dq_1+p_2dq_2+\cdots+p_ndq_n$ zu einem vollständigen Differential machen, noch die hinzufügen, dass

$$V=\int(p_1dq_1+p_2dq_2+\cdots+p_ndq_n)$$

eine vollständige Lösung der vorgelegten partiellen Differentialgleichung sei, welche also ausser der durch Addition zu V hinzukommenden Constante noch $n-1$ willkürliche Constanten enthalten muss. Nehmen wir an, die vorgelegte partielle Differentialgleichung enthalte selbst eine unbestimmte Constante h und sei nach ihr aufgelöst, sie sei also von der Form

$$\varphi(p_1, p_2, \ldots p_n, q_1, q_2, \ldots q_n)=h,$$

und die vollständige Lösung V enthalte ausser h die $n-1$ willkürlichen Constanten $h_1, h_2, \ldots h_{n-1}$; dann sind

$$\frac{\partial V}{\partial q_1}=p_1, \quad \frac{\partial V}{\partial q_2}=p_2, \quad \ldots \quad \frac{\partial V}{\partial q_n}=p_n$$

die richtigen Gleichungen, welche $p_1dq_1+p_2dq_2+\cdots+p_ndq_n$ zu einem vollständigen Differential und sein Integral zu einer vollständigen Lösung der partiellen Differentialgleichung machen. Diese n Gleichungen denken wir uns nach den n darin enthaltenen Constanten $h, h_1, \ldots h_{n-1}$ aufgelöst und das Resultat auf die Form

$$h=H, \quad h_1=H_1, \quad h_2=H_2, \quad \ldots \quad h_{n-1}=H_{n-1}$$

gebracht, wo $H, H_1, \ldots H_{n-1}$ nur Functionen von $p_1, p_2, \ldots p_n, q_1, q_2 \ldots q_n$ sind; dann ist die erste Gleichung, $h=H$, offenbar nichts anderes als die gegebene partielle Differentialgleichung, da sie die einzige ist, welche von den willkürlichen Constanten $h_1, h_2, \ldots h_{n-1}$ frei ist. Es giebt also, wie wir sehen, jedesmal ausser der gegebenen Differentialgleichung $h=H=\varphi$ noch $n-1$ von jener, sowie von einander unabhängige Gleichungen von der Form

$$h_1=H_1, \quad h_2=H_2, \quad \ldots \quad h_{n-1}=H_{n-1}$$

und von der Beschaffenheit, dass, wenn die Grössen $p_1, p_2, \ldots p_n$ aus diesen n Gleichungen bestimmt werden, $\int(p_1dq_1+p_2dq_2+\cdots+p_ndq_n)$ eine vollständige

Lösung der partiellen Differentialgleichung $h = H$ ist Es ist unmöglich, aus diesen n Gleichungen

$$h = H, \quad h_1 = H_1, \quad \ldots \quad h_{n-1} = H_{n-1}$$

eine andere herzuleiten, welche von den Constanten $h, h_1, \ldots h_{n-1}$ ganz frei wäre; denn sonst könnte man aus dieser Gleichung und aus $h = H$ eine der Grössen p eliminiren und bekäme alsdann eine partielle Differentialgleichung, in welcher die Anzahl der Variablen, nach denen differentiirt wird, um eine Einheit geringer wäre, als in der vorgelegten, und welcher trotzdem der Ausdruck $V = \int (p_1 dq_1 + p_2 dq_2 + \cdots + p_n dq_n)$ genügte; V könnte daher keine *vollständige* Lösung der Gleichung $h = H$ sein. Es ist also unmöglich alle Constanten auf einmal fortzuschaffen; hieraus folgt, dass, wenn wir eine aus den n Gleichungen $h = H$, $h_1 = H_1, \ldots h_{n-1} = H_{n-1}$ hergeleitete nnd von allen Constanten h, $h_1, \ldots h_{n-1}$ freie Gleichung erhalten, dieselbe eine identische sein muss. Diese Gleichung muss nämlich durch die Werthe der Grössen $p_1, p_2, \ldots p_n$ erfüllt werden, welche wir aus jenen n Gleichungen bestimmen. Aber diese Werthe von $p_1, p_2, \ldots p_n$ enthalten wieder ebensoviel von einander unabhängige Grössen $h, h_1, \ldots h_{n-1}$, daher muss jene hergeleitete Gleichung, wenn sie nach der Substitution der Werthe von $p_1, p_2, \ldots p_n$ identisch befriedigt werden soll, auch schon vor der Substitution eine identische sein. Eine solche hergeleitete Gleichung ist die Gleichung (1.), wenn darin für φ und ψ zwei der Grössen H gesetzt werden; daher ist

$$\left.\begin{array}{l} \dfrac{\partial H_i}{\partial p_1}\dfrac{\partial H_{i'}}{\partial q_1} + \dfrac{\partial H_i}{\partial p_2}\dfrac{\partial H_{i'}}{\partial q_2} + \cdots + \dfrac{\partial H_i}{\partial p_n}\dfrac{\partial H_{i'}}{\partial q_n} \\ - \dfrac{\partial H_{i'}}{\partial p_1}\dfrac{\partial H_i}{\partial q_1} - \dfrac{\partial H_{i'}}{\partial p_2}\dfrac{\partial H_i}{\partial q_2} \cdots - \dfrac{\partial H_{i'}}{\partial p_n}\dfrac{\partial H_i}{\partial q_n} \end{array}\right\} = 0$$

eine identische Gleichung. In dem Falle also, wo $\varphi = a$ und $\psi = b$ zu dem System der Gleichungen $h_i = H_i$ gehören, bleibt über die Natur der Gleichung (1.) kein Zweifel, sondern wir wissen, dass sie alsdann eine identische sein muss. Daher sind die $\frac{n(n-1)}{2}$ Gleichungen, welche wir erhalten, wenn wir für φ und ψ alle Combinationen zu zweien der Grössen H_i setzen, die Bedingungsgleichungen, denen diese Grössen genügen müssen. Wir haben auf diese Weise wiederum $\frac{n(n-1)}{2}$ Bedingungsgleichungen, welche durch n Functionen erfüllt werden müssen, von denen die eine, H, bekannt ist, während die $n-1$ übrigen $H_1, H_2, \ldots H_{n-1}$ zu suchen sind.

Führen wir nun die Bezeichnung

$$(H_i, H_k) = \begin{cases} \dfrac{\partial H_i}{\partial p_1}\dfrac{\partial H_k}{\partial q_1} + \dfrac{\partial H_i}{\partial p_2}\dfrac{\partial H_k}{\partial q_2} + \cdots + \dfrac{\partial H_i}{\partial p_n}\dfrac{\partial H_k}{\partial q_n} \\ -\dfrac{\partial H_k}{\partial p_1}\dfrac{\partial H_i}{\partial q_1} - \dfrac{\partial H_k}{\partial p_2}\dfrac{\partial H_i}{\partial q_2} - \cdots - \dfrac{\partial H_k}{\partial p_n}\dfrac{\partial H_i}{\partial q_n} \end{cases}$$

ein (welche mit der in der vorigen Vorlesung gebrauchten Bezeichnung (i, k) in keiner Beziehung steht), so dass für jeden beliebigen Werth von H_i und H_k

$$(H_i, H_k) = -(H_k, H_i), \quad (H_i, H_i) = 0$$

ist. Sollen dann $h = H$, $h_1 = H_1$, ... $h_{n-1} = H_{n-1}$ die Gleichungen sein, welche V zu einer vollständigen Lösung der vorgelegten partiellen Differentialgleichung $h = H$ machen, so müssen die Grössen H den $\frac{n(n-1)}{2}$ Bedingungsgleichungen genügen, welche man erhält, wenn man in

$$(H_i, H_k) = 0$$

für die beiden von einander verschiedenen Indices i, k alle möglichen Combinationen zu zweien der Zahlen 0, 1, ... $n-1$ setzt.

Diese $\frac{n(n-1)}{2}$ Bedingungsgleichungen sind nothwendig, damit die aus den Gleichungen $h_i = H_i$ hervorgehenden Werthe von $p_1, p_2, \ldots p_n$ den Ausdruck

$$p_1 dq_1 + p_2 dq_2 + \cdots + p_n dq_n$$

zu einem vollständigen Differential und sein Integral zu einer vollständigen Lösung der vorgelegten partiellen Differentialgleichung machen. Es bleibt nur noch übrig zu beweisen, dass sie auch ausreichen, d. h. dass, wenn sie erfüllt sind, auch wirklich $p_1 dq_1 + p_2 dq_2 + \cdots + p_n dq_n$ ein vollständiges Differential wird, mithin die $\frac{n(n-1)}{2}$ Gleichungen

$$\left(\frac{\partial p_k}{\partial q_i}\right) = \left(\frac{\partial p_i}{\partial q_k}\right)$$

bestehen. (Der zweite Theil der Aussage, dass $\int(p_1 dq_1 + p_2 dq_2 + \cdots + p_n dq_n)$ eine vollständige Lösung sei, versteht sich alsdann von selbst, da die Constanten $h_1, h_2, \ldots h_{n-1}$ willkürlich und von einander unabhängig sind.) Wir haben also nachzuweisen, dass aus den Bedingungsgleichungen

$$(H_i, H_k) = 0$$

die Bedingungsgleichungen

$$\left(\frac{\partial p_k}{\partial q_i}\right) = \left(\frac{\partial p_i}{\partial q_k}\right)$$

folgen, sowie oben aus den letzteren die ersteren hergeleitet worden sind.

Um diesen Nachweis zu führen, müssen wir zu den Gleichungen zurückkehren, welche am Anfange dieser Vorlesung bei dem directen Beweise der Gleichung (1.) vorkamen. Indem wir nur von der Voraussetzung ausgingen, dass $\varphi = a$ und $\psi = b$ zu dem System der n Gleichungen gehören, welche zur Bestimmung von $p_1, p_2, \ldots p_n$ als Functionen von $q_1, q_2, \ldots q_n$ dienen, dass mithin $\varphi = a$ und $\psi = b$ durch die Ausdrücke der Grössen p in $q_1, q_2, \ldots q_n$ identisch erfüllt werden, erhielten wir die Gleichungen

$$\sum_{i=1}^{i=n}\sum_{k=1}^{k=n} \frac{\partial\psi}{\partial p_i}\frac{\partial\varphi}{\partial p_k}\left(\frac{\partial p_k}{\partial q_i}\right) + \sum_{i=1}^{i=n}\frac{\partial\psi}{\partial p_i}\frac{\partial\varphi}{\partial q_i} = 0,$$

$$\sum_{i=1}^{i=n}\sum_{k=1}^{k=n} \frac{\partial\psi}{\partial p_i}\frac{\partial\varphi}{\partial p_k}\left(\frac{\partial p_i}{\partial q_k}\right) + \sum_{k=1}^{k=n}\frac{\partial\varphi}{\partial p_k}\frac{\partial\psi}{\partial q_k} = 0.$$

Indem wir alsdann die Bedingungsgleichungen $\left(\frac{\partial p_k}{\partial q_i}\right) - \left(\frac{\partial p_i}{\partial q_k}\right) = 0$ voraussetzten, hoben sich die Doppelsummen beim Subtrahiren auf, und wir erhielten die neue Form der Bedingungsgleichungen: jetzt, wo wir die Bedingungsgleichungen $\left(\frac{\partial p_k}{\partial q_i}\right) = \left(\frac{\partial p_i}{\partial q_k}\right)$ nicht voraussetzen dürfen, sondern beweisen wollen, erhalten wir durch Abziehen beider obigen Gleichungen, und wenn wir an die Stelle von φ und ψ die Functionen H_α und H_β setzen,

$$(2.)\quad 0 = \sum_{i=1}^{i=n}\sum_{k=1}^{k=n} \frac{\partial H_\alpha}{\partial p_k}\frac{\partial H_\beta}{\partial p_i}\left\{\left(\frac{\partial p_i}{\partial q_k}\right) - \left(\frac{\partial p_k}{\partial q_i}\right)\right\} + \sum_{i=1}^{i=n}\left\{\frac{\partial H_\alpha}{\partial p_i}\frac{\partial H_\beta}{\partial q_i} - \frac{\partial H_\beta}{\partial p_i}\frac{\partial H_\alpha}{\partial q_i}\right\}.$$

Die einfache Summe, welche das zweite Glied der rechten Seite dieser Gleichung bildet, ist nichts anderes, als die oben mit (H_α, H_β) bezeichnete Grösse; die Doppelsumme, welche das erste Glied bildet, lässt sich auf $\frac{n(n-1)}{2}$ Terme zurückführen, da die Glieder, in welchen $i = k$ ist, verschwinden, und von den übrigen je zwei, welche durch Vertauschung von i und k aus einander hervorgehen, sich zu einem vereinigen. Auf diese Weise verwandelt sich Gleichung (2.) in

$$(2^*.)\quad 0 = \sum_{i,k}\left\{\frac{\partial H_\alpha}{\partial p_k}\frac{\partial H_\beta}{\partial p_i} - \frac{\partial H_\beta}{\partial p_k}\frac{\partial H_\alpha}{\partial p_i}\right\}\left\{\left(\frac{\partial p_i}{\partial q_k}\right) + \left(\frac{\partial p_k}{\partial q_i}\right)\right\} + (H_\alpha, H_\beta),$$

wo die Summation auf alle von einander verschiedenen Combinationen von i und k auszudehnen ist. Solcher Gleichungen erhält man $\frac{n(n-1)}{2}$, indem man für H_α, H_β je zwei verschiedene der Grössen $H, H_1, \ldots H_{n-1}$ setzt. Es ergiebt sich so ein System von $\frac{n(n-1)}{2}$ Gleichungen, welche in Beziehung auf die $\frac{n(n-1)}{2}$

Grössen $\left(\frac{\partial p_i}{\partial q_k}\right)-\left(\frac{\partial p_k}{\partial q_i}\right)$ linear sind, und in welchen (H_α, H_β) die constanten Glieder bilden. Zu beweisen ist, dass, wenn diese letzteren Grössen verschwinden, auch die ersteren sämmtlich gleich Null werden. Nun ist in einem Systeme linearer Gleichungen das Verschwinden der Unbekannten stets eine nothwendige Folge des Verschwindens der constanten Glieder, wenn nicht die Determinante des Systems gleich Null ist*), in welchem Fall die Werthe der Unbekannten unbestimmt werden. Dass dieser einzige Ausnahmefall hier nicht stattfindet, kann man, ohne den Werth der in Rede stehenden Determinante selbst zu ermitteln, dadurch beweisen, dass man die Auflösungsformeln des Systems (2*.) aus der in (2.) gegebenen Form der Gleichungen dieses Systems auf folgende einfache Weise herleitet. Man setze zur Abkürzung

$$\frac{\partial H_\alpha}{\partial p_i}=a_i^{(\alpha)}$$

und bezeichne mit R die aus den n^2 Grössen $a_i^{(\alpha)}$ gebildete Determinante, wo α die Werthe 0, 1, ... $n-1$ und i die Werthe 1, 2, ... n annimmt, sodass

$$R=\Sigma\pm a_1 a'_2 a''_3 \dots a_n^{(n-1)};$$

ferner setze man

$$A_i^{(\alpha)}=\frac{\partial R}{\partial a_i^{(\alpha)}}.$$

Nach Einführung dieser Bezeichnungen und nach Vertauschung von α und β lässt sich die Gleichung (2.) folgendermassen schreiben:

$$\text{(3.)}\qquad \sum_{i=1}^{i=n}\sum_{k=1}^{k=n} a_i^{(\alpha)} a_k^{(\beta)}\left\{\left(\frac{\partial p_i}{\partial q_k}\right)-\left(\frac{\partial p_k}{\partial q_i}\right)\right\}=(H_\alpha, H_\beta).$$

Diese Gleichung gilt nicht nur, wenn für α und β zwei von einander verschiedene Werthe aus der Reihe 0, 1, ... $n-1$ gesetzt werden, sondern auch wenn beide Indices einem und demselben dieser n Werthe gleich werden. In diesem letzteren Fall ist Gleichung (3.) eine identische, da in der nur formell verschiedenen Gleichung (2*.) alsdann alle Glieder einzeln verschwinden.

Multipliciren wir Gleichung (3.) mit $A_r^{(\alpha)} A_s^{(\beta)}$, wo r und s Zahlen aus der Reihe 1, 2, ... n bedeuten, so ist es nach dem eben Bemerkten gestattet, in Beziehung auf jeden der Indices α und β unabhängig von dem anderen von 0 bis $n=1$ zu summiren. Aendert man im Resultat die Ordnung der Summationen, welche einerseits nach i und k, andererseits nach α und β auszu-

*) S. p. 160.

führen sind, und bezeichnet mit $M_{i,k}$ die Doppelsumme

$$M_{i,k} = \sum_{\alpha=0}^{\alpha=n-1} \sum_{\beta=0}^{\beta=n-1} a_i^{(\alpha)} a_k^{(\beta)} A_r^{(\alpha)} A_s^{(\beta)} = \sum_{\alpha=0}^{\alpha=n-1} a_i^{(\alpha)} A_r^{(\alpha)} \cdot \sum_{\beta=0}^{\beta=n-1} a_k^{(\beta)} A_s^{(\beta)},$$

so ergiebt sich

$$(4.)\qquad \sum_{i=1}^{i=n} \sum_{k=1}^{k=n} M_{i,k} \left\{ \left(\frac{\partial p_i}{\partial q_k} \right) - \left(\frac{\partial p_k}{\partial q_i} \right) \right\} = \sum_{\alpha=0}^{\alpha=n-1} \sum_{\beta=0}^{\beta=n-1} A_r^{(\alpha)} A_s^{(\beta)} (H_\alpha, H_\beta).$$

Die einfachen Summen, als deren Product sich $M_{i,k}$ darstellt, sind*) gleich 0, oder gleich R, je nachdem i von r und k von s verschieden ist, oder i mit r und k mit s zusammenfällt. Es ist also

$$M_{i,k} = 0,$$

ausser wenn gleichzeitig $i = r$ und $k = s$ wird, und in diesem Falle ist

$$M_{r,s} = R^2;$$

Gleichung (4.) geht daher über in

$$R^2 \left\{ \left(\frac{\partial p_r}{\partial q_s} \right) - \left(\frac{\partial p_s}{\partial q_r} \right) \right\} = \sum_{\alpha=0}^{\alpha=n-1} \sum_{\beta=0}^{\beta=n-1} A_r^{(\alpha)} A_s^{(\beta)} (H_\alpha, H_\beta).$$

Hieraus sieht man, dass, wenn die Grössen (H_α, H_β) sämmtlich gleich Null sind, wie wir voraussetzen, auch sämmtliche Grössen $\left(\frac{\partial p_r}{\partial q_s} \right) - \left(\frac{\partial p_s}{\partial q_r} \right)$ verschwinden, es sei denn, dass R gleich Null werde. Aber das Verschwinden des Ausdrucks

$$R = \Sigma \pm a_1 a_2' a_3'' \ldots a_n^{(n-1)} = \Sigma \pm \frac{\partial H}{\partial p_1} \frac{\partial H_1}{\partial p_2} \cdots \frac{\partial H_{n-1}}{\partial p_n}$$

bedeutet, dass die Functionen $H, H_1, \ldots H_{n-1}$ der Grössen $p_1, p_2, \ldots p_n$ nicht unabhängig von einander sind, die Gleichungen $H = h,\ H_1 = h_1, \ldots H_{n-1} = h_{n-1}$ also nicht hinreichen, um aus ihnen die Variablen $p_1, p_2, \ldots p_n$ als Functionen von $q_1, q_2, \ldots q_n$ zu bestimmen. Von diesem einzigen und selbstverständlichen Ausnahmefall abgesehen, kann man also auch umgekehrt aus den $\frac{n(n-1)}{2}$ Bedingungsgleichungen

$$(H_\alpha, H_\beta) = 0$$

die $\frac{n(n-1)}{2}$ ursprünglichen Bedingungsgleichungen

$$\left(\frac{\partial p_i}{\partial q_k} \right) - \left(\frac{\partial p_k}{\partial q_i} \right)$$

ableiten.

---

*) S. elfte Vorlesung No. 3, p. 88.

Dreiunddreissigste Vorlesung.

Ueber simultane Lösungen zweier linearen partiellen Differentialgleichungen.

Die Aufgabe, die vorgelegte partielle Differentialgleichung $H = h$ zu integriren, ist jetzt darauf zurückgeführt, $n-1$ von einander, sowie von H unabhängige Functionen $H_1, H_2, \ldots H_{n-1}$ der Variablen $p_1, p_2, \ldots p_n, q_1, q_2, \ldots q_n$ zu finden, welche die $\frac{n(n-1)}{2}$ Bedingungsgleichungen

$$(H_\alpha, H_\beta) = 0$$

(für die Werthe 0, 1, ... $n-1$ der Indices α, β) befriedigen, und die man $n-1$ von einander unabhängigen willkürlichen Constanten $h_1, h_2, \ldots h_{n-1}$ gleich zu setzen hat. Zwischen irgend einer dieser $n-1$ Functionen, z. B. H_1, und der uns bekannten Function H besteht also die Bedingungsgleichung $(H, H_1) = 0$, d. h. H_1 genügt der linearen partiellen Differentialgleichung

$$\left.\begin{aligned} &\frac{\partial H}{\partial p_1}\frac{\partial H_1}{\partial q_1} + \frac{\partial H}{\partial p_2}\frac{\partial H_1}{\partial q_2} + \cdots + \frac{\partial H}{\partial p_n}\frac{\partial H_1}{\partial q_n} \\ -&\frac{\partial H}{\partial q_1}\frac{\partial H_1}{\partial p_1} - \frac{\partial H}{\partial q_2}\frac{\partial H_1}{\partial p_2} - \cdots - \frac{\partial H}{\partial q_n}\frac{\partial H_1}{\partial p_n} \end{aligned}\right\} = 0,$$

oder, was dasselbe ist, $H_1 = h_1$ ist ein Integral des Systems isoperimetrischer Differentialgleichungen*)

$$dq_1 : dq_2 : \ldots : dq_n : dp_1 : dp_2 : \ldots : dp_n = \frac{\partial H}{\partial p_1} : \frac{\partial H}{\partial p_2} : \ldots : \frac{\partial H}{\partial p_n} : -\frac{\partial H}{\partial q_1} : -\frac{\partial H}{\partial q_2} : \ldots : -\frac{\partial H}{\partial q_n},$$

welches für $H = T - U$ in das System der Differentialgleichungen der Mechanik übergeht. Das Nämliche gilt von den Functionen $H_2, \ldots H_{n-1}$, welche den analogen Bedingungsgleichungen $(H, H_2) = 0, \ldots (H, H_{n-1}) = 0$ genügen. Sämmtliche $n-1$ Gleichungen

$$H_1 = h_1, \quad H_2 = h_2, \quad \ldots \quad H_{n-1} = h_{n-1}$$

sind daher Integrale des oben aufgestellten Systems isoperimetrischer Differentialgleichungen. Aber diese Bestimmung der Functionen $H_1, H_2, \ldots H_{n-1}$ ist nicht ausreichend. Durch dieselbe geschieht nur den Bedingungsgleichungen

$$(H, H_1) = 0, \quad (H, H_2) = 0, \quad \ldots \quad (H, H_{n-1}) = 0$$

Genüge, und die übrigen $\frac{n(n-1)}{2} - (n-1) = \frac{(n-1)(n-2)}{2}$ Bedingungsgleichungen $(H_\alpha, H_\beta) = 0$, welche unter Ausschluss von H zwischen je zweien der $n-1$

*) Vgl. p. 150.

Functionen H_1, H_2, ... H_{n-1} bestehen sollen, werden durch die so bestimmten Werthe dieser Functionen nicht befriedigt, es sei denn, dass man die $n-1$ Integrale eigens dazu ausgewählt habe. Wir können nicht einmal a priori wissen, ob für die erste zu suchende Function H_1 ein ganz beliebiges Integral genommen werden darf, und ob sich alsdann die übrigen $n-2$ Functionen so bestimmen lassen, dass sie sowohl mit H und mit H_1, als auch unter sich alle jene Bedingungen erfüllen.

Eine genauere Untersuchung zeigt, dass H_1 in der That unter den Integralen ganz willkürlich ausgewählt werden kann, dass H_1 also nur der Bedingung

$$(H, H_1) = 0$$

zu genügen braucht; dass, welche Function H_1 man auch dieser Bedingung entsprechend nehmen mag, es immer eine zweite Function H_2 giebt, welche gleichzeitig die beiden Bedingungen

$$(H, H_2) = 0, \quad (H_1, H_2) = 0$$

erfüllt; dass ferner, welche Function H_2 man auch diesen beiden Bedingungen entsprechend nehmen mag, es immer eine dritte Function H_3 giebt, welche gleichzeitig die drei Bedingungen

$$(H, H_3) = 0, \quad (H_1, H_3) = 0, \quad (H_2, H_3) = 0$$

erfüllt; und dass man in dieser Weise fortfahren kann, bis alle Functionen H_1, H_2, ... H_{n-1} bestimmt sind.

Wir sehen, dass die vorliegende Untersuchung uns mit Nothwendigkeit zu der Beantwortung der Frage drängt, ob und unter welchen Bedingungen es möglich ist, mehreren partiellen Differentialgleichungen gleichzeitig zu genügen.

Die zu betrachtenden linearen partiellen Differentialgleichungen seien, um die Frage in ihrer grössten Allgemeinheit zu behandeln, von der Form

$$A_0 \frac{\partial f}{\partial x_0} + A_1 \frac{\partial f}{\partial x_1} + A_2 \frac{\partial f}{\partial x_2} + \cdots + A_n \frac{\partial f}{\partial x_n} = 0.$$

Wir wollen die linke Seite dieser Gleichung, in welcher A_0, A_1, ... A_n gegebene Functionen von x_0, x_1, ... x_n sind, mit $A(f)$ bezeichnen, so dass wir die Bildung eines solchen Ausdrucks als eine mit der unbekannten Function f vorgenommene Operation ansehen. Es sei also

$$A(f) = A_0 \frac{\partial f}{\partial x_0} + A_1 \frac{\partial f}{\partial x_1} + \cdots + A_n \frac{\partial f}{\partial x_n} = \sum_{i=0}^{i=n} A_i \frac{\partial f}{\partial x_i}$$

und ebenso

$$B(f) = B_0 \frac{\partial f}{\partial x_0} + B_1 \frac{\partial f}{\partial x_1} + \cdots + B_n \frac{\partial f}{\partial x_n} = \sum_{k=0}^{k=n} B_k \frac{\partial f}{\partial x_k}.$$

$A(f)$ und $B(f)$ sind zwei verschiedene Operationen dieser Art, welche man mit der Function f vornehmen kann. Wendet man nach einander beide Operationen an, so ergeben sich, jenachdem man mit der Operation A, oder mit der Operation B beginnt, die beiden Ausdrücke $B(A(f))$ und $A(B(f))$, welche durch die Gleichungen

$$B(A(f))=\sum_{k=0}^{k=n}B_k\frac{\partial}{\partial x_k}\left\{\sum_{i=0}^{i=n}A_i\frac{\partial f}{\partial x_i}\right\}=\sum_{k=0}^{k=n}\sum_{i=0}^{i=n}B_kA_i\frac{\partial^2 f}{\partial x_i\partial x_k}+\sum_{k=0}^{k=n}\sum_{i=0}^{i=n}B_k\frac{\partial A_i}{\partial x_k}\frac{\partial f}{\partial x_i},$$

$$A(B(f))=\sum_{i=0}^{i=n}A_i\frac{\partial}{\partial x_i}\left\{\sum_{k=0}^{k=n}B_k\frac{\partial f}{\partial x_k}\right\}=\sum_{i=0}^{i=n}\sum_{k=0}^{k=n}A_iB_k\frac{\partial^2 f}{\partial x_i\partial x_k}+\sum_{i=0}^{i=n}\sum_{k=0}^{k=n}A_i\frac{\partial B_k}{\partial x_i}\frac{\partial f}{\partial x_k}$$

definirt werden. In beiden Ausdrücken sind im Allgemeinen nur die in Differentialquotienten zweiter Ordnung von f multiplicirten Glieder einander gleich; in der Differenz beider bleiben allein Glieder übrig, welche die ersten Differentialquotienten von f enthalten. Für diese Differenz, welche wir $C(f)$ nennen wollen, ergiebt sich

$$C(f)=B(A(f))-A(B(f))=\sum_{k=0}^{k=n}\sum_{i=0}^{i=n}B_k\frac{\partial A_i}{\partial x_k}\frac{\partial f}{\partial x_i}-\sum_{i=0}^{i=n}\sum_{k=0}^{k=n}A_i\frac{\partial B_k}{\partial x_i}\frac{\partial f}{\partial x_k}$$
$$=\sum_{i=0}^{i=n}\left\{\sum_{k=0}^{k=n}\left(B_k\frac{\partial A_i}{\partial x_k}-A_k\frac{\partial B_i}{\partial x_k}\right)\right\}\frac{\partial f}{\partial x_i},$$

oder wenn die Bezeichnung

$$C_i=\sum_{k=0}^{k=n}\left(B_k\frac{\partial A_i}{\partial x_k}-A_k\frac{\partial B_i}{\partial x_k}\right)=\left\{\begin{array}{l}B_0\frac{\partial A_i}{\partial x_0}+B_1\frac{\partial A_i}{\partial x_1}+\cdots+B_n\frac{\partial A_i}{\partial x_n}\\ -A_0\frac{\partial B_i}{\partial x_0}-A_1\frac{\partial B_i}{\partial x_1}-\cdots-A_n\frac{\partial B_i}{\partial x_n}\end{array}\right\}$$

eingeführt wird,

$$C(f)=\sum_{i=0}^{i=n}C_i\frac{\partial f}{\partial x_i}=C_0\frac{\partial f}{\partial x_0}+C_1\frac{\partial f}{\partial x_1}+\cdots+C_n\frac{\partial f}{\partial x_n}.$$

Bestehen nun, wie wir in der folgenden Untersuchung annehmen werden, die $n+1$ Gleichungen

$$C_0=0,\quad C_1=0,\quad\ldots\quad C_n=0,$$

ist also für die Werthe $0, 1, \ldots n$ des Index i die Gleichung

$$C_i=\left\{\begin{array}{l}B_0\frac{\partial A_i}{\partial x_0}+B_1\frac{\partial A_i}{\partial x_1}+\cdots+B_n\frac{\partial A_i}{\partial x_n}\\ -A_0\frac{\partial B_i}{\partial x_0}-A_1\frac{\partial B_i}{\partial x_1}-\cdots-A_n\frac{\partial B_i}{\partial x_n}\end{array}\right\}=0$$

erfüllt, so hat man

$$C(f)=B(A(f))-A(B(f))=0$$

oder

$$B(A(f))=A(B(f)),$$

d. h. es ist gleichgültig, ob man zuerst die Operation A und dann die Operation B anwendet, oder zuerst die Operation B und dann die Operation A.

Diese Unabhängigkeit des Resultats von der Ordnung, in der die Operationen A und B angewendet werden, ist von grosser Wichtigkeit, denn sie lässt sich auf eine beliebige Anzahl von Wiederholungen beider Operationen ausdehnen. Bezeichnet man mit $A^2, A^3, \dots A^m$ die zweimal, dreimal, ... m mal hintereinander angewandte Operation A und ebenso mit $B^2, B^3, \dots B^{m'}$ die zweimal, dreimal, ... m' mal hintereinander angewandte Operation B, so folgt aus der Gleichung $B(A(f) = A(B(f))$ die allgemeinere

$$B^{m'}(A^m(f)) = A^m(B^{m'}(f)).$$

Aus diesem Resultat kann man bei der Untersuchung der beiden linearen partiellen Differentialgleichungen

$$A(f) = 0, \quad B(f) = 0,$$

wenn dieselben den $n+1$ Bedingungsgleichungen $C_i = 0$ genügen, den grössten Nutzen ziehen, theils um die Lösungen jeder einzelnen Differentialgleichung, theils um ihre simultanen Lösungen zu finden. Gesetzt, es sei uns eine Lösung f_1 der Differentialgleichung $A(f) = 0$ bekannt, man habe also identisch

$$A(f_1) = 0,$$

so folgt hieraus

$$B(A(f_1)) = B(0) = 0.$$

Aber da nach unserer Voraussetzung die $n+1$ Bedingungen $C_i = 0$ erfüllt sind, man also die Reihenfolge der Operationen A und B umkehren kann, so geht aus der Gleichung

$$B(A(f_1)) = 0$$

die Gleichung

$$A(B(f_1)) = 0$$

hervor, d. h. $B(f)$ ist ebenfalls eine Lösung von $A(f) = 0$. Nach der Natur dieser Lösung sind drei verschiedene Fälle zu unterscheiden, wobei man sich zu erinnern hat, dass die partielle Differentialgleichung $A(f) = 0$ ausser f_1 noch $n-1$ von einander und von f_1 unabhängige Lösungen $f_2, f_3, \dots f_n$ und ausserdem die evidente Lösung $f =$ Const. besitzt. Es kann $B(f_1)$ entweder erstens eine von f_1 unabhängige Lösung f_2 sein, oder zweitens eine Function von f_1, welche auch eine Constante werden kann; drittens aber muss es als ein besonderer Fall hervorgehoben werden, wenn $B(f_1)$ dem constanten Werthe Null gleich gefunden wird. Wir haben also die drei Fälle

$$B(f_1) = f_2, \quad B(f_1) = F(f_1), \quad B(f_1) = 0.$$

Im ersten Fall haben wir aus der Lösung f_1 der partiellen Differentialgleichung $A(f) = 0$ eine zweite Lösung $f_2 = B(f_1)$ gefunden, im dritten Fall haben wir zugleich $A(f_1) = 0$ und $B(f_1) = 0$, d. h. f_1 ist eine simultane Lösung von $A(f) = 0$ und $B(f) = 0$; den zweiten Fall werden wir später behandeln.

Im ersten Fall, wo $B(f_1)$ gleich einer neuen Lösung f_2 ist, kann man auf dieselbe Weise weitergehen. Da nämlich $A(f_2) = 0$ ist, so erhält man $B(A(f_2)) = B(0) = 0$, oder nach Vertauschung der beiden Operationen

$$0 = A(B(f_2)) = A(B^2(f_1)),$$

d. h. $B^2(f_1)$ ist ebenfalls eine Lösung von $A(f) = 0$. Es sind hier wiederum drei Fälle zu unterscheiden, nämlich:

$$B^2(f_1) = f_3, \quad B^2(f_1) = F(f_1, f_2), \quad B^2(f_1) = B(f_2) = 0.$$

Im ersten Fall hat man eine dritte von f_1 und f_2 unabhängige Lösung $f_3 = B^2(f_1)$ von $A(f) = 0$, im dritten Fall ist $f_2 = B(f_1)$ eine simultane Lösung von $A(f) = 0$ und $B(f) = 0$; auf den zweiten Fall, in welchem $B^2(f_1)$ eine Function der früheren Lösungen f_1 und $f_2 = B(f_1)$ ist, die auch in eine nicht verschwindende Constante übergehen kann, werden wir später zurückkommen. Durch wiederholte Anwendung der Operation B entsteht aus der *einen* Lösung f_1 die Reihe von Grössen f_1, $B(f_1)$, $B^2(f_1)$, $B^3(f_1)$, ..., welche sämmtlich der partiellen Differentialgleichung $A(f) = 0$ genügen. Es sind nun entweder die n ersten Grössen dieser Reihe von einander unabhängige Functionen und bilden alsdann ein vollständiges System von Lösungen der Gleichung $A(f) = 0$, oder es wird schon eine jener n Grössen, etwa $B^m(f_1)$, eine Function der vorhergehenden f_1, $B(f_1)$, $B^2(f_1)$, ... $B^{m-1}(f_1)$, welche sich auch auf eine nicht verschwindende Constante oder auf Null reduciren kann.

Der für die Auffindung der Lösungen von $A(f) = 0$ ungünstige Fall, in welchem nicht der ganze Cyclus derselben durchlaufen wird, erleichtert gerade die Auffindung der simultanen Lösungen von $A(f) = 0$ und $B(f) = 0$.

Die allgemeinste Lösung von $A(f) = 0$ ist eine willkürliche Function ihrer n von einander unabhängigen Lösungen f_1, f_2, ... f_n. Um eine simultane Lösung von $A(f) = 0$ und $B(f) = 0$ zu erhalten, muss diese willkürliche Function von f_1, f_2, ... f_n so bestimmt werden, dass sie auch der Gleichung $B(f) = 0$ genügt. Führen wir zu diesem Behuf in den Ausdruck $B(f)$ für n

der $n+1$ Variablen x_0, x_1, ... x_n z. B. für x_1, x_2, ... x_n die Functionen f_1, f_2, ... f_n als neue Variable ein, und bezeichnen wir die unter dieser neuen Hypothese gebildeten Differentialquotienten von f mit $\left(\frac{\partial f}{\partial x_0}\right)$, $\frac{\partial f}{\partial f_1}$, $\frac{\partial f}{\partial f_2}$, ... $\frac{\partial f}{\partial f_n}$, wo der neue Differentialquotient $\left(\frac{\partial f}{\partial x_0}\right)$ von dem früheren $\frac{\partial f}{\partial x_0}$ völlig verschieden ist, so erhalten wir

$$\frac{\partial f}{\partial x_0} = \left(\frac{\partial f}{\partial x_0}\right) + \sum_{k=1}^{k=n} \frac{\partial f}{\partial f_k} \frac{\partial f_k}{\partial x_0},$$

und, wenn i eine der Zahlen 1 bis n bedeutet,

$$\frac{\partial f}{\partial x_i} = \sum_{k=1}^{k=n} \frac{\partial f}{\partial f_k} \frac{\partial f_k}{\partial x_i};$$

daher wird

$$B(f) = B_0\left(\frac{\partial f}{\partial x_0}\right) + B_0 \sum_{k=1}^{k=n} \frac{\partial f}{\partial f_k} \frac{\partial f_k}{\partial x_0} + \sum_{i=1}^{i=n} B_i \sum_{k=1}^{k=n} \frac{\partial f}{\partial f_k} \frac{\partial f_k}{\partial x_i}$$

$$= B_0\left(\frac{\partial f}{\partial x_0}\right) + \sum_{k=1}^{k=n} \left\{ \sum_{i=0}^{i=n} B_i \frac{\partial f_k}{\partial x_i} \right\} \frac{\partial f}{\partial f_k}$$

oder endlich, da $\sum_{i=0}^{i=n} B_i \frac{\partial f_k}{\partial x_i}$ nichts anderes ist als $B(f_k)$,

$$B(f) = B_0\left(\frac{\partial f}{\partial x_0}\right) + \sum_{k=1}^{k=n} B(f_k) \cdot \frac{\partial f}{\partial f_k}.$$

Nun darf f, wenn es eine Lösung von $A(f) = 0$ sein soll, nur von den Grössen f_k abhängen, x_0 aber nicht mehr enthalten: also hat man $\left(\frac{\partial f}{\partial x_0}\right) = 0$, und die Gleichung $B(f) = 0$ reducirt sich auf

$$\sum_{k=1}^{k=n} B(f_k) \frac{\partial f}{\partial f_k} = 0,$$

d. h. auf

$$B(f_1)\frac{\partial f}{\partial f_1} + B(f_2)\frac{\partial f}{\partial f_2} + \cdots + B(f_n)\frac{\partial f}{\partial f_n} = 0.$$

Aber in Folge der von uns vorausgesetzten $n+1$ für $i = 0, 1, \ldots n$ stattfindenden Bedingungen

$$C_i = B(A_i) - A(B_i) = 0$$

ist mit der Lösung f_i von $A(f) = 0$ gleichzeitig auch $B(f_i)$ eine Lösung von $A(f) = 0$, die evidente Lösung $f =$ Const. mit dazu gerechnet, folglich sind die Grössen $B(f_1)$, $B(f_2)$, ... $B(f_n)$ sämmtlich Lösungen von $A(f) = 0$; und da die allgemeinste Lösung von $A(f) = 0$ eine willkürliche Function von f_1, f_2, ... f_n ist, so sind $B(f_1)$, $B(f_2)$, ... $B(f_n)$ sämmtlich Functionen der

Grössen $f_1, f_2, \ldots f_n$, folglich ist die Gleichung

$$B(f_1)\frac{\partial f}{\partial f_1}+B(f_2)\frac{\partial f}{\partial f_2}+\cdots+B(f_n)\frac{\partial f}{\partial f_n}=0$$

eine partielle Differentialgleichung, welche f als Function von $f_1, f_2, \ldots f_n$ definirt. Sie lässt $n-1$ von einander unabhängige Lösungen $\varphi_1, \varphi_2, \ldots \varphi_{n-1}$ zu, und ihre allgemeinste Lösung, die zugleich die allgemeinste simultane Lösung von $A(f)=0$ und $B(f)=0$ darstellt, ist daher eine willkürliche Function $F(\varphi_1, \varphi_2, \ldots \varphi_{n-1})$ jener $n-1$ von einander unabhängigen Lösungen. Solche simultane Lösungen existiren hiernach stets, wenn die $n+1$ Bedingungen $C_i=0$ erfüllt sind.

Um nun den Nutzen zu zeigen, den die wiederholte Anwendung der Operation B auf die Lösung f_1 von $A(f)=0$ gewährt, wenn es nicht mehr auf die Bestimmung der allgemeinsten, sondern einer particularen simultanen Lösung von $A(f)=0$ und $B(f)=0$ ankommt, nehme ich an, die Grössen $B(f_1)=f_2$, $B^2(f_1)=f_3, \ldots B^{m-1}(f_1)=f_m$, wo m kleiner oder höchstens gleich n, seien von einander und von f_1 unabhängige Lösungen von $A(f)=0$, dagegen sei $B^m(f_1)$ keine von $f_1, f_2, \ldots f_m$ unabhängige Lösung; dann sind zwei Fälle zu unterscheiden:

1. Ist $B^m(f_1)$ gleich einer Function $F(f_1, f_2, \ldots f_m)$ von $f_1, f_2, \ldots f_m$, welche auch in einen constanten nicht verschwindenden Werth übergehen kann, so lässt sich die simultane Lösung von $A(f)=0$ und $B(f)=0$ immer so bestimmen, dass sie nur von $f_1, f_2, \ldots f_m$ abhängt, die übrigen Lösungen $f_{m+1}, f_{m+2}, \ldots f_n$ aber nicht enthält. Denn durch diese Hypothese reducirt sich die obige partielle Differentialgleichung, welche die simultane Lösung f als Function der Grössen $f_1, f_2, \ldots f_n$ definirt, auf die folgende:

$$f_2\frac{\partial f}{\partial f_1}+f_3\frac{\partial f}{\partial f_2}+\cdots+f_m\frac{\partial f}{\partial f_{m-1}}+F(f_1, f_2, \ldots f_m)\frac{\partial f}{\partial f_m}=0,$$

welche mit dem System gewöhnlicher Differentialgleichungen

$$df_1 : df_2 : \ldots : df_{m-1} : df_m = f_2 : f_3 : \ldots : f_m : F(f_1, f_2, \ldots f_m)$$

übereinkommt. Fügt man diesem System noch die Variable t hinzu, indem man die m gleichen Verhältnisse dem Verhältniss $dt:1$ gleich setzt, so hat man

$$\frac{df_1}{dt}=f_2,\quad \frac{df_2}{dt}=f_3,\quad \ldots\quad \frac{df_{m-1}}{dt}=f_m,\quad \frac{df_m}{dt}=F(f_1, f_2, \ldots f_m)$$

oder

$$f_2=\frac{df_1}{dt},\quad f_3=\frac{d^2f_1}{dt^2},\quad \ldots\quad f_m=\frac{d^{m-1}f_1}{dt^{m-1}},\quad \frac{df_m}{dt}=\frac{d^mf_1}{dt^m},$$

und demzufolge

$$\frac{d^m f_1}{dt^m} = F\left(f_1, \frac{df_1}{dt}, \ldots \frac{d^{m-1} f_1}{dt^{m-1}}\right).$$

Ist nun $\varphi_1 = \text{Const.}$ irgend ein von t freies Integral dieser Differentialgleichung m^{ter} Ordnung, so ist $f = \varphi_1$ eine simultane Lösung von $A(f) = 0$ und $B(f) = 0$.

2. Ist $B^m(f_1) = 0$, so hat man $0 = B(B^{m-1}(f_1)) = B(f_m)$ und $0 = A(f_m)$; also ist $f_m = B^{m-1}(f_1)$ eine simultane Lösung von $A(f) = 0$ und $B(f) = 0$.

Das unter 1. erhaltene Resultat erleidet eine Ausnahme für $m = 1$, d. h. wenn bereits $B(f_1)$ sich auf eine Function von f_1 oder auf eine von Null verschiedene Constante reducirt. Dies ersieht man schon daraus, dass die Differentialgleichung zwischen f_1 und t alsdann erster Ordnung ist, also kein von t freies Integral besitzt. Die partielle Differentialgleichung, welche f als Function von $f_1, f_2, \ldots f_m$ definirt, geht alsdann in

$$\frac{\partial f}{\partial f_1} = 0$$

über und giebt die evidente Lösung $f = \text{Const.}$, welche unbrauchbar ist. In diesem Falle kann man aus der Lösung f_1 allein gar keinen Nutzen ziehen, sondern es ist nöthig, eine neue Lösung f_2 der Gleichung $A(f) = 0$ zu kennen. Wendet man auf f_2 die Operation B an, wie früher auf f_1, und ist $B(f_2)$ nicht eine Function von f_2 allein, so ergiebt sich nach dem obigen Verfahren aus f_2 eine simultane Lösung von $A(f) = 0$ und $B(f) = 0$. Ist dagegen $B(f_2)$ eine Function von f_2 allein, so dass eine simultane Lösung auch aus f_2 allein nicht gefunden werden kann, so findet man eine solche dennoch durch gleichzeitige Benutzung von f_1 und f_2. Ist nämlich

$$B(f_1) = \Phi(f_1), \quad B(f_2) = \Psi(f_2),$$

so kann man annehmen, dass f eine Function von f_1 und f_2 allein ist, und erhält zur Bestimmung dieser Function die partielle Differentialgleichung

$$\Phi(f_1) \cdot \frac{\partial f}{\partial f_1} + \Psi(f_2) \cdot \frac{\partial f}{\partial f_2} = 0,$$

welche auf die gewöhnliche Differentialgleichung

$$df_1 : df_2 = \Phi(f_1) : \Psi(f_2)$$

führt und den Ausdruck

$$f = \int \frac{df_1}{\Phi(f_1)} - \int \frac{df_2}{\Psi(f_2)}$$

als die gesuchte simultane Lösung giebt.

Vierunddreissigste Vorlesung.

Anwendung der vorhergehenden Untersuchung auf die Integration der partiellen Differentialgleichungen erster Ordnung und insbesondere auf den Fall der Mechanik. Satz über das aus zwei gegebenen Integralen der dynamischen Differentialgleichungen herzuleitende dritte Integral.

Um die Ergebnisse der in der vorigen Vorlesung angestellten Untersuchung über simultane Lösungen linearer partieller Differentialgleichungen auf den Fall anzuwenden, der uns zu dieser Untersuchung veranlasste, und auf den wir bei der Integration der partiellen Differentialgleichung $H=h$ (p. 255 ff.) stiessen, wollen wir zunächst die $n+1$ unabhängigen Variablen $x_0, x_1, \dots x_n$ durch eine gerade Anzahl $2n$ von Variablen $x_1, x_2, \dots x_{2n}$ ersetzen, deren Indices wir mit 1 anstatt mit 0 beginnen lassen, so dass die Ausdrücke $A(f)$, $B(f)$ jetzt durch die Gleichungen

$$A(f)=A_1\frac{\partial f}{\partial x_1}+A_2\frac{\partial f}{\partial x_2}+\dots+A_{2n}\frac{\partial f}{\partial x_{2n}},$$

$$B(f)=B_1\frac{\partial f}{\partial x_1}+B_2\frac{\partial f}{\partial x_2}+\dots+B_{2n}\frac{\partial f}{\partial x_{2n}}$$

definirt werden, und die $2n$ Bedingungsgleichungen

$$C_i=B(A_i)-A(B_i)=0$$

für $i=1, 2, \dots 2n$ bestehen. Ferner mögen an die Stelle der $2n$ unabhängigen Variablen die Grössen p und q treten, so dass

$$x_1=q_1,\quad x_2=q_2,\quad \dots\quad x_n=q_n,\quad x_{n+1}=p_1,\quad x_{n+2}=p_2,\quad \dots\quad x_{2n}=p_n$$

wird, und endlich seien die Coefficienten A_i, B_i durch die Gleichungen

$$A_1=\frac{\partial\varphi}{\partial p_1},\ A_2=\frac{\partial\varphi}{\partial p_2},\ \dots\ A_n=\frac{\partial\varphi}{\partial p_n};\ A_{n+1}=-\frac{\partial\varphi}{\partial q_1},\ A_{n+2}=-\frac{\partial\varphi}{\partial q_2},\ \dots\ A_{2n}=-\frac{\partial\varphi}{\partial q_n},$$

$$B_1=\frac{\partial\psi}{\partial p_1},\ B_2=\frac{\partial\psi}{\partial p_2},\ \dots\ B_n=\frac{\partial\psi}{\partial p_n};\ B_{n+1}=-\frac{\partial\psi}{\partial q_1},\ B_{n+2}=-\frac{\partial\psi}{\partial q_2},\ \dots\ B_{2n}=-\frac{\partial\psi}{\partial q_n}$$

bestimmt.

Alsdann erhalten wir

$$A(f)=\frac{\partial\varphi}{\partial p_1}\frac{\partial f}{\partial q_1}+\frac{\partial\varphi}{\partial p_2}\frac{\partial f}{\partial q_2}+\dots+\frac{\partial\varphi}{\partial p_n}\frac{\partial f}{\partial q_n}-\frac{\partial\varphi}{\partial q_1}\frac{\partial f}{\partial p_1}-\frac{\partial\varphi}{\partial q_2}\frac{\partial f}{\partial p_2}-\dots-\frac{\partial\varphi}{\partial q_n}\frac{\partial f}{\partial p_n},$$

$$B(f)=\frac{\partial\psi}{\partial p_1}\frac{\partial f}{\partial q_1}+\frac{\partial\psi}{\partial p_2}\frac{\partial f}{\partial q_2}+\dots+\frac{\partial\psi}{\partial p_n}\frac{\partial f}{\partial q_n}-\frac{\partial\psi}{\partial q_1}\frac{\partial f}{\partial p_1}-\frac{\partial\psi}{\partial q_2}\frac{\partial f}{\partial p_2}-\dots-\frac{\partial\psi}{\partial q_n}\frac{\partial f}{\partial p_n},$$

oder nach der in der zweiunddreissigsten Vorlesung (p. 251) eingeführten

Bezeichnung

$$A(f) = (\varphi, f),$$
$$B(f) = (\psi, f).$$

Um die Werthe der $2n$ Grössen C_i für $i = 1, 2, \ldots 2n$ zu erhalten, theilen wir dieselben in die beiden Gruppen C_i und C_{n+i} für $i = 1, 2, \ldots n$; dann ergiebt sich

$$C_i \;\;= B(A_i) \;\;-A(B_i) \;\;= \left(\psi, \;\; \frac{\partial\varphi}{\partial p_i}\right) - \left(\varphi, \;\; \frac{\partial\psi}{\partial p_i}\right),$$
$$C_{n+i} = B(A_{n+i}) - A(B_{n+i}) = \left(\psi, -\frac{\partial\varphi}{\partial q_i}\right) - \left(\varphi, -\frac{\partial\psi}{\partial q_i}\right),$$

oder wenn man die Identität

$$(\psi, \varphi) = -(\varphi, \psi) = (\varphi, -\psi)$$

berücksichtigt,

$$-C_i \;\;= \left(\frac{\partial\varphi}{\partial p_i}, \psi\right) + \left(\varphi, \frac{\partial\psi}{\partial p_i}\right),$$
$$C_{n+i} = \left(\frac{\partial\varphi}{\partial q_i}, \psi\right) + \left(\varphi, \frac{\partial\psi}{\partial q_i}\right).$$

Aber da der Ausdruck (φ, ψ) eine lineare Function sowohl der Differentialquotienten von φ, als der Differentialquotienten von ψ ist, so sind die rechten Seiten dieser Gleichungen nichts Anderes als die nach p_i und q_i genommenen Ableitungen von (φ, ψ); es ist also

$$C_i \;\;= -\frac{\partial(\varphi, \psi)}{\partial p_i},$$
$$C_{n+i} = \;\;\frac{\partial(\varphi, \psi)}{\partial q_i},$$

und die sämmtlichen $2n$ Bedingungsgleichungen $C_i = 0$, $C_{n+i} = 0$ für $i = 1, 2, \ldots n$ sind erfüllt, sobald identisch

$$(\varphi, \psi) = 0,$$

d. h. sobald $f = \psi$ eine Lösung der linearen partiellen Differentialgleichung $A(f) = (\varphi, f) = 0$ ist. Wenn diese eine Bedingungsgleichung

$$(\varphi, \psi) = 0$$

befriedigt wird, existiren also stets simultane Lösungen der Gleichungen

$$(\varphi, f) = 0, \quad (\psi, f) = 0,$$

und man kann zu ihrer Bestimmung die Ergebnisse der vorigen Vorlesung benutzen.

Hiermit ist die am Anfange der nämlichen Vorlesung aufgestellte Behauptung bewiesen, wonach man, wenn H_1 irgend eine der Bedingung $(H, H_1) = 0$ genügende Function bedeutet, immer eine zweite Function H_2 bestimmen kann, welche den beiden Bedingungen $(H, H_2) = 0$, $(H_1, H_2) = 0$ gleichzeitig genügt; und zwar geben die Untersuchungen der vorigen Vorlesung nicht nur den Beweis für die Existenz, sondern auch die Mittel zur Bestimmung von H_2. Die weitere Verfolgung jener Untersuchungen giebt alsdann unter Voraussetzung der soeben definirten Functionen H_1, H_2 die Mittel zur Bestimmung der neuen Function H_3, welche gleichzeitig den drei Bedingungen $(H, H_3) = 0$, $(H_1, H_3) = 0$, $(H_2, H_3) = 0$ genügt, u. s. w.

Aber in der vorigen Vorlesung haben wir nicht nur simultane Lösungen zweier linearen partiellen Differentialgleichungen $A(f) = 0$, $B(f) = 0$, welche den Bedingungen $C_i = B(A_i) - A(B_i) = 0$ genügen, bestimmt, sondern, was nicht minder wichtig ist, aus *einer* Lösung f_1 von $A(f) = 0$ durch wiederholte Anwendung der Operation B eine Reihe neuer Lösungen $B(f_1) = f_2$, $B(f_2) = f_3$, ... $B(f_{m-1}) = f_m$ hergeleitet, bis die nochmalige Wiederholung auf eine Lösung $B(f_m) = f_{m+1}$ führte, welche eine Function $F(f_1, f_2, \dots f_m)$ der früheren oder eine Constante ist, insbesondere auch gleich Null werden kann.

Indem wir auch hiervon Anwendung auf den vorliegenden Fall machen, tritt indessen eine Modification ein, welche auf folgendem Umstande beruht. Im Allgemeinen besitzt $A(f) = 0$ nur die eine evidente Lösung $f =$ Const., und überdies ist uns nach der Hypothese, von welcher wir ausgingen, nur die Lösung $f = f_1$ bekannt. In dem besonderen Fall aber, wo $A(f) = (\varphi, f)$, $B(f) = (\psi, f)$ wird, während die Bedingungsgleichungen $C_i = 0$ durch die identische Gleichung $(\varphi, \psi) = 0$ erfüllt werden, kennen wir, wenn $f = f_1$ eine Lösung von $(\varphi, f) = 0$ ist, schon von vornherein ausser f_1 eine zweite Lösung ψ, und überdies kommt zu der allgemeinen evidenten Lösung $f =$ Const. gegenwärtig noch die besondere $f = \varphi$ hinzu. Hier ist daher f_{m+1} auch dann keine neue Lösung, wenn es einer Function $F(\varphi, \psi, f_1, f_2, \dots f_m)$ gleich wird, die ausser $f_1, f_2, \dots f_m$ noch überdies φ und ψ enthält. Mit Rücksicht hierauf, und wenn wir den Fall, wo die Function F sich auf eine Constante oder diese auf Null reducirt, nicht ausdrücklich erwähnen, sondern unter der Bezeichnung $F(\varphi, \psi, f_1, f_2 \dots f_m)$ mit begreifen, erhalten wir das Resultat:

Ist f_1 eine Lösung der f definirenden linearen partiellen Differentialgleichung $(\varphi, f) = 0$, und wird die Bedingungsgleichung $(\varphi, \psi) = 0$ erfüllt, so ist $(\psi, f_1) = f_2$ wiederum eine Lösung von $(\varphi, f) = 0$, und zwar im Allgemeinen eine neue Lösung, in besonderen Fällen kann es aber eine Function $F(\varphi, \psi, f_1)$ von ψ, f_1 und der evidenten Lösung φ werden. Indem man so fortfährt und $(\psi, f_1) = f_2$, $(\psi, f_2) = f_3$, ... $(\psi, f_{m-1}) = f_m$, $(\psi, f_m) = f_{m+1}$ setzt, wird man im Allgemeinen lauter neue Lösungen $f_2, f_3, \ldots f_m$ von $(\varphi, f) = 0$ erhalten, bis f_{m+1} eine Function $F(\varphi, \psi, f_1, f_2, \ldots f_m)$ der schon vorher bekannten $\psi, f_1, f_2, \ldots f_m$ und der evidenten Lösung φ wird.

Lässt man nun die Function φ mit der Function H zusammenfallen, welche die linke Seite der partiellen Differentialgleichung $H = h$ bildet, so ist es zweckmässig, auch die übrige Bezeichnung zu ändern. Man setze $\varphi = H$, $\psi = H_1$, $f_1 = H_2$, $f_2 = H_3$, u. s. w., und das obige Resultat lautet:

Sind die Gleichungen $(H, H_1) = 0$ und $(H, H_2) = 0$ erfüllt, d. h. sind H_1 und H_2 Lösungen der H_i definirenden linearen partiellen Differentialgleichung $(H, H_i) = 0$, so ist $(H_1, H_2) = H_3$ ebenfalls eine Lösung dieser Differentialgleichung, und zwar im Allgemeinen eine neue Lösung, in besonderen Fällen indessen kann H_3 eine Function von H, H_1, H_2 werden. Indem man mit dieser Operation fortfährt und $(H_1, H_3) = H_4$, $(H_1, H_4) = H_5$, ... $(H_1, H_{m-1}) = H_m$, $(H_1, H_m) = H_{m+1}$ setzt, wird man im Allgemeinen lauter neue Lösungen H_4, $H_5, \ldots H_m$ von $(H, H_i) = 0$ erhalten*), bis H_{m+1} eine Function der bereits bekannten $H, H_1, \ldots H_m$, die evidente Lösung H mit einbegriffen, wird.

Aber, wie wir wissen, ist es von gleicher Bedeutung, ob wir sagen, H_i sei eine Lösung der H_i definirenden linearen partiellen Differentialgleichung $(H, H_i) = 0$, d. h. der Gleichung

$$\left\{\begin{array}{l} \frac{\partial H}{\partial p_1}\frac{\partial H_i}{\partial q_1} + \frac{\partial H}{\partial p_2}\frac{\partial H_i}{\partial q_2} + \cdots + \frac{\partial H}{\partial p_n}\frac{\partial H_i}{\partial q_n} \\ - \frac{\partial H}{\partial q_1}\frac{\partial H_i}{\partial p_1} - \frac{\partial H}{\partial q_2}\frac{\partial H_i}{\partial p_2} - \cdots - \frac{\partial H}{\partial q_n}\frac{\partial H_i}{\partial p_n} \end{array}\right\} = 0,$$

oder ob wir sagen H_i, einer willkürlichen Constante h_i gleich gesetzt, sei ein Integral des Systems gewöhnlicher Differentialgleichungen

$$dq_1 : dq_2 : \ldots : dq_n : dp_1 : dp_2 : \ldots : dp_n$$
$$= \frac{\partial H}{\partial p_1} : \frac{\partial H}{\partial p_2} : \ldots : \frac{\partial H}{\partial p_n} : -\frac{\partial H}{\partial q_1} : -\frac{\partial H}{\partial q_2} : \ldots : -\frac{\partial H}{\partial q_n},$$

d. h. ein von t freies Integral des Systems isoperimetrischer Differential-

*) Es ist nicht zu übersehen, dass die Grössen $H_1, H_2, H_3, \ldots$ hier irgend welche Lösungen der Gleichung $(H, H_i) = 0$ bedeuten und nicht das specielle System derjenigen Lösungen, welche, Constanten gleich gesetzt, die zur vollständigen Lösung der partiellen Differentialgleichung $H = h$ führenden Gleichungen bilden. (S. zweiunddreissigste Vorlesung p. 250.)

gleichungen

$$\frac{dq_1}{dt} = \frac{\partial H}{\partial p_1}, \quad \frac{dq_2}{dt} = \frac{\partial H}{\partial p_2}, \quad \ldots \quad \frac{\partial q_n}{dt} = \frac{\partial H}{\partial p_n},$$
$$\frac{dp_1}{dt} = -\frac{\partial H}{\partial q_1}, \quad \frac{dp_2}{dt} = -\frac{\partial H}{\partial q_2}, \quad \ldots \quad \frac{dp_n}{dt} = -\frac{\partial H}{\partial q_n},$$

welche, wenn man $H = T - U$ setzt, wo T die halbe lebendige Kraft, U die Kräftefunction bedeutet, in das System der Differentialgleichungen der Bewegung übergehen. Wir können daher das gewonnene Resultat in folgendem Satz aussprechen:

Das System der isoperimetrischen Differentialgleichungen

$$\frac{dq_1}{dt} = \frac{\partial H}{\partial p_1}, \quad \frac{dq_2}{dt} = \frac{\partial H}{\partial p_2}, \quad \ldots \quad \frac{dq_n}{dt} = \frac{\partial H}{\partial p_n},$$
$$\frac{dp_1}{dt} = -\frac{\partial H}{\partial q_1}, \quad \frac{dp_2}{dt} = -\frac{\partial H}{\partial q_2}, \quad \ldots \quad \frac{dp_n}{dt} = -\frac{\partial H}{\partial q_n},$$

in welchem H eine Function der Variablen $q_1, q_2, \ldots q_n, p_1, p_2 \ldots p_n$ ohne t bedeutet, und welches für $H = T - U$ in das System der dynamischen Differentialgleichungen übergeht, sei vorgelegt. Kennt man zwei von t freie Integrale $H_1 = h_1$, $H_2 = h_2$ dieses Systems, und bildet man den Ausdruck

$$H_3 = (H_1, H_2) = \left\{ \begin{array}{l} \dfrac{\partial H_1}{\partial p_1}\dfrac{\partial H_2}{\partial q_1} + \dfrac{\partial H_1}{\partial p_2}\dfrac{\partial H_2}{\partial q_2} + \cdots + \dfrac{\partial H_1}{\partial p_n}\dfrac{\partial H_2}{\partial q_n} \\ - \dfrac{\partial H_2}{\partial p_1}\dfrac{\partial H_1}{\partial q_1} - \dfrac{\partial H_2}{\partial p_2}\dfrac{\partial H_1}{\partial q_2} - \cdots - \dfrac{\partial H_2}{\partial p_n}\dfrac{\partial H_1}{\partial q_n} \end{array} \right\},$$

so ist

$$H_3 = h_3,$$

wo h_3 eine dritte willkürliche Constante bedeutet, im Allgemeinen ein neues Integral des Systems. In besonderen Fällen kann H_3 eine Function von H, H_1, H_2 oder ein constanter Zahlenwerth, die Null nicht ausgeschlossen, sein; in diesen Fällen ist $H_3 = h_3$ kein neues Integral, sondern eine Gleichung, welche unter Voraussetzung der früheren Integrale $H_1 = h_1$, $H_2 = h_2$ und des evidenten Integrals $H = h$ identisch erfüllt wird. Fährt man mit dieser Operation fort und bildet aus H_1 und H_3 oder H_2 und H_3 den Ausdruck (H_1, H_3) oder (H_2, H_3), so giebt dieser, gleich einer Constante gesetzt, im Allgemeinen wieder ein neues Integral u. s. w.

Dies ist einer der merkwürdigsten Sätze der ganzen Integralrechnung und für den besonderen Fall, in welchem man $H = T - U$ setzt, ein Fundamentalsatz der analytischen Mechanik. Er zeigt nämlich, dass, wenn der Satz der lebendigen Kraft gilt, man aus zwei Integralen der Differentialgleichungen der Bewegung im Allgemeinen durch blosses Differentiiren ein drittes, hieraus ein viertes, etc. ableiten kann, so dass man entweder alle Integrale erhält, oder doch wenigstens eine Anzahl derselben.

Nachdem ich diesen Satz gefunden hatte, machte ich den Akademien zu Berlin und Paris davon, als von einer ganz neuen Entdeckung, Anzeige. Aber bald darauf bemerkte ich, dass dieser Satz seit 30 Jahren schon zugleich entdeckt und verborgen war, da man seinen wahren Sinn nicht geahnt, sondern ihn nur bei einem ganz anderen Problem als Hülfssatz gebraucht hatte.

Hat man für ein bestimmtes mechanisches Problem die obigen Differentialgleichungen integrirt und will, nach der von *Lagrange* und *Laplace* entwickelten sogenannten Störungstheorie, die Modificationen bestimmen, welche die Bewegung durch das Hinzutreten neuer kleiner Kräfte erfährt, so wird man auf gewisse, aus den p_i, q_i zusammengesetzte Ausdrücke geführt, welche von der Zeit unabhängig sind, ein Resultat, welches zu den grössten Entdeckungen der genannten Geometer gehört. *Poisson*, der die Untersuchung etwas anders anordnete, fand, dass diese von t unabhängigen Ausdrücke genau von der Form (H_i, H_k) seien. Dieser *Poisson*sche Satz war wegen der Schwierigkeit seines Beweises berühmt; aber man legte so wenig Werth auf denselben, dass *Lagrange* ihn nicht einmal in die zweite Ausgabe der Mécanique analytique aufnahm, sondern *seine* Formeln als die einfacheren vorzog. Aber gerade dieser *Poisson*sche Satz stimmt im Wesentlichen mit dem oben ausgesprochenen überein. Denn wenn jene Ausdrücke (H_i, H_k), welche bei *Poisson* als Coefficienten in der Störungsfunction auftreten, unabhängig von der Zeit sind, so müssen es Functionen sein, welche im ursprünglichen Problem Constanten gleich werden. Aber diese Bemerkung war vorher den Geometern entgangen, und es bedurfte in der That einer neuen Entdeckung, um den Satz in seiner wahren Bedeutung hervortreten zu lassen.

Dass die Wichtigkeit dieses seit so langer Zeit entdeckten Satzes Niemand erkannt hat, dazu hat ein eigenthümlicher Umstand beigetragen. Die Fälle, in welchen man denselben anwandte, waren nämlich gerade solche, in welchen der neugebildete Ausdruck kein neues Integral gab, sondern wo der resultirende Ausdruck identisch gleich Null oder gleich einer von Null verschiedenen Zahl, etwa $= 1$, wurde. Diese Fälle, welche in der allgemeinen Theorie als Ausnahmefälle erscheinen, sind überhaupt in der Praxis sehr häufig. Damit nämlich ein Integral mit irgend einem zweiten combinirt nach und nach alle Integrale liefere, muss es ein solches sein, welches dem besonderen Problem eigenthümlich angehört. Aber die ersten Integrale, welche für ein vorgelegtes Problem gefunden werden, sind in der Regel diejenigen, welche aus den allgemeinen Principen (z. B. der Erhaltung der Flächen) folgen, mithin dem besonderen Problem nicht eigenthümlich angehören; daher kann man nicht verlangen, dass aus ihnen alle Integrale abgeleitet werden sollen.

Wir sehen, dass eine gewisse Polarität, d. h. eine qualitative Verschiedenheit unter den Integralen besteht. Früher kannte man dieselbe nicht, jedes Integral galt für gleich viel werth, und der einzige Nutzen, den man daraus zu ziehen vermochte, war, die Ordnung des gegebenen Systems um eine Einheit zu erniedrigen. Jetzt aber sehen wir, dass es gewisse Integrale $H_1 = h_1$ und $H_2 = h_2$ giebt, aus denen man alle übrigen ohne Weiteres herleiten kann. Dieser Fall ist sogar der allgemeine. Stellen nämlich die Gleichungen $H_1 = h_1$, $H_2 = h_2, \ldots H_m = h_m$ sämmtliche Integrale dar, und bildet man aus den linken Seiten derselben nach Willkür eine Function

$$F(H_1, H_2, \ldots H_m) = H_{m+1},$$

welche vorher gegeben sein kann, so wird man in einer unendlich überwiegenden Mehrzahl von Fällen aus H_{m+1} und einem der gegebenen Integrale, z. B. aus H_{m+1} und H_1, alle übrigen herleiten können, und dies ist der allgemeine Fall, da H_{m+1} einer willkürlichen Constante gleich gesetzt die allgemeinste Form eines Integrals darstellt. Die ersten Integrale, die man bei der Lösung eines Problems findet, sind aber in der Regel nicht, wie H_{m+1}, aus denjenigen, welche dem Problem specifisch angehören und aus den generellen, welche sich aus den allgemeinen Principen ergeben, zusammengesetzt, sondern sie sind gewöhnlich *nur* die von generellem Habitus, und daher erhält man aus ihnen nicht die sämmtlichen Integrale des Problems.

Die Anwendung des allgemeinen Theorems auf die freie Bewegung giebt den Satz:

Kennt man zwei von t freie Integrale $\varphi = h_1$ und $\psi = h_2$ des Systems

$$m_i \frac{d^2 x_i}{dt^2} = \frac{\partial U}{\partial x_i}, \quad m_i \frac{d^2 y_i}{dt^2} = \frac{\partial U}{\partial y_i}, \quad m_i \frac{d^2 z_i}{dt^2} = \frac{\partial U}{\partial z_i},$$

und bildet man den Ausdruck

$$(\varphi, \psi) = \Sigma \frac{1}{m_i} \left\{ \begin{array}{l} \dfrac{\partial \varphi}{\partial x_i'} \dfrac{\partial \psi}{\partial x_i} + \dfrac{\partial \varphi}{\partial y_i'} \dfrac{\partial \psi}{\partial y_i} + \dfrac{\partial \varphi}{\partial z_i'} \dfrac{\partial \psi}{\partial z_i} \\ - \dfrac{\partial \psi}{\partial x_i'} \dfrac{\partial \varphi}{\partial x_i} - \dfrac{\partial \psi}{\partial y_i'} \dfrac{\partial \varphi}{\partial y_i} - \dfrac{\partial \psi}{\partial z_i'} \dfrac{\partial \varphi}{\partial z_i} \end{array} \right\},$$

so ist im Allgemeinen

$$(\varphi, \psi) = h_3$$

ein neues Integral; in besonderen Fällen kann aber auch (φ, ψ) eine Function der Constanten h_1, h_2 und der im Satz der lebendigen Kraft $T-U=h$ vorkommenden Constante h oder ein reiner Zahlenwerth und zwar auch gleich Null werden.

Auf diese Weise kann man aus zweien der Flächensätze den dritten herleiten. Hierzu haben wir nur

$$\varphi = \Sigma m_i(x_i y_i' - y_i x_i'), \quad \psi = \Sigma m_i(x_i z_i' - z_i x_i')$$

zu setzen, alsdann wird

$$\frac{\partial\varphi}{\partial x_i} = m_i y_i', \quad \frac{\partial\varphi}{\partial y_i} = -m_i x_i', \quad \frac{\partial\varphi}{\partial z_i} = 0,$$

$$\frac{\partial\varphi}{\partial x_i'} = -m_i y_i, \quad \frac{\partial\varphi}{\partial y_i'} = m_i x_i, \quad \frac{\partial\varphi}{\partial z_i'} = 0,$$

$$\frac{\partial\psi}{\partial x_i} = m_i z_i', \quad \frac{\partial\psi}{\partial y_i} = 0, \quad \frac{\partial\psi}{\partial z_i} = -m_i x_i',$$

$$\frac{\partial\psi}{\partial x_i'} = -m_i z_i, \quad \frac{\partial\psi}{\partial y_i'} = 0, \quad \frac{\partial\psi}{\partial z_i'} = m_i x_i,$$

daher

$$(\varphi, \psi) = \Sigma m_i(y_i' z_i - y_i z_i');$$

also ist

$$(\varphi, \psi) = h_3$$

der dritte Flächensatz.

Poisson macht in seiner berühmten Abhandlung über die Variation der Constanten im 15ten Hefte des Journals der polytechnischen Schule eine Anwendung seines oben erwähnten Störungstheorems auf die Störungen der Rotationsbewegung um einen festen Punkt. Hierbei wird er genöthigt, dieselben Rechnungsoperationen vorzunehmen, welche wir soeben gemacht haben. Daher ist in seinen Rechnungen die Herleitung des dritten Flächensatzes aus den beiden anderen enthalten; aber er erwähnt dies merkwürdige Resultat mit keiner Silbe.

Aehnliche Betrachtungen kann man anstellen, wenn man zu den drei Flächensätzen die drei Gleichungen des Princips der Erhaltung des Schwerpunkts hinzufügt und untersucht, aus wie vielen dieser 6 Integrale sich die übrigen ergeben.

Fünfunddreissigste Vorlesung.

Die beiden Classen von Integralen, welche man nach der *Hamilton*schen Methode für die mechanischen Probleme erhält. Bestimmung der Werthe von (φ, ψ) für dieselben.

Wenn von dem System der Differentialgleichungen

$$(1.)\quad dt:dq_1:dq_2:\ldots:dq_n:dp_1:dp_2:\ldots:dp_n = 1:\frac{\partial H}{\partial p_1}:\frac{\partial H}{\partial p_2}:\ldots:\frac{\partial H}{\partial p_n}:-\frac{\partial H}{\partial q_1}:-\frac{\partial H}{\partial q_2}:\ldots:-\frac{\partial H}{\partial q_n},$$

welches das evidente Integral $H = h$ besitzt, zwei von t freie Integrale $H_1 = h_1$ und $H_2 = h_2$ gegeben sind, so kann man zwar, wie wir gesehen haben, im Allgemeinen a priori nicht mit Bestimmtheit sagen, ob (H_1, H_2), einer willkürlichen Constante gleich gesetzt, ein neues Integral ist, oder ob sich (H_1, H_2) auf eine von h, h_1 und h_2 abhängige Constante oder auf eine reine Zahl und endlich diese auf Null reducirt. Diese Frage lässt sich aber vollkommen entscheiden, wenn $H_1 = h_1$ und $H_2 = h_2$ Integrale sind, welche zu dem durch die *Hamilton*sche partielle Differentialgleichung gelieferten System gehören. Wir werden nämlich sehen, dass, wenn $\varphi =$ Const. und $\psi =$ Const. zwei von den *Hamilton*schen Integralen sind, (φ, ψ) entweder $= 0$, oder $= \pm 1$ wird. Zwei Integrale dieses Systems geben also nie ein neues Integral. Um diesen Satz zu beweisen, bedürfen wir eines Hülfssatzes, welcher zeigt, was aus dem Ausdruck (φ, ψ) wird, wenn in φ und ψ ausser den Grössen $q_1, q_2, \ldots q_n, p_1, p_2, \ldots p_n$, noch m Grössen $\varpi_1, \varpi_2, \ldots \varpi_k, \ldots \varpi_m$ vorkommen, welche Functionen von $q_1, q_2, \ldots q_n$ und $p_1, p_2, \ldots p_n$ sind. In diesem Fall kann man sowohl die nach den Variablen p und q genommenen Differentialquotienten von φ und ψ, als auch den Ausdruck (φ, ψ) auf zwei verschiedene Arten bilden, je nachdem man auf das Vorkommen der Variablen p und q in $\varpi_1, \varpi_2, \ldots \varpi_m$ Rücksicht nimmt, oder nicht. Bezeichnen wir diesen beiden Bildungsweisen gemäss die Differentialqotienten von φ und ψ mit oder ohne Klammern und den aus φ und ψ gebildeten Ausdruck mit doppelten Klammern $((\varphi, \psi))$ oder mit einfachen Klammern (φ, ψ), so ist

$$(2.)\qquad ((\varphi, \psi)) = \sum_i \left\{\left(\frac{\partial \varphi}{\partial p_i}\right)\left(\frac{\partial \psi}{\partial q_i}\right) - \left(\frac{\partial \psi}{\partial p_i}\right)\left(\frac{\partial \varphi}{\partial q_i}\right)\right\},$$

$$(3)\qquad (\varphi, \psi) = \sum_i \left\{\frac{\partial \varphi}{\partial p_i}\frac{\partial \psi}{\partial q_i} - \frac{\partial \psi}{\partial p_i}\frac{\partial \varphi}{\partial q_i}\right\}.$$

Die nach i genommenen Summen erstrecken sich auf die Werthe $1, 2, \ldots n$, und für die eingeklammerten Differentialquotienten in (2.) gelten die Gleichungen

$$\left(\frac{\partial\varphi}{\partial p_i}\right) = \frac{\partial\varphi}{\partial p_i} + \sum_k \frac{\partial\varphi}{\partial\varpi_k}\frac{\partial\varpi_k}{\partial p_i}, \quad \left(\frac{\partial\psi}{\partial p_i}\right) = \frac{\partial\psi}{\partial p_i} + \sum_{k'} \frac{\partial\psi}{\partial\varpi_{k'}}\frac{\partial\varpi_{k'}}{\partial p_i},$$

$$\left(\frac{\partial\varphi}{\partial q_i}\right) = \frac{\partial\varphi}{\partial q_i} + \sum_k \frac{\partial\varphi}{\partial\varpi_k}\frac{\partial\varpi_k}{\partial q_i}, \quad \left(\frac{\partial\psi}{\partial q_i}\right) = \frac{\partial\psi}{\partial q_i} + \sum_{k'} \frac{\partial\psi}{\partial\varpi_{k'}}\frac{\partial\varpi_{k'}}{\partial q_i},$$

in welchen die Summen nach k und k' von 1 bis m zu nehmen sind. Wenn man diese Ausdrücke in (2.) substituirt, so erhält man als Resultat eine einfache Summe nach i, eine doppelte Summe nach i und k (oder k') und eine dreifache Summe nach i, k und k'. Es wird nämlich

$$\begin{aligned}((\varphi, \psi)) = &\sum_i \left(\frac{\partial\varphi}{\partial p_i}\frac{\partial\psi}{\partial q_i} - \frac{\partial\psi}{\partial p_i}\frac{\partial\varphi}{\partial q_i}\right) \\ &+ \sum_i\sum_{k'} \left(\frac{\partial\varphi}{\partial p_i}\frac{\partial\psi}{\partial\varpi_{k'}}\frac{\partial\varpi_{k'}}{\partial q_i} - \frac{\partial\varphi}{\partial q_i}\frac{\partial\psi}{\partial\varpi_{k'}}\frac{\partial\varpi_{k'}}{\partial p_i}\right) - \sum_i\sum_k \left(\frac{\partial\psi}{\partial p_i}\frac{\partial\varphi}{\partial\varpi_k}\frac{\partial\varpi_k}{\partial q_i} - \frac{\partial\psi}{\partial q_i}\frac{\partial\varphi}{\partial\omega_k}\frac{\partial\varpi_k}{\partial p_i}\right) \\ &+ \sum_i\sum_k\sum_{k'} \frac{\partial\varphi}{\partial\varpi_k}\frac{\partial\psi}{\partial\varpi_{k'}}\left(\frac{\partial\varpi_k}{\partial p_i}\frac{\partial\varpi_{k'}}{\partial q_i} - \frac{\partial\varpi_{k'}}{\partial p_i}\frac{\partial\varpi_k}{\partial q_i}\right),\end{aligned}$$

oder wenn man in den doppelten und dreifachen Summen die Ordnung der Summationen umkehrt und die in (3.) gegebene Definition der in einfache Klammern eingeschlossenen Ausdrücke von der Form (φ, ψ) berücksichtigt,

$$\begin{aligned}((\varphi, \psi)) = &(\varphi, \psi) \\ &+ \sum_{k'} \frac{\partial\psi}{\partial\varpi_{k'}}(\varphi, \varpi_{k'}) - \sum_k \frac{\partial\varphi}{\partial\varpi_k}(\psi, \varpi_k) \\ &+ \sum_k\sum_{k'} \frac{\partial\varphi}{\partial\varpi_k}\frac{\partial\psi}{\partial\varpi_{k'}}(\varpi_k, \varpi_{k'}).\end{aligned}$$

Da die Summationen nach k und k' auf dieselben Werthe 1 bis m ausgedehnt werden, so kann man in der ersten Summe der zweiten Zeile k statt k' schreiben. In der dritten Zeile verschwinden die Glieder, für welche die Werthe von k und k' zusammenfallen, wegen des Factors $(\varpi_k, \varpi_{k'})$; von den übrigen Gliedern kann man je zwei zu einem vereinigen, da $(\varpi_{k'}, \varpi_k) = -(\varpi_k, \varpi_{k'})$ ist. Daher braucht man die Summe nur auf die Combinationen je zweier von einander verschiedenen Werthe k, k' zu beziehen und erhält dann $(\varpi_k, \varpi_{k'})$ in $\left(\frac{\partial\varphi}{\partial\varpi_k}\frac{\partial\psi}{\partial\varpi_{k'}} - \frac{\partial\psi}{\partial\varpi_k}\frac{\partial\varphi}{\partial\varpi_{k'}}\right)$ multiplicirt; also ergiebt sich schliesslich

$$(4.)\quad \begin{cases} ((\varphi, \psi)) \\ = (\varphi, \psi) + \sum_k \frac{\partial\psi}{\partial\varpi_k}(\varphi, \varpi_k) - \sum_k \frac{\partial\varphi}{\partial\varpi_k}(\psi, \omega_k) + \sum_{k,k'}\left(\frac{\partial\varphi}{\partial\varpi_k}\frac{\partial\psi}{\partial\varpi_{k'}} - \frac{\partial\psi}{\partial\varpi_k}\frac{\partial\varphi}{\partial\varpi_{k'}}\right)(\varpi_k, \varpi_{k'}).\end{cases}$$

Des späteren Gebrauchs wegen wollen wir die Formel (4.) specialisiren, indem wir für die Grössen $\varpi_1, \varpi_2, \dots \varpi_n$ die bereits früher*) betrachteten n von willkürlichen Constanten freien, nur von den Variablen $q_1, q_2, \dots q_n$, $p_1, p_2, \dots p_n$ abhängigen Functionen $H, H_1, \dots H_{n-1}$ setzen, welche, n von einander unabhängigen willkürlichen Constanten $h, h_1, \dots h_{n-1}$ gleich gesetzt, die Variablen $p_1, p_2, \dots p_n$ dergestalt als Functionen der Variablen $q_1, q_2, \dots q_n$ bestimmen, dass

$$p_1 dq_1 + p_2 dq_2 + \cdots + p_n dq_n$$

ein vollständiges Differential und sein Integral eine vollständige Lösung V der partiellen Differentialgleichung $H = h$ wird. Alsdann ist, wie wir gesehen haben, identisch

$$(H_k, H_{k'}) = 0,$$

folglich verschwindet in der allgemeinen Formel (4.) die nach k, k' genommene Doppelsumme, und wir erhalten

$$(5.)\qquad ((\varphi, \psi)) = (\varphi, \psi) + \sum_k \frac{\partial \psi}{\partial H_k} (\varphi, H_k) - \sum_k \frac{\partial \varphi}{\partial H_k} (\psi, H_k),$$

wo die Summen von $k = 0$ bis $k = n-1$ auszudehnen sind.

Specialisiren wir nun diese Formel noch mehr. Nach unserer bisherigen Annahme enthalten die Functionen φ und ψ die Variablen p und q erstens explicite und zweitens implicite vermittelst der Grössen $H, H_1, \dots H_{n-1}$. Nehmen wir gegenwärtig an, dass die Functionen φ und ψ die Variablen p nur in der letzteren Art, also *nur implicite* enthalten, eine Form, welche durch Einführung der n Grössen H als neuer Variablen an Stelle der n Grössen p immer zu erreichen ist. Da mithin φ und ψ lediglich in $q_1, q_2, \dots q_n$, H, $H_1, \dots H_{n-1}$ ausgedrückt sind, so tritt unter dieser Hypothese eine wesentliche Vereinfachung der in Gleichung (5.) vorkommenden Ausdrücke

$$(\varphi, \psi) = \sum_i \left(\frac{\partial \varphi}{\partial p_i} \frac{\partial \psi}{\partial q_i} - \frac{\partial \psi}{\partial p_i} \frac{\partial \varphi}{\partial q_i} \right),$$

$$(\varphi, H_k) = \sum_i \left(\frac{\partial \varphi}{\partial p_i} \frac{\partial H_k}{\partial q_i} - \frac{\partial \varphi}{\partial q_i} \frac{\partial H_k}{\partial p_i} \right), \quad (\psi, H_k) = \sum_i \left(\frac{\partial \psi}{\partial p_i} \frac{\partial H_k}{\partial q_i} - \frac{\partial \psi}{\partial q_i} \frac{\partial H_k}{\partial p_i} \right)$$

ein. Die Differentialquotienten $\frac{\partial \varphi}{\partial p_i}$, $\frac{\partial \psi}{\partial p_i}$ verschwinden für jeden Werth von i, es wird

$$(\varphi, \psi) = 0, \quad (\varphi, H_k) = -\sum_i \frac{\partial \varphi}{\partial q_i} \frac{\partial H_k}{\partial p_i}, \quad (\psi, H_k) = -\sum_i \frac{\partial \psi}{\partial q_i} \frac{\partial H_k}{\partial p_i},$$

*) S. zweiunddreissigste Vorlesung, p. 250.

und der allgemeine Ausdruck (5.) von $((\varphi, \psi))$ nimmt jetzt die einfache Gestalt an;

$$(6.)\qquad ((\varphi, \psi)) = -\sum_k \frac{\partial \psi}{\partial H_k} \sum_i \frac{\partial \varphi}{\partial q_i} \frac{\partial H_k}{\partial p_i} + \sum_k \frac{\partial \varphi}{\partial H_k} \sum_i \frac{\partial \psi}{\partial q_i} \frac{\partial H_k}{\partial p_i}.$$

In dieser Gleichung ist die Specialisirung des Hülfssatzes (4.) enthalten, deren wir uns bei Betrachtung der *Hamilton*schen Form der Integrale zu bedienen haben.

Um unter diesen Voraussetzungen die Integrale des Systems der Differentialgleichungen (1.) in der *Hamilton*schen Form vollständig hinzuschreiben, seien, unter Beibehaltung der soeben gebrauchten Bezeichnung,

$$H = h, \quad H_1 = h_1, \quad \dots \quad H_{n-1} = h_{n-1}$$

die Gleichungen, welche die Variablen $p_1, p_2, \dots p_n$ so bestimmen, dass

$$V = \int (p_1 dq_1 + p_2 dq_2 + \dots + p_n dq_n)$$

eine vollständige Lösung der partiellen Differentialgleichung $H = h$ wird. Dann sind, wie wir wissen*), die Integralgleichungen des Systems (1.) in der *Hamilton*schen Form:

$$(7.)\qquad \begin{cases} \dfrac{\partial V}{\partial q_1} = p_1, & \dfrac{\partial V}{\partial q_2} = p_2, \quad \dots \quad \dfrac{\partial V}{\partial q_n} = p_n, \\ \dfrac{\partial V}{\partial h} = t + h', & \dfrac{\partial V}{\partial h_1} = h'_1, \quad \dots \quad \dfrac{\partial V}{\partial h_{n-1}} = h'_{n-1}, \end{cases}$$

wo $h', h'_1, \dots h'_{n-1}$ neue willkürliche Constanten bedeuten. Aber diese Integralgleichungen sind noch nicht sämmtlich nach den willkürlichen Constanten aufgelöst. Um sie unter dieser Form d. h. nach unserer Terminologie als *Integrale* zu erhalten, setzen wir für die erste Hälfte der Integralgleichungen (7.) die damit gleichbedeutenden Integrale

$$H = h, \quad H_1 = h_1, \quad \dots \quad H_{n-1} = h_{n-1},$$

und in die zweite Hälfte derselben, welche bereits nach den willkürlichen Constanten $h', h'_1, \dots h'_{n-1}$ aufgelöst sind, substituiren wir für $h, h_1, \dots h_{n-1}$ ihre Werthe $H, H_1, \dots H_{n-1}$. Dann ergeben sich, wenn $H', H'_1, \dots H'_{n-1}$ die Functionen der Variablen $q_1, q_2, \dots q_n, p_1, p_2, \dots p_n$ bezeichnen, in welche durch diese Substitution die Grössen $\frac{\partial V}{\partial h}, \frac{\partial V}{\partial h_1}, \dots \frac{\partial V}{\partial h_{n-1}}$ übergehen, die in der zweiten Zeile des Systems (7.) stehenden Integralgleichungen in Form der Integrale

$$H' = t + h', \quad H'_1 = h'_1, \quad H'_2 = h'_2, \quad \dots \quad H'_{n-1} = h'_{n-1}.$$

*) S. zwanzigste Vorlesung, p. 157.

Die Grössen H', H'_1, ... H'_{n-1} enthalten die Variablen p_1, p_2, ... p_n nur implicite vermittelst der Grössen H, H_1, ... H_{n-1}, denn die Function V und deren Differentialquotienten $\frac{\partial V}{\partial h}$, $\frac{\partial V}{\partial h_1}$, ... $\frac{\partial V}{\partial h_{n-1}}$ sind lediglich von q_1, q_2, ... q_n, h, h_1, ... h_{n-1} abhängig, und daher die Grössen H', H'_1, ... H'_{n-1} lediglich von den Grössen q_1, q_2, ... q_n, H, H_1, ... H_{n-1}. Es sind also H', H'_1, ... H'_{n-1} genau von derjenigen Form, in welcher die Grössen φ und ψ in Gleichung (6.) nach unserer Annahme dargestellt sind. Dasselbe gilt, wie sich von selbst versteht, von den Grössen H, H_1, ... H_{n-1}, wenn wir sie als Functionen ihrer selbst betrachten, nur dass alsdann auch die Variablen q_1, q_2, ... q_n nicht explicite in ihnen vorkommen. Auf Ausdrücke der Form $((H'_\alpha, H'_\beta))$ oder $((H'_\alpha, H_\beta))$, deren doppelte Klammern wir von nun an zur Vereinfachung der Bezeichnung fortlassen werden, lässt sich also die Formel (6.) für $((\varphi, \psi))$ anwenden.

Wird in (6.) zunächst $\varphi = H'_\alpha$. $\psi = H'_\beta$, gesetzt, wo α und β Zahlen aus der Reihe 0, 1, ... $n-1$ bedeuten, so ergiebt sich

$$(8.)\qquad (H'_\alpha, H'_\beta) = -\sum_k \frac{\partial H'_\beta}{\partial H_k} \sum_i \frac{\partial H'_\alpha}{\partial q_i}\frac{\partial H_k}{\partial p_i} + \sum_k \frac{\partial H'_\alpha}{\partial H_k} \sum_i \frac{\partial H'_\beta}{\partial q_i}\frac{\partial H_k}{\partial p_i}.$$

Aber nach der Definition der Grössen H'_α ist

$$H'_\alpha = \frac{\partial V}{\partial h_\alpha},$$

vorausgesetzt, dass in $\frac{\partial V}{\partial h_\alpha}$ für die Grössen h_k die Grössen H_k gesetzt werden. Da aus der zur Bestimmung von V dienenden Gleichung

$$V = \int (p_1 dq_1 + p_2 dq_2 + \cdots + p_n dq_n)$$

für den Differentialquotienten von V nach h_α der Werth

$$\frac{\partial V}{\partial h_\alpha} = \int \left(\frac{\partial p_1}{\partial h_\alpha} dq_1 + \frac{\partial p_2}{\partial h_\alpha} dq_2 + \cdots + \frac{\partial p_n}{\partial h_\alpha} dq_n \right)$$

folgt, so ergiebt sich hieraus durch partielle Differentiation nach q_i

$$\frac{\partial \left(\frac{\partial V}{\partial h_\alpha} \right)}{\partial q_i} = \frac{\partial p_i}{\partial h_\alpha},$$

also nach Ersetzung der Grössen h_k durch die entsprechenden Grössen H_k

$$(9.)\qquad \frac{\partial H'_\alpha}{\partial q_i} = \frac{\partial p_i}{\partial H_\alpha}.$$

Mit Benutzung dieser Gleichung erhalten die in Formel (8.) vorkommenden nach i genommenen Summen die einfachen Werthe

$$\sum_i \frac{\partial H'_\alpha}{\partial q_i} \frac{\partial H_k}{\partial p_i} = \sum_i \frac{\partial H_k}{\partial p_i} \frac{\partial p_i}{\partial H_\alpha} = \frac{\partial H_k}{\partial H_\alpha},$$

$$\sum_i \frac{\partial H'_\beta}{\partial q_i} \frac{\partial H_k}{\partial p_i} = \sum_i \frac{\partial H_k}{\partial p_i} \frac{\partial p_i}{\partial H_\beta} = \frac{\partial H_k}{\partial H_\beta},$$

und (8.) geht über in

$$(H'_\alpha, H'_\beta) = -\sum_k \frac{\partial H'_\beta}{\partial H_k} \frac{\partial H_k}{\partial H_\alpha} + \sum_k \frac{\partial H'_\alpha}{\partial H_k} \frac{\partial H_k}{\partial H_\beta},$$

oder da $\frac{\partial H_k}{\partial H_\alpha}$ für alle von α verschiedenen Werthe von k verschwindet, für $k = \alpha$ aber der Einheit gleich wird,

$$(H'_\alpha, H'_\beta) = -\frac{\partial H'_\beta}{\partial H_\alpha} + \frac{\partial H'_\alpha}{\partial H_\beta}.$$

Die rechte Seite dieser Gleichung ist gleich Null; denn bezeichnet V' die Function, in welche V übergeht, wenn die Grössen h_k durch die entsprechenden H_k ersetzt werden, so ist

$$H' = \frac{\partial V'}{\partial H}, \quad H'_1 = \frac{\partial V'}{\partial H_1}, \quad H'_2 = \frac{\partial V'}{\partial H_2}, \quad \ldots \quad H'_n = \frac{\partial V'}{\partial H_n},$$

also

$$\frac{\partial H'_\alpha}{\partial H_\beta} = \frac{\partial H'_\beta}{\partial H_\alpha},$$

und hieraus folgt:

$$(H'_\alpha, H'_\beta) = 0.$$

Setzen wir nun, um Ausdrücke von der Form (H'_α, H_β) umzuformen, in (6.) für φ und ψ die Werthe $\varphi = H'_\alpha$, $\psi = H_\beta$, so ergiebt sich

$$(10.) \quad (H'_\alpha, H_\beta) = -\sum_k \frac{\partial H_\beta}{\partial H_k} \sum_i \frac{\partial H'_\alpha}{\partial q_i} \frac{\partial H_k}{\partial p_i} + \sum_k \frac{\partial H'_\alpha}{\partial H_k} \sum_i \frac{\partial H_\beta}{\partial q_i} \frac{\partial H_k}{\partial p_i}.$$

Mit Benutzung von Gleichung (9.) erhält die erste hierin vorkommende, nach i genommene Summe den Werth

$$\sum_i \frac{\partial H'_\alpha}{\partial q_i} \frac{\partial H_k}{\partial p_i} = \sum_i \frac{\partial H_k}{\partial p_i} \frac{\partial p_i}{\partial H_\alpha} = \frac{\partial H_k}{\partial H_\alpha}.$$

Die zweite nach i genommene Summe dagegen verschwindet; denn da wir die Grössen $q_1, q_2, \ldots q_n$ und $H, H_1, \ldots H_{n-1}$ als unabhängige Variable ansehen, so enthält H_β kein q_i, und die Differentialquotienten $\frac{\partial H_\beta}{\partial q_i}$ sind sämmtlich gleich Null. Auf diese Weise geht Gleichung (10.) über in

$$(H'_\alpha, H_\beta) = -\sum_k \frac{\partial H_\beta}{\partial H_k}\frac{\partial H_k}{\partial H_\alpha} = -\frac{\partial H_\beta}{\partial H_\alpha},$$

und da $\frac{\partial H_\beta}{\partial H_\alpha}$ gleich 0 oder gleich 1 ist, je nachdem β von α verschieden oder demselben gleich ist, so hat man für je zwei von einander verschiedene Werthe von α und β

$$(H'_\alpha, H_\beta) = 0,$$

dagegen, wenn $\alpha = \beta$ ist,

$$(H'_\alpha, H_\alpha) = -1.$$

Endlich ist nach den Bedingungsgleichungen, durch welche die Grössen H definirt werden,

$$(H_\alpha, H_\beta) = 0.$$

Wir haben also für die Grössen H_α und H'_α folgende identische Gleichungen erhalten:

$$(H_\alpha, H_\beta) = 0, \quad (H'_\alpha, H'_\beta) = 0,$$
$$(H_\alpha, H'_\beta) = 0,$$

von welchen die beiden ersten für alle Werthe von α und β gelten, die letzte aber nur für von einander verschiedene Werthe von α und β, während für $\alpha = \beta$ die Gleichung besteht:

$$(H_\alpha, H'_\alpha) = 1:$$

Man kann diese Resultate in folgenden Satz zusammenfassen:

Es sei das System der isoperimetrischen Differentialgleichungen

$$(1.)\quad \begin{cases} \frac{dq_1}{dt} = \frac{\partial H}{\partial p_1}, & \frac{dq_2}{dt} = \frac{\partial H}{\partial p_2}, \quad \dots \quad \frac{dq_n}{dt} = \frac{\partial H}{\partial p_n}, \\ \frac{dp_1}{dt} = -\frac{\partial H}{\partial q_1}, & \frac{dp_2}{dt} = -\frac{\partial H}{\partial q_2}, \quad \dots \quad \frac{dp_n}{dt} = -\frac{\partial H}{\partial q_n} \end{cases}$$

vorgelegt, in welchem H eine gegebene Function der Variablen $q_1, q_2, \dots q_n$, $p_1, p_2, \dots p_n$ bedeutet, und welches für $H = T - U$ in das System der Differentialgleichungen der Dynamik im Fall der Geltung des Princips der lebendigen Kraft übergeht. Man betrachte die partielle Differentialgleichung

$$H = h,$$

in welcher $p_1 = \frac{\partial V}{\partial q_1}$, $p_2 = \frac{\partial V}{\partial q_2}$, $\dots$ $p_n = \frac{\partial V}{\partial q_n}$ gesetzt ist, und auf welche sich das System (1.) zurückführen lässt. Es seien

$$H_1 = h_1, \quad H_2 = h_2, \quad \dots \quad H_{n-1} = h_{n-1}$$

die Gleichungen, welche mit $H = h$ *zusammen* $p_1, p_2, \ldots p_n$ *so als Functionen von* $q_1, q_2, \ldots q_n$ *bestimmen, dass*

$$p_1 dq_1 + p_2 dq_2 + \cdots + p_n dq_n$$

ein vollständiges Differential und sein Integral

$$V = \int (p_1 dq_1 + p_2 dq_2 + \cdots + p_n dq_n)$$

eine vollständige Lösung der partiellen Differentialgleichung $H = h$ *wird. Bezeichnet man nun mit* $H', H_1', \ldots H_{n-1}'$ *die Functionen der Variablen* $q_1, q_2, \ldots q_n$, $p_1, p_2, \ldots p_n$, *in welche die Differentialquotienten* $\frac{\partial V}{\partial h}, \frac{\partial V}{\partial h_1}, \ldots \frac{\partial V}{\partial h_{n-1}}$ *übergehen, wenn die Constanten* $h, h_1, \ldots h_{n-1}$ *durch die Functionen* $H, H_1, \ldots H_{n-1}$ *ersetzt werden, und stellt man das zum System der Differentialgleichungen* (1.) *gehörende System der Integrale in der Hamiltonschen Form, d. h. in den Gleichungen*

$$\begin{array}{lllll} H = h, & H_1 = h_1, & H_2 = h_2, & \ldots & H_{n-1} = h_{n-1}, \\ H' = t + h', & H_1' = h_1', & H_2' = h_2', & \ldots & H_{n-1}' = h_{n-1}' \end{array}$$

auf, so haben die $2n$ *Functionen* $H, H_1, \ldots H_{n-1}, H', H_1', H_{n-1}'$, *welche die linken Seiten dieser Integrale bilden, die Eigenschaft, dass, wenn man in dem Ausdruck*

$$(\varphi, \psi) = \left\{ \begin{array}{l} \frac{\partial \varphi}{\partial p_1}\frac{\partial \psi}{\partial q_1} + \frac{\partial \varphi}{\partial p_2}\frac{\partial \psi}{\partial q_2} + \cdots + \frac{\partial \varphi}{\partial p_n}\frac{\partial \psi}{\partial q_n} \\ - \frac{\partial \psi}{\partial p_1}\frac{\partial \varphi}{\partial q_1} - \frac{\partial \psi}{\partial p_2}\frac{\partial \varphi}{\partial q_2} - \cdots - \frac{\partial \psi}{\partial p_n}\frac{\partial \varphi}{\partial q_n} \end{array} \right\}$$

für φ *und* ψ *irgend zwei von den* $2n$ *Grössen* $H, H_1, \ldots H_{n-1}, H', H_1', \ldots H_{n-1}'$ *setzt, derselbe verschwindet, mit einziger Ausnahme der Combinationen von* H *und* H', H_1 *und* H_1', $\ldots$ H_{n-1} *und* H_{n-1}', *deren jede, für* φ *und* ψ *gesetzt, den Ausdruck* (φ, ψ) *der Einheit gleich macht.*

Vermittelst dieses Satzes kann man sehr einfache Formeln für die Variation der Constanten aufstellen, was den Gegenstand der nächsten Vorlesung bilden wird.

Sechsunddreissigste Vorlesung.

Die Störungstheorie.

Wenn man in der Dynamik die Theorie der Variation der Constanten anwendet, so nimmt man an, dass sich das System der Differentialgleichungen der Bewegung ändert, indem zu der charakteristischen Function H eine Störungsfunction Ω hinzukommt, welche ausser den Variablen $q_1, q_2, \dots q_n, p_1, p_2, \dots p_n$ auch die Zeit t explicite enthalten kann, dass also die Differentialgleichungen in folgende übergehen:

$$(1.)\qquad \frac{dq_i}{dt} = \frac{\partial H}{\partial p_i} + \frac{\partial \Omega}{\partial p_i}, \quad \frac{dp_i}{dt} = -\frac{\partial H}{\partial q_i} - \frac{\partial \Omega}{\partial q_i}.$$

Ist nun Ω gegen H sehr klein, so kann man die Werthe der Variablen p_i und q_i im ungestörten Problem (für $\Omega = 0$) als Näherungswerthe für ihre Werthe im gestörten Problem brauchen und die neuen Werthe von p_i und q_i so darstellen, dass sie dieselbe analytische Form behalten, dass aber an die Stelle der früheren willkürlichen Constanten (oder Elemente nach astronomischem Sprachgebrauch) jetzt Functionen der Zeit treten. Statt, wie im ungestörten Problem, die Grössen p_i und q_i als die zu bestimmenden Variablen anzusehen, sucht man im gestörten vielmehr diejenigen Functionen, welche an die Stelle der alten willkürlichen Constanten oder Elemente treten, d. h. die gestörten Elemente werden die Variablen des neuen Problems. Dies gewährt den Vortheil, dass man als erste Näherung nicht Functionen der Zeit, welche constante Grössen enthalten, sondern die Constanten selbst, die Elemente des ungestörten Problems, erhält.

Es kommt nun darauf an, die Differentialgleichungen der gestörten Elemente aufzustellen. Erinnern wir uns zunächst an die *Hamilton*sche Form der Integrale des ungestörten Problems, also an das in der vorigen Vorlesung betrachtete System

$$(2.)\qquad \begin{cases} H = h, & H_1 = h_1, \quad \dots \quad H_{n-1} = h_{n-1}, \\ H' = h' + t, & H'_1 = h'_1, \quad \dots \quad H'_{n-1} = h'_{n-1}, \end{cases}$$

und bezeichnen wir irgend ein von t freies Integral des ungestörten Problems mit

$$\varphi = a,$$

wo φ eine von willkürlichen Constanten nicht afficirte Function der Variablen $q_1, q_2, \dots q_n, p_1, p_2, \dots p_n$ und a eine willkürliche Constante bedeutet, so dass sich φ als Function der $2n-1$ Variablen $H, H_1, \dots H_{n-1}, H'_1, \dots H'_{n-1}$ und a als die nämliche Function der $2n-1$ Constanten $h, h_1, \dots h_{n-1}, h'_1, \dots h'_{n-1}$ darstellen lassen muss. Im gestörten Problem ist a keine Constante mehr, $\frac{da}{dt}$ also nicht mehr gleich Null, man erhält vielmehr unter Benutzung der Differentialgleichungen (1.) für $\frac{da}{dt}$ den Ausdruck

$$\frac{da}{dt} = \sum_{i=1}^{i=n}\left(\frac{\partial\varphi}{\partial q_i}\frac{dq_i}{dt}+\frac{\partial\varphi}{\partial p_i}\frac{dp_i}{dt}\right)$$

$$= \sum_{i=1}^{i=n}\left(\frac{\partial\varphi}{\partial q_i}\frac{\partial H}{\partial p_i}-\frac{\partial\varphi}{\partial p_i}\frac{\partial H}{\partial q_i}\right)+\sum_{i=1}^{i=n}\left(\frac{\partial\varphi}{\partial q_i}\frac{\partial\Omega}{\partial p_i}-\frac{\partial\varphi}{\partial p_i}\frac{\partial\Omega}{\partial q_i}\right)$$

oder, was dasselbe ist,

$$(3.)\qquad \frac{da}{dt} = (H,\varphi)+(\Omega,\varphi).$$

Da $\varphi = a$ ein von t freies Integral des ungestörten Problems ist, so genügt φ der linearen partiellen Differentialgleichung $(H,\varphi) = 0$, und der Ausdruck $\frac{da}{dt}$ reducirt sich auf

$$(3^*.)\qquad \frac{da}{dt} = (\Omega,\varphi).$$

Die rechte Seite dieser Gleichung enthält ausser dem in Ω explicite vorkommenden t die $2n$ Variablen $q_1, q_2, \ldots q_n, p_1, p_2, \ldots p_n$, für welche wir jedoch die $2n$ Functionen $H, H_1, \ldots H_{n-1}, H', H'_1, \ldots H'_{n-1}$ derselben als neue Variable einführen wollen. Die Einführung der neuen Variablen in Ω giebt für (Ω,φ) die Transformation

$$(4.)\qquad (\Omega,\varphi) = \sum_{k=0}^{k=n-1}\frac{\partial\Omega}{\partial H_k}(H_k,\varphi)+\sum_{k=0}^{k=n-1}\frac{\partial\Omega}{\partial H'_k}(H'_k,\varphi).$$

Führen wir die neuen Variablen auch in φ ein und berücksichtigen, dass φ von der einen derselben, von H', unabhängig ist, dass also $\frac{\partial\varphi}{\partial H'}$ verschwindet, so erhalten wir für die Ausdrücke (H_k,φ), (H'_k,φ) die Transformationen

$$(H_k,\varphi) = \sum_{s=0}^{s=n-1}\frac{\partial\varphi}{\partial H_s}(H_k,H_s)+\sum_{s=1}^{s=n-1}\frac{\partial\varphi}{\partial H'_s}(H_k,H'_s),$$

$$(H'_k,\varphi) = \sum_{s=0}^{s=n-1}\frac{\partial\varphi}{\partial H_s}(H'_k,H_s)+\sum_{s=1}^{s=n-1}\frac{\partial\varphi}{\partial H'_s}(H'_k,H'_s).$$

Aber nach dem in der vorigen Vorlesung bewiesenen Satze verschwinden die sämmtlichen Ausdrücke (H_k,H_s), (H_k,H'_s), (H'_k,H_s), (H'_k,H'_s) mit Ausnahme derjenigen (H_k,H'_s), (H'_k,H_s), in welchen k und s denselben Werth haben, und von diesen werden die ersteren der positiven, die letzteren der negativen Einheit gleich. Dadurch reduciren sich die Ausdrücke von (H_k,φ), (H'_k,φ) auf die einfachen Werthe

$$(H_k,\varphi) = \frac{\partial\varphi}{\partial H'_k},$$

$$(H'_k,\varphi) = -\frac{\partial\varphi}{\partial H_k}.$$

In Folge dessen geht Gleichung (4.) über in

$$(\Omega, \varphi) = \sum_{k=1}^{k=n-1} \frac{\partial \Omega}{\partial H_k} \frac{\partial \varphi}{\partial H'_k} - \sum_{k=0}^{k=n-1} \frac{\partial \Omega}{\partial H'_k} \frac{\partial \varphi}{\partial H_k},$$

und Gleichung (3*.) giebt für $\frac{da}{dt}$ schliesslich den Werth:

$$(5.) \qquad \frac{da}{dt} = \sum_{k=1}^{k=n-1} \frac{\partial \Omega}{\partial H_k} \frac{\partial \varphi}{\partial H'_k} - \sum_{k=0}^{k=n-1} \frac{\partial \Omega}{\partial H'_k} \frac{\partial \varphi}{\partial H_k}.$$

Die partiellen Differentialquotienten der Störungsfunction sind hier in die Grössen $\frac{\partial \varphi}{\partial H'_k}$ und $-\frac{\partial \varphi}{\partial H_k}$ multiplicirt, also in Ausdrücke, welche die Zeit nicht explicite enthalten, da t in φ nicht vorkommt. Dies ist der berühmte *Poisson*-sche Satz.

Specialisiren wir die Formel (5.), indem wir für φ die einzelnen Grössen $H, H_1, \dots H_{n-1}, H'_1, \dots H'_{n-1}$ und demgemäss gleichzeitig für a die Grössen $h, h_1, \dots h_{n-1}, h'_1, \dots h'_{n-1}$ setzen, so erhalten wir für $k = 0, 1, \dots n-1$

$$(6.) \qquad \frac{dh_k}{dt} = -\frac{\partial \Omega}{\partial H'_k}$$

und für $k = 1, \dots n-1$

$$(7.) \qquad \frac{dh'_k}{dt} = \frac{\partial \Omega}{\partial H_k}.$$

Es bleibt jetzt noch übrig, dasjenige Integral des ungestörten Problems zu betrachten, durch welches die Zeit eingeführt wird, d. h. das Integral

$$H' = h' + t.$$

Da jetzt $h' + t$ an die Stelle von a und H' an die Stelle von φ tritt, so verwandelt sich Gleichung (3.) in

$$\frac{dh'}{dt} + 1 = (H, H') + (\Omega, H'),$$

und da $(H, H') = 1$ ist, erhält man

$$\frac{dh'}{dt} = (\Omega, H'),$$

eine Gleichung genau von der Form (3*.), nur dass h' und H' an die Stelle von a und φ getreten sind. Indem man in Gleichung (4.) ebenfalls H' an die Stelle von φ treten lässt, ergiebt sich (Ω, H') gleich dem partiellen Differentialquotienten $\frac{\partial \Omega}{\partial H}$, und man erhält daher schliesslich

$$\frac{dh'}{dt} = \frac{\partial \Omega}{\partial H},$$

d. h. Gleichung (7.) gilt auch für $k = 0$.

Die Gleichungen (2.), welche für das ungestörte Problem das System seiner Integrale darstellen, sind für das gestörte nur die Definitionsgleichungen der neuen Variablen $h, h_1, \dots h_{n-1}, h', h'_1, \dots h'_{n-1}$ und dienen dazu, die alten Variablen $q_1, q_2, \dots q_n, p_1, p_2, \dots p_n$ oder deren Functionen $H, H_1, \dots H_{n-1}, H', H'_1, \dots H'_{n-1}$ durch die neuen Variablen auszudrücken. Indem man diese Substitution in der Störungsfunction vornimmt, also in derselben $H, H_1, \dots H_{n-1}, H', H'_1, \dots H'_{n-1}$ durch $h, h_1, \dots h_{n-1}, h'+t, h'_1, \dots h'_{n-1}$ ersetzt, so dass Ω eine Function der $2n+1$ Variablen $h, h_1, \dots h_{n-1}, h', h'_1, \dots h'_{n-1}$ und t wird, gehen die Differentialquotienten $\frac{\partial \Omega}{\partial H_k}, \frac{\partial \Omega}{\partial H'_k}$ in $\frac{\partial \Omega}{\partial h_k}, \frac{\partial \Omega}{\partial h'_k}$ über, und man erhält für die Variablen, welche im gestörten Problem an die Stelle der Constanten des ungestörten treten, die Differentialgleichungen

$$(8.)\quad \begin{cases} \dfrac{dh}{dt} = -\dfrac{\partial \Omega}{\partial h'}, & \dfrac{dh_1}{dt} = -\dfrac{\partial \Omega}{\partial h'_1}, \quad \dots \quad \dfrac{dh_{n-1}}{dt} = -\dfrac{\partial \Omega}{\partial h'_{n-1}}, \\ \dfrac{dh'}{dt} = \dfrac{\partial \Omega}{\partial h}, & \dfrac{dh'_1}{dt} = \dfrac{\partial \Omega}{\partial h_1}, \quad \dots \quad \dfrac{dh'_{n-1}}{dt} = \dfrac{\partial \Omega}{\partial h_{n-1}}. \end{cases}$$

Dieses System ist von der nämlichen Form, wie die Differentialgleichungen der Bewegung des ungestörten Problems, nur dass an die Stelle der Variablen $q_1, q_2, \dots q_n, p_1, p_2, \dots p_n$ und der Function H derselben die Variablen $h, h_1, \dots h_{n-1}, h', h'_1, \dots h'_{n-1}$ und die Function $-\Omega$ treten, von denen die letztere noch überdies die Zeit t explicite enthält. Die Integration dieses Systems ist daher nach den früheren allgemeinen Betrachtungen*) gleichbedeutend mit der Bestimmung einer vollständigen Lösung der partiellen Differentialgleichung

$$\frac{\partial S}{\partial t} - \Omega = 0,$$

welche, nachdem die Variablen $h', h'_1, \dots h'_{n-1}$ durch die Differentialquotienten $\frac{\partial S}{\partial h}, \frac{\partial S}{\partial h_1}, \dots \frac{\partial S}{\partial h_{n-1}}$ ersetzt worden sind, S als Function von $t, h, h_1, \dots h_{n-1}$ definirt.

Die hier aufgestellten Differentialgleichungen des Störungsproblems stimmen darin mit den von *Lagrange* und *Laplace* gegebenen Differentialgleichungen überein, dass die gestörten Elemente die gesuchten Variablen sind, und dass die rechten Seiten der Differentialgleichungen durch die Differentialquotienten der Störungsfunction nach den gestörten Elementen ausgedrückt werden. Aber

*) S. Zwanzigste Vorlesung p. 157.

bei ihnen kommen im Allgemeinen in jeder Differentialgleichung alle Differentialquotienten der Störungsfunction vor, und die Coefficienten derselben sind Ausdrücke der Form (φ, ψ), deren Bildung sehr mühsam ist. Das Nähere hierüber findet man in *Lagranges* Mécanique analytique, in welcher die Weitläuftigkeit der nothwendigen Rechnungen mit der grössten Geschicklichkeit abgekürzt ist, sowie in *Enckes* astronomischem Jahrbuch von 1837. In dem einfachen Falle der planetarischen Störungen ist man nach den älteren Formeln genöthigt, 15 Ausdrücke von der Form (φ, ψ) zu berechnen.

Nur dadurch, dass wir die Elemente des ungestörten Problems gerade in der Form genommen haben, wie sie die *Hamilton*sche Methode giebt, ist es uns möglich geworden die Differentialgleichungen so zu vereinfachen, dass in jeder nur *ein* Differentialquotient der Störungsfunction vorkommt, und dass der Coefficient desselben sich auf die positive oder negative Einheit reducirt. Diese Wahl der Elemente ist von der grössten Wichtigkeit; deshalb haben wir bei der Bestimmung der Planetenbewegung durch die *Hamilton*sche Methode die dort eingeführten willkürlichen Constanten ihrer geometrischen Bedeutung nach genau erörtert.

Anstatt die Variablen h_k und h'_k für die ursprünglichen Variablen p_i und q_i in das System gewöhnlicher Differentialgleichungen einzuführen und so auf indirectem Wege zu der partiellen Differentialgleichung $\frac{\partial S}{\partial t} - \Omega = 0$ zu gelangen, werden wir uns im Folgenden die Aufgabe stellen, die Einführung jener neuen Variablen unmittelbar in der partiellen Differentialgleichung

$$\frac{\partial V}{\partial t} + H + \Omega = 0, \tag{9.}$$

die zum Störungsproblem in seinen ursprünglichen Variablen ausgedrückt gehört, zu bewerkstelligen. Indem wir hierbei von der zum ungestörten Problem gehörigen partiellen Differentialgleichung

$$\frac{\partial V_0}{\partial t} + H = 0 \tag{10.}$$

eine vollständige Lösung V_0 als bekannt voraussetzen, welche zur Bestimmung der neuen Variablen h_k und h'_k erforderlich ist, werden wir von der partiellen Differentialgleichung (9.) unmittelbar zu der partiellen Differentialgleichung

$$\frac{\partial S}{\partial t} - \Omega = 0 \tag{11.}$$

übergehen.

Die partielle Differentialgleichung (9.), in welcher die Grössen p_1, $p_2, \dots p_n$ durch die partiellen Differentialquotienten $\frac{\partial V}{\partial q_1}, \frac{\partial V}{\partial q_2}, \dots \frac{\partial V}{\partial q_n}$ ersetzt sind, ist gleichbedeutend mit der totalen Differentialgleichung

$$(12.) \qquad dV = -(H+\Omega)dt + p_1 dq_1 + p_2 dq_2 + \dots + p_n dq_n,$$

wo in H und Ω wieder $p_1, p_2, \dots p_n$ an die Stelle von $\frac{\partial V}{\partial q_1}, \frac{\partial V}{\partial q_2}, \dots \frac{\partial V}{\partial q_n}$ getreten sind.

Indem wir als neue Variable die Functionen einführen, welche im ungestörten Problem willkürlichen Constanten gleich werden, haben wir eine Substitution zu bewerkstelligen, welche von derselben Natur, wie die in der einundzwanzigsten Vorlesung betrachtete, aber allgemeiner als jene ist. Im vorliegenden Falle wie dort sind nicht nur für die unabhängigen Variablen q_1, $q_2, \dots q_n, t$ und für die gesuchte Function V derselben neue Variable einzuführen, sondern die neuen Variablen sind noch überdies von $p_1, p_2, \dots p_n$ d. h. von den nach $q_1, q_2, \dots q_n$ genommenen Differentialquotienten von V abhängig. Die in Rede stehende Transformation geschieht folgendermassen:

Die partielle Differentialgleichung des ungestörten Problems ist

$$(10.) \qquad \frac{\partial V_0}{\partial t} + H = 0,$$

welche wir in der einundzwanzigsten Vorlesung*) durch die Substitution

$$V_0 = W - ht$$

auf die Gleichung

$$H = h$$

zurückgeführt haben. Die vollständige Lösung W dieser partiellen Differentialgleichung ist eine Function von $q_1, q_2, \dots q_n$, welche ausser h noch die $n-1$ willkürlichen Constanten $h_1, h_2, \dots h_{n-1}$ enthält. Haben wir sie gefunden, so ist das System der Integralgleichungen des ungestörten Problems:

$$\frac{\partial W}{\partial q_1} = p_1, \quad \frac{\partial W}{\partial q_2} = p_2, \quad \dots \quad \frac{\partial W}{\partial q_n} = p_n,$$
$$\frac{\partial W}{\partial h} = t + h', \quad \frac{\partial W}{\partial h_1} = h'_1, \quad \dots \quad \frac{\partial W}{\partial h_{n-1}} = h'_{n-1}.$$

Da $h, h_1, \dots h_{n-1}$ im ungestörten Problem Constanten sind, so genügt W der totalen Differentialgleichung

$$dW = p_1 dq_1 + p_2 dq_2 + \dots + p_n dq_n.$$

---

*) p. 165.

Im Störungsproblem dagegen treten an die Stelle der willkürlichen Constanten Functionen der Zeit; $h, h_1, \dots h_{n-1}$ werden variabel, und es kommt zu dem vollständigen Differential von W die Summe

$$\frac{\partial W}{\partial h} dh + \frac{\partial W}{\partial h_1} dh_1 + \cdots + \frac{\partial W}{\partial h_{n-1}} dh_{n-1}$$
$$= (t+h')dh + h'_1 dh_1 + \cdots + h'_{n-1} dh_{n-1}$$

hinzu. Man hat also im Störungsproblem

$$(13.)\quad dW = p_1 dq_1 + p_2 dq_2 + \cdots + p_n dq_n + (t+h')dh + h'_1 dh_1 + h'_2 dh_2 + \cdots + h'_{n-1} dh_{n-1}.$$

Diese Gleichung wird durch die Integralgleichungen identisch erfüllt, wenn man die früheren Constanten als variabel ansieht, d. h. wenn die Integralgleichungen nicht mehr die des ungestörten, sondern des Störungsproblems sind. In demselben ist also diese Gleichung eine *identische.* Daher wird die totale Differentialgleichung (12.) für dV nicht verändert, wenn wir die Gleichung (13.) für dW von jener abziehen. Nehmen wir die Differenz mit entgegengesetztem Zeichen, so ergiebt sich

$$d(W-V) = (H+\Omega)dt + (t+h')dh + h'_1 dh_1 + h'_2 dh_2 + \cdots + h'_{n-1} dh_{n-1}.$$

Durch die Integralgleichungen des Störungsproblems wird aber auch identisch $H = h$, folglich ziehen sich die auf der rechten Seite stehenden Glieder $Hdt + tdh$ in $d(ht)$ zusammen. Indem wir diese Grösse auf die linke Seite bringen, erhalten wir

$$d(W-ht-V) = \Omega dt + h' dh + h'_1 dh_1 + \cdots + h'_{n-1} dh_{n-1}$$

oder, wenn wir

$$W-ht-V = V_0 - V = S$$

setzen,

$$dS = \Omega dt + h' dh + h'_1 dh_1 + \cdots + h'_{n-1} dh_{n-1},$$

und diese totale Differentialgleichung ist gleichbedeutend mit der oben erhaltenen partiellen Differentialgleichung

$$(11.)\quad \frac{\partial S}{\partial t} - \Omega = 0,$$

in welcher die Grössen $h', h'_1, \dots h'_{n-1}$ durch die Differentialquotienten $\frac{\partial S}{\partial h}$, $\frac{\partial S}{\partial h_1}, \dots \frac{\partial S}{\partial h_{n-1}}$ zu ersetzen sind. Endlich ist die partielle Differentialgleichung (11.) diejenige, auf welche sich das System gewöhnlicher Differentialgleichungen (8.) zurückführen lässt. So sind wir auf dem kürzesten Wege zu demselben System von Differentialgleichungen

$$(8.)\begin{cases} \frac{dh}{dt} = -\frac{\partial\Omega}{\partial h'}, & \frac{dh_1}{dt} = -\frac{\partial\Omega}{\partial h'_1}, & \dots & \frac{dh_{n-1}}{dt} = -\frac{\partial\Omega}{\partial h'_{n-1}}, \\ \frac{dh'}{dt} = \frac{\partial\Omega}{\partial h}, & \frac{dh'_1}{dt} = \frac{\partial\Omega}{\partial h_1}, & \dots & \frac{dh'_{n-1}}{dt} = \frac{\partial\Omega}{\partial h_{n-1}} \end{cases}$$

gelangt, welches wir früher auf anderem Wege gefunden hatten.

Dieses System von Differentialgleichungen gewährt den Vortheil, dass man die erste Correction der Elemente durch blosse Quadraturen findet. Dieselbe ergiebt sich, wenn man in Ω die Elemente als constant ansieht und ihnen die Werthe beilegt, die sie im ungestörten Problem hatten. Dann wird Ω eine blosse Function der Zeit t, und die corrigirten Elemente werden durch blosse Quadraturen erhalten. Die Bestimmung der höheren Correctionen ist ein schwieriges Problem, auf das hier nicht eingegangen werden kann.

Es gilt noch ein anderes merkwürdiges System von Formeln, welches sich ebenfalls auf die Einführung der Constanten $h, h_1, \dots h_{n-1}, h', h'_1, \dots h'_{n-1}$ als Elemente bezieht. Von den beiden Hauptformen, unter welchen man die Integralgleichungen darstellen kann, haben wir nämlich bisher diejenige

$$\begin{aligned} H &= h, & H_1 &= h_1, & \dots & & H_{n-1} &= h_{n-1}, \\ H' &= h'+t, & H'_1 &= h'_1, & \dots & & H'_{n-1} &= h'_{n-1} \end{aligned}$$

betrachtet, in welcher die Gleichungen nach den willkürlichen Constanten h_k und h'_k aufgelöst und die Grössen H_k und H'_k lediglich Functionen der Variablen $q_1, q_2, \dots q_n, p_1, p_2, \dots p_n$ sind. Die zweite Hauptform ist diejenige, in welcher die $2n$ Variablen $q_1, q_2, \dots q_n, p_1, p_2, \dots p_n$ als Functionen von t und von den Constanten $h, h_1, \dots h_{n-1}, h', h'_1, \dots h'_{n-1}$ dargestellt werden. Je nachdem man die eine oder die andere Form wählt, hat man es in der Störungstheorie entweder mit den partiellen Differentialquotienten der Grössen H_k und H'_k nach den Variablen q_i und p_i, oder mit den Differentialquotienten der Variablen q_i und p_i nach den willkürlichen Constanten h_k und h'_k zu thun; d. h. man muss entweder, wie *Poisson*, die Differentialquotienten der Functionen, welche den Elementen gleich werden, nach den Variablen bilden, oder, wie *Lagrange*, die Differentialquotienten der Variablen nach den Elementen. In jedem Fall hat man ein System von $4n^2$ Differentialquotienten zu bilden. Die Constanten h_k und h'_k, welche man durch die *Hamilton*sche Form der Integralgleichungen erhält, haben nun ausser den schon angeführten merkwürdigen

Eigenschaften auch noch die, dass beide Systeme von Differentialquotienten entweder gleich, oder entgegengesetzt werden.

Nach dem in der vorigen Vorlesung bewiesenen Satz hat man nämlich:

$$(14.)\begin{cases}(H_i,H)=0,(H_i,H_1)=0,\ldots(H_i,H_{i-1})=0,(H_i,H_i)=0,(H_i,H_{i+1})=0,\ldots(H_i,H_{n-1})=0,\\ (H_i,H')=0,(H_i,H_1')=0,\ldots(H_i,H_{i-1}')=0,(H_i,H_i')=1,(H_i,H_{i+1}')=0,\ldots(H_i,H_{n-1}')=0.\end{cases}$$

In diesen $2n$ Gleichungen sind die $2n$ partiellen Differentialquotienten von H_i

$$\frac{\partial H_i}{\partial q_1},\ \frac{\partial H_i}{\partial q_2},\ \ldots\ \frac{\partial H_i}{\partial q_n},\ \frac{\partial H_i}{\partial p_1},\ \frac{\partial H_i}{\partial p_2},\ \ldots\ \frac{\partial H_i}{\partial p_n},$$

die wir als die Unbekannten des Systems ansehen wollen, linear enthalten. Als Coefficienten dieser $2n$ Unbekannten finden sich in den Gleichungen (14.) die $2n$ Grössen

$$-\frac{\partial H}{\partial p_1},\ -\frac{\partial H}{\partial p_2},\ \ldots\ -\frac{\partial H}{\partial p_n},\ \frac{\partial H}{\partial q_1},\ \frac{\partial H}{\partial q_2},\ \ldots\ \frac{\partial H}{\partial q_n}$$

und die entsprechenden aus der partiellen Differentiation von H_1, H_2, ... H_{n-1}, H', H_1', ... H_{i-1}', H_i', H_{i+1}', ... H_{n-1} hervorgehenden Grössen. Auf der rechten Seite der Gleichungen (14.) steht überall Null, mit alleiniger Ausnahme derjenigen Gleichung, deren Coefficienten Differentialquotienten von H_i' sind, und in welcher die rechte Seite der Einheit gleich ist.

Das nämliche System von linearen Gleichungen, d. h. ein System, in welchem die Coefficienten und die rechten Seiten ganz dieselben sind, erhält man aber für die nach h_i' genommenen Differentialquotienten von $-p_1$, $-p_2$, ... $-p_n$, q_1, q_2, ... q_n. In der That, die Integrale

$$\begin{array}{llllll} H=h, & H_1=h_1, & H_2=h_2, & \ldots\ H_i=h_i, & \ldots\ H_{n-1}=h_{n-1}, \\ H'=t+h', & H_1'=h_1', & H_2'=h_2', & \ldots\ H_i'=h_i', & \ldots\ H_{n-1}'=h_{n-1}' \end{array}$$

werden identische Gleichungen, wenn man sich in denselben für die Variablen q_1, q_2, ... q_n, p_1, p_2, ... p_n ihre Werthe in t und den $2n$ willkürlichen Constanten eingesetzt denkt. Daher kann man sie nach jeder der willkürlichen Constanten partiell differentiiren und erhält durch Differentiation nach h_i' das System von Gleichungen

$$(15.)\begin{cases}\frac{\partial H}{\partial h_i'}=0,\ \frac{\partial H_1}{\partial h_i'}=0,\ldots\ \frac{\partial H_{i-1}}{\partial h_i'}=0,\ \frac{\partial H_i}{\partial h_i'}=0,\ \frac{\partial H_{i+1}}{\partial h_i'}=0,\ldots\ \frac{\partial H_{n-1}}{\partial h_i'}=0,\\ \frac{\partial H'}{\partial h_i'}=0,\ \frac{\partial H_1'}{\partial h_i'}=0,\ldots\ \frac{\partial H_{i-1}'}{\partial h_i'}=0,\ \frac{\partial H_i'}{\partial h_i'}=1,\ \frac{\partial H_{i+1}'}{\partial h_i'}=0,\ldots\ \frac{\partial H_{n-1}'}{\partial h_i'}=0,\end{cases}$$

von welchen die erste z. B. in entwickelter Form folgendermassen lautet:

$$\frac{\partial H}{\partial p_1}\frac{\partial p_1}{\partial h_i'}+\frac{\partial H}{\partial p_2}\frac{\partial p_2}{\partial h_i'}+\cdots+\frac{\partial H}{\partial p_n}\frac{\partial p_n}{\partial h_i'}+\frac{\partial H}{\partial q_1}\frac{\partial q_1}{\partial h_i'}+\frac{\partial H}{\partial q_2}\frac{\partial q_2}{\partial h_i'}+\cdots+\frac{\partial H}{\partial q_n}\frac{\partial q_n}{\partial h_i'}=0.$$

Dies System unterscheidet sich von dem System (14.) nur dadurch, dass an der Stelle der früheren Unbekannten

$$\frac{\partial H_i}{\partial q_1},\quad \frac{\partial H_i}{\partial q_2},\quad \dots\quad \frac{\partial H_i}{\partial q_n},\quad \frac{\partial H_i}{\partial p_1},\quad \frac{\partial H_i}{\partial p_2},\quad \dots\quad \frac{\partial H_i}{\partial p_n}$$

gegenwärtig die Grössen

$$-\frac{\partial p_1}{\partial h_i'},\quad -\frac{\partial p_2}{\partial h_i'},\quad \dots\quad -\frac{\partial p_n}{\partial h_i'},\quad \frac{\partial q_1}{\partial h_i'},\quad \frac{\partial q_2}{\partial h_i'},\quad \dots\quad \frac{\partial q_n}{\partial h_i'}$$

stehen. Aber wenn in zwei Systemen linearer Gleichungen die Coefficienten und die constanten Terme einander gleich sind, so sind es auch die Unbekannten, es sei denn, dass die gemeinschaftliche Determinante der Systeme, d. h. im vorliegenden Falle der Ausdruck

$$\Sigma\pm\frac{\partial H}{\partial q_1}\frac{\partial H_1}{\partial q_2}\cdots\frac{\partial H_{n-1}}{\partial q_n}\frac{\partial H'}{\partial p_1}\frac{\partial H_1'}{\partial p_2}\cdots\frac{\partial H_{n-1}'}{\partial p_n},$$

verschwinde. Dies ist indessen niemals der Fall, denn sonst wären die $2n$ Grössen $H, H_1, \dots H_{n-1}, H', H_1', \dots H_{n-1}'$ nicht von einander unabhängige Functionen der $2n$ Variablen $q_1, q_2, \dots q_n, p_1, p_2, \dots p_n$, und das System der Integrale wäre unzulänglich, um diese $2n$ Variablen als Functionen von $h, h_1, \dots h_{n-1}, h'+t, h_1', \dots h_{n-1}'$ zu bestimmen. Demnach sind beide Systeme von Unbekannten einander gleich, d. h. man hat

$$(16.)\quad \begin{cases} \dfrac{\partial q_1}{\partial h_i'}=\dfrac{\partial H_i}{\partial p_1},\quad \dfrac{\partial q_2}{\partial h_i'}=\dfrac{\partial H_i}{\partial p_2},\quad \dots\quad \dfrac{\partial q_n}{\partial h_i'}=\dfrac{\partial H_i}{\partial p_n},\\[2ex] \dfrac{\partial p_1}{\partial h_i'}=-\dfrac{\partial H_i}{\partial q_1},\quad \dfrac{\partial p_2}{\partial h_i'}=-\dfrac{\partial H_i}{\partial q_2},\quad \dots\quad \dfrac{\partial p_n}{\partial h_i'}=-\dfrac{\partial H_i}{\partial q_n}. \end{cases}$$

Diesem System von Formeln, welches aus der Vergleichung der Systeme (14.) und (15.) hervorgegangen ist, steht ein anderes zur Seite, welches durch blosse Vertauschung aus diesem hergeleitet werden kann. Die Systeme (14.) und (15.) geben nämlich wiederum richtige Gleichungssysteme, wenn man für alle Werthe des Index i an Stelle der Grössen ohne Strich H_i, h_i die negativ genommenen entsprechenden Grössen mit einem Strich $-H_i'$, $-h_i'$, dagegen an Stelle der Grössen mit einem Strich H_i', h_i' die positiv genommenen entsprechenden Grössen ohne Strich H_i, h_i schreibt. Diese Art von Vertauschung muss daher auch auf das System (16.) anwendbar sein und ergiebt aus demselben das neue System von Formeln:

$$(17.)\quad \begin{cases} \dfrac{\partial q_1}{\partial h_i} = -\dfrac{\partial H_i'}{\partial p_1}, & \dfrac{\partial q_2}{\partial h_i} = -\dfrac{\partial H_i'}{\partial p_2}, \quad \dots \quad \dfrac{\partial q_n}{\partial h_i} = -\dfrac{\partial H_i'}{\partial p_n}, \\ \dfrac{\partial p_1}{\partial h_i} = \dfrac{\partial H_i'}{\partial q_1}, & \dfrac{\partial p_2}{\partial h_i} = \dfrac{\partial H_i'}{\partial q_2}, \quad \dots \quad \dfrac{\partial p_n}{\partial h_i} = \dfrac{\partial H_i'}{\partial q_n}. \end{cases}$$

Wir fassen das ganze Formelsystem (16.) und (17.) in den vier Gleichungen zusammen

$$\frac{\partial q_k}{\partial h_i'} = \frac{\partial H_i}{\partial p_k}, \quad \frac{\partial q_k}{\partial h_i} = -\frac{\partial H_i'}{\partial p_k},$$
$$\frac{\partial p_k}{\partial h_i'} = -\frac{\partial H_i}{\partial q_k}, \quad \frac{\partial p_k}{\partial h_i} = \frac{\partial H_i'}{\partial q_k},$$

und sprechen das gewonnene Resultat in nachstehendem Satz*) aus:

Denkt man sich vermittelst des in der Hamiltonschen Form aufgestellten Systems der Integrale

$$H = h, \quad H_1 = h_1, \quad \dots \quad H_{n-1} = h_{n-1},$$
$$H' = h' + t, \quad H_1' = h_1', \quad \dots \quad H_{n-1}' = h_{n-1}'$$

einerseits die Constanten h_k, h_k' durch die Variablen p_i, q_i und die Zeit t ausgedrückt, andererseits aus denselben Gleichungen diese Variablen durch die Constanten und t dargestellt, so sind die bei der ersteren Darstellungsweise gebildeten partiellen Differentialquotienten der Constanten nach den Variablen p_i, q_i und die bei der letzteren Darstellungsweise gebildeten partiellen Differentialquotienten der Variablen p_i, q_i nach den Constanten abgesehen vom Zeichen paarweise einander gleich.

*) Dieser Satz ist unter dem 21. Nov. 1838 der Berliner Akademie mitgetheilt. (S. d. Monatsberichte a. d. J. 1838, p. 178.)

(Ende der Vorlesungen über Dynamik.)

Anhang.

Jacobi wurde im Frühjahr 1843 durch schwere Krankheit verhindert, seine Vorlesungen über Dynamik zu Ende zu führen. Die Anlage derselben zeigt hinlänglich, dass er als Schluss derselben seine Methode der Integration nicht linearer partieller Differentialgleichungen erster Ordnung vorzutragen beabsichtigte, welche sich in einer im Jahre 1838 verfassten vollständig ausgearbeiteten Abhandlung unter seinen nachgelassenen Papieren vorgefunden hat, und welche von mir im 60sten Bande des mathematischen Journals veröffentlicht worden ist. Unter Zugrundelegung dieser Abhandlung versuche ich hier im Sinne *Jacobis* die Lücke zu ergänzen, welche am Schlusse seiner Vorlesungen über Dynamik geblieben war. *Clebsch.*

Die Integration der nicht linearen partiellen Differentialgleichungen erster Ordnung.

Die Integration der partiellen Differentialgleichung $f=h$ oder $H=h$ wurde in der zweiunddreissigsten Vorlesung (pp. 251, 252) auf das System der $\frac{n(n-1)}{2}$ simultanen Gleichungen

(1.) $$(H_i, H_k) = 0$$

zurückgeführt. Sind die Functionen H diesen Gleichungen gemäss bestimmt so liefern die Gleichungen

(2.) $$H=h,\quad H_1=h_1,\quad \ldots\quad H_{n-1}=h_{n-1}$$

solche Ausdrücke der p, für welche

$$dV = p_1dq_1+p_2dq_2+\cdots+p_ndq_n$$

ein vollständiges Differential wird. Statt nun aber die simultane Integration des Systems (1.) mit Hülfe der in der vierunddreissigsten Vorlesung dargelegten Principien fortzuführen, kann man sich die Aufgabe stellen, sofort die Ausdrücke zu finden, welche $p_1, p_2, \ldots p_n$ in Folge der Gleichungen (2.) annehmen. Denken wir uns, wie in der einunddreissigsten Vorlesung (p. 239) auseinandergesetzt ist, p_1 als Function der Grössen q und von $p_2, p_3, \ldots p_n$ ausgedrückt, hierauf p_2 als Function der Grössen q und von $p_3, p_4, \ldots p_n$ bestimmt u. s. w. Wenn $p_1, p_2, \dots p_i$ gefunden sind, so kann man, ehe man zur Aufsuchung von p_{i+1} übergeht, die ersteren Grössen durch $p_{i+1}, p_{i+2}, \dots p_n$ und die q ausdrücken. Die i Gleichungen, denen die Function p_{i+1} dann gleichzeitig zu genügen hat, findet man aus Gleichung (7.) der einunddreissigsten Vorlesung (p. 245), wenn man in dieser i' der Reihe nach durch die Zahlen $1, 2, \dots i$ ersetzt und $i+1$ an die Stelle von i setzt. Da $p_{i'}$ dann von $p_{i+1}, p_{i+2}, \dots p_n$, dagegen p_{i+1} nur von $p_{i+2}, p_{i+3}, \dots p_n$ abhängt, so giebt die angeführte Gleichung folgendes System:

$$(3.)\quad \begin{cases} 0 = \frac{\partial p_{i+1}}{\partial q_1} - \frac{\partial p_1}{\partial q_{i+1}} + \frac{\partial p_{i+1}}{\partial p_{i+2}}\frac{\partial p_1}{\partial q_{i+2}} + \frac{\partial p_{i+1}}{\partial p_{i+3}}\frac{\partial p_1}{\partial q_{i+3}} + \dots + \frac{\partial p_{i+1}}{\partial p_n}\frac{\partial p_1}{\partial q_n} \\ \qquad - \frac{\partial p_1}{\partial p_{i+1}}\frac{\partial p_{i+1}}{\partial q_{i+1}} - \frac{\partial p_1}{\partial p_{i+2}}\frac{\partial p_{i+1}}{\partial q_{i+2}} - \frac{\partial p_1}{\partial p_{i+3}}\frac{\partial p_{i+1}}{\partial q_{i+3}} - \dots - \frac{\partial p_1}{\partial p_n}\frac{\partial p_{i+1}}{\partial q_n}, \\ 0 = \frac{\partial p_{i+1}}{\partial q_2} - \frac{\partial p_2}{\partial q_{i+1}} + \frac{\partial p_{i+1}}{\partial p_{i+2}}\frac{\partial p_2}{\partial q_{i+2}} + \frac{\partial p_{i+1}}{\partial p_{i+3}}\frac{\partial p_2}{\partial q_{i+3}} + \dots + \frac{\partial p_{i+1}}{\partial p_n}\frac{\partial p_2}{\partial q_n} \\ \qquad - \frac{\partial p_2}{\partial p_{i+1}}\frac{\partial p_{i+1}}{\partial q_{i+1}} - \frac{\partial p_2}{\partial p_{i+2}}\frac{\partial p_{i+1}}{\partial q_{i+2}} - \frac{\partial p_2}{\partial p_{i+3}}\frac{\partial p_{i+1}}{\partial q_{i+3}} - \dots - \frac{\partial p_2}{\partial p_n}\frac{\partial p_{i+1}}{\partial q_n}, \\ \cdots\cdots\cdots\cdots\cdots\cdots\cdots\cdots \\ 0 = \frac{\partial p_{i+1}}{\partial q_i} - \frac{\partial p_i}{\partial q_{i+1}} + \frac{\partial p_{i+1}}{\partial p_{i+2}}\frac{\partial p_i}{\partial q_{i+2}} + \frac{\partial p_{i+1}}{\partial p_{i+3}}\frac{\partial p_i}{\partial q_{i+3}} + \dots + \frac{\partial p_{i+1}}{\partial p_n}\frac{\partial p_i}{\partial q_n} \\ \qquad - \frac{\partial p_i}{\partial p_{i+1}}\frac{\partial p_{i+1}}{\partial q_{i+1}} - \frac{\partial p_i}{\partial p_{i+2}}\frac{\partial p_{i+1}}{\partial q_{i+2}} - \frac{\partial p_i}{\partial p_{i+3}}\frac{\partial p_{i+1}}{\partial q_{i+3}} - \dots - \frac{\partial p_i}{\partial p_n}\frac{\partial p_{i+1}}{\partial q_n}. \end{cases}$$

Wir können dies System noch dadurch umformen, dass wir nicht p_{i+1} als Function von $p_{i+2}, p_{i+3}, \dots p_n, q_1, q_2, \dots q_n$ betrachten, sondern eine Gleichung

$$f = \text{Const.}$$

einführen, welche zwischen p_{i+1} und diesen Grössen besteht. Dann ist, wenn $h > i+1$:

$$\frac{\partial f}{\partial p_{i+1}}\frac{\partial p_{i+1}}{\partial p_h} + \frac{\partial f}{\partial p_h} = 0,$$

und für jeden Werth von h:

$$\frac{\partial f}{\partial p_{i+1}}\frac{\partial p_{i+1}}{\partial q_h} + \frac{\partial f}{\partial q_h} = 0.$$

Wenn man also die Gleichungen (3.) mit $\frac{\partial f}{\partial p_{i+1}}$ multiplicirt, so nehmen dieselben folgende Form an:

$$
(4.)\quad \begin{cases}
0 = \frac{\partial f}{\partial q_1} + \frac{\partial p_1}{\partial q_{i+1}}\frac{\partial f}{\partial p_{i+1}} + \frac{\partial p_1}{\partial q_{i+2}}\frac{\partial f}{\partial p_{i+2}} + \cdots + \frac{\partial p_1}{\partial q_n}\frac{\partial f}{\partial p_n} \\
\qquad - \frac{\partial p_1}{\partial p_{i+1}}\frac{\partial f}{\partial q_{i+1}} - \frac{\partial p_1}{\partial p_{i+2}}\frac{\partial f}{\partial q_{i+2}} - \cdots - \frac{\partial p_1}{\partial p_n}\frac{\partial f}{\partial q_n}, \\
0 = \frac{\partial f}{\partial q_2} + \frac{\partial p_2}{\partial q_{i+1}}\frac{\partial f}{\partial p_{i+1}} + \frac{\partial p_2}{\partial q_{i+2}}\frac{\partial f}{\partial p_{i+2}} + \cdots + \frac{\partial p_2}{\partial q_n}\frac{\partial f}{\partial p_n} \\
\qquad - \frac{\partial p_2}{\partial p_{i+1}}\frac{\partial f}{\partial q_{i+1}} - \frac{\partial p_2}{\partial p_{i+2}}\frac{\partial f}{\partial q_{i+2}} - \cdots - \frac{\partial p_2}{\partial p_n}\frac{\partial f}{\partial q_n}, \\
\cdots\cdots\cdots\cdots\cdots\cdots\cdots\cdots \\
0 = \frac{\partial f}{\partial q_i} + \frac{\partial p_i}{\partial q_{i+1}}\frac{\partial f}{\partial p_{i+1}} + \frac{\partial p_i}{\partial q_{i+2}}\frac{\partial f}{\partial p_{i+2}} + \cdots + \frac{\partial p_i}{\partial q_n}\frac{\partial f}{\partial p_n} \\
\qquad - \frac{\partial p_i}{\partial p_{i+1}}\frac{\partial f}{\partial q_{i+1}} - \frac{\partial p_i}{\partial p_{i+2}}\frac{\partial f}{\partial q_{i+2}} - \cdots - \frac{\partial p_i}{\partial p_n}\frac{\partial f}{\partial q_n}.
\end{cases}
$$

Die simultane Integration dieses Systems stützt sich auf die Sätze, welche am Ende der einunddreissigsten Vorlesung und in der vierunddreissigsten Vorlesung gegeben wurden. Ist $p_\varkappa$ irgend eine der Grössen $p_1, p_2, \ldots p_i$, und ist

$$\varphi_\varkappa - p_\varkappa = 0$$

die Gleichung, vermöge deren $p_\varkappa$ sich durch $p_{i+1}, p_{i+2}, \ldots p_n, q_1, q_2, \ldots q_n$ ausdrückt, so ist

$$\frac{\partial(\varphi_\varkappa - p_\varkappa)}{\partial p_{i+h}} = \frac{\partial \varphi_\varkappa}{\partial p_{i+h}} = \frac{\partial p_\varkappa}{\partial p_{i+h}},$$
$$\frac{\partial(\varphi_\varkappa - p_\varkappa)}{\partial q_h} = \frac{\partial \varphi_\varkappa}{\partial q_h} = \frac{\partial p_\varkappa}{\partial q_h};$$

ist aber $h < i+1$, so hat man

$$\frac{\partial(\varphi_\varkappa - p_\varkappa)}{\partial p_h} = 0, \quad \frac{\partial(\varphi_\varkappa - p_\varkappa)}{\partial p_\varkappa} = -1.$$

Die Gleichungen (4.) können daher auch mit Hülfe der Bezeichnung (φ, ψ) so geschrieben werden:

$$(5.)\qquad (f, \varphi_1 - p_1) = 0, \quad (f, \varphi_2 - p_2) = 0, \quad \ldots \quad (f, \varphi_i - p_i) = 0.$$

Bildet man nun den Ausdruck $(\varphi_\varkappa - p_\varkappa, \varphi_\lambda - p_\lambda)$, wo $\varkappa$, λ irgend zwei der Zahlen $1, 2, \ldots i$ bedeuten, so findet man

$$(\varphi_\varkappa - p_\varkappa, \varphi_\lambda - p_\lambda) = 0.$$

Denn sowohl $\varphi_\varkappa - p_\varkappa = 0$, als $\varphi_\lambda - p_\lambda = 0$ gehören dem System von Gleichungen an, welche zur Bestimmung der p dienen; nach dem am Ende der einunddreissigsten Vorlesung gegebenen Theoreme muss also obiger Ausdruck verschwinden. Nun wurde in der vierunddreissigsten Vorlesung dargethan, dass, wenn $(\varphi, \psi) = 0$, aus einer Lösung F der Gleichung

$$(f, \varphi) = 0$$

die weiteren:

$$F' = (F, \psi), \quad F'' = (F', \psi) \quad \text{u. s. w.}$$

sich ableiten lassen. Wenden wir dies auf irgend zwei Gleichungen

$$(f, \varphi_x - p_x) = 0, \quad (f, \varphi_\lambda - p_\lambda) = 0$$

des Systems (5.) an, so folgt, dass aus irgend einer Function F, welche der Gleichung

$$(F, \varphi_x - p_x) = 0$$

genügt, eine Reihe von anderen Lösungen derselben Gleichung gebildet werden kann, nämlich

$$F' = (F, \varphi_\lambda - p_\lambda), \quad F'' = (F', \varphi_\lambda - p_\lambda) \quad \text{u. s. w.}$$

Endlich folgt also auch der Satz: *Ist F eine simultane Lösung der Gleichungen*

$$(f, \varphi_1 - p_1) = 0, \quad (f, \varphi_2 - p_2) = 0, \quad \ldots \quad (f, \varphi_{h-1} - p_{h-1}) = 0,$$

so sind auch

$$F' = (F, \varphi_h - p_h), \quad F'' = (F', \varphi_h - p_h), \quad \ldots$$

simultane Lösungen derselben Gleichungen.

Nehmen wir also an, es sei eine gemeinsame Lösung F der ersten $h-1$ Gleichungen (5.) gefunden, und es werde eine Lösung gesucht, welche auch noch der h^{ten} dieser Gleichungen genügt. Dann tritt die Frage auf, ob es eine dieser letzteren Gleichung genügende Function Φ gebe, welche nur eine Function von F, den aus ihr entwickelten Lösungen F', F'', ... $F^{(\mu-1)}$ und von den Grössen $q_h, q_{h+1}, \ldots q_i$ ist, welche letzteren offenbar die $h-1$ ersten Gleichungen (5.) (oder (4.)) befriedigen. Die Zahl μ ist dadurch beschränkt, dass $F^{(\mu)}$ sich durch die vorhergehenden Functionen F, F', ... $F^{(\mu-1)}$ und durch $q_h, q_{h+1}, \ldots q_i$ ausdrücken lässt, dass also

$$F^{(\mu)} = \Pi(F, F', \ldots F^{(\mu-1)}, q_h, q_{h+1}, \ldots q_i).$$

Nun ist die Gesammtzahl aller gemeinsamen Lösungen, welche $h-1$ von einander unabhängige lineare partielle Differentialgleichungen mit den $2n-i$ Variablen $q_1, q_2, \ldots q_n, p_{i+1}, p_{i+2}, \ldots p_n$ überhaupt zulassen können:

$$2n-i-(h-1);$$

daher ist die Anzahl der Argumente der Function Π höchstens dieser Zahl gleich, also

$$\mu+i-(h-1) \gtreqless 2n-i-(h-1),$$

oder

$$\mu \gtreqless 2(n-i).$$

Sehen wir nun eine Lösung Φ der Gleichung

$$(6.)\qquad (\Phi, \varphi_h - p_h) = 0$$

als eine Function der Argumente von Π allein an, so erhalten wir

$$(7.)\quad \begin{cases} 0 = (\Phi, \varphi_h - p_h) \\ = \frac{\partial \Phi}{\partial F}(F, \varphi_h - p_h) + \frac{\partial \Phi}{\partial F'}(F', \varphi_h - p_h) + \cdots + \frac{\partial \Phi}{\partial F^{(\mu-1)}}(F^{(\mu-1)}, \varphi_h - p_h) \\ + \frac{\partial \Phi}{\partial q_h}(q_h, \varphi_h - p_h) + \frac{\partial \Phi}{\partial q_{h+1}}(q_{h+1}, \varphi_h - p_h) + \cdots + \frac{\partial \Phi}{\partial q_i}(q_i, \varphi_h - p_h). \end{cases}$$

Da in der h^{ten} Gleichung des Systems (4.) oder (5.) nur nach q_h, nicht aber nach $q_{h+1}, q_{h+2}, \ldots q_i$ differentiirt wird, so verschwinden die Coefficienten

$$(q_{h+1}, \varphi_h - p_h),\quad (q_{h+2}, \varphi_h - p_h),\quad \ldots\quad (q_i, \varphi_h - p_h),$$

und man findet ausserdem:

$$(q_h, \varphi_h - p_h) = 1.$$

Berücksichtigt man ferner das Bildungsgesetz der Functionen F, so sieht man, dass die Gleichung (6.) oder (7.) in folgende übergeht:

$$(8.)\qquad \frac{\partial \Phi}{\partial q_h} + F' \frac{\partial \Phi}{\partial F} + F'' \frac{\partial \Phi}{\partial F'} + \cdots + \Pi \frac{\partial \Phi}{\partial F^{(\mu-1)}} = 0.$$

Der Anblick dieser Gleichung lehrt, dass es wirklich möglich ist, eine Function Φ in der angegebenen Weise zu bestimmen; denn die Coefficienten dieser Gleichung enthalten nur die Variablen, von denen Φ abhängig gedacht wurde.

Um eine Lösung der Gleichung (8.) zu finden, braucht man nur ein Integral des Systems

$$\frac{dF}{dq_h} = F',\quad \frac{\partial F'}{\partial q_h} = F'',\quad \ldots\quad \frac{dF^{(\mu-1)}}{dq_h} = \Pi$$

oder, was dasselbe ist, ein erstes Integral der Differentialgleichung μ^{ter} Ordnung

$$\frac{d^\mu F}{dq_h^\mu} = \Pi$$

zu suchen, wo in Π die Grössen $F', F'', \ldots F^{(\mu-1)}$ durch $\frac{dF}{dq_h}, \frac{d^2 F}{dq_h^2}, \ldots \frac{d^{\mu-1} F}{dq_h^{\mu-1}}$ zu ersetzen sind.

Man kann dieses Resultat in folgendem Satz aussprechen: *Wenn man eine simultane Lösung der ersten* $h-1$ *Gleichungen des Systems* (4.) *oder* (5.) *kennt, so erfordert die Auffindung einer Lösung, welche auch noch der* h^{ten}

Gleichung genügt, nur die Kenntniss eines ersten Integrals einer Differentialgleichung, deren Ordnung die $2(n-i)^{te}$ *nicht übersteigt.*

Um nun überhaupt eine simultane Lösung des Systems (5.) zu finden, hat man nur den soeben durchgemachten Process $i$mal hintereinander auszuzuführen. Man sucht eine Lösung F der ersten Gleichung (5.) oder ein Integral des Systems von $2(n-i)$ Differentialgleichungen

$$\frac{dp_{i+1}}{dq_1} = \frac{\partial p_1}{\partial q_{i+1}}, \quad \frac{dp_{i+2}}{dq_1} = \frac{\partial p_1}{\partial q_{i+2}}, \quad \dots \quad \frac{dp_n}{dq_1} = \frac{dp_1}{dq_n},$$

$$\frac{dq_{i+1}}{dq_1} = -\frac{\partial p_1}{\partial p_{i+1}}, \quad \frac{dq_{i+2}}{dq_1} = -\frac{\partial p_1}{\partial p_{i+2}}, \quad \dots \quad \frac{dq_n}{dq_1} = -\frac{\partial p_1}{\partial p_n}.$$

Man entwickelt daraus die anderen Lösungen derselben Gleichung

$$F' = (F, \varphi_2 - p_2), \quad F'' = (F', \varphi_2 - p_2), \quad \dots \quad F^{(\mu)} = \Pi(F, F', \dots F^{(\mu-1)}, q_2, q_3, \dots q_i).$$

Jedes erste Integral der Gleichung

$$\frac{d^\mu F}{dq_2^\mu} = \Pi\left(F, \frac{dF}{dq_2}, \dots \frac{d^{(\mu-1)} F}{dq_2^{(\mu-1)}}, q_2, q_3, \dots q_i\right),$$

welches eine willkürliche Constante enthält, liefert dann eine Lösung, welche den beiden ersten Gleichungen (5.) genügt. Sei Φ diese Lösung; man bilde

$$\Phi' = (\Phi, \varphi_3 - p_3), \quad \Phi'' = (\Phi', \varphi_3 - p_3), \quad \dots \quad \Phi^{(\nu)} = \Pi(\Phi, \Phi', \dots \Phi^{(\nu-1)}, q_3, q_4, \dots q_i).$$

Jedes erste Integral der Differentialgleichung

$$\frac{d^\nu \Phi}{dq_3^\nu} = \Pi\left(\Phi, \frac{d\Phi}{dq_3}, \frac{d^2\Phi}{dq_3^2}, \dots \frac{d^{\nu-1}\Phi}{dq_3^{\nu-1}}, q_3, q_4, \dots q_i\right),$$

welches eine willkürliche Constante enthält, giebt dann eine Function, welche den ersten drei Gleichungen (5.) genügt, u. s. w.

Die Auffindung einer simultanen Lösung des Systems (5.) oder (4.) erfordert also die Kenntniss je eines ersten Integrals von i Differentialgleichungen, deren erste von der $2(n-i)^{ten}$ Ordnung ist, während die anderen auch von niedrigerer Ordnung sein können.

Der ganze Verlauf des Integrationsgeschäftes erfordert also zunächst die Bestimmung von p_1 aus der gegebenen partiellen Differentialgleichung. Hat man diese geleistet, so sucht man *erstens* ein Integral des Systems von $2(n-1)$ Differentialgleichungen:

$$\frac{dp_2}{dq_1} = \frac{\partial p_1}{\partial q_2}, \quad \frac{dp_3}{dq_1} = \frac{\partial p_1}{\partial q_3}, \quad \dots \quad \frac{dp_n}{dq_1} = \frac{\partial p_1}{\partial q_n},$$

$$\frac{dq_2}{dq_1} = -\frac{\partial p_1}{\partial p_2}, \quad \frac{dq_3}{dq_1} = -\frac{\partial p_1}{\partial p_3}, \quad \dots \quad \frac{dq_n}{dq_1} = -\frac{\partial p_1}{\partial p_n}.$$

Aus dem gefundenen Integral bestimmt man p_2 als Function der q und der folgenden p, und indem man diese Function in den Ausdruck von p_1 einführt, stellt man p_1 in gleicher Weise dar.

Hierauf sucht man *zweitens* ein Integral des Systems von $2(n-2)$ Differentialgleichungen:

$$\frac{dp_3}{dq_1} = \frac{\partial p_1}{\partial q_3}, \quad \frac{dp_4}{dq_1} = \frac{\partial p_1}{\partial q_4}, \quad \dots \quad \frac{dp_n}{dq_1} = \frac{\partial p_1}{\partial q_n},$$
$$\frac{dq_3}{dq_1} = -\frac{\partial p_1}{\partial p_3}, \quad \frac{dq_4}{dq_1} = -\frac{\partial p_1}{\partial p_4}, \quad \dots \quad \frac{dq_n}{dq_1} = -\frac{\partial p_1}{\partial p_n},$$

wobei die Differentialquotienten von p_1 in dem neuen jetzt festgesetzten Sinne zu nehmen sind. Ein Integral dieses Systems sei $F = \text{Const.}$ Man bilde

$$F' = \frac{\partial F}{\partial q_2} + \frac{\partial p_2}{\partial q_3}\frac{\partial F}{\partial p_3} + \frac{\partial p_2}{\partial q_4}\frac{\partial F}{\partial p_4} + \dots + \frac{\partial p_2}{\partial q_n}\frac{\partial F}{\partial p_n}$$
$$- \frac{\partial p_2}{\partial p_3}\frac{\partial F}{\partial q_3} - \frac{\partial p_2}{\partial p_4}\frac{\partial F}{\partial q_4} - \dots - \frac{\partial p_2}{\partial p_n}\frac{\partial F}{\partial q_n},$$

$$F'' = \frac{\partial F'}{\partial q_2} + \frac{\partial p_2}{\partial q_3}\frac{\partial F'}{\partial p_3} + \frac{\partial p_2}{\partial q_4}\frac{\partial F'}{\partial p_4} + \dots + \frac{\partial p_2}{\partial q_n}\frac{\partial F'}{\partial p_n}$$
$$- \frac{\partial p_2}{\partial p_3}\frac{\partial F'}{\partial q_3} - \frac{\partial p_2}{\partial p_4}\frac{\partial F'}{\partial q_4} - \dots - \frac{\partial p_2}{\partial p_n}\frac{\partial F'}{\partial q_n}.$$

u. s. w.

bis man zu einer Function $F^{(\mu)}$ gelangt $(\mu \leqq 2(n-2))$, welche sich als Function von q_2, F, F', ... $F^{(\mu-1)}$ darstellen lässt. Ist dieselbe

$$F^{(\mu)} = \Pi(F, F', \dots F^{(\mu-1)}, q_2),$$

so suche man ein erstes Integral

$$\Phi\left(F, \frac{dF}{dq_2}, \frac{d^2F}{dq_2^2}, \dots \frac{d^{\mu-1}F}{dq_2^{\mu-1}}, q_2\right) = \text{Const.}$$

der Differentialgleichung μ^{ter} Ordnung

$$\frac{d^\mu F}{dq_2^\mu} = \Pi\left(F, \frac{dF}{dq_2}, \frac{d^2F}{dq_2^2}, \dots \frac{d^{\mu-1}F}{dq_2^{\mu-1}}, q_2\right)$$

und bilde die Gleichung

$$\Phi(F, F', F'', \dots F^{(\mu-1)}, q_2) = \text{Const.}$$

Diese Gleichung dient zur Bestimmung von p_3. Hat man dieses durch p_4, p_5, ... p_n und die q ausgedrückt und dadurch auch p_1, p_2 als Functionen eben dieser Grössen dargestellt, so sucht man *drittens* ein Integral des Systems gewöhnlicher Differentialgleichungen

$$\frac{dp_4}{dq_1} = \frac{\partial p_1}{\partial q_4}, \quad \frac{dp_5}{dq_1} = \frac{\partial p_1}{\partial q_5}, \quad \dots \quad \frac{dp_n}{dq_1} = \frac{\partial p_1}{\partial q_n},$$
$$\frac{dq_4}{dq_1} = -\frac{\partial p_1}{\partial p_4}, \quad \frac{dq_5}{dq_1} = -\frac{\partial p_1}{\partial p_5}, \quad \dots \quad \frac{dq_n}{dq_1} = -\frac{\partial p_1}{\partial p_n}.$$

Ist dieses Integral $\Psi = \text{Const.}$, so bilde man wieder

$$\begin{aligned}\Psi' = \frac{\partial\Psi}{\partial q_2} + \frac{\partial p_2}{\partial q_4}\frac{\partial\Psi}{\partial p_4} + \frac{\partial p_2}{\partial q_5}\frac{\partial\Psi}{\partial p_5} + \cdots + \frac{\partial p_2}{\partial q_n}\frac{\partial\Psi}{\partial p_n} \\ - \frac{\partial p_2}{\partial p_4}\frac{\partial\Psi}{\partial q_4} - \frac{\partial p_2}{\partial p_5}\frac{\partial\Psi}{\partial q_5} - \cdots - \frac{\partial p_2}{\partial p_n}\frac{\partial\Psi}{\partial q_n},\end{aligned}$$

$$\begin{aligned}\Psi'' = \frac{\partial\Psi'}{\partial q_2} + \frac{\partial p_2}{\partial q_4}\frac{\partial\Psi'}{\partial p_4} + \frac{\partial p_2}{\partial q_5}\frac{\partial\Psi'}{\partial p_5} + \cdots + \frac{\partial p_2}{\partial q_n}\frac{\partial\Psi'}{\partial p_n} \\ - \frac{\partial p_2}{\partial p_4}\frac{\partial\Psi'}{\partial q_4} - \frac{\partial p_2}{\partial p_5}\frac{\partial\Psi'}{\partial q_5} - \cdots - \frac{\partial p_2}{\partial p_n}\frac{\partial\Psi'}{\partial q_n},\end{aligned}$$

u. s. w.

bis man zu einer Function

$$\Psi^{(\nu)} = \Pi(\Psi, \Psi', \ldots \Psi^{(\nu-1)}, q_2, q_3)$$

gelangt ($\nu \overline{\gtrless} 2(n-3)$), und suche ein erstes Integral

$$X\left(\Psi, \frac{d\Psi}{dq_2}, \frac{d^2\Psi}{dq_2^2}, \ldots \frac{d^{\nu-1}\Psi}{dq_2^{\nu-1}}, q_2, q_3\right) = \text{Const.}$$

der Differentialgleichung ν^{ter} Ordnung

$$\frac{d^\nu\Psi}{dq_2^\nu} = \Pi\left(\Psi, \frac{d\Psi}{dq_2}, \frac{d^2\Psi}{dq_2^2}, \ldots \frac{d^{\nu-1}\Psi}{dq_2^{\nu-1}}, q_2, q_3\right).$$

Aus der Function

$$X(\Psi, \Psi', \Psi'', \ldots \Psi^{(\nu-1)}, q_2, q_3)$$

bilde man nun die weiteren Functionen

$$\begin{aligned}X' = \frac{\partial X}{\partial q_3} + \frac{\partial p_3}{\partial q_4}\frac{\partial X}{\partial p_4} + \frac{\partial p_3}{\partial q_5}\frac{\partial X}{\partial p_5} + \cdots + \frac{\partial p_3}{\partial q_n}\frac{\partial X}{\partial p_n} \\ - \frac{\partial p_3}{\partial p_4}\frac{\partial X}{\partial q_4} - \frac{\partial p_3}{\partial p_5}\frac{\partial X}{\partial q_5} - \cdots - \frac{\partial p_3}{\partial p_n}\frac{\partial X}{\partial q_n},\end{aligned}$$

$$\begin{aligned}X'' = \frac{\partial X'}{\partial q_3} + \frac{\partial p_3}{\partial q_4}\frac{\partial X'}{\partial p_4} + \frac{\partial p_3}{\partial q_5}\frac{\partial X'}{\partial p_5} + \cdots + \frac{\partial p_3}{\partial q_n}\frac{\partial X'}{\partial p_n} \\ - \frac{\partial p_3}{\partial p_4}\frac{\partial X'}{\partial q_4} - \frac{\partial p_3}{\partial p_5}\frac{\partial X'}{\partial q_5} - \cdots - \frac{\partial p_3}{\partial p_n}\frac{\partial X'}{\partial q_n},\end{aligned}$$

u. s. w.

bis man zu einer Function

$$X^{(\varrho)} = \Pi(X, X', \ldots X^{(\varrho-1)}, q_3)$$

gelangt ($\varrho \overline{\gtrless} 2(n-3)$). Man suche sodann ein erstes Integral

$$\Omega\left(X, \frac{dX}{dq_3}, \ldots \frac{d^{(\varrho-1)}X}{dq_3^{(\varrho-1)}}, q_3\right) = \text{Const.}$$

der Differentialgleichung ϱ^{ter} Ordnung

$$\frac{d^\varrho X}{dq_3^\varrho} = \Pi\left(X, \frac{dX}{dq_3}, \ldots \frac{d^{(\varrho-1)}X}{dq_3^{(\varrho-1)}}, q_3\right).$$

Die Gleichung

$$\Omega(X, X', \ldots X^{(\varrho-1)}, q_3) = \text{Const.}$$

dient dann dazu, p_4 durch $p_5, p_6, \ldots p_n$ und die q auszudrücken, und also auch p_1, p_2, p_3 durch diese Grössen darzustellen.

Indem man auf diese Weise fortfährt, gelangt man endlich dazu, p_1, $p_2, \ldots p_{n-1}$ als Functionen von p_n und von den Grössen q zu bestimmen. Man sucht dann die letzte Grösse p_n durch die q allein auszudrücken. Dies geschieht, indem man zunächst ein Integral Ξ des Systems

$$\frac{dp_n}{dq_1} = \frac{\partial p_1}{\partial q_n}, \quad \frac{dq_n}{dq_1} = -\frac{\partial p_1}{\partial p_n}.$$

ableitet. Man bildet sodann

$$\Xi' = \frac{\partial \Xi}{\partial q_2} + \frac{\partial p_2}{\partial q_n}\frac{\partial \Xi}{\partial p_n} - \frac{\partial p_2}{\partial p_n}\frac{\partial \Xi}{\partial q_n},$$

$$\Xi'' = \frac{\partial \Xi'}{\partial q_2} + \frac{\partial p_2}{\partial q_n}\frac{\partial \Xi'}{\partial p_n} - \frac{\partial p_2}{\partial p_n}\frac{\partial \Xi'}{\partial q_n},$$

von denen jedenfalls die letztere, wenn nicht schon die erstere, sich durch Ξ, beziehungsweise Ξ, Ξ' und die Grössen $q_2, q_3, \ldots q_{n-1}$ ausdrücken lässt. Man integrirt dann entweder, wenn

$$\Xi' = \Pi(\Xi, q_2, q_3, \ldots q_{n-1})$$

ist, die Gleichung

$$\frac{d\Xi}{dq_2} = \Pi(\Xi, q_2, q_3, \ldots q_{n-1}),$$

oder, wenn

$$\Xi'' = \Pi(\Xi, \Xi', q_2, q_3, \ldots q_{n-1})$$

ist, die Gleichung

$$\frac{d^2\Xi}{dq_2^2} = \Pi\left(\Xi, \frac{\partial \Xi}{dq_2}, q_2, q_3, \ldots q_{n-1}\right).$$

Indem man den Differentialquotienten von Ξ wieder durch Ξ' ersetzt, gelangt man dann im ersten Falle zu einer Function $Y = Y(\Xi, q_2, q_3, \ldots q_{n-1})$, im zweiten Falle zu einer Function $Y = Y(\Xi, \Xi', q_2, q_3, \ldots q_{n-1})$. Aus der Function Y werden sodann die Functionen

$$Y' = \frac{\partial Y}{\partial q_3} + \frac{\partial p_3}{\partial q_n}\frac{\partial Y}{\partial p_n} - \frac{\partial p_3}{\partial p_n}\frac{\partial Y}{\partial q_n},$$

$$Y'' = \frac{\partial Y'}{\partial q_3} + \frac{\partial p_3}{\partial q_n}\frac{\partial Y'}{\partial p_n} - \frac{\partial p_3}{\partial p_n}\frac{\partial Y'}{\partial q_n}$$

abgeleitet, u. s. w. Indem man so fortfährt, gelangt man endlich zu einer Function Z, aus welcher man die Functionen

$$Z' = \frac{\partial Z}{\partial q_{n-1}} + \frac{\partial p_{n-1}}{\partial q_n}\frac{\partial Z}{\partial p_n} - \frac{\partial p_{n-1}}{\partial p_n}\frac{\partial Z}{\partial q_n},$$

$$Z'' = \frac{\partial Z'}{\partial q_{n-1}} + \frac{\partial p_{n-1}}{\partial q_n}\frac{\partial Z'}{\partial p_n} - \frac{\partial p_{n-1}}{\partial p_n}\frac{\partial Z'}{\partial q_n}$$

ableitet. Ist schon Z' eine Function Π von Z und q_{n-1}, so integrirt man die Gleichung

$$\frac{dZ}{dq_{n-1}} = \Pi(Z, q_{n-1}),$$

und ihr Integral liefert die letzte Gleichung, vermöge deren p_n sich durch die q ausdrückt. Ist aber erst

$$Z'' = \Pi(Z, Z', q_{n-1}),$$

so sucht man ein erstes Integral der Differentialgleichung zweiter Ordnung

$$\frac{d^2 Z}{dq_{n-1}^2} = \Pi\left(Z, \frac{dZ}{dq_{n-1}}, q_{n-1}\right).$$

Ist dieses Integral

$$\Theta\left(Z, \frac{dZ}{dq_{n-1}}, q_{n-1}\right) = \text{Const.},$$

so ist

$$\Theta(Z, Z', q_{n-1}) = \text{Const.}$$

die Gleichung zur Bestimmung von p_n.

Durch diese Operationen ist die Aufsuchung einer vollständigen Lösung der vorgelegten partiellen Differentialgleichung soweit geführt, dass nur noch die Quadratur

$$V = \int (p_1 dq_1 + p_2 dq_2 + \cdots + p_n dq_n)$$

auszuführen bleibt. Wenn man alle vorkommenden Systeme auf je eine gewöhnliche Differentialgleichung höherer Ordnung reducirt, so ist im Ganzen je ein Integral zu suchen für

1 Differentialgleichung $2(n-1)^{\text{ter}}$ Ordnung,
2 Differentialgleichungen $2(n-2)^{\text{ter}}$ Ordnung,
. . . .
i Differentialgleichungen $2(n-i)^{\text{ter}}$ Ordnung,
. . . .
$n-1$ Differentialgleichungen 2ter Ordnung.

Aber nur im ungünstigsten Falle erreichen alle Differentialgleichungen wirklich die hier angegebene Ordnung. Im Allgemeinen wird von jeder Klasse nur *eine* Gleichung jene Ordnung erreichen, die Ordnungen der anderen aber werden sich mehr oder minder erniedrigen.

1.

Jacobi

22ème leçon p. 164.

Méthode de Lagrange pour l'intégration des équations aux dérivées part. du premier ordre à deux variables indépendantes — Application aux problèmes de Mécanique qui ne dépendent que de deux paramètres. Mouvement libre d'un point dans le plan et ligne la plus courte sur une surface —

Après avoir ramené les problèmes de Mécanique à l'intégration d'une équation aux dérivées partielles du premier ordre non linéaire — nous devons nous occuper de son intégration c. à d. de la recherche d'une intégrale complète —

Dans la troisième partie du calcul intégral d'Euler se rencontrent de très belles recherches sur l'intégration des équations aux dérivées partielles. À la vérité il ne traite jamais que des cas particuliers, mais il est si heureux dans leur découverte que la plupart du temps on ne peut y ajouter que peu de chose ou même rien à ses résultats à l'aide des méthodes générales. Les travaux d'Euler ont surtout ce grand mérite que partout sont traités aussi complètement que possible les cas dans lesquels le problème pouvait se résoudre complètement par les méthodes et moyens donnés — Aussi ses exemples donnent d'après le contenu de ses méthodes l'état actuel de la science, et c'est en général un enrichissement de la science quand on peut ajouter un nouvel exemple à ceux d'Euler, car il lui en a échappé fort peu de résolubles par les moyens qu'il possédait

Lagrange a donné pour la première fois sa méthode générale pour l'intégration des équations aux dérivées partielles de premier ordre, qui est une idée entièrement nouvelle dans le calcul intégral, dans son mémoire qui fait partie des écrits de l'Académie de Berlin de 1772. Dans ce mémoire est contenue la réduction des équations non linéaires aux linéaires, [illegible] les notions des intégrales complètes et générales, les dernières sont tirées des premières et la méthode est donnée pour trouver une intégrale complète. Mais tout se borne aux cas de trois variables dont deux indépendantes.

Voici la méthode de Lagrange. Dans son part de tout [illegible] premier ordre

$$\phi(xyzpq)=0$$

z la dépendante, x et y sont les var. indép.

$$p=\frac{\partial z}{\partial x} \qquad q=\frac{\partial z}{\partial y}$$

de sorte qu'entre les différentielles des trois variables existe la relation suivante

$$dz=p\,dx+q\,dy$$

Si l'équation proposée résolue en q donne

$$q=\chi(xyzp)$$

sera :

$$dz=p\,dx+\chi(xyzp)\,dy$$

Pour trouver une intégrale complète c.à.d. une intégrale qui contienne deux constantes arbitraires il suffit évidemment de trouver une quantité $p=\varpi(xyza)$ qui substituée dans l'expression $p\,dx+\chi\,dy$ en fasse une différentielle exacte, il ne reste plus qu'à déterminer z à l'aide de l'équation $dz=p\,dx+\chi\,dy$

3. Ce dernier point exige l'intégration d'une équation differ. ordinaire du premier ordre par laquelle s'introduit en z outre a, une deuxième constante b. Tout est donc ramené à déterminer p comme une fonction de xyz et d'une constante arbitraire a de sorte que l'expression $pdx + X(xyzp)dy$ soit une différentielle exacte. Pour cela il est nécessaire que p différentié en y donne la même quantité que X différentié en x c'est-à-dire que l'équation :

$$\frac{\partial p}{\partial y} + \frac{\partial p}{\partial z}\frac{\partial z}{\partial y} = \frac{\partial X}{\partial x} + \frac{\partial X}{\partial z}\frac{\partial z}{\partial x} + \frac{\partial X}{\partial p}\left(\frac{\partial p}{\partial x} + \frac{\partial p}{\partial z}\frac{\partial z}{\partial x}\right)$$

ou

$$\frac{\partial X}{\partial x} + \frac{\partial X}{\partial z}p = -\frac{\partial X}{\partial p}\frac{\partial p}{\partial x} + \left(X - \frac{\partial X}{\partial p}p\right)\frac{\partial p}{\partial z}$$

soit satisfaite. Ceci quand X est une fonction connue de xyz p est une équation aux dérivées partielles linéaire en p, qui a trois variables indép. xyz, et le problème proposé est ramené à trouver pour p une solution $p = \varpi(xyz\,a)$ de cette équ. linéaire aux dérivées partielles avec une constante arbitraire a. Lagrange fera remarquer en détail cette circonstance qu'on n'a besoin de connaître qu'une seule solution de ce genre.

Considérons maintenant le cas où z n'est pas contenu dans φ ou l'équation et par conséquent ni dans X ou l'équation simple différentielle donnée

(1) $\varphi(xy\,pq) = 0$

Dans ce cas on peut aussi déterminer p comme fonction de xya sans z de sorte que $pdx + Xdy$ soit une différentielle exacte. Comme maintenant $\frac{\partial X}{\partial z}$ aussi bien que $\frac{\partial p}{\partial z}$ disparaissent l'équation aux dérivées part. linéaire pour p se réduit à :

$$\frac{\partial X}{\partial p}\frac{\partial p}{\partial x} - \frac{\partial p}{\partial y} + \frac{\partial X}{\partial x} = 0$$

Mais au lieu de supposer que l'équation

h

différentielle (1) est résolue en q nous allons plutôt l'introduire dans notre équation sous sa forme primitive supposons encore que l'équation $p = \varpi(xyqa)$ n'est pas résolue par rapport à p mais par rapport à a et ramenée à la forme $f(xyp) = a$ nous avons alors les formules

$q = X(xyzp)$ se tire de $\psi(xyzpq) = 0$

$$\frac{\partial X}{\partial x} = \frac{\partial q}{\partial x} = -\frac{\frac{\partial \psi}{\partial x}}{\frac{\partial \psi}{\partial q}} \qquad \frac{\partial X}{\partial p} = \frac{\partial q}{\partial p} = -\frac{\frac{\partial \psi}{\partial p}}{\frac{\partial \psi}{\partial q}}$$

$$\frac{\partial p}{\partial x} = -\frac{\frac{\partial f}{\partial x}}{\frac{\partial f}{\partial p}} \qquad \frac{\partial p}{\partial y} = -\frac{\frac{\partial f}{\partial y}}{\frac{\partial f}{\partial p}}$$

en portant ces quantités dans l'équation aux dérivées partielles linéaire et du 1er ordre qui doit donner p, elle se change en l'équation aux dér. part. linéaire suivante qui devra donner f

$$(2) \quad \frac{\partial \psi}{\partial p}\frac{\partial f}{\partial x} + \frac{\partial \psi}{\partial q}\frac{\partial f}{\partial y} - \frac{\partial \psi}{\partial x}\frac{\partial f}{\partial p} = 0$$

Connaît on une solution f de cette équation non constante, alors dans le cas présent pour la détermination d'une intégrale complète z de (1) on n'a plus besoin d'aucune autre intégration d'équations différentielles — Car si on égale cette solution f à une constante arbitraire a, et si de l'équation

$$f(xyp) = a$$

jointe à l'équation différentielle proposée

$$\psi(xyzpq) = 0$$

on détermine p et q comme fonctions de x et de y ces quantités ont la propriété de rendre $pdx + qdy$ une différentielle exacte, puisque la condition (2)

5 —

qui est exigé pour cela est satisfait et on tire z de la formule

$$z = \int (p\,dx + q\,dy)$$

par une simple quadrature de sorte que la deuxième constante arbitraire contenue dans une intég. complète z est liée comme constante additive à z, ce qui ressort de ce que dans l'équation (1) z elle-même n'entre pas —

On est donc ramené à trouver une solution de l'équation aux dérivées partielles linéaire (2) dans laquelle les quotients différentiels partiels $\frac{\partial f}{\partial x}$ $\frac{\partial f}{\partial y} = \frac{\partial f}{\partial x}$ sont fournis par le moyen de l'équation (1) comme fonctions de x y p sous q remplacée — Mais évidemment cette équation linéaire aux dérivées partielles ne dit pas autre chose que l'équation qui sert à définir une fonction f telle que égalée à a elle donne une intégrale du système des équations différentielles ordinaires

$$(3) \quad \frac{dx}{\frac{\partial f}{\partial p}} = \frac{dy}{\frac{\partial f}{\partial q}} = \frac{dp}{-\frac{\partial f}{\partial x}}$$

Toute la recherche est donc ramenée à trouver une intégrale du système (3) d'équations différentielles ordinaires —

Nous pouvons encore compléter ce système si nous cherchons par le moyen de l'équation $f = 0$ la grandeur à laquelle dq est proport.

L'équation $\psi = 0$ différentiée donne

$$\frac{\partial\psi}{\partial x}dx + \frac{\partial\psi}{\partial y}dy + \frac{\partial\psi}{\partial p}dp + \frac{\partial\psi}{\partial q}dq = 0$$

Mais d'après l'équation (3) on a la proportion :

$$\frac{dx}{\frac{\partial\psi}{\partial p}} = \frac{dp}{-\frac{\partial\psi}{\partial x}} = \frac{0}{\frac{\partial\psi}{\partial p}dp + \frac{\partial\psi}{\partial x}dx}$$

de sorte que les quantités $\frac{\partial\psi}{\partial x}dx + \frac{\partial\psi}{\partial p}dp$ disparaissent d'elles-mêmes. Il doit donc en être de même de $\frac{\partial\psi}{\partial y}dy + \frac{\partial\psi}{\partial q}dq$ et l'on en tire :

$$\frac{dy}{\frac{\partial\psi}{\partial q}} = \frac{dq}{-\frac{\partial\psi}{\partial y}}$$

Le système (3) ainsi complété

$$(4) \quad \frac{dx}{\frac{\partial\psi}{\partial p}} = \frac{dy}{\frac{\partial\psi}{\partial q}} = \frac{dp}{-\frac{\partial\psi}{\partial x}} = \frac{dq}{-\frac{\partial\psi}{\partial y}}$$

donne un résultat symétrique relativement à x et p d'une part, y et q de l'autre — Le système pourra être pris à la place de (3) si nous généralisons la méthode d'intégration en laissant aussi entrer q dans la fonction f. Car nous pouvons regarder l'équation $f(xyp) = a$ comme le résultat de l'élimination de q entre les équations

$$(\varepsilon) \quad F(xypq) = a$$

et $\psi(xypq) = 0$ de sorte que si comme ci-dessus X représente la valeur de q tirée de l'équation $\psi = 0$ on aura identiquement

$$F(xypX) \equiv f(xyp)$$

Aussi $F(xypX)$ peut satisfaire à l'équation linéaire aux dérivées partielles (B) qui conduit pour F à l'équation différentielle

$$\frac{\partial\psi}{\partial p}\frac{\partial F}{\partial x}+\frac{\partial\psi}{\partial q}\frac{\partial F}{\partial y}-\frac{\partial\psi}{\partial x}\frac{\partial F}{\partial p}+\frac{\partial F}{\partial X}\left(\frac{\partial\psi}{\partial p}\frac{\partial X}{\partial x}+\frac{\partial\psi}{\partial q}\frac{\partial X}{\partial y}-\frac{\partial\psi}{\partial x}\frac{\partial X}{\partial p}\right)=0$$

Mais comme X satisfait identiquement à l'équation $\psi(xypX)=0$ on a :

$$\frac{\partial X}{\partial x}=-\frac{\frac{\partial\psi}{\partial x}}{\frac{\partial\psi}{\partial X}}\quad \frac{\partial X}{\partial y}=-\frac{\frac{\partial\psi}{\partial y}}{\frac{\partial\psi}{\partial X}}\quad \frac{\partial X}{\partial p}=-\frac{\frac{\partial\psi}{\partial p}}{\frac{\partial\psi}{\partial X}}$$

Grâce à cela l'expression se réduit à la partie de gauche de l'équation ci-dessus et $\frac{\partial F}{\partial X}$ multipliée par $-\frac{\partial\psi}{\partial y}$ on obtient

$$(a)\quad \frac{\partial\psi}{\partial p}\frac{\partial F}{\partial x}+\frac{\partial\psi}{\partial q}\frac{\partial F}{\partial y}-\frac{\partial\psi}{\partial x}\frac{\partial F}{\partial p}-\frac{\partial\psi}{\partial y}\frac{\partial F}{\partial q}=0$$

Il résulte que $F=a$ est dans cela une intégrale du système (2) — Quand $f(xyXp)=a$ est le résultat de l'élimination de q entre $F(xypq)=a$ et $\psi(xypq)=0$ alors s'ensuivent pour p et q des équations les mêmes valeurs $F(xypq)=a$ et $\psi(xypq)=0$ que des équations $f(xyp)=a$ et $\psi(xypq)=0$ est une [illegible]

Si l'on a égard à ce que $\psi=0$ est une intégrale des équations différentielles (2) intégrale générale si dans la [illegible] et même une générale avec constante liée fonction ψ est [illegible] en tout cas une intégrale à cette fonction, et en tout cas particulière, alors on peut réunir le résultat trouvé dans l'énoncé suivant :

On donne l'équation aux dér. part.

$$(1)\quad \psi(xypq)=0$$

où $p=\frac{\partial z}{\partial x}$, $q=\frac{\partial z}{\partial y}$, on forme le système d'équations différentielles ordinaires

$$(2)\quad \frac{dx}{\frac{\partial\psi}{\partial p}}=\frac{dy}{\frac{\partial\psi}{\partial q}}=\frac{-dp}{\frac{\partial\psi}{\partial x}}=\frac{-dq}{\frac{\partial\psi}{\partial y}}$$

Si entre l'intégrale de (2) donnée a priori $\psi=0$

on en connaît encore une seconde

$$(5) \quad F(xypq) = a$$

alors de (4) et (5) on détermine p et q comme fonction de x et y, après cela on obtient z par la formule

$$z = \int (p\,dx + q\,dy)$$

par une simple quadrature —

Les équations (4) sont de la même forme que les équations différentielles du mouvement mais en place des grandeurs $q_1\, q_2\, p_1\, p_2$ $\psi + \alpha\, W$ on a $x\, y\, p\, q\, \psi\, z$ — Par suite nous obtenons une nouvelle équation intégrale de (4) en différentiant z par rapport à une constante arbitraire qui y est contenue et égalant le résultat à une autre constante arbitraire — soit a cette constante contenue dans z nous avons alors dans l'équation :

$$\frac{\partial z}{\partial a} = \int \left(\frac{\partial p}{\partial a} dx + \frac{\partial q}{\partial a} dy\right) = b$$

la troisième intégrale du système (4) — que nous soyons conduit à cette intégrale par de simples quadratures c'est un profit important que nous avons tiré de la réduction inverse des équations différentielles ordinaires (4) à l'équation aux dérivées partielles (1) — Joignons, pour pousser jusqu'au bout l'analogie avec les équations différentielles du mouvement (4) $\frac{dt}{1}$ au côté gauche de la proportion (4) il arrivera comme nous l'avons vu dans la dernière leçon que t sera déterminé par l'équation :

$$\frac{\partial z}{\partial \alpha} = \int \left(\frac{\partial p}{\partial \alpha} dx + \frac{\partial q}{\partial \alpha} dy\right) = \tau - t$$

9 où α est la constante contenue dans $\psi = \varphi + \alpha$

Quand Hamilton eut trouvé la réduction des équations différentielles de la dynamique à une équation aux dérivées partielles du premier ordre on avait besoin de se tourner vers cette méthode comme seulement depuis les ans afin d'obtenir un résultat important. pour tous les problèmes de mécanique que ne contiennent que deux constantes q_1 et q_2 à déterminer

Si le théorème de la force vive s'applique au problème de mécanique considéré, alors dans l'équation

$$0 = \psi = a + \varphi$$ la fonction φ

a la valeur $\varphi = T - U$

l'équation $T = U - \alpha$

qui exprime le théorème de la force vive dans laquelle U est une fonction de q_1 q_2 seuls et T une fonction de $q_1\,q_2\,p_1\,p_2$ devient l'équation aux dérivées partielles que doit fournir W si l'on pose (par l'substitution des valeurs)

$p_1 = \frac{\partial W}{\partial q_1}$ $p_2 = \frac{\partial W}{\partial q_2}$ Les différentielles du mouvement

et les équations sont :
$$\frac{dt}{1} = \frac{dq_1}{\frac{\partial \varphi}{\partial p_1}} = \frac{dq_2}{\frac{\partial \varphi}{\partial p_2}} = \frac{-dp_1}{\frac{\partial \varphi}{\partial q_1}} = \frac{-dp_2}{\frac{\partial \varphi}{\partial q_2}}$$

Soit $F(q_1 q_2 p_1 p_2) = a$ la seconde intégrale (indépendante de φ) des équations différentielles) et nécessaire pour déterminer W, alors on a une solution complète
$$W = \int (p_1 dq_1 + p_2 dq_2)$$

la troisième intégrale des équ. diff. du mouvement indépendante de t est

$$\frac{\partial W}{\partial a} = b$$

et t sera introduit par l'équation

$$\frac{\partial W}{\partial \alpha} = \tau - t$$

On peut énoncer ce résultat indépendamment de la théorie des équations aux dérivées partielles de la manière suivante :

Si pour un problème de mécanique qui ne contient que deux grandeurs q_1 et q_2 à déterminer et dans lequel le théorème des forces vives $T' = U - \alpha$ a lieu, on connaît en outre une intégrale $F'(q_1 q_2 p_1 p_2) = a$ où $p_1 = \frac{\partial T'}{\partial q_1'}$ $p_2 = \frac{\partial T'}{\partial q_2'}$ alors on traite des équations $f = T' - U = -\alpha$ et $F' = a$ on détermine p_1 et p_2 comme fonctions de q_1 q_2 a et α, alors les deux dernières intégrales sont données par les équations

$$\int \left(\frac{\partial p_1}{\partial a} dq_1 + \frac{\partial p_2}{\partial a} dq_2 \right) = b$$

$$\int \left(\frac{\partial p_1}{\partial \alpha} dq_1 + \frac{\partial p_2}{\partial \alpha} dq_2 \right) = \tau - t$$

De sorte que dans ces quatre intégrales est comprise l'intégration complète des équations différentielles du mouvement c. à d. du système :

$$\frac{dt}{1} = \frac{dq_1}{\frac{\partial f}{\partial p_1}} = \frac{dq_2}{\frac{\partial f}{\partial p_2}} = \frac{-dp_1}{\frac{\partial f}{\partial q_1}} = \frac{-dp_2}{\frac{\partial f}{\partial q_2}}$$

Ce sont de toutes nouvelles formules qui valent par exemple pour le mouvement d'un point dans le plan ou bien sur une surface courbe si le principe des forces vives a lieu

Pour le mouvement libre dans le plan, on a si la masse du point est prise égale à un

$$\frac{d^2x}{dt^2} = \frac{\partial U}{\partial x} \qquad \frac{d^2y}{dt^2} = \frac{\partial U}{\partial y}$$

$$T = \frac{1}{2}(x'^2 + y'^2)$$

Le théorème des forces vives est contenu dans l'intégrale

$$\frac{1}{2}(x'^2 + y'^2) = U - \alpha$$

Connaît on une deuxième intégrale c'est à dire une deuxième équation d'après laquelle une fonction de $x\, y\, x'\, y'$ est égale à une constante arbitraire β — on a l'aide de ces deux équations x' et y' comme fonctions de $x\, y\, \alpha$ et β alors l'équation de la trajectoire est

$$\int\left(\frac{\partial x'}{\partial \alpha}dx + \frac{\partial y'}{\partial \alpha}dy\right) = b$$

Le temps sera exprimé par l'équation :

$$\int\left(\frac{\partial x'}{\partial \alpha}dx + \frac{\partial y'}{\partial \alpha}dy\right) = \tau - t$$

J'ai communiqué ces formules à l'Académie de Paris déjà en l'an 1836 comme le fruit le plus simple de la réduction d'un problème de mécanique à des équations aux dérivées partielles. À cause de l'intérêt que ces formules réclament et comme elles se rattachent au cas le plus élémentaire de la mécanique

12

Elles méritent de trouver une place dans les manuels — Elles ont déjà passé dans l'enseignement de l'École Polytechnique. J'ai donné dans le journal de Liouville (Bd. 2 p. 335) une preuve ou plutôt une vérification.

Un deuxième cas compris dans les formules données ci-dessus, est celui où un point se meut sur une surface en vertu de la seule vitesse initiale — Un tel point décrit la ligne la plus courte, dont la détermination dépend d'une équation différentielle du second ordre — Il s'ensuit des considérations précédentes que si l'on connaît une intégrale de cette équation différentielle on peut en tirer par de simples quadratures l'équation de la trajectoire qui ne contient que les seules coordonnées — Comme dans ce cas la fonction des forces U disparaît l'équation aux dérivées partielles sera :

$$\psi\psi' + a = 0$$

Si $x\,y\,z$ sont les coordonnées d'un point qui se meut, on aura :

$$2T = \left(\frac{ds}{dt}\right)^2 = \frac{dx^2+dy^2+dz^2}{dt^2}$$

que on regarde $x\,y$ comme les paramètres notés ci-dessus q, q_1 alors on a en substituant la valeur

13 quadratique de l'équation de la surface $dz = p\,dx + q\,dy$

$$2T' = \frac{dx^2 + dy^2 + (p\,dx + q\,dy)^2}{dt^2}$$

ou bien

$$2T' = x'^2 + y'^2 + (px' + qy')^2$$

Soient $\xi\ \eta$ les grandeurs désignées ci-dessus par $p_1\ p_2$ on aura :

$$\xi = \frac{\partial T'}{\partial x'} = x' + p(px' + qy')$$

$$\eta = \frac{\partial T'}{\partial y'} = y' + q(px' + qy')$$

$$p\xi + q\eta = (1 + p^2 + q^2)(px' + qy')$$

Quand on pose

$$N = 1 + p^2 + q^2$$

on trouve en résolvant en $x'\ y'$

$$x' = \xi - \frac{p}{N}(p\xi + q\eta)$$

$$y' = \eta - \frac{q}{N}(p\xi + q\eta)$$

on peut appliquer à T' fonction homogène du second ordre en x' et y' la formule

$$2T' = \frac{\partial T'}{\partial x'}x' + \frac{\partial T'}{\partial y'}y' = \xi x' + \eta y'$$

Alors il vient :

$$2T' = \xi^2 + \eta^2 - \frac{(p\xi + q\eta)^2}{1 + p^2 + q^2} = \frac{(1+q^2)\xi^2 + (1+p^2)\eta^2 - 2pq\xi\eta}{1 + p^2 + q^2}$$

et l'équation différentielle sera :

$$0 = (1+q^2)\left(\frac{\partial W}{\partial x}\right)^2 + (1+p^2)\left(\frac{\partial W}{\partial y}\right)^2 - 2pq\frac{\partial W}{\partial x}\frac{\partial W}{\partial y} + 2a(1+p^2+q^2)$$

Cette équation prend une forme plus simple par l'introduction des deux nouvelles variables à la place de x et de y

Nous trouverons plus loin un exemple de ceci dans la substitution à l'aide de laquelle nous déterminerons la plus courte ligne sur un ellipsoïde à trois axes inégaux.

Ces cas allégués appartiennent aussi à l'application du principe du dernier multiplicateur qui fournit la dernière intégration des problèmes de mécanique avec un (plus grand) nombre quelconque de paramètres. Nous sommes donc conduits par des ou mêmes résultats par des considérations toutes différentes

36ème Leçon

Théorie des perturbations

Si on transporte en Dynamique la théorie de la variation des constantes on suppose alors que le système des équations différentielles du mouvement est modifié par une fonction perturbatrice R qui contient les variables p_i et q_i [illegible] le temps et vient s'ajouter à la fonction caractéristique H de sorte que les équations différentielles deviennent :

$$(1) \quad \frac{dq_i}{dt} = \frac{dH}{dp_i} + \frac{dR}{dp_i} \qquad \frac{dp_i}{dt} = -\frac{dH}{dq_i} - \frac{dR}{dq_i}$$

Si maintenant R est très petit en comparaison de H on peut prendre les valeurs des variables p_i et q_i dans le problème sans perturbation ($R = 0$) comme une approximation de leurs valeurs dans le problème avec perturbations, et représenter les nouvelles valeurs de p_i et q_i par des expressions de même forme mais qui contiennent des fonctions du temps au lieu des anciennes constantes arbitraires (ou des éléments d'après la terminologie astronomique).

Au lieu, comme dans le problème sans perturbations, de regarder les grandeurs p_i et q_i comme les variables à déterminer dans le problème troublé, on cherche plutôt à introduire à la place des fonctions q_i les anciennes constantes arbitraires ou les éléments. Ces éléments deviendront les variables modifiées (troublées) du nouveau problème. Cela présente l'avantage d'avoir comme première approximation non pas des fonctions du temps [illegible] mais les éléments constants du mouvement non troublé.

Il faut maintenant écrire les équations différentielles du mouvement troublé sous forme hamiltonienne.

Rappelons du problème sans perturbations des intégrales du système [illegible] dans la leçon précédente

$$H = h \qquad H_1 = h_1 \quad \dots \quad H_{n-1} = h_{n-1}$$

$$H' = h + t \qquad H_1' = h_1' \quad \dots \quad H_{n-1}' = h_{n-1}'$$

Désignons par $\varphi = a$ une intégrale du problème non troublé qui ne contient pas t ; nous les variables $q_1 q_2 \ldots q_n\ p_1 p_2 \ldots p_n$ a étant une constante arbitraire de sorte que φ peut être considérée comme fonction des $2n-1$ variables $H_1 \ldots H_{n-1}, H'_1 \ldots H'_{n-1}$ et a comme la même fonction des $2n-1$ constantes $h_1 h_2 \ldots h_{n-1}\ h'_1 \ldots h'_{n-1}$.

H'_n n'y entre pas contenant le temps.

Dans le problème troublé a n'est plus une constante donc $\frac{da}{dt}$ n'est plus identiquement nul, et on obtient pour $\frac{da}{dt}$ l'expression suivante en utilisant les équ diff (1)

$$\frac{da}{dt} = \sum_{i=1}^{i=n}\left(\frac{\partial\varphi}{\partial q_i}\frac{dq_i}{dt} + \frac{\partial\varphi}{\partial p_i}\frac{dp_i}{dt}\right)$$

$$= \sum_{i=1}^{i=n}\left(\frac{\partial\varphi}{\partial q_i}\frac{\partial H}{\partial p_i} - \frac{\partial\varphi}{\partial p_i}\frac{\partial H}{\partial q_i}\right) + \sum_{i=1}^{i=n}\left(\frac{\partial\varphi}{\partial q_i}\frac{\partial\Omega}{\partial p_i} - \frac{\partial\varphi}{\partial p_i}\frac{\partial\Omega}{\partial q_i}\right)$$

ou ce qui est la même chose ;

$$(3) \quad \frac{da}{dt} = (H, \varphi) + (\Omega, \varphi)$$

Comme $\varphi = a$ est une intégrale indépendante du problème non troublé, φ satisfait à l'équation aux dérivées partielles $(H, \varphi) = 0$ et l'expression $\frac{da}{dt}$ se réduit à ;

$$(3)' \quad \frac{da}{dt} = (\Omega, \varphi)$$

Le second membre de cette équation, outre le temps t qu'il peut contenir explicitement en Ω contient les $2n$ variables $q_1 q_2 \ldots q_n\ p_1 \ldots p_n$ au lieu desquelles nous voulons prendre maintenant pour nouvelles variables les $2n$ quantités $H H_1 \ldots H_{n-1}, H' H'_1 \ldots H'_{n-1}$ fonctions des anciennes variables.

L'introduction des nouvelles variables en Ω nous donne pour (Ω, φ) la transformée

$$(4) \quad (\Omega, \varphi) = \sum_{k=0}^{k=n-1}\frac{\partial\Omega}{\partial H_k}(H_k, \varphi) + \sum_{k=0}^{k=n-1}\frac{\partial\Omega}{\partial H'_k}(H'_k, \varphi)$$

[dont $\frac{\partial\varphi}{\partial q_i}\left(\frac{\partial\Omega}{\partial H_k}\frac{\partial H_k}{\partial p_i} + \frac{\partial\Omega}{\partial H'_k}\frac{\partial H'_k}{\partial p_i}\right) - \frac{\partial\varphi}{\partial p_i}\left(\frac{\partial\Omega}{\partial H_k}\frac{\partial H_k}{\partial q_i} + \frac{\partial\Omega}{\partial H'_k}\frac{\partial H'_k}{\partial q_i}\right)$

ou $\frac{\partial\Omega}{\partial H_k}\left(\frac{\partial\varphi}{\partial q_i}\frac{\partial H_k}{\partial p_i} - \frac{\partial\varphi}{\partial p_i}\frac{\partial H_k}{\partial q_i}\right) + \frac{\partial\Omega}{\partial H'_k}\left(\frac{\partial\varphi}{\partial q_i}\frac{\partial H'_k}{\partial p_i} - \frac{\partial\varphi}{\partial p_i}\frac{\partial H'_k}{\partial q_i}\right)$

— on obtient (4)]

Introduisons ainsi les nouvelles variables remarquons que φ est indépendant d'une d'entre elles de H' de sorte que $\frac{\partial\varphi}{\partial H'}$ disparaît. alors nous obtenons les transformations suivantes pour (H_K, φ) $(H'_K \varphi)$

$$(H_K, \varphi) = \sum_{s=0}^{s=n-1} \frac{\partial\varphi}{\partial H_s}(H_K H_s) + \sum_0^{n-1} \frac{\partial \varphi}{\partial H'_s}(H_K H'_s)$$

$$(H'_K \varphi) = \sum_0^{n-1} \frac{\partial\varphi}{\partial H_s}(H'_K H_s) + \sum_0^{n-1}\frac{\partial\varphi}{\partial H'_s}(H'_K H'_s)$$

[car $(H_K \varphi) = \frac{\partial H_K}{\partial p_i}\left(\frac{\partial\varphi}{\partial H_s}\frac{\partial H_s}{\partial q_i} + \frac{\partial\varphi}{\partial H'_s}\frac{\partial H'_s}{\partial q_i}\right) - \frac{\partial H_K}{\partial q_i}(\ldots)$]

mais d'après les cas démontrés dans la leçon précédente les expressions $H_K H_s$; $H_K H'_s$; $H'_K H_s$; $H'_K H'_s$ disparaissent sauf les expressions des mêmes quantités $(H_K H'_s)$, $(H'_K H_s)$ où K et s ont la même valeur; si $K = s$ les premières seront égales à l'unité positive, les secondes à l'unité négative. Ainsi les expressions de $(H_K \varphi)$ $(H'_K \varphi)$ se réduisent aux valeurs simples :

$$(H_K, \varphi) = \frac{\partial\varphi}{\partial H'_K}$$

$$(H'_K, \varphi) = -\frac{\partial\varphi}{\partial H_K}$$

On voit de suite [illegible] évidemment

$$(\Omega, \varphi) = \sum_1^{n-1} \frac{\partial\Omega}{\partial H_K}\frac{\partial\varphi}{\partial H'_K} - \sum_K^{n-1}\frac{\partial\Omega}{\partial H'_K}\frac{\partial\varphi}{\partial H_K}$$

et ensuite (3) donne pour $\frac{da}{dt}$ les valeurs

(5) $$\frac{da}{dt} = \sum_1^{n-1}\frac{\partial\Omega}{\partial H_K}\frac{\partial\varphi}{\partial H'_K} - \sum_0^{n-1}\frac{\partial\Omega}{\partial H'_K}\frac{\partial\varphi}{\partial H_K}$$

Les dérivées partielles de la fonction perturb. sont [illegible] par des expressions $\frac{\partial\varphi}{\partial H'_K}$ et $-\frac{\partial\varphi}{\partial H_K}$ c.à.d. par des expressions qui ne contiennent pas explicitement le temps pourvu que φ [illegible] puisque t (par hyp.) [illegible]

Cette relation [illegible] spécialisant les formules (5) en prenant pour φ seulement les grandeurs $H H_1 \ldots H_{n-1}$ ($\varphi = H$, $\varphi = H_i$) et $H'_1 \ldots H'_{n-1}$ nous rangeons pour a les grandeurs $h\, h_1 \ldots h_{n-1}$ $h'_1 \ldots h'_{n-1}$ alors nous obtenons pour

(6) $$\frac{dh_K}{dt} = -\frac{\partial\Omega}{\partial H'_K} \quad K = 0, 1 \ldots n-1$$

car $a = h_K$
$\varphi = H_K$

et (7) $$\frac{dh'_K}{dt} = \frac{\partial\Omega}{\partial H_K} \quad K = 1 \ldots n-1$$

Il reste maintenant à considérer cette intégrale du problème troublé qui introduit le temps et l'intégrale

$$H' = h' + t$$

En remplaçant maintenant a par $h'+t$ et Q par H' l'équation (3) devient

$$\frac{dh'}{dt} + 1 = (H, H') + (\Omega, H')$$

et comme $(H, H') = 1$ on obtient

$$\frac{dh'}{dt} = (\Omega, H')$$

équation qui est tout à fait de la forme (3) seulement on a remplacé a et Q par h' et H'; on remplace aussi dans l'équation (4) Q par H' on obtient $\frac{\partial \Omega}{\partial H} = (\Omega, H')$

c'est-à-dire

$$\frac{dh'}{dt} = \frac{\partial \Omega}{\partial H}$$

c'est-à-dire l'équation (4) a encore lieu pour $k = n$

Les équations (6) qui [illegible] le système des intégrales du problème non troublé [illegible] du mouvement troublé les équations qui définissent les nouvelles variables $h, h_1 \dots h_{n-1}$, $h', h'_1 \dots h'_{n-1}$ et servent par conséquent à exprimer les anciennes variables $q_1\, q_2 \dots q_n\, p_1\, p_2 \dots p_n$ en fonction des $H\, H_1 \dots H_n\, H'\, H'_1 \dots H'_{n-1}$ nouvelles variables. On fait cette substitution dans la fonction perturbatrice. Quand on y remplace donc $H\, H_1 \dots H_{n-1}$ par $h\, h_1 \dots h_{n-1}$, $H'\, H'_1 \dots H'_{n-1}$ par $h'+t\, h'_1 \dots h'_{n-1}$ de sorte que Ω sera une fonction de $2n+1$ variables $h\, h_1 \dots h_{n-1}$, $h'\, h'_1 \dots h'_{n-1}$, t. Les dérivées partielles $\frac{\partial \Omega}{\partial H_k}$ $\frac{\partial \Omega}{\partial H'_k}$ se transforment en $\frac{\partial \Omega}{\partial h_k}$ $\frac{\partial \Omega}{\partial h'_k}$ pour les variables qu'on obtient en remplaçant les constantes du problème non troublé les équations du problème [illegible]

www.ingramcontent.com/pod-product-compliance
Lightning Source LLC
Chambersburg PA
CBHW060405200326
41518CB00009B/1261

* 9 7 8 2 0 1 3 5 2 9 6 2 4 *